U0469278

逻辑的力量

THE POWER OF LOGIC

第6版
6TH EDITION

弗朗西丝·霍华德-斯奈德（Frances Howard-Snyder）
丹尼尔·霍华德-斯奈德（Daniel Howard-Snyder） / 著
瑞安·沃瑟曼（Ryan Wasserman）

杨武金 / 译

中国人民大学出版社
·北京·

献给我们的孩子们
彼得
威廉
本杰明
佐伊梅

译者序

《逻辑的力量》最初由美国西雅图太平洋大学的雷曼教授所著。1999年出版第1版，2002年、2005年又分别出版了第2版和第3版，之后又相继出版了第4版、第5版和第6版。我曾将第3版翻译为中文，2010年由中国人民大学出版社出版。本书根据该书2020年第6版译出。

该书第6版的作者变化很大，第3版的作者是斯蒂芬·雷曼，第6版的作者是弗朗西丝·霍华德-斯奈德、丹尼尔·霍华德-斯奈德、瑞安·沃瑟曼。可以说，斯蒂芬·雷曼为该书的特色贡献了灵魂。但比起第3版，第6版可以说是变化巨大。关于具体的改写情况，大家可以参看作者在前言中的介绍。

从根本上说，本书是一本非常好的逻辑学教材。本书最初为作者所在西雅图太平洋大学本科生使用，但很快就推广开来，现在美国的许多大学和其他一些国家的大学都在使用此书。

具体来说，我觉得《逻辑的力量》主要有以下三个重要特点：

第一，具有很强的可读性。作者在表述上尽可能用生动的语言，在案例的选择上尽可能选用有趣的事例，练习也都是经过精挑细选的、能够充分地起到巩固所学知识点的作用。从本书的体系结构上，就可以领略到它在内容上的丰富性和充实性。整体来看，作者先是从论证、语言、谬误等非形式逻辑的角度入手，继而讲述范畴逻辑、命题逻辑和谓词逻辑，最后介绍归纳逻辑，可以说是将形式逻辑和非形式逻辑、传统逻辑和现代逻辑、演绎逻辑和归纳逻辑统一起来了。

第二，具有重要的学术价值。在内容上，作者既肯定用有效性作为判定推理和论证的标准，同时又不是将它作为唯一的标准，而是将这个标准推广到了可靠性和可信性上。作者认为，一个论证是有效的，当其前提真时结论一定真，否则就是无效的。一个论证如果是有效的，其前提也都是真实的，则该论证就是可靠的。所以，无效论证是不可靠的，而且至少有一个虚假前提的有效论证是不可靠的。可信性是与可靠性完全不同的标准。可信论证是一种强的论证。如果一个论证是强的，则当其前提为真时结论很可能是真的，其结论为假是不可能的，否则就是弱的。可信论证是强的并且前提都真。所以弱的论证是不可信论证，有一个假前提的论证也是不可信论证。可靠论证都不是可信的，因为有效论证都不是强的。类似地，可信论证也都不是可靠的，因为强的论证都不是有效的。而且，带一个假前提的有效论证是不可靠的，但并不是不可信的，因为一个有效论证既不是强的也不是弱的。所以，有效性及其强度分别是演绎逻辑和归纳逻辑各自用来衡量问题的标准和方法。作者主张在形式标准之外，还应坚持非形式标准。一个推理如果在形式上无效，则肯定是无效的。但即使一个论证从形式上看有效，也不一定就是有效的，因为其内容可能有问题。当然，这些内容中的问题也可以从形式上来加以刻画。总之，该书无论对于一般读者，还是对于从事逻辑教学和科研的第一线人员，都将起到重要的指导和引导作用。

第三，作者具有非常宽广的学术视野。该书之前版本的作者斯蒂芬·雷曼研究领域很广泛，他不但对逻辑有很深的造诣，而且在宗教学等领域的教学和研究上也都取得了许多成就。该书第6版作者弗朗西丝·霍华德-斯奈德研究领域涉及宗教学、伦理学；丹尼尔·霍华德-斯奈德研究领域涉及现象学和哲学；瑞安·沃瑟曼研究领域涉及形而上学、伦理学和语言哲学。从作者所列举的一个个案例中可以看出，作者对这些案例都有深刻和自觉的体会。由于作者学术视野开阔，他们也就能充分地吸取不同观点的优势，注意分析多种不同的看法，从而尽可能少地出现偏差。

我大约是在2002年在旧书摊上发现这本书的第1版。从书里的批注来看，原读者是一位外国人。买到这本书后，我一直在看，一直在使用。书中的一些重要观点曾经被我运用到教学和著述中去，这使我的教学和研究水平都得到了一定的提高。2008年6月，当中国人民大学出版社的编辑找到我，要我看看这本书能否翻译出来时，我做出了十分肯定的回答，并于2010年在中国人民大学出版社出版了该书第3版（需要说明的是，该书每章节后面的练习题虽然我当时都已翻译过来，但出版时只印了书末有答案的部分；同时，该书初印时，第9章和第11章也没有印出，到第二次印刷时才得到补充)。之后，应中国人民大学出版社的要求，我将该书减少一些内容后，增写了一个序言，没有对书中内容做任何改动，即以《逻辑学是什么》为书名，于2014年出版。

目前我们所看到的这个译本，是对该书2020年英文第6版内容的全部呈现。当我于2022年1月从编辑手中拿到这个英文版准备翻译时，以为90%的内容应该和英文第3版的内容差不多，只需要完成变动的10%即可。可我发现，需要重新翻译和加以修改的地方应该在90%以上。单从字面上看，英文第3版有598页，英文第6版则有721页，增加了123页。这么大文字量的翻译工作是很辛苦的。我本来也曾考虑让别人或者自己的学生帮忙翻译其中部分内容，但最终全是我一人一句一句地翻译和一句一句地修改完成的。翻译中肯定存在许多不足，欢迎读者批评指正。

最后，我在全力翻译本书的过程中，夫人刘玉仙、女儿杨玥、儿子杨应荣均给予了我足够的支持，对此我表示由衷的感谢。

杨武金
2024年2月18日
于北京世纪城

目 录

前言 / 001

第 1 章
基本概念
/ 001

1.1　有效性和可靠性 / 006
　　■ 定义概要 / 013

练习 1.1 / 013

1.2　形式和有效性 / 014
　　论证形式 / 014
　　理解条件句命题 / 017
　　著名有效形式 / 019
　　著名形式法 / 026
　　■ 著名有效形式概要 / 027
　　■ 著名形式法概要 / 029
　　■ 定义概要 / 031

练习 1.2 / 031

1.3　反例和无效性 / 032
　　反例 / 032
　　反例方法 / 035
　　范畴命题与论证 / 039
　　■ 反例方法概要 / 048
　　■ 定义概要 / 049

练习 1.3 / 049

1.4　强度和可信度 / 049
　　■ 定义概要 / 056

练习 1.4 / 057
注释 / 057

**第 2 章
识别论证**
/ 059

2.1 论证和非论证 / 061
　　■ 定义概要 / 066
练习 2.1 / 066
2.2 精心设计的论证 / 067
　　■ 构造精心设计的论证原则概要 / 085
　　■ 定义概要 / 085
练习 2.2 / 086
2.3 论证图 / 086
练习 2.3 / 091
注释 / 091

**第 3 章
逻辑和语言**
/ 093

3.1 逻辑、意义和情感力 / 095
　　■ 定义概要 / 102
练习 3.1 / 102
3.2 定义 / 102
　　内涵定义和外延定义 / 103
　　■ 定义概要 / 109
　　属加种差定义法 / 110
　　■ 评价属加种差定义的标准概要 / 117
　　■ 定义概要 / 117
练习 3.2 / 118
3.3 用定义评价论证 / 118
　　■ 定义概要 / 124
练习 3.3 / 125
注释 / 125

第 4 章
非形式谬误

/ 127

4.1 包含不相干前提的谬误 / 131

　　人身攻击论证 / 131

　　稻草人 / 134

　　诉诸强力 / 136

　　诉诸众人 / 138

　　诉诸怜悯 / 140

　　诉诸无知 / 141

　　红鲱鱼 / 144

　　■ 定义概要 / 145

练习 4.1 / 145

4.2 包含歧义的谬误 / 146

　　语义歧义 / 146

　　语法歧义 / 148

　　合成 / 151

　　分解 / 153

　　■ 定义概要 / 155

练习 4.2 / 155

4.3 包含无根据假设的谬误 / 156

　　诉诸问题 / 156

　　错误二难 / 159

　　诉诸不可靠权威 / 161

　　错误归因 / 162

　　复杂问语 / 166

　　■ 定义概要 / 168

练习 4.3 / 169

注释 / 169

第 5 章
范畴逻辑：命题
/ 171

5.1 范畴命题介绍 / 173
- 标准形式概要 / 175
- 变体概要 / 180
- 定义概要 / 181

练习 5.1 / 181

5.2 传统对当方阵 / 181
- 定义概要 / 187

练习 5.2 / 188

5.3 进一步的直言推论 / 188
换位法 / 188
- 换位法概要 / 191

换质位法 / 191
- 换质位法概要 / 195

换质法 / 195
- 换质法概要 / 196
- 定义概要 / 198

练习 5.3 / 199

第 6 章
范畴逻辑：三段论
/ 201

6.1 标准形式、式和格 / 203
- 定义概要 / 210

练习 6.1 / 210

6.2 文恩图与范畴命题 / 210
- 范畴命题的文恩图概要 / 220

练习 6.2 / 220

6.3 文恩图与范畴三段论 / 220

练习 6.3 / 227

6.4 现代对当方阵 / 227

练习 6.4 / 235

6.5 评价三段论的规则 / 236
　■ 周延词项概要 / 238
　■ 判定范畴三段论有效性的规则概要 / 242
　■ 定义概要 / 243
练习 6.5 / 243
6.6 减少词项的数量 / 243
　■ 逻辑等值概要：换位法、换质位法和换质法 / 247
练习 6.6 / 248
6.7 省略式 / 248
　■ 判定范畴三段论有效性的规则概要 / 250
练习 6.7 / 255
6.8 连锁论证 / 256
练习 6.8 / 259
注释 / 259

第 7 章
命题逻辑：真值表
/ 261

7.1 日常论证的符号化 / 263
　否定 / 266
　合取 / 269
　析取 / 270
　条件句 / 274
　双条件句 / 277
　汇总 / 278
　命题逻辑符号系统：一个更简明的阐述 / 286
　■ 定义概要 / 289
练习 7.1 / 290
7.2 真值表 / 290
　否定 / 291
　合取 / 291
　析取 / 292

　　　　　条件句 / 293

　　　　　双条件句 / 295

　　　　　■ 五个复合句真值表概要 / 298

　　　　　■ 定义概要 / 298

　　练习 7.2 / 298

　　7.3 用真值表评价论证 / 299

　　　　　■ 记住复合句的真值定义 / 305

　　　　　■ 真值表方法概要 / 307

　　练习 7.3 / 308

　　7.4 简化真值表 / 308

　　　　　■ 简化真值表方法概要 / 315

　　　　　■ 定义概要 / 316

　　练习 7.4 / 316

　　7.5 逻辑意义上的范畴和关系 / 316

　　　　　重言式、矛盾式和可真式 / 316

　　　　　等值、矛盾、一致和不一致 / 319

　　　　　总结性意见 / 321

　　　　　■ 定义概要 / 325

　　练习 7.5 / 325

　　注释 / 326

第 8 章
命题逻辑：
证明
/ 327

　　8.1 蕴涵推理规则 / 329

　　　　　■ 蕴涵规则概要 / 349

　　　　　■ 定义概要 / 350

　　练习 8.1 / 350

　　8.2 5 个等值规则 / 351

　　　　　■ 等值规则的第一个系列概要 / 359

　　　　　■ 定义概要 / 359

　　练习 8.2 / 363

8.3 另外 5 个等值规则 / 363
　　■ 等值规则的第二个系列概要 / 368
练习 8.3 / 368
8.4 条件句证明 / 369
　　■ 定义概要 / 376
练习 8.4 / 377
8.5 归谬律 / 377
　　■ 构造证明的经验法则概要 / 381
练习 8.5 / 383
8.6 定理证明 / 384
　　■ 定义概要 / 388
练习 8.6 / 388
注释 / 388

第 9 章 谓词逻辑 / 391

9.1 谓词逻辑的语言 / 394
　　谓词、常项和变项 / 394
　　全称量词 / 396
　　存在量词 / 400
　　谓词逻辑的语言：一个更简明的阐述 / 403
　　■ 符号化概要 / 407
　　■ 定义概要 / 408
练习 9.1 / 409
9.2 证明无效性 / 409
　　■ 有穷域方法概要 / 418
　　■ 定义概要 / 418
练习 9.2 / 418
9.3 构造证明 / 418
　　全称例示 / 421
　　■ 全称例示概要 / 424

存在概括 / 424
■ 存在概括概要 / 427
存在例示 / 427
■ 存在例示概要 / 431
全称概括 / 432
■ 全称概括概要 / 435

练习 9.3 / 436

9.4 量词否定、RAA 和 CP / 436
■ 谓词逻辑的经验法则概要 / 443

练习 9.4 / 444

9.5 关系逻辑：符号化 / 444
■ 符号化概要 / 448
■ 定义概要 / 450

练习 9.5 / 451

9.6 关系逻辑：证明 / 451

练习 9.6 / 457

9.7 等词：符号化 / 457

练习 9.7 / 463

9.8 等词：证明 / 464

练习 9.8 / 468

注释 / 468

第 10 章 归纳逻辑
/ 471

10.1 归纳逻辑和演绎逻辑 / 473
■ 定义概要 / 479

练习 10.1 / 479

10.2 常识推理：权威、类比和枚举归纳 / 479
权威论证 / 480
■ 权威论证概要 / 482
类比论证 / 482

　　　　■ 类比论证概要 / 486

　　　　枚举归纳 / 486

　　　　■ 枚举归纳概要 / 491

　　　　■ 定义概要 / 491

　练习 10.2 / 491

　10.3 科学推理：密尔法 / 492

　　　　密尔法 / 492

　　　　科学推理 / 496

　　　　■ 定义概要 / 501

　练习 10.3 / 502

　10.4 概率推理：概率规则 / 502

　　　　概率规则 / 502

　　　　贝叶斯定理 / 513

　　　　■ 概率规则概要 / 520

　　　　■ 定义概要 / 520

　练习 10.4 / 521

　注释 / 521

部分练习题答案 / 523

前言

批判性思维技能是今日之知识经济中最珍贵的商品，而逻辑的学习是培养这些技能的最好方式之一。由于逻辑强调呈现、理解和评估论证，所以，它有能力促使我们成为更迅捷、更清晰，而且更富于创造性的思考者。它可以帮助我们表达、支持自己的观点，并分析他人的观点。

简言之，研究逻辑有很多好处，但也存在潜在的障碍。逻辑可能令人胆怯。它也可能令人沮丧。它甚至可能令人讨厌。

《逻辑的力量》的写作希求去除这些障碍。本书以简单直接的写作风格为特色，即使是最技术的问题也能通俗易懂。它提供了大量有用的提示和在线资源用于对抗常见性挫折。而且，它包括成百上千的例子和练习，让读者有机会将他们的批判性思维技能应用于哲学、政治学和宗教学的有趣论证。我们希望这些特征有助于使逻辑易于理解和富有趣味，并能够使你将逻辑的力量应用到生活中去。

新的特色

我们已经根据批判性评论和以前版本的教学经验做了很多修改。我们还做了下列非常具体的改进工作：

- 本书经过了大量改写，集中改进了学生们过去一直在努力挑战的章节。
- 作为一个新的特色，我们引入了许多"聪明的主意"框贯穿本书，突出重要提示。
- 有了许多新的定义盒，它们强调了核心概念和重要差别。
- 有了许多新的概要盒，对于快速参考和学习是简单而清楚的。
- 第5章已经完全改写，重新介绍了表达、形式和直接推论。
- 第6章也已经完全改写，有新的章节、更多的练习，而且对传统对当方阵进行了更详细的讨论。

■ 第7章和第8章包括250个新练习，帮助学生通过本书最有挑战性的章节。

■ 第10章包括关于样本误差的一个更详细（更细致）的章节，以及误差幅度和置信度的新的讨论。

■ 第10章处理的科学推理已经被完全改写，（我们相信）是为了更精确地来表达密尔法。

■ 第10章也包括关于微调论证的新的讨论，作为关于贝叶斯定理如何可以应用于传统哲学论争的一个实例说明。

保持的特点

我们保持了许多之前版本的特点，它们使《逻辑的力量》在过去取得了成功。

■ 每一章都相对集中于非形式方法上。更多技术性的内容逐渐介绍，符号逻辑在第7-9章得到彻底处理。

■ 全书的文字简明扼要而又生动。关于真值表这一章，包括讨论实质条件句及其与自然语言中"如果-那么"的关系，并且强调简化真值表方法。

■ 命题逻辑的自然演绎系统，整个来说是标准的，它由八个蕴涵规则、十个等值规则、条件句证明和归谬律组成。

■ 归纳一章的基本内容包括统计三段论、枚举归纳、权威论证、密尔法、科学归纳和类比论证，也包括概率演算的有用介绍。

■ 类比论证的练习，要求学生明确评论每一个论证，这使得练习相对容易得分。

正如以前版本那样，这本书可以根据时间、学生的需要以及教师的兴趣，有很多的使用途径。以下给出三种可能情况。

■ 途径一：强调传统逻辑和非形式逻辑的课程。覆盖第1-6章和第10章：基本概念、识别论证、逻辑与语言、非形式谬误、范畴逻辑：命题，范畴逻辑：三段论和归纳逻辑。

■ 途径二：大致同时强调非形式逻辑和符号逻辑的课程，覆盖第1-4

章、第 7 章和第 8 章：基本概念、识别论证、逻辑与语言、非形式谬误，命题逻辑：真值表和证明。

■ 途径三：强调符号方法的课程，覆盖第 1 章和第 2 章、第 7－9 章、第 10.4 节：基本概念、识别论证，命题逻辑：真值表和证明，谓词逻辑，以及概率。

补充说明

《逻辑的力量》第 6 版，附带有流行网站 www.poweroflogic.com 的更新版本。该网站提供了逻辑教师在线的访问权限，允许学生做书中的大部分练习，并能得到反馈。这包括运用文恩图、真值表和证明。

感谢

许多年来，很多人都帮助过我们改进这本教材。我们最要感谢的是斯蒂芬·雷曼（C. Stephen Layman），他是《逻辑的力量》前三版的作者，为本书的特点贡献了灵魂。我们也要感谢 Allison Rona，Anne L. Bezuidenhout，Benjamin Schaeffer，Bernard F. Keating，Charles R. Carr，Charles Seymour，Cynthia B. Bryson，Darian C. De Bolt，Eric Kraemer，Eric Saidel，George A. Spangler，Greg Oakes，Gulten Ilhan，James K. Derden, Jr.，Jason Turner，Jeffrey Roland，Jen Mills，John Casey，Jon-David Hague，Jordan J. Lindberg，Joseph Le Fevre，Keith W. Krasemann，Ken Akiba，Ken King，Maria Cimitile，Mark Storey，Martin Frické，Michael F. Wagner，Michael Rooney，Mitchell Gabhart，Nancy Slonneger Hancock，Neal Hogan，Ned Markosian，Nils Rauhut，Otávio Bueno，Patricia A. Ross，Paul Draper，Paul M. Jurczak，Peter Dlugos，Phil Schneider，Phillip Goggans，Rachel Hollenberg，Richard McClelland，Rico Vitz，Robert Boyd Skipper，Ron Jackson，Sander Lee，Sandra Johanson，Ted Sider，Terence Cuneo，Tom Downing，Ty Barnes，William J. Doulan，Xinmin Zhu，Naomi Radbourne。

关于第 6 版，我们特别感谢来自各方面的评论和建议，他们是 Todd Buras，Benjamin M. Guido，Douglas E. Hill，Peter Howard-Snyder，William Howard-Snyder, Frederick Longshore-Neate, Chris Menzel, Alexander Pruss, John Robertson, August Waldron, 以及我们在 McGraw-Hill 高等教育的研究团队。

最后,一如既往,我们感谢家人——特别是我们的孩子——他们在本书改写过程中的耐心和理解。我们把这本书献给他们。

弗朗西丝·霍华德-斯奈德

丹尼尔·霍华德-斯奈德

瑞安·沃瑟曼

第 1 章

基本概念

- 1.1 有效性和可靠性
- 练习 1.1
- 1.2 形式和有效性
- 练习 1.2
- 1.3 反例和无效性
- 练习 1.3
- 1.4 强度和可信度
- 练习 1.4
- 注释

人人都要思考，人人都要推理，人人都要论证，同时人人都要面对他人的推理和论证。我们每天都被来自诸多方面，如书籍、演讲、收音机、电视、报纸、老板、朋友和家人的推理包围。

有些人善于思考，善于推理，擅长论证，但有些人则不是这样。良好的思考、推理、论证能力，在一定程度上来自天赋，但无论我们天赋如何，都是可以得到改进和加强的。学习逻辑正是改进人们天赋的推理能力和论证能力的最好方式之一。通过学习逻辑，人们能够学会进行良好思考、避免错误推理的策略，并掌握评价论证的有效技术。

但什么是逻辑呢？粗略地说，**逻辑**（logic）是对评价论证的方法所进行的研究。更精确地说，逻辑是研究评价一个论证的前提是否足够地支持其结论（或者为结论提供好的论据）的学问。

> **逻辑**是研究评价一个论证的前提是否足够地支持其结论的学问。

要更好地把握什么是逻辑，我们还需要了解包含在这个定义中的核心概念：论证、结论、前提和支持。本章将给出这些基本概念的一般含义。

论证（argument）是一个命题①系列，其中一些命题用来支持另一个命题。**结论**（conclusion）是被支持的命题。**前提**（premises）是提供支持的命题。在一些论证中，结论是被前提足够地支持的，而在其他情况下并不是这样。但是作为论证的命题系列，必须是一些命题用来支持另一个命题。下面是一个例子：

L1. 每本逻辑书都包含着至少一个愚蠢的例子。《逻辑的力量》是一本逻辑书。因此，《逻辑的力量》包含着至少一个愚蠢的例子。

"因此"一词暗示，这个论证的结论是"《逻辑的力量》包含着至少一个愚蠢的例子"。这个论证有两个前提——"每本逻辑书都包含着至少一个

---

① 英语中 statement 是陈述的意思，而 proposition 是命题的意思。作者主张组成推理或论证的基本部分是陈述，而不是命题。但中国逻辑学界通常称之为命题。所以，本书翻译为"命题"。——译者注

愚蠢的例子"和"《逻辑的力量》是一本逻辑书"。当然，大多数论证都要处理非常重要的事情。这里是两个例子：

> L2. 如果某些东西没有被杀死就会有未来价值，那么杀死他们就是错误的。大多数胎儿如果他们没有被杀死就会有未来价值。因此，杀死大多数胎儿是错误的。
>
> L3. 如果胎儿不是人，那么堕胎就不是错误的。胎儿不是人。因此，堕胎不是错误的。

就像论证 L1，论证 L2 和 L3 中，"因此"一词前面的句子都是前提，而从"因此"得出来的句子就是结论。

论证是一个命题系列，其中一些被称为**前提**的命题用来支持被称为**结论**的另一个命题。

什么是命题？**命题**（statement）就是一个或者真或者假的陈述句。例如：

> L4. 有些犬是牧羊犬。
> L5. 所有犬都不是牧羊犬。
> L6. 有犬重 124.379 磅。

L4 是真的，因为它所描述的符合事物实际情况。L5 是假的，因为它所描述的与事物实际情况不符。真和假是两种可能的**真值**（truth values）。因此，我们可以说，一个命题是一个有真值的陈述句。L4 的真值是真的，而 L5 的真值是假的，但 L4 和 L5 都是命题。L6 也是一个命题吗？是的。也许无人知道它的真值，但 L6 或者真或者假，因此它是一个命题。

命题是一个或者真或者假的陈述句。

下列各句中哪些是命题？

L7. 不要让狗进入草地！

L8. 你有几条狗？

L9. 咱们买条狗吧。

答案是，它们都不是命题。L7 是一个命令句，可以服从或者不服从，但并不意味着这个命令句就真或者假，因此，它并不是一个命题。L8 是一个疑问句，可以回答也可以不回答。但一个疑问句不能或者真或者假，因此，它不是一个命题。最后，L9 是一个祈使句，可以接受或者拒绝。但一个祈使句不能或者真或者假，因此，它也不是一个命题。

一个命题为**真**（true），因为它所描述的与事物实际情况相符。

一个命题为**假**（false），因为它所描述的与事物实际情况不符。

如前所述，论证是一个命题系列，其中有些命题（前提）用来支持另一个命题（结论）。[1] 我们现在必须区分前提用来支持结论的两种方式，从而区分两种不同的论证。**演绎论证**（deductive argument）是前提用来确保结论的论证。**归纳论证**（inductive argument）是前提使得结论可信而不是确保结论的论证。下列两个例子表明了这个差别：

L10. 所有哲学家都喜欢逻辑。尼尔是一位哲学家。因此，尼尔喜欢逻辑。

L11. 大多数哲学家喜欢逻辑。尼尔是一位哲学家。因此，尼尔喜欢逻辑。

论证 L10 中的前提是在这个意义上支持结论的：如果前提都是真的，则结论也是真的，这是**确保**的。L10 是演绎论证的一个例子。论证 L11 的前提并不在同样的意义上支持结论。即使尼尔是一位哲学家，并且即使大多数哲学家都喜欢逻辑，也并不能确保尼尔喜欢逻辑，他也许属于一点也不关心逻辑的少数人。然而，L11 的前提是在一个不同的意义上来支持结论的。如果前提都是真的，那么结论也是真的，这是*可信的*。L11 是归纳论证的一个例子。

> **演绎论证**是前提确保结论的论证。**归纳论证**是前提使得结论可信而不是确保结论的论证。

如前所述，逻辑研究的是评价论证的方法。既然存在两种论证，也就存在两个逻辑领域。**演绎逻辑**（deductive logic）研究的是评价一个论证的前提是否确保其结论的方法。**归纳逻辑**（inductive logic）研究的是评价一个论证的前提是否使得其结论可信而不是确保结论的方法。[2] 本章的前三节介绍一些演绎逻辑的核心要素。第四节集中介绍归纳逻辑。

1.1 有效性和可靠性

演绎论证是前提确保结论的论证。当然，人们可能想做某事而事实上并未做这件事——因此，演绎论证经常出错。**有效论证**（valid argument）是前提成功地确保结论的演绎论证。无效论证是前提未能确保结论的演绎论证。更形式地说，有效论证就是如果前提为真，那么结论就必然真的论证。

> **有效论证**是如果前提为真，那么结论必然真的论证。

你应该记住所有这些定义，但是有些定义比另一些定义更重要。记住有效论证。

这一定义中有两个重要方面必须注意。第一，需要说明的是关键词"必然"。在一个有效论证中，前提和结论之间存在必然联系。当前提为真时，结论的真并不是偶然的；在某种程度上，当前提为真时，结论为真是绝对确保的。有效论证是前提为真而结论假是绝对不可能的论证。第二，注意定义中的条件（如果-那么）方面。这并不是说一个有效论证的前提和结论在事实上是真的。在某种程度上，该定义断言，如果前提真，那么结论必然是真的。换句话说，如果一个论证是有效的，那么假设其前提为真，则结论为真就是必然的。下列每一个论证都是有效的：

L12. 所有生物学家都是科学家。约翰不是科学家。因此，约翰不是生物学家。

L13. 如果爱丽斯偷钻石，那么她是贼。爱丽斯的确偷了钻石。因此，她是贼。

L14. 或者比尔记忆力不好或者他说谎。比尔并非记忆力不好。所以，比尔说谎。

在上面每个例子中，"如果前提为真，则结论为真"都是必然的。所以，三个论证都是有效的。

在日常语言中，"有效"这个词通常只用于表示人们对一个论证的总体认可。但逻辑中并非如此。在逻辑中，"有效"这个词只用于表示一个论证是这样的：如果前提都是真的，那么结论必然是真的。

下列关于有效性的考察，也许有助于防止某些常识上的误解。第一，需要注意，一个论证虽然有一个或者多个假前提，但依然是有效的。例如：

L15. 所有鸟都是动物。有些猫是鸟。所以，有些猫是动物。

这里，第二个前提显然是假的，但这个论证仍然是有效的，因为必然地如果前提都是真的，那么结论也就是真的。而在下列论证中，前提都是假的，论证仍然是有效的。

L16. 所有鲨鱼都是鸟。所有鸟都是政治家。所以，所有鲨鱼都是政治家。

尽管这个论证的前提在事实上都是假的，但是假设前提都为真的情况下而结论为假却是不可能的。因此，该论证有效。

第二，我们不能仅仅根据一个论证的前提都是真的，就得出该论证有效的结论。例如：

L17. 有些美国人是女人。阿什顿·库彻是美国人。所以，阿什顿·库彻是女人。

这里，前提都是真的，但结论是假的。因此，当前提为真而结论为假显然是可能的；因此，L17 不是有效的。下面一个论证是有效的吗？

L18. 有些美国人从事电视工作。艾伦·德詹尼丝是美国人。因此，艾伦·德詹尼丝从事电视工作。

这里，我们有真前提和一个真结论。但是并非如果前提真，那么结论必然是真的。（当一些美国人继续从事电视工作的情况下，艾伦·德詹尼丝女士作为一个美国人也可以转换工作。）因此，即使一个论证具备真前提和真结论，它也可能并不是有效的。所以，"前提和结论实际上是真的吗？"与"这个论证是有效的吗？"这两个问题是有区别的。

第三，假设一个论证是有效的，但有一个假结论，那么它必定至少有一个假前提吗？是的。如果一个论证的前提都真，那么它必定会有一个真结论，因为这个论证是有效的。有效性保持真，即如果我们从真的前提出发，并且根据有效的方式进行推理，那么我们将总是获得真结论。

第四，有效性也保持假吗？换句话说，如果我们从假前提出发，并且有效地推理，那么我们必定能得到假结论吗？不一定。请考虑下列论证：

L19. 所有火星人都是共和党人。所有共和党人都是外星人。因此，所有火星人都是外星人。

这个论证是有效的吗？是的。假设其前提为真而结论为假是不可能的。然而，当结论为真时这里的前提却是假的。因此，有效性并不保持假。事实上，在不同情况下，假前提加上有效推理可能导致真或假的结论。下面是一个假前提和假结论的有效论证。

L20. 所有高智能生物都来自外层空间。有些犰狳是高智能生物。因此，有些犰狳来自外层空间。

这里的教训是，尽管有效推理确保我们从真前提出发得出真结论，但有效推理并不确保我们从假前提出发得出假结论。

第五，需要注意，即使我们不知道结论的真值和所有前提的真值，我们仍然可以知道一个论证是有效的还是无效的。考虑这个例子：

L21. 所有施尼泽车都是宝马车。艾米莉·拉尔森拥有一辆施尼泽车。因此，艾米莉·拉尔森拥有一辆宝马车。

很可能发生的情况是，你并不知道结论和所有前提都是真的，但这个论证显然是有效的。假设艾米莉·拉尔森拥有一辆施尼泽车并且所有施尼泽车都是宝马车，则她不拥有一辆宝马车就是不可能的。下面是另一个例子。

L22. 所有可信赖者都是激进主义者。威廉·阿尔斯顿是一个激进主义者。所以，威廉·阿尔斯顿是一个可信赖者。

关于这些命题的真值是什么，你也许还没有朦胧的想法；的确，你也许甚至不知道它们意味着什么。然而，你可以说这个论证是无效的，因为前提并不排除阿尔斯顿是一个非可信赖者类型的激进主义者的可能性。

如前所述，无效论证是前提不确保结论的演绎论证。更形式地说，无效论证（invalid argument）是并非如果前提为真，那么结论必然是真的论证。

无效论证是并非如果前提为真，那么结论必然是真的论证。

换句话说，无效论证是可能前提为真而结论为假的论证。甚至在假设前提是真的情况下，结论仍然可以是假的。下列每个论证都是无效的：

L23. 所有狗是动物。所有猫是动物。因此,所有狗是猫。

L24. 如果帕特是妻子,那么帕特是女人。但帕特不是妻子。因此,帕特不是女人。

L25. 菲尔喜欢玛歌。因此,玛歌喜欢菲尔。

因为论证 L23 的前提事实上都真但结论却是假的,所以,显然前提真而结论假是可能的;所以,它是无效的。论证 L24 是无效的,因为其前提留下了"帕特是一个未婚女人"的可能性。L25 也是无效的,因为即使菲尔真的喜欢玛歌,但不能确保玛歌就喜欢菲尔。在每一个这样的例子中,当前提为真时结论却可以是假的。

前述关于有效性、无效性和真的五个方面可以概括为下表:

	有效论证	无效论证
真前提 真结论	1 如果哈利爱邓布利多,那么当邓布利多死的时候哈利就会悲伤。哈利爱邓布利多。因此,当邓布利多死的时候哈利是悲伤的。	6 有些美国人从事商业活动。唐纳德·特朗普是美国人。因此,他从事商业活动。
假前提 假结论	2 所有鲨鱼都是鸟。所有鸟都是政治家。因此,所有鲨鱼都是政治家。	7 每个天才都是哲学家。阿甘是一个哲学家。因此,阿甘是天才。
假前提 真结论	3 所有狗都是蚂蚁。所有蚂蚁都是哺乳动物。因此,所有狗都是哺乳动物。	8 任何彩色都是红的。史蒂芬·科拜尔是殡仪业者。因此,史蒂芬·科拜尔是极其滑稽的。
真前提 假结论	4	9 所有狗都是动物。所有猫都是动物。因此,所有狗都是猫。
不知道 真值	5 所有卡帕多西亚人都接受互渗互存。贝西尔是卡帕多西亚人。因此,贝西尔接受互渗互存。	10 有些雨蛙科是异隐的。麦琪是异隐的。因此,麦琪是雨蛙科。

注意,对于一个**好**的演绎论证来说,单独有效性并不是足够的。带有假前提的有效论证会导致假结论(盒子 2)。此外,对于一个好的演绎论证来

说，单独真也并不是足够的。带有真前提的无效论证会导致假结论（盒子9）。我们希望演绎论证是有效的而且拥有全部的真前提。满足这两个方面的论证是可靠论证。换句话说，所有前提都为真的有效论证就是**可靠论证**（sound argument）。

可靠论证是所有前提都为真的有效论证。

记住可靠论证。

因为可靠论证是有效的而且仅仅有真前提，其结论也将是真的。有效性保持真。这就是为什么盒子 4 中什么都没有。盒子 1 中的论证是可靠的；下面是另外两个可靠论证：

L26. 所有牧羊犬是犬。所有犬是动物。所以，所有牧羊犬是动物。

L27. 如果莫扎特是作曲家，那么他懂音乐。莫扎特是作曲家。因此，莫扎特懂音乐。

在每个例句中，如果前提真，那么结论必然就是真的；此外，在每个例句中，所有前提都是真的。所以，每一个论证都是可靠的。

有效+ 所有前提真 = 可靠

通过对比，**不可靠论证**（unsound argument）分为下列三种情况：
情况 1，有效但至少一个假前提；
情况 2，无效但所有前提都是真的；
情况 3，无效并且有至少一个假前提。
换句话说，**不可靠论证**是或者无效或者有至少一个假前提的论证。

不可靠论证是或者无效或者有至少一个假前提的论证。

例如，下列三个论证都是不可靠的：

L28. 所有鸟是动物。有些灰熊不是动物。所以，有些灰熊不是鸟。

L29. 所有鸟是动物。所有灰熊是动物。因此，所有灰熊是鸟。

L30. 所有树都是动物。所有灰熊都是动物。因此，所有灰熊都是树。

论证 L28 是不可靠的，因为尽管它是有效的，但它有一个假前提（第二个前提）。这属于情况 1。论证 L29 是不可靠的，因为尽管它的前提都是真的，但它是无效的。这属于情况 2。论证 L30 是不可靠的，因为它有一个假前提（第一个前提），而且它是无效的。这属于情况 3。（前面表格的哪些盒子中包含着不可靠论证？表格中每一个不可靠论证属于三种情况中的哪一种？）

下面是到目前为止我们所讨论过的主要概念图：

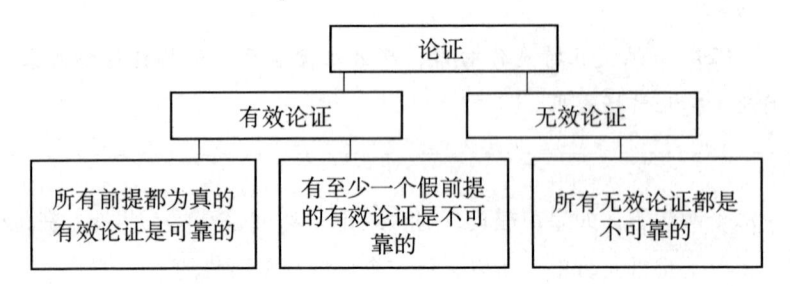

```
                    论证
              ┌──────┴──────┐
           有效论证        无效论证
         ┌─────┴─────┐        │
   所有前提都为真的  有至少一个假前提  所有无效论证都是
   有效论证是可靠的  的有效论证是不可   不可靠的
                    靠的
```

如前所述，我们想要一个演绎论证有效而且有全部的真前提。即我们想要一个演绎论证是可靠的。然而，这并不是说，如果一个论证是可靠的，它就已完美无缺。以其结论为前提的可靠论证将是无用的（参见第 4.3 节诉诸问题）。此外，一个可靠论证，其前提对我们来说是不合理的，将几乎不可能成为令人满意、令人信服并作为确信结论的有用基础。至少要说的是，我们从演绎论证那里想要的比可靠更多。

然而，我们希望一个演绎论证是可靠的，而且演绎逻辑在评估一个论证是否可靠方面起着不可替代的作用。一个论证是可靠的，仅当其是有效的，而且如前所述，演绎逻辑是研究评估一个论证的前提是否确保其结论的方法；即演绎逻辑是研究评价一个论证是否有效的方法。接下来的两节，我们将展示一些判定论证是否有效的初步方法,而且在这个过程中,我们需要更好地来处理我们迄今所介绍的基本概念。但首先,给出一个术语说明。根据我们的定义,论证既不是真的也不是假的,但一个命题或者是真的或者是假的。另外,论证可以是有效的、无效的、可靠的或不可靠的。所以,一个给定前提(或结论)或者是真的或者是假的,但不会是有效的、无效的、可靠的或不可靠的。

定义概要

逻辑是研究评价一个论证的前提是否足够地支持其结论的学问。

论证是一个命题系列,其中一些被称为前提的命题用来支持被称为结论的另一个命题。

命题是一个或者真或者假的句子。

一个命题为**真**,因为它所描述的与事物实际情况相符。一个命题为**假**,因为它所描述的与事物实际情况不符。

演绎论证是前提用来确保结论的论证。

归纳论证是前提使得结论可信而不是确保结论的论证。

有效论证是如果前提真,那么结论必然真的论证。

无效论证是并非如果前提为真,那么结论必然真的论证。

可靠论证是所有前提都为真的有效论证。

不可靠论证是或者无效或者有至少一个假前提的论证。

练习 1.1

1.2 形式和有效性

演绎逻辑是研究判定一个论证是否有效的方法。本节介绍论证形式概念，并解释理解论证形式如何能够有助于确立一个论证的有效性。

论证形式

请考虑下列两个论证：

L31. （1）如果佩佩是吉娃娃，那么佩佩是一条狗。
　　（2）佩佩是吉娃娃。
因此，（3）佩佩是一条狗。

L32. （1）如果哈莉是黑人女演员，那么哈莉是一个女人。
　　（2）哈莉是黑人女演员。
因此，（3）哈莉是一个女人。

在每种情况下，第 1 行和第 2 行都是前提，第 3 行是结论。这两个论证都是有效的：必然地，如果前提为真，那么结论就是真的。此外，这两个论证都有相同的论证形式，**论证形式**（argument form）不过是一个推理模式。

论证形式是一个推理模式。

论证 L31 和 L32 所展示的具体推理形式，是如此普遍以至于逻辑学家们都给了它一个特别的名字：**肯定前件式**（*modus ponens*），意思是"定位的方式或方法"（注意，其中每种情况下，第二个前提都定位或肯定了第一个前提的如果部分）。这个推理模式可以表示如下：

肯定前件式

（1）如果 A，那么 B。

(2) A。

因此，(3) B。

这里，字母 A 和 B 表示命题变元。为了说明这些变元的作用，假设我们消除上述形式中 A 的每一次出现，代之以空格，并在两个空格中都写上同样的命题（任意命题都可以）。同时，假设我们消除 B 的每一次出现，代之以空格，并在两个空格中都写上同样的命题。我们进而将得到肯定前件式的一个替换例。例如，如果我们用命题"佩佩是一个吉娃娃"替换 A 的每一次出现，并用命题"佩佩是一条狗"替换 B 的每一次出现，我们就可以得到 L31。类似地，如果我们用命题"哈莉是黑人女演员"替换 A 的每一次出现，并用命题"哈莉是一个女人"替换 B 的每一次出现，我们就可以得到 L32。因此，这两个论证都是肯定前件论证形式的替换例。总而言之，我们可以说，一个论证形式的**替换例**（substitution instance）是用命题（或词项）一致地替换形式中的变元而得到的一个论证。①

> 一个论证形式的**替换例**是用命题（或词项）一致地替换形式中的变元而得到的一个论证。

我们来看更多的论证形式和替换例的事例。但让我们首先使用这样的概念，以理解一个论证的有效性如何才能完全处理它的形式。

请考虑下列论证：

L33. (1) 如果艾耶尔是一位情感主义者，那么艾耶尔是一位非认知主义者。

(2) 艾耶尔是一位情感主义者。

因此，(3) 艾耶尔是一位非认知主义者。

类似 L31 和 L32，论证 L33 是肯定前件式的一个例子（用"艾耶尔是一

---

① 读者这里可以忽略圆括号里的评注。我们将在 1.3 节中讨论替换词项，而不再是命题的形式。

位情感主义者"替换 A，并且用"艾耶尔是一位非认知主义者"替换 B）。另外，类似 L31 和 L32，论证 L33 是一个有效论证。这应该是清楚的，即使 L33 中有些词不熟悉，即使人们没有意识到艾耶尔是谁。假设真的艾耶尔是一位情感主义者（不管是什么）。并且假设真的如果艾耶尔是一位情感主义者，那么他就是一位非认知主义者（不管是什么）。在给定这些假设的情况下，也一定可以推出艾耶尔是一位非认知主义者。就是说，不可能 L33 的前提为真而结论为假。因此，它是有效的。

论证 L31、L32 和 L33 说明了这样一个事实，具有肯定前件式的论证的有效性是由那个形式所单独确保的；其有效性不依赖于其主项的事实（或内容）。因此，肯定前件式的每一个替换例都将是一个有效论证，无论其内容是什么。在这个意义上，肯定前件式是一个有效的论证形式。更一般地，我们可以说，一个**有效论证形式**（valid argument form）是其中每一个替换例都是有效论证。

一个**有效论证形式**是其中每一个替换例都是有效论证。

（注意，这是一个有效论证形式的定义，不应该与 1.1 节中的有效论证的定义相混淆。）大概意思是这样的：1.2 节中到目前所考察过的全部论证都是有效的，这并非巧合。它们是有效的，因为其中每一个都是有效论证形式即肯定前件式的一个例子。在这个意义上，我们所考察的每一个论证都是形式上有效的论证，其中一个**形式上有效的论证**（formally valid argument）就是根据其形式即为有效的论证。

一个**形式上有效的论证**就是根据其形式即为有效的论证。

记住形式上有效的论证。

日常生活中大多数有效的论证都是形式上有效的，但并非每一个有效的论证都是形式上有效的。即有些论证是有效的，但它们的形式并非有效。例如，考虑下列论证：

L34. 所有哲学家都是书呆子。因此，所有方都不是圆。

该论证的结论是哲学家称为"必然真理"的一个例子，因为它必定是真的；即同时既方又圆的东西是不可能的。但是，如果结论不可能假的话，那么也不可能前提为真而结论为假。就是说，不可能所有哲学家都是书呆子而有些方是圆。因此，论证 L34 是有效的。然而它的有效性和其形式没有任何关系，并且一切都与其结论的内容相关。尽管 L34 是很特别的，它强调了这样的事实，即一个论证可以是有效的却不是形式上有效的。

即使一个论证可以是有效的却不是形式上有效的，但重要的是要抓住如果一个论证是一个有效形式的替换例，则该论证就是有效的。所以，如果我们确定一个论证的形式，并且发现这个形式是有效的，那么我们就可以确立该论证是有效的。

在 1.2 节的剩余部分，我们将开始学习在后面的章节中继续讲述的识别论证形式。现在，我们将展现五个"著名的"有效形式，进而运用它们来提供一个判断论证有效性的最初方法。但是，在开始之前，我们必须暂停做重要的观察。"如果-那么"命题在许多论证与将在本章和后续部分做考察的论证形式中起着重要的作用。因此，在继续之前，对它们做一些细节上的讨论是值得的。

理解条件句命题

下列每一个都是条件句命题（一个"如果-那么"命题，通常被逻辑学家简称为条件句）：

L35. 如果天在下雪，那么邮件将会晚到。

L36. 如果亚伯拉罕·林肯出生于 1709 年，那么他出生在美国内战之前。

L37. 如果亚伯拉罕·林肯出生于 1947 年，那么他出生在第二次世界大战之后。

条件句有几个重要特征。第一，注意它们的组成部分。一个条件句中的"如果-"从句称为**前件**（antecedent）；"那么-"从句称为**后件**（consequent）。但前件并不包括"如果"一词。因此，条件句 L35 的前件是"天在下雪"，而不是"如果天在下雪"。类似地，后件是跟在"那么"一词后面的命题，但并不包括"那么"这个词。因此，L35 的后件是"邮件将会晚到"，而不是"那么邮件将会晚到"。

> 一个**条件句命题**（conditional statement）是一个"如果-那么"命题——例如，"如果 A，那么 B"——通常称之为一个"条件句"；"如果-"部分是**前件**，"那么-"部分是**后件**。

第二，条件句在本质上是假设性的。在断定一个条件句时，人们并没有断定其前件是真的，也没有断定其后件是真的。人们断定的其实是，如果前件真，那么后件真。所以，陈述 L36 是真的，即使其前件是假的（林肯生于 1809 年，而不是 1709 年）。当然，如果林肯生于 1709 年，那么他出生在 1861 年开始的美国内战之前。L37 是真的，即使其前件是假的。如果林肯事实上出生于 1809 年，那么他肯定不是出生在第二次世界大战之后。

第三，在日常语言中，表达一个条件句有很多方式。请考虑下列条件句命题：

L38. 如果天下雨，那么地湿。

下列陈述命题 a 到 f，都是 L38 的变体（stylistic variants），即做出相同断言的可选择方式[3]：

a. 倘若天下雨，则地湿。
b. 假设天下雨，则地湿。
c. 地湿，如果天下雨。
d. 地湿，倘若天下雨。
e. 地湿，假如天下雨。
f. 天下雨，仅当地湿。

从 a 到 f 中的每一个都做了与 L38 一样的断言，因此，L38 可以在一个论证中替换为它们中的每一个。而且，就像我们将要看到的，做出如此替换有助于识别论证形式。因此，必须密切注意这些变体。考虑 c。注意，"如果"不是出现在命题的开始，而是出现在中间。是的，c 和 L38 有相同的含义。而且，d 中的"倘若"一词，实际上与 c 中的"如果"一词起着类似的作用。我们可以通过这些事例概括出："如果"及其变体（例如，"倘若"和"假如"）引导一个前件。但我们必须马上补充，这一概括在"如果"与别的词特别是与"仅仅"结合时并不起作用。像在 f 中，当与"仅仅"结合在一起时，情况发生了戏剧性的改变。命题 f 与 L38 具有同样的意思，但是"仅当"（仅仅如果）一词对许多人来说是混乱的，需要仔细检查。

要澄清"仅当"的意思，考虑如下的简单条件是有帮助的：

L39. 雷克斯是犬，仅当它是动物。

L40. 雷克斯是动物，仅当它是犬。

显然，L39 和 L40 所断言是不同的。L40 实际上断言了，如果雷克斯是动物，则雷克斯是犬。但 L39 却做了完全不同的断定——如果雷克斯是犬，则雷克斯是动物。一般地，"A 仅当 B"形式的命题，与"如果 A，那么 B"形式的命题做了同样的断言。它们并没有与"如果 B，那么 A"形式的命题断言相同。另一种概括方式是，"仅当"（不像"当"）引导一个后件。

要更容易地辨别一个论证的形式，最好将一个条件句的变体转换为标准的"如果-那么"形式。我们寻找方法来辨别论证的有效性和无效性的时候，就是我们的实践。

我们将在后面的章节中更多地说到条件句。但我们这里所说的，足以促进讨论著名的有效论证形式和提供评估论证有效性的方法。

著名有效形式

我们已经介绍了第一个著名有效形式，肯定前件式。现在必须见见它的兄弟，否定后件式。请考虑下面的一对论证：

L41. （1）如果天下雨，那么地湿。
　　 （2）地不湿。
因此，（3）天不下雨。

L42. （1）如果房间里有火，那么房间里有空气。
　　 （2）房间里没有空气。
因此，（3）房间里没有火。

在每一个例子里，第 1 行和第 2 行是前提，第 3 行是结论。两个论证都显然有效：必然地，如果前提为真，那么结论也为真。另外，每个论证都是形式上有效的：它是有效的，是因为它是论证形式否定后件式的一个例子，这个否定后件式意味着"去除的模式或方法"。（注意，在论证 L41 和 L42 中，第二个前提去除或否定了第一个前提的后件的真。）我们可以展示否定后件式如下：

否定后件式
　　 （1）如果 A，那么 B。
　　 （2）非 B。
因此，（3）非 A。

无论 A 和 B 是什么，结果都将是一个有效论证。

否定后件式与肯定前件式相关联。它们都有一个条件句命题的前提。主要差别在于最后两个"非"的否定的性质。"非 A"和"非 B"表示否定。一个命题的否定就是对它的否认。例如，在 L41 中，"地不湿"起着否定 B 的作用，"天不下雨"起着否定 A 的作用。而在 L42 中，"房间里没有空气"起着否定 B 的作用，"房间里没有火"起着否定 A 的作用。

> 一个命题的否定就是对它的否认——例如，"非 A"。

一个命题的否定可以有多种不同的表达方式。例如，下列每一个都是命题"地湿"的否定：

  a. 并非地湿。

  b. 地湿是假的。

  c. 地湿不是真的。

  d. 地不是湿的。

肯定前件式和否定后件式有三个一般的要点可以说明一下。

第一，一个论证是不是一个论证形式的例，并不受前提的次序的影响。例如，下列两个都算作否定后件式：

  L43. 如果莎士比亚是一位物理学家，那么他是一位科学家。莎士比亚不是一位科学家。因此，莎士比亚不是一位物理学家。

  L44. 莎士比亚不是一位科学家。如果莎士比亚是一位物理学家，那么他是一位科学家。因此，莎士比亚不是一位物理学家。

换句话说，形式"非 B；如果 A，那么 B；因此，非 A"的论证，算作否定后件式的例。类似地，形式"A；如果 A，那么 B；因此，B"的论证，算作肯定前件式的例。在本章的剩余部分，记住这里的一般要点——前提的次序并不重要——对我们所要讨论的所有论证形式都将起作用。

第二，包含在一个论证中的条件句不可以太长且复杂。例如：

  L45. 如果每一种权利都可以为了拥有这些权利的人的利益而被放弃，那么安乐死在被安乐死的人放弃他或她的生命权的情况下就是被允许的。此外，每一种权利都可以为了拥有这些权利的人的利益而被放弃。因此，安乐死在被安乐死的人放弃他或她的生命权的情况下就是被允许的。

这个论证的条件句前提相对较长且复杂，但该形式仍然是肯定前件式。"每一种权利都可以为了拥有这些权利的人的利益而被放弃"替换 A；"安乐死在被安乐死的人放弃他或她的生命权的情况下就是被允许的"替换 B。

第三，明确一个论证形式有助于集中注意主要问题。例如，按照有些物理学家所支持的大爆炸理论，宇宙不是无穷大的。热力学第二定律告诉我们，在一个封闭的物理系统里，熵总是倾向于增加，即能量随时间而扩散。（例如，太阳的辐射能量将逐渐均匀地扩散到周围的空间。）按照这些物理学家的理论，如果物理宇宙已经存在了一个无穷阶段，则现在并不存在能量的聚集（例如，没有恒星或行星）。但显然存在着恒星和行星，因此，物理宇宙并未存在一个无穷阶段。我们可以明确这一推理的否定后件式如下：

L46. （1）如果物理宇宙已经存在了一个无穷阶段，那么宇宙中所有的能量都将均匀地扩散（不是聚集于恒星和行星这样的星体）。

（2）并非宇宙中所有的能量都均匀地扩散（不是聚集于恒星和行星这样的星体）。

因此，（3）并非物理宇宙已经存在了一个无穷阶段。

通过明确一个论证形式，我们就更能集中注意力于主要问题。关于上述论证的第二个前提绝不会有什么争论。恒星和行星存在，因此，能量事实上并不会均匀地扩散到物理宇宙中。关于这一论证的有效性也不存在任何争论。具有否定后件式形式的每一论证都是有效的。所以，争论的焦点必定在第一个前提，而且那正是物理学家所做出的。例如，有些物理学家认为宇宙震荡，即通过"大爆炸"和"大收缩"周期运行。而且，如果宇宙能够震荡，那么其扩散能量可以在第一个前提可疑的情况下重聚于可用的形式中。[4]

我们的第三个著名有效形式是假言三段论。请考虑下列论证：

L47. （1）如果学费继续上涨，那么只有富人能够负担上大学的费用。

（2）如果只有富人能够负担上大学的费用，那么等级划分将加剧。

因此，（3）如果学费继续上涨，那么等级划分将加剧。

这是一个**假言三段论**（hypothetical syllogism）的例子，我们可以将其形式表达如下：

假言三段论
（1）如果 A，那么 B。
（2）如果 B，那么 C。
因此，（3）如果 A，那么 C。

该论证形式之所以被称为假言三段论，因为它仅包含假言（即条件句）命题。"三段论"一词来源于希腊文词根，意思是"合在一起推理"，或者将命题合到一个推理模式。假言三段论形式的每一论证实例都是有效的。例如：

L48. 如果我是有道义责任的，那么我会在善与恶之间做出选择。如果我会在善与恶之间做出选择，那么我的一些行动是自由的。因此，如果我是有道义责任的，那么我的一些行动是自由的。

注意，一个假言三段论的结论是一个条件句命题。

到本节为止，我们的讨论集中于包含条件句命题的论证形式。并非所有论证形式都是这样的。有些使用**选言**的命题，即或者 A 或者 B 形式的命题，其部分被称为**选言支**（disjuncts）。（例如，"或者耶路撒冷第二神庙毁于 70 碳当量或者我的记忆力衰退了"的选言支是"耶路撒冷第二神庙毁于 70 碳当量"和"我的记忆力衰退了"）

选言命题（disjunction）是一个"或者-或者"的命题——例如，"或者 A 或者 B"。其部分被称为**选言支**。

现在，思考下列这对论证：

L49. （1）或者巴伯罗·毕加索画了《拿着吉他的妇女》，或者乔治·勃拉克画的它。

（2）巴伯罗·毕加索没有画《拿着吉他的妇女》。

所以，（3）乔治·勃拉克画了《拿着吉他的妇女》。

L50. （1）或者活体动物实验应该被禁止或者人体实验应该被允许（例如，身患绝症）。

（2）人体实验不应该被允许。

所以，（3）活体动物实验应该被禁止。

上述两个论证都是有效的。先是断定一个选言命题，然后否定其中一个选言支，进而结论中剩余的选言支为真。它们都是**选言三段论**（disjunctive syllogism）两种形式的例子。

选言三段论（两种形式）

（1）或者 A 或者 B。　　　　　　　　（1）或者 A 或者 B。

（2）非 A。　　　　　　　　　　　　（2）非 B。

因此，（3）B。　　　　　　　　　　因此，（3）A。

论证 L49 是第一种形式的例，论证 L50 是第二种形式的例。选言三段论的这两种形式都是有效的。

这里给出一些关于选言命题的简短说明。第一，我们将或者 A 或者 B 形式的命题表示为：或者 A 或者 B（或者都有）。这被称为**相容**（inclusive）意义上的"或者"。例如，假设一则招聘广告说："申请人或者有工作经验或者必须具有那个领域的学士学位"。显然，一个工作经验和学士学位均具备的申请人是不被排除在申请之外的。

第二，有些作者说到"或者"的**排除**（exclusive）意义，声称或者 A 或者 B 形式的命题有时意味着或者 A 或者 B（但并非都）。例如，在评论总统选举的时候，一个人可能说，"或者史密斯将赢得选举或者琼斯将获得选举"，假设了并非两者都获胜。然而，相对于只有在 A 和 B 不都真的上下文情况下，"或者"这个词是否真的有两种不同意思，这是一件矛盾的事情。与其让这一矛盾碾压我们，不如让我们向大多数逻辑学家假设：或者 A 或者 B 形式的命题意味着或者 A 或者 B（或者两者都）。

第三，要做出这样一个假设，我们必须立即增加论证者将自由运用或者 A 或者 B（但并非两者都）形式的命题。这等价于两个命题的结合：或者 A 或者 B，并且并非既 A 又 B。思考下列论证：

L51. 或者米勒德·菲尔莫尔是美国第十三届总统，或者扎卡里·泰勒是美国第十三届总统（但并非两者都）。米勒德·菲尔莫尔是第十三届总统。因此，扎卡里·泰勒不是第十三届总统。

我们可以把这一论证的形式表示为：或者 A 或者 B，但并非既 A 又 B；A；所以非 B。该形式是有效的，但需要注意的是它不同于选言三段论。

第四，要注意的是，选言三段论不同于下列论证形式：

L52. 或者希特勒是纳粹，或者希姆勒是纳粹。希特勒是纳粹。所以，并非希姆勒是纳粹。

这一论证的形式可以表达为：或者 A 或者 B；A；所以，并非 B。事实上，论证 L52 的前提是真的，但其结论是假的；所以，这一论证形式是无效的，并不像选言三段论。

让我们来看一个更著名的有效论证形式：**构成式二难推理**（constructive dilemma）。它由假言命题和选言命题所组成。例如：

L53.（1）或者唐娜知道她的退税信息是不准确的，或者她的报税人出错了。

（2）如果唐娜知道该信息是不准确的，那么她将支付罚金。

（3）如果她的报税人出错了，那么他将支付罚金。

因此，（4）或者唐娜将支付罚金，或者她的报税人将支付罚金。

该论证的形式如下：

构成式二难推理

（1）或者 A 或者 B。

（2）如果 A，那么 C。

（3）如果 B，那么 D。

因此，（4）或者 C 或者 D。

该形式的论证总是有效的。关于罪恶的古老问题可以用构成式二难推理的形式来表达：

L54. 或者上帝不能阻止罪恶，或者上帝不想阻止罪恶。如果上帝不能阻止罪恶，那么上帝不是全能的。如果上帝不想阻止罪恶，那么上帝不是全善的。因此，或者上帝不是全能的，或者上帝不是全善的。

这个二难推理很好地表明了如何运用逻辑来具体揭示一个问题。因为论证 L54 是有效的，所以不可能前提都真而结论假。就是反对构造上述论证的有神论者也几乎不能否定第一个（选言）前提。（如果上帝能够阻止罪恶，那么上帝必定是因为某个理由而不想阻止它。）而且第二个前提似乎是不可否认的。（毕竟，甚至我们都能阻止一些罪恶。）历史上，争论集中在第二个前提上，有神论者认为上帝并不想消除全部罪恶，因为罪恶对于导致某种良好结果来说是必要的（例如，自由人的个人成长）。

著名形式法

这里，我们介绍五个著名有效论证形式，概括于下表中：

> **著名有效形式概要**
>
> **肯定前件式**：如果 A，那么 B。A。因此，B。
> **否定后件式**：如果 A，那么 B。非 B。因此，非 A。
> **假言三段论**：如果 A，那么 B。如果 B，那么 C。因此，如果 A，那么 C。
> **选言三段论**：或者 A 或者 B。非 A。因此，B。
> 　　　　　　　或者 A 或者 B。非 B。因此，A。
> **构成式二难推理**：或者 A 或者 B。如果 A，那么 C。如果 B，那么 D。因此，或者 C 或者 D。

请记住这五个著名有效论证形式。

我们现在可以运用这些形式来判定很多论证的有效性，可以采用下列方法。下面是具体情况。

请考虑下列论证：

L55. 帕姆（Pam）老了，仅当他过了 80 岁。但肯并没有过 80 岁，因此他并不老。

首先，识别一个论证中的支命题，就像我们在本节中所做的那样，用大写字母为标识并标注在相应的陈述之上。为了避免出错，陈述的每一部分各用一个大写字母表示，并将否定考虑在内。具体如下：

　　　　　　A　　　　　　　B　　　　　　　非B
L55.　帕姆老了，仅当他过了 80 岁。但肯并没有过 80 岁，因此他并不老。
　　非A

其次，重写论证：用大写字母代替语言陈述，并消除变体（这里，我们用"如果……那么……"结构代替"仅当"）。结果是这样：

（1）如果 A，那么 B。
（2）非 B。
因此，（3）非 A。

最后，我们检验一下看该形式是否取自我们的著名有效形式列表。这里，它是否定后件式，因此我们断定论证 L55 是有效的。

让我们称上述方法为**著名形式法**（famous forms method）。下面给出另一个实例。请考虑下列论证：

L56. 如果安德鲁知道他有一架钢琴，那么他知道他越轨。安德鲁知道他有一架钢琴。因此，安德鲁知道他越轨。

首先，我们识别并在论证中标示支命题，统一贴标签如下：

                  A   B
L56. 如果安德鲁知道他有一架钢琴，那么他知道他越轨。安德鲁知道他有一架钢琴。因此，安德鲁知道他越轨。
                A   B

其次，我们重写该论证，运用大写字母代替语言陈述，并消除变体，得到下列形式：

（1）如果 A，那么 B。
（2）A。
因此，（3）B。

最后，我们问该形式是不是我们的著名有效形式之一。这里，它是肯定前件式。所以，L56 是有效的。

> **著名形式法概要**
> 第一步，识别论证中的支命题，并用大写字母统一标明。
> 第二步，重写论证，运用大写字母代替语言陈述并消除任意变体。
> 第三步，检查看推理的模式是否取自我们的有效形式列表。如果是，那么该论证有效。

这里强调一下著名形式法的复杂性是有帮助的。考虑下列论证就会明白。

　　　　　　　　A　　　　　　　　　　　B
L57. 弗兰西斯是跑得最快的人，如果她在 4 分钟内能跑完 1 英里①。弗兰西斯在 4 分钟内能跑完 1 英里。所以，弗兰西斯是跑得最快的人。
　　　　　　　　B　　　　　　　　　　　A

当我们用大写字母重写该论证并消除变体后，我们得到下列形式：

（1）如果 B，那么 A。

（2）B。

因此，（3）A。

我们标注的条件句是"如果 B，那么 A"，而不是"如果 A，那么 B"。但这不是问题。不必按字母顺序来安排字母出现的顺序。重要的是，第二个前提肯定了条件前提的前件，而结论肯定了条件前提的后件。所以，根据肯定前件式的例子，该论证是有效的。

现在我们来确认一下著名形式法的两个局限。第一个局限通过下面这个论证即可明白：

L58. 弗雷德喜欢围巾。达芙妮喜欢围巾。因此，弗雷德喜欢围巾

---

① 1 英里约等于 1.61 千米。——译者注

并且达芙妮喜欢围巾。

即使这个论证过于简单，但它是形式上有效的。它是下列有效论证形式的一个例子。

形式 1

（1）A。

（2）B。

因此，（3）A 并且 B。

不可能当前提 A 和 B 都为真时而结论"A 并且 B"为假。问题是，该有效形式并非我们的列表中的著名形式，因此著名形式法并不能告诉我们 L58 是有效的。类似地，在我们讨论选言推理的时候，我们注意到论证 L51 是这样的：

形式 2

（1）或者 A 或者 B。

（2）并非既 A 又 B。

（3）A。

因此，（4）并非 B。

形式 2 是有效的，但它并不在我们的列表上。这是著名形式法的真正局限。尽管很多有效论证都是我们的五个著名有效形式的例子，但是也存在很多别的形式上有效的论证，类似论证 L51 和 L58 就不属于我们的五个著名有效形式。因此，事实上，著名形式法并不是说，一个论证形式有效并不意味着它只能根据著名有效形式。当然，我们可以通过增加形式 1 和形式 2 到我们的列表中来处理这个问题。虽然这个方法包含着一定的智慧（实际上，我们下面将发展的证明系统正是基于这一见解来建构的），但是我们将不得不增加无穷多的形式来覆盖所有可能的有效形式，这的确是一个艰巨的任务。

著名形式法的第二个局限是，它表明任何无效论证都是无效的对于我们帮助不大。它仅仅关涉到表明论证的有效性。

有效形式法有这些局限，那为什么还要费心学习它？这是因为，尽管有这些局限，但我们不应该忽视这样的事实：著名形式法是简明直接的，在许多情况下都是需要的。而且，理解它和它的局限，是通向掌握基本逻辑概念并为评估论证而把握更完美的方法所构成的重要一步。

定义概要

一个**论证形式**是一个推理模式。

一个论证形式的**替换例**是用命题（或词项）一致地替换形式中的变元而得到的一个论证。

一个**有效论证形式**是其中每一个替换例都是有效论证。

一个**形式上有效的论证**就是根据其形式即为有效的论证。

一个命题的**否定**是对它的否认。

一个**条件句命题**是一个"如果-那么"命题，通常称之为一个"条件句"。

一个条件句的"如果-"部分是其**前件**。

一个条件句的"那么-"部分是其**后件**。

选言命题是一个"或者-或者"的命题。

构成一个选言命题的命题是其**选言支**。

✎ 练习 1.2

1.3 反例和无效性

我们看到，关于论证形式的基本理解有助于识别很多有效论证。不幸地，我们也看到，存在很多有效论证未能通过有效形式法来识别。同时，尽管有效形式列表可以帮助我们识别一些共同的有效论证，但并不能帮助我们识别任意的无效论证。本节中，我们将探讨一种揭示无效推理的方法。

反例

请考虑下列论证：

L59. （1）如果布兰妮·斯皮尔斯是一位哲学家，那么布兰妮·斯皮尔斯是聪明的。

（2）布兰妮·斯皮尔斯不是一位哲学家。

因此，（3）布兰妮·斯皮尔斯不聪明。

乍一看，该论证像是一个否定后件式的例。

否定后件式

（1）如果 A，那么 B。

（2）并非 B。

因此，（3）并非 A。

但是，最初的样子可能是骗人的，而且在这一情况下它们是。一个否定后件式的论证否定其条件句前提的后件，而且结论否定前件。论证 L59 否定了其条件句前提的前件，而且其结论否定了后件。因此，它并非否定后件式的例。它是作为**否定前件谬误**（fallacy of denying the antecedent）而著名的例，这个谬误不过是推理中的一个错误。我们将它的形式表示如下：

否定前件谬误

（1）如果 A，那么 B。

（2）并非 A。

因此，（3）并非 B。

否定前件谬误是无效论证形式的一个例子，其中，**无效论证形式**（invalid argument form）是有一些无效的替换例的形式。

无效论证形式是有一些无效的替换例的形式。

回顾一下，一个无效论证形式的替换例，就是在那个命题形式中一致地替换变元而得到一个论证。论证 L59 是否定前件谬误的一个替换例，因为它是通过用"布兰妮·斯皮尔斯是一位哲学家"替换 A，并且用"布兰妮·斯皮尔斯是聪明的"替换 B 而得到的。但它是无效的，因为它可能前提真而结论假。这一事实容易出错，然而许多人以为它的结论理所当然。但是，考虑下列论证：

L60. （1）如果布兰妮·斯皮尔斯是石油大亨，那么布兰妮·斯皮尔斯是富有的。

（2）布兰妮·斯皮尔斯不是石油大亨。

因此，（3）布兰妮·斯皮尔斯不是富有的。

论证 L59 和 L60 都是同样形式的例子——否定前件谬误，但 L60 提供了该形式的无效性的一个非常清楚的证明，因为大多数读者将立刻认识到其前提真而结论假。它显然是无效的。

我们断言，一个论证形式的**反例**（conterexample）是其中前提为真而结论为假的一个替换例。一个论证形式的反例表明该形式不是有效的，即通过表明该形式并不保真——表明了它可以从真前提通向假结论。

📝 一个论证形式的**反例**是其中前提为真而结论为假的一个替换例。

但是并非所有反例都有同样的效果。前提真而结论假越明显，则效果就越显著。所以，尽管论证 L60 是否定前件式的一个好反例，但下列论证并不是这样：

L61. （1）如果丹的夏季花园里有牛排，那么其中有西红柿。
　　　（2）丹的夏季花园里没有牛排。
　　因此，（3）丹的夏季花园里没有西红柿。

这一论证并不是否定前件谬误的一个好反例，因为尽管它是一个反例，但其前提并非众所周知的真而结论并非众所周知的假。然而，论证 L60 是一个好的反例，大多数读者都将知道石油大亨是富有的（使得如果布兰妮·斯皮尔斯是石油大亨，那么她就是富有的）并且布兰妮·斯皮尔斯不是石油大亨（她是一个演艺人员）；同时，他们将知道布兰妮·斯皮尔斯是富有的（根据她的演唱和代言）。我们会说，一个论证形式的**好反例**（good counter-example）是其中前提众所周知地为真而结论众所周知地为假的一个替换例。

📝 一个论证形式的**好反例**是其中前提众所周知地为真而结论众所周知地为假的一个替换例。

👥 如果你理解地记住了一个好反例，你将记得反例方法是如何起作用的。

为了更好地明确反例概念，让我们看一看第二种谬误。请考虑下列论证：

L62. （1）如果瑞恩是一位真正的流行文化爱好者，那么他就会虔诚地阅读《娱乐周刊》。
　　　（2）瑞恩虔诚地阅读《娱乐周刊》。
　　因此，（3）瑞恩是一位真正的流行文化爱好者。

人们可能一不小心把这个论证形式认成肯定前件式：

肯定前件式

（1）如果 A，那么 B。

（2）A。

因此，（3）B。

但这是错误的。一个肯定前件式论证肯定了其条件句前提的前件，并且其结论肯定后件。论证 L62 肯定了其条件句前提的后件而结论肯定前件。因此，它并不是肯定前件式的一个例。它是被称为**肯定后件谬误**（fallacy of affirming the consequent）的一个例。

肯定后件谬误

（1）如果 A，那么 B。

（2）B。

因此，（3）A。

为了显示这一论证形式是谬误的，考虑下列反例：

L63. （1）如果柠檬是红色的，那么柠檬有颜色。

（2）柠檬有颜色。

因此，（3）柠檬是红色的。

第一个前提显然是真的：任何红色的东西都有颜色。而且柠檬有颜色是共识。另外，每个人都知道红色和黄色是不同的颜色。因此，前提是众所周知的真而结论是众所周知的假。所以，论证 L63 是肯定后件谬误的一个好反例。

反例方法

到目前为止，我们已经集中于如何用反例来证明论证形式的无效性。我们现在来看一看如何运用反例来识别无效的论证。

在 1.2 节中，我们注意到，如果一个论证是有效论证形式的一个例，那么它就是有效的。类似地，自然可以假设，如果一个论证是无效论证形式的一个例，那么它是无效的。如果这一假设是正确的，那么识别一个论证的无效性的方法在于其自身：首先我们识别该论证的形式，然后我们构造那个形式的一个反例。除非例外，我们将必然认为刚提及的假设是正确的，因为它将允许我们简化最初关于反例方法的解释。随后，我们将解释为何这个假设是错误的，并且为什么尽管它错了，但反例方法保持着涉及无效性的高度有效技巧。

让我们从一个论证开始：

L64. （1）乔治·布什是美国总统，并且乔治·布什毕业于哈佛大学。
（2）巴拉克·奥巴马是美国总统。
因此，（3）巴拉克·奥巴马毕业于哈佛大学。

正像我们在最后一段中所暗示的那样，反例方法包含着两个基本步骤。第一步是识别论证的形式。要那样做，我们就要识别该论证的支命题，并且用变元代替它们，正如我们在应用著名形式法中所做的那样。在 L64 的第一个前提中，支命题是"乔治·布什是美国总统"和"乔治·布什毕业于哈佛大学"。第二个前提是一个完全不同的命题，和结论一样；所以，它们将要求不同的变元。记住这几点，下面就是该论证的形式：

形式 3

（1）A 并且 B。
（2）C。
因此，（3）D。

用这个形式，我们可以进入第二步：构造一个替换例，其中前提是众所周知的真而结论是众所周知的假。例如：

L65. （1）乔治·华盛顿是美国总统，并且乔治·华盛顿亡故已久。

（2）巴拉克·奥巴马是美国总统。

因此，（3）巴拉克·奥巴马亡故已久。

"乔治·华盛顿是美国总统"代替形式 3 中的 A，"乔治·华盛顿亡故已久"代替 B，"巴拉克·奥巴马是美国总统"代替 C，"巴拉克·奥巴马亡故已久"代替 D。大多数读者将会知道，乔治·华盛顿和巴拉克·奥巴马都是美国总统。同时，大多数读者将知道，当华盛顿亡故已久，奥巴马却依然活着。因此，我们有形式 3 的一个好反例。鉴于我们假设一个论证是无效的，如果它是一个无效形式的例，论证 L64 是无效的。

论证 L65 包含着论证 L64 中相同的一些东西：巴拉克·奥巴马和总统。但这并不是好反例的要求。下面是形式 3 的一个反例，包含着完全不同于 L65 的东西：

L66. （1）约翰·列侬是披头士乐队的成员并且富士苹果是红色的。

（2）不是每一个人都喜欢勃艮第的蜗牛。

因此，（3）月亮是由林堡干酪构成的。

"约翰·列侬是披头士乐队的成员"代替 A，"富士苹果是红色的"代替 B，"不是每一个人都喜欢勃艮第的蜗牛"代替 C，"月亮是由林堡干酪构成的"代替 D。当然，论证 L66 是荒唐的——结论是可笑的并且前提之间没有关系。但是请记住：它作为一个好反例，该论证是所讨论形式的一个实例，而且其前提众所周知的真而结论众所周知的假。L66 符合这些要求。

下面是反例方法的第二个说明。请考虑下列论证：

L67. （1）如果干细胞研究导致伤害，那么干细胞研究就是错的。

（2）如果干细胞研究导致伤害，那么它应该被取缔。

因此，（3）如果干细胞研究是错的，那么它应该被取缔。

首先，我们识别论证的支命题并用大写字母代替。如果我们用 A 代替"干细胞研究导致伤害"，用 B 代替"干细胞研究就是错的"，用 C 代替"它应该被取缔"，我们得到下列形式：

形式 4

（1）如果 A，那么 B。

（2）如果 A，那么 C。

因此，（3）如果 B，那么 C。

其次，我们为其前提是众所周知的真而结论是众所周知的假的形式 4 构造一个替换例。要使得这个任务更容易，将第二步分解为两个部分是有帮助的。作为一般规则，从众所周知的假结论开始并返回来起作用是有用的。例如，我们可以从下面开始：

L68. （1）如果 A，那么 B。

（2）如果 A，那么 C。

因此，（3）如果威尔·史密斯是哺乳动物，那么他是一匹马。

这里，"威尔·史密斯是哺乳动物"代替形式 4 中的 B，"他是一匹马"代替 C。得出的结论是众所周知的假，因为众所周知威尔·史密斯是哺乳动物但不是一匹马。我们构造了一个替换例，因此我们必须在该形式中别的地方一致地用同样的命题代替同样的字母。所以，我们有：

L69. （1）如果 A，那么威尔·史密斯是哺乳动物。

（2）如果 A，那么他是一匹马。

因此，（3）如果威尔·史密斯是哺乳动物，那么他是一匹马。

现在，我们正需要回答这个问题：我们可以用什么来替换 A 将导致前提是众所周知的真？换句话说，什么样的情况使得众所周知如果威尔·史密斯是它们之一，他就会是哺乳动物？而且什么样的情况使得众所周知如果威尔·史密斯是它们之一，他就会是一匹马？我们会想到许多情况，例如，纯种的和强健的挽马。即众所周知如果威尔·史密斯是纯种的，那么他就是哺乳动物，并且众所周知如果他是纯种的，那么他是一匹马。所以，我们得到：

L70. （1）如果威尔·史密斯是纯种的，那么他是哺乳动物。

（2）如果威尔·史密斯是纯种的，那么他是一匹马。

因此，（3）如果威尔·史密斯是哺乳动物，那么他是一匹马。

这一论证是形式 4 的替换例；同时，其前提是众所周知的真且结论众所周知的假。所以，形式 4 是无效的。鉴于我们假设一个论证是无效的，如果它是一个无效论证形式的替换例，并且既然论证 L67 是无效论证形式 4 的一个例，所以，L67 是一个无效论证。

范畴命题与论证

在这一点上，反例方法问题，与目前为止我们所发展的类似。这个问题与包含直言命题的论证相关联。**范畴命题**（categorical statement）是关联两个类或两个范畴的命题，其中的类是事物的集合或聚合。

> **范畴命题**是关联两个类或两个范畴的命题，其中的类是事物的集合或聚合。

下列论证的前提和结论都是范畴命题：

L71. （1）所有总统都是人类。
　　（2）所有人类都是哺乳动物。
因此，（3）所有总统都是哺乳动物。

这一论证的第一个前提关联了总统的集合和人的集合——它断言了每一个属于总统的类也属于人类的类。第二个前提关联了人的集合和哺乳动物的集合——它断言了每一个属于人类的类也属于哺乳动物的类。结论关联了总统的集合和哺乳动物的集合——它断言了每一个总统的类都是哺乳动物的类。范畴命题经常是由"所有""有些""没有"等词项所暗示，因为它们对一类元素中的所有、有些或没有是什么样的做出了断言。所以，"所有亚摩利人都是迦南人（Canaanites）""有些加拿大人是法国人""所有弗里斯兰人都不是塔斯马尼亚人（Tasmanians）"都算作范畴命题。

我们说，包含范畴命题的论证都提出了一个反例方法的问题，因为我们已经发展到这一点。要明白这个问题，请注意论证 L71 只是三个命题的一个系列，鉴于我们识别一个论证形式的方法，它们应该用大写字母替换如下：

形式 5
　　（1）A。
　　（2）B。
因此，（3）C。

形式 5 显然是无效的——构造一个好反例，只要用任意两个众所周知的真替换 A 和 B，用众所周知的假替换 C。所以，鉴于我们假定一个论证是无效的，如果它是无效论证形式的一个例，我们的反例方法就会导致论证 L71 是无效的结论。但是论证 L71 显然是有效的。不可能所有总统都是人类并且所有人类都是哺乳动物，而有些总统却不是哺乳动物。同时，L71 根据其形

式是有效的；它是形式上有效的。即事实上如果第一类的所有元素都是第二类的元素，并且第二类的所有元素都是第三类的元素，那么第一类的所有元素就是第三类的元素。使事情变得更糟的是论证 L71 并不是孤例。我们的反例方法将包含范畴命题的很多有效论证都算作无效的。我们如何能够解决这个问题？

解决方法包括两步。首先，我们必须在识别论证形式的方法中扩大变元的使用。其次，我们必须解释一个论证如何才是有效的，即使它是一个无效形式的替换例。如果我们的确做了这两件事情，那么当承认形式 5 无效的时候，我们还是可以明智地肯定有效论证 L71 的有效性。我们将依次操作每一步。

到目前为止，我们只是使用变元来表示命题。因此，我们识别论证 L71 的形式为无效形式 5，即使显然 L71 是形式上有效的。因此，让我们现在使用变元来表示词项以及命题。对于本章的目的来说，一个**词项**（term）是一个表示事物的类的词或词组，就像总统的类，或人类的类，或哺乳动物的类。

> 一个**词项**是一个表示事物的类的词或词组。

在论证 L71 中，词"总统""人类""哺乳动物"都是词项。如果我们相应地用 A、B 和 C 替换它们，我们就会有下列论证形式：

形式 6

(1) 所有 A 是 B。

(2) 所有 B 是 C。

因此，(3) 所有 A 是 C。

形式 6 非常不同于我们到目前所看到的形式，因为其变元表示词项，而不是命题。然而，形式 6 显然是一个有效形式。其有效性可以通过下图加以说明：

```
        C
      B
    A
```

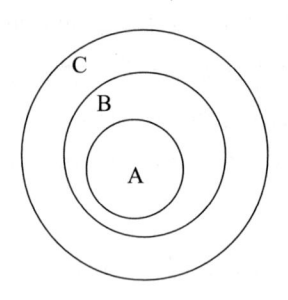

无论 A、B 和 C 表示什么，情况依然是这样，如果 A 圈中的每一个事物都在 B 圈中，而且 B 圈中的每一个事物都在 C 圈中，那么 A 圈中的每一个事物都在 C 圈中。例如，如果所有的汽车人（A）都是变形金刚（B），并且如果所有的变形金刚（B）都来自控制机（C），那么所有的汽车人（A）都来自控制机（C）。我们可以认识到结论是从前提中推出来的，即使我们对伪装机器人一无所知。

在前文中，我们将一个论证形式的替换例定义为"用命题（或词项）一致地替换形式中的变元而得到的一个论证"，并且在脚注中，我们建议读者忽略附加说明的标注直到下一步注意它。我们不再忽略它。既然论证 L71 是在形式 6 中用词项一致地替换变元而得到的，那么 L71 就是形式 6 的一个替换例。形式 6 是有效的，因此，论证 L71 也是有效的。根据其形式它是有效的。扩展变元运用到包括词项和命题有助于我们认识这些事实。

我们通向解决问题的第一步是完全的：允许变元表示词项，丰富我们识别论证形式的方式，使得我们能够肯定论证 L71 是有效论证形式的一个例。然而，如果在这里停住的话，我们的解决会是不完全的。因为，如果我们在这里停住，我们将会导致荒谬。毕竟，如我们所观察到的，论证 L71 是有效论证形式即形式 6 的一个例；所以，L71 是一个有效的论证。但 L71 也是无效论证形式，即形式 5 的一个例；所以，L71 是一个无效的论证，鉴于我们假设一个论证是无效的，如果它是一个无效论证形式的替换例。所以，除非我们采取第二步并且否定我们的假设，否则我们将不得不得出结论说论证 L71 是既有效又无效的——荒谬绝伦！

但是，我们可以明智地否定我们的假设吗？是的。因为实际上每一个论证都可以是更多形式的例，包括有效的和无效的。论证 L71 是这样的情况：它是有效的形式 6 的一个例，它也是显然无效的形式 5 的一个例。因此，显然足够与我们的假设相矛盾,我们假设一个论证可以是有效的即使它是无效论证形式的替换例。在这种情况下,我们不必断言论证 L71 或者任意别的论证无效,仅仅因为它是一个无效形式的例。因此,我们的反例方法并不会导致荒谬。

让我们概括一下我们的结果。我们最初的反例方法面临将包括范畴命题的很多有效论证算作无效的问题。我们首先在包括词项和命题的论证形式的识别中通过扩大变元的使用来解决这个问题,进而表明一个论证是一个无效形式的例子而无关那个论证的无效性。我们的解决是完全的。

尽管我们的问题已经解决,但还是存在少数问题。假设我们已经正确地识别了一个论证形式,并且我们通过反例方法表明它是无效的。一个无效形式的例无关一个论证的无效性,然而它对我们可能是未知的,它有一个附加的形式是有效的——至少在理论上是的,那是理论上的可能性。反例方法对它不起作用。因此,它只产生暂时的结果。

如果反例方法只能产生暂时的结果,那么它是什么样的好结果?一般来说,如果我们用关键的逻辑词或词组来识别一个论证形式——例如"所有""有些""没有""如果-那么""或者-或者""并非""并且"和后面要讨论的别的词——并且如果形式识别是无效的,那么该论证就没有有效形式,因此它就是形式上无效的。这就是为什么反例方法是评价论证的有力工具,即使在理论上它不能决定性地建立一个论证的无效性。(重要的是要理解,即使识别无效论证的反例方法产生的只是暂时的结果,但对一个论证形式给予好的反例会决定性地建立其无效性。)

让我们回到包含范畴命题的论证。下面是一个形式上有效的论证:

L72. (1) 所有翡翠都是宝石。
(2) 有些石头不是宝石。
因此,(3) 有些石头不是翡翠。

该论证具有下列形式:

形式 7

(1) 所有 A 是 B。

（2）有些 C 不是 B。

因此，（3）有些 C 不是 A。

这里，A 替换了"翡翠"，B 替换了"宝石"，C 替换了"石头"。我们可以逻辑地图解如下：

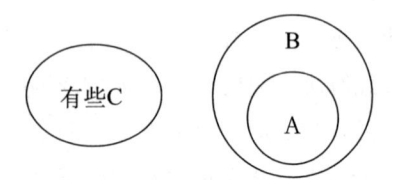

显然，如果 A 类的所有元素都是 B 类的元素，并且 C 类的有些元素不是 B 类的元素，则 C 类的有些元素不是 A 类的元素。无论 A、B 和 C 代表什么，情况都是这样。因此，形式 7 的每一个例都是有效的；形式 7 自身是有效的。

下面是包含范畴命题的形式有效论证的另外一个例子。

L73. （1）每一条三文鱼都是大麻哈鱼。

（2）有些三文鱼是铜河（阿拉斯加中南部）土生土长的。

因此，（3）有些大麻哈鱼是铜河土生土长的。

如果我们用 A 代替"三文鱼"，用 B 代替"大麻哈鱼"，用 C 代替"铜河土生土长的"，我们有下列形式：

形式 8

（1）每一个 A 都是 B。

（2）有些 A 是 C。

因此，（3）有些 B 是 C。

我们可以逻辑地图解如下：

如果 A 类的每一个元素都是 B 类的元素，并且 A 类的有些元素也是 C 类的元素，那么 B 类的有些元素是 C 类的元素。无论 A、B 和 C 表示什么，情况都将是这样。因此，形式 8 的每一个例和形式 8 自身一样都是有效的。

当然，并不是所有包含范畴命题的论证都是有效的。这可以通过采用先前运用的反例方法的修正版来显示。要说明这一点，考虑下列论证：

L74. （1）所有逻辑学家都是聪明人。
（2）有些聪明人不是时尚的人。
因此，（3）有些逻辑学家不是时尚的人。

首先，我们在带变元的论证中一致地替换词项来识别推理的模式。如果用 A 替换"逻辑学家"，用 B 替换"聪明人"，用 C 替换"时尚的人"，可得：

形式 9

（1）所有 A 都是 B。
（2）有些 B 不是 C。
因此，（3）有些 A 不是 C。

其次，我们构造一个论证形式的好反例。像之前那样，有帮助的是从结论回推，并且使用其相互关系很好理解的生物词项，如"人类""哺乳动物""狮子""猫科动物"起着特别好的作用，就像几何词项"平方""图形""三角形""圆"。我们从下面的推理开始：

L75. （1）所有 A 都是 B。
（2）有些 B 不是 C。
因此，（3）有些狮子不是猫科动物。

这里，"狮子"代替 A 并且"猫科动物"代替 C。所有狮子都是猫科动物这是众所周知的真；所以，L75 的结论——有些狮子不是猫科动物——是众所周知的假。我们必须对每个变元的出现使用相同的词项，因此我们来操作下面的推理：

L76. （1）所有的狮子都是 B。
（2）有些 B 不是猫科动物。
因此，（3）有些狮子不是猫科动物。

现在，我们问：我们可以用什么来替换 B 从而给予我们真的前提？什么样的范畴既包括了所有的狮子也包括了有些不是猫科动物的东西？有几个建议：例如，食肉类、脊索动物和超光子；但食肉动物、哺乳动物和动物是更众所周知的，并且作为好反例。所以：

L77. （1）所有狮子都是动物。
（2）有些动物不是猫科动物。
因此，（3）有些狮子不是猫科动物。

这就是为什么反例方法可以修正进而识别无效的范畴论证。

让我们看一看另一个例。下面是一个论证：

L78. （1）没有影星是穷人。
（2）有些银行家不是穷人。

因此，(3) 有些银行家不是影星。

令 A 表示"影星"，B 表示"穷人"，C 表示"银行家"。我们有：

形式 10

  (1) 没有 A 是 B。

  (2) 有些 C 不是 B。

因此，(3) 有些 C 不是 A。

如果我们用"正方形"替换结论中的 C，用"封闭平面图形"替换结论中的 A，我们的反例将开始成形如下：

L79. (1) 没有 A 是 B。

  (2) 有些 C 不是 B。

因此，(3) 有些正方形不是封闭平面图形。

每个人都知道，每个正方形都是一个封闭平面图形，因此结论是众所周知的假。接下来，我们在前提中用"正方形"和"封闭平面图形"一致地替换 C 和 A，结果如下：

L80. (1) 没有封闭平面图形是 B。

  (2) 有些正方形不是 B。

因此，(3) 有些正方形不是封闭平面图形。

最后，我们问：可以用什么替换两个前提中的 B？什么范畴排除了有些正方形和所有封闭平面图形？很多范畴适合那个描述：例如，斑马、现象学家和亚玛力人；但是，候选人更多地适合一个好反例，包括海象、加拿大人和克林贡人。因此，我们有下面的反例：

L81. （1）没有封闭平面图形是克林贡人。
（2）有些正方形不是克林贡人。
因此，（3）有些正方形不是封闭平面图形。

人们也许认为，有些正方形不是克林贡人是错的。毕竟，所有正方形都不是克林贡人。然而，在逻辑学中，"有些"这个词意味着"至少有一个"。因此，命题"有些正方形不是克林贡人"是真的：至少有一个正方形不是克林贡人。而且"有些正方形不是克林贡人"并不意味着有些正方形是克林贡人。下列几个命题都是真的："有些正方形不是克林贡人。""所有正方形都不是克林贡人。"并且"没有正方形是克林贡人。"

为了易于参考，我们将反例方法概括如下：

反例方法概要

1. 写出逻辑上最敏感的论证形式。用大写字母表示命题或词项。
2. 发现语言中的命题或词项，如果在论证形式的结论中替换大写字母，那么产生一个众所周知的假。
3. 在整个论证形式中，用相关大写字母一致地替换这些语言的命题或词项。
4. 发现语言中的命题或词项，如果在论证形式中一致地替换存在的大写字母，那么就会产生众所周知的真的前提。
5. 检查你的工作。如果成功，那么表明该论证是无效的。

我们已经提到了反例方法的一个局限：它的结果是暂时的，因为我们也许并不认同评估的逻辑上最敏感的论证形式。另一个局限是，即使我们的确认同逻辑上最敏感的形式，也许仍然不能构造一个反例，因为有时思考它是困难的。或者（a）形式是有效的，我们不能构造一个反例，因为一个有效形式不能有一个反例。或者（b）形式是无效的，我们思考替换例时仅仅需要更多的创造性。不幸的是，对于有些论证形式，我们有些人也许并不能区分哪一个是我们所面对的变体。所以，我们不能辨别一个反例，并不确保反例不存在。这是反例方法的结果是暂时的第二个方式。要减轻这一局限，我们可以把反例方法和 1.2 节中的著名形式法结合起来。这样，如果我们已经认可的形式是我们的著名有效形式之一，那么所探寻的论证就是有效的。但是这仅在一定程度上减轻一点困难，因为我们的著名形式表是有限的。

在本书的后面章节中，我们将发展方法来辨别论证的有效性和无效性，改进我们在本章中已经讨论过的两个方法。然而，已经牢固掌握这两个方法的逻辑学学生将会站在非常好的立场上来理解和补充更细致完善的方法。

定义概要

否定前件谬误是一种无效论证形式：如果 A，那么 B；并非 A；因此，并非 B。

一个无效论证形式是有一些无效的替换例的形式。

一个论证形式的**反例**是其中前提为真而结论为假的替换例。

一个论证形式的**好反例**是其中前提是众所周知的真而结论是众所周知的假的一个替换例。

肯定后件谬误是一个无效论证形式：如果 A，那么 B；B；因此，A。

一个范畴命题是关联两个类或两个范畴的命题，其中的类是事物的集合或聚合。

一个**词项**是一个表示事物的类的词或词组。

练习 1.3

1.4 强度和可信度

在本章的开头，我们描述了演绎论证和归纳论证之间的区别：演绎论证是前提确保结论的真的论证，归纳论证则是前提使得结论很可能但不能确保结论真的论证。到目前为止，我们集中讨论的是第一种论证；现在我们开始转向第二种。

演绎论证的目的是前提确保结论的真，并且一个有效论证就是在这个意义上成功的论证——它是必然的，如果前提真，那么结论就是真的。既然归纳论证的目的是前提使得结论可信（没有确保真），它是成功的如果它是可信的（但不是必然的），如果前提真，那么结论就是真的。一个**强论证**（strong argument）是很可能的（但不是必然的）如果前提真那么结论就真的论证。

> 一个**强论证**是很可能的（但不是必然的）如果前提真那么结论就真的论证。

> 记住强论证。

我们可以通过断言强论证是可能的论证来否定这一点，即鉴于假设前提为真而结论为假是不可能的。

我们必须立刻注意潜在的术语混淆：按照强论证的定义，有效论证都不是强的并且强论证都不是有效的。断言有效论证都不是强的，并不是说有效论证都优于强论证。而仅仅要注意的是，一个有效论证是结论可以必然地从前提推出来的论证，而一个强论证根据定义缺乏这个特征。演绎论证和归纳论证是不同类型的论证，并且有一些词项应用于一个而不应用于另一个是有帮助的。"有效"和"强"就是这样的词项。

一个**弱论证**（weak argument）是不太可能的如果前提真那么结论就真的论证。

> 一个**弱论证**是不太可能的如果前提真那么结论就真的论证。

为了说明强弱归纳论证的差别，我们来考虑下列两个论证：

L82. 98%的《星球大战》粉丝痛恨加·加·宾克斯。克里斯是一位《星球大战》粉丝。因此，克里斯痛恨加·加·宾克斯。

L83. 14%的《星球大战》粉丝偏好《绝地归来》而不是《帝国反击战》。尼娜是一位《星球大战》粉丝。因此，尼娜偏好《绝地归来》而不是《帝国反击战》。

论证 L82 不是有效的，因为可能前提真而结论假——克里斯可能是《星球大战》粉丝并且崇拜加·加·宾克斯，即使绝大多数粉丝不是这样。然而，如果克里斯是一位粉丝，并且有 98%的粉丝痛恨加·加·宾克斯，那么克里斯痛恨很可能是真的。因此，L82 是一个强论证。相比较，论证 L83 既不有效也不强。如果只有 14%的《星球大战》粉丝偏好《绝地归来》而不是《帝国反击战》，并且尼娜是一位粉丝，那么她偏好前者而不是后者就是不太可能的（事实上是很不可能的）。因此，L83 是一个弱的归纳论证。

强弱归纳论证之间的差别可以通过各种归纳论证而不是统计三段论（L82 和 L83 的论证类型）来解释。例如，考虑下列两个诉诸权威的论证：

L84. 根据波士顿大学历史学家、美国 20 世纪初历史专家霍华德·津恩的研究资料，1933 年是美国大萧条最严重的一年，1/4 到 1/3 的美国劳动力失业。因此，1/4 到 1/3 的美国工人在 1933 年失业。[5]

L85. 按照贝勒沃社区学院的新生弗雷德·D 先生的说法，美国国民生产总值将减少 4.57%。因此，美国明年的国民生产总值将下降几乎 5%。

甚至像霍华德·津恩这样的更权威专家，也会出错。因此，他可能断言过 1933 年有 1/4 到 1/3 的美国劳动力失业，尽管这个数字更接近 2/5。所以，L84 不是有效的。然而，当津恩的令人佩服的学术经历真诚地在他出版的专业领域断定了一些通过有类似资格的专家评论过的东西，则他所说的不可能假，即使那是可能的。所以，L84 是一个强的权威论证。与之比较，L85 是一个弱的权威论证。当我们赞许 D 先生的智慧、自信和"宏观经济学导论"课程 B+的时候，他的刚刚萌芽的专业知识几乎不能使他关于经济的预言成为可靠的权威。所以，明年 GNP 将减少 5% 是不太可能的，鉴于弗雷德·D 先生真诚的断言。注意，无法用任何精确数值来相应地断言 L84 和 L85 的强或弱。还有，显然，第一个是强的而第二个是弱的。

像诉诸权威的论证一样，诉诸类比的论证也是很普遍的，而且它们也都可以是强或弱的。下面是一个例子：假如本杰明和佐伊正在骑马。佐伊的马跳过了一个栏杆，但本杰明不能确定他的马是否能跳过栏杆。佐伊指出，本杰明的马在大小、速度、力量和训练上都和她的马差不多。她还说，本杰明是一个有经验的骑手而且不比她重，本杰明的马也不受优待控制。她于是得出结论，本杰明的马也能跳过栏杆。我们可以勾画佐伊的推理如下：

L86. 本杰明的马在相关方面类似于佐伊的马。佐伊的马能够跳过栏杆。因此，本杰明的马也能够跳过栏杆。

这一论证并不有效，因为当其前提真时结论可以是假的。例如，佐伊并不知道，本杰明的马也许被喂了药从而导致它今天不能跳过栏杆。还有，该论证并不是强的。因为，涉及本杰明的马类似于佐伊的马是相关于马的跳跃能力。所以，更有可能并非如果 L86 的前提为真，那么结论就是真的。该论证是强的。

通过比较，假设本杰明的马类似于佐伊的马是这些方面：它们有同样的皮毛和眼睛颜色，它们都有同样长度的鬃毛和尾巴，它们都有同样数量的鼻孔，并且骑手都穿列维 501 号的衣服。在这样的情况下，尽管本杰明的马在某些方面类似于佐伊的马，并且佐伊的马能够跳过栏杆，并不能推出本杰明的马也能够跳过栏杆，即使有这些类似。那就是因为它们无关于马的跳跃能力。所以，不可能如果 L86 的前提为真，那么结论就是真的。该论证是弱的。

所以，我们看到了，存在不同类型的归纳论证，它们可以或者强或者弱。我们将更充分地来探索强和弱的概念，以及我们已经提到的三类归纳论证和别的类型。现在，一方面，强调强和弱之间的重要不同将是有用的；另一方面，强调有效性和无效性也是有用的。

重要的差别是这样：强和弱是分等级的，但有效性和无效性不是这样的。或者必然地如果一个论证的前提为真，那么它的结论就是真的，或者并不是必然的。采用另一个方法，或者可能一个论证的前提为真而结论为假，或者不可能。所以，说一个论证比另一个论证是更有效或更无效的，这是没有意义的，这不是逻辑学家有兴趣的"有效"和"无效"的含义。在这个意义上，我们这里所关心的含义仅仅是，有效性和无效性并不分等级。然而，强和弱是不同的情况。考虑到统计三段论，我们习惯于解释强和弱的归纳论证之间的差别。这里再看看它们：

> L82. 98%的《星球大战》粉丝痛恨加·加·宾克斯。克里斯是一位《星球大战》粉丝。因此，克里斯痛恨加·加·宾克斯。
>
> L83. 14%的《星球大战》粉丝偏好《绝地归来》而不是《帝国反击战》。尼娜是一位《星球大战》粉丝。因此，尼娜偏好《绝地归来》而不是《帝国反击战》。

论证 L82 是很强的，但它能更强，如果 99%的《星球大战》粉丝都痛恨加·加·宾克斯。另外，它仍然是强的，即使只有 93%的《星球大战》粉丝痛恨加·加·宾克斯。论证 L83 很弱，但它将会更弱，如果 11%的《星球大战》粉丝偏好《绝地归来》而不是《帝国反击战》。而且，它依然是弱的，即使一个更高的百分比比如 23%的《星球大战》粉丝偏好《绝地归来》而不是《帝国反击战》。容易看到，统计三段论的强弱是分等级的（我们只是提高和降低百分比的数值），重要的是也要看到权威论证和类比论证的强弱也是分等级的。在权威论证中，强弱程度将会随权威的可靠性而变化，而类比论证的强弱程度将随被比较的项目的相似性而变化。

注意，我们希望更多来自归纳论证的强度。在其他条件相差无几的情况下，一个强的归纳论证将是更好的，如果其所有的前提都是真的。一个归纳论证也是一个可信的论证。换句话说，一个其所有前提都为真的强论证是一个**可信论证**（cogent argument）。

一个**可信论证**是其所有前提都为真的强论证。

记住可信论证。

因为一个可信论证是强的，并且只有真的前提，其结论将很可能是真的。论证 L84 是一个可信论证。下面是另一个可信论证：

L87. 全部或者几乎所有被尝过的柠檬都是酸的。因此，全部或者几乎所有柠檬都是酸的。

该论证不是有效的，因为结论不仅涉及已被尝过的柠檬，而且一般地还包括那些还未被尝过的柠檬。前提并不排除未尝过的柠檬不酸的大百分比的可能性。然而，倘若前提真而结论假是不大可能的。而且前提是真的，因此，论证是可信的。

一个可信论证可以有假结论，因为其前提并不绝对确保结论的真。在这方面，可信论证和可靠论证有重要区别。一个可靠论证不能有假结论，因为它是有效的，而且其前提都是真的。（如果一个有效论证仅仅有真前提，则必定可以推出其结论也是真的。）

强+全部真前提=可信

你可以想象，正如一个可靠论证的概念有其不可靠论证的概念相对，一个可信论证的概念有其不可信论证的概念相对。一个**不可信论证**落入了下列三个范畴之一。

范畴 1：它是强的，但它有至少一个假前提。
范畴 2：它是弱的，但它的所有前提都是真的。
范畴 3：它是弱的，并且它有至少一个假前提。

换句话说，一个**不可信论证**（uncogent argument）是这样一个论证，它或者是弱的，或者是强的但有至少一个假前提。

一个**不可信论证**或者是弱的，或者是强的，但有至少一个假前提的论证。

例如，下列所有论证都是不可信的：

L88. 大多数巫师都是麻瓜（muggles）。赫敏是一个巫师。因此，赫敏是一个麻瓜。

L89. 按照2002年《国家询问报》上一篇文章，伊丽莎白·斯马特家族的男性成员都被卷入了同性恋圈子。因此，他们很可能是同性恋者。

L90. 胡德的福特烈马（Ford Bronco）四驱车将获得良好的油耗。毕竟，丹尼斯的丰田花冠（Toyota Corolla）有良好的油耗，并且像丹尼斯的花冠一样，胡德的福特烈马有丝绒内饰、有色玻璃窗户和一个六碟CD播放器。

论证L88是不可信的，尽管它是强的，但它有一个假前提（第一个前提）。它属于范畴1。论证L89是不可信的，尽管它有一个真前提，但它是弱的。它属于范畴2。论证L90是不可信的，因为它是弱的并且有一个假前提（胡德并不拥有烈马；他拥有一个斯巴鲁森林人）。它属于范畴3。

注意，根据我们的定义，可靠论证都不是可信的，因为有效的论证都不是强的。类似地，可信论证都不是可靠的，因为强的论证都不是有效的。也需要注意，带一个假前提的有效论证是不可靠的，但并不是不可信的，因为一个有效论证既不是强的也不是弱的。

我们前面已经说过，在其他条件相差无几的情况下，我们希望一个归纳论证是强的并且有所有的真前提。也就是说，我们希望一个归纳论证是可信的。但并不是说，如果一个归纳论证是可信的，那么它就不能被改进。一个前提并不合理的可信论证，让我们接受全部证据将不会令人满意。另外，一个前提并不合理的可信论证，让我们独立地接受结论不能作为相信结论的依据。因此，我们希望更多地来自归纳论证而不仅来自可信论证。还有，我们希望一个归纳论证是可信的，并且归纳逻辑在评价一个论证是否可信方面起着关键性的作用。因为一个论证是可信的，仅当它是强的，而且就像我们前面说过的，归纳逻辑是研究评价一个论证的前提是否使得其结论是很可能的而不是确保它的方法；即归纳逻辑是研究评价一个论证是不是强的方法。

我们最初将演绎逻辑定义为与评价一个论证的前提是否确保其结论的方法有关的逻辑分支。后来，我们更明确地定义**演绎逻辑**为与研究评价论证的有效性和无效性的方法有关的逻辑分支。我们最初定义归纳逻辑为与评价一个论证的前提是否使得其结论是很可能的而不是确保它的方法有关的逻辑分支。我们现在将更明确地定义**归纳逻辑**（inductive logic）为与研究评价论证强弱的方法有关的逻辑分支。注意，我们定义演绎逻辑和归纳逻辑，并不是根据它们所处理的论证类型，而是根据所采用的评价方法。事实上，我们可以采用两种逻辑分支的方法于同样的论证。例如，我们可以运用演绎逻辑方法来判定一个论证是无效的，进而用归纳逻辑方法来判定同样的论证是强的（或者弱的）。

根据定义，任一或强或弱的论证都是无效的，因此，我们可以将本节讨论过的主要概念勾画如下：

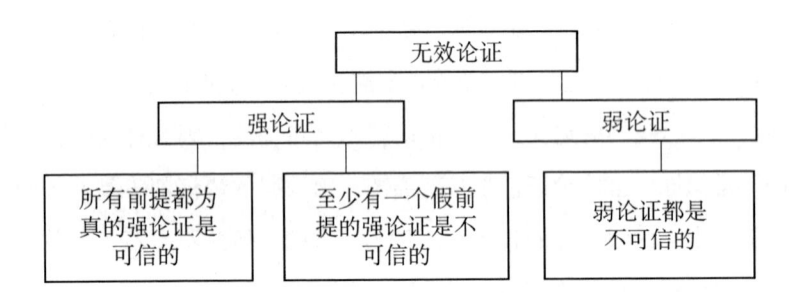

```
                    无效论证
                   /        \
              强论证          弱论证
             /      \           |
    所有前提都为   至少有一个假前   弱论证都是
    真的强论证是   提的强论证是不   不可信的
    可信的        可信的
```

注意，至少有一个假前提的强论证都是不可靠的（也是不可信的）。理由有二：（1）它们都是无效的，（2）它们都有一个假前提。当然，弱论证也都是不可靠的，因为每一个弱论证都是无效的。如果一个弱论证有至少一个假前提，那么它是不可靠的，因为它是无效的，也因为它有一个假前提。

定义概要

一个**强论证**是很可能的（但不必然的）如果前提真那么结论就真的论证。

一个**弱论证**是不太可能的如果前提真那么结论就真的论证。

一个**可信论证**是其所有前提都为真的强论证。

> 一个**不可信论证**或者是弱的,或者是强的,但有至少一个假前提的论证。
> **演绎逻辑**是与研究评价论证的有效性和无效性的方法有关的逻辑分支。
> **归纳逻辑**是与研究评价论证强弱的方法有关的逻辑分支。

依次对术语做一般性评述。注意,鉴于我们的定义,论证可以是强的、弱的、可信的、不可信的。但论证绝不会是真的,也绝不会是假的。前提和结论都是有真假的。但前提和结论都绝不会是强的、弱的、可信的、不可信的。

练习1.4

注释

[1] 我们已经说过论证由陈述组成。有些逻辑学家更偏向于说论证由命题组成。关于这个问题的更多资料参见本书3.1节。

[2] 我们关于演绎逻辑和归纳逻辑的刻画,参见 Brian Skyrms, *Choice and Chance*, 3rd ed. (Belmont, CA:Wadsworth, 1986), p. 12。

[3] 第7章提供了"如果-那么"的一个更完整的变体列表。这里仅试图提供一个较常用的简短的变体列表。

[4] 关于这些问题的一个有用讨论,参见 P. C. W. Davies, *The Physics of Time Asymmetry* (Berkeley:University of California Press, 1977), chap. 7, pp. 185-200。

[5] Howard Zinn, *A People's History of the United States* (New York:HarperCollins, 1995), p. 378。

第 2 章

识别论证

- 2.1 论证和非论证
- 练习 2.1
- 2.2 精心设计的论证
- 练习 2.2
- 2.3 论证图
- 练习 2.3
- 注释

在第一章，我们遇到了看起来像下面这样的论证：

L1. 所有哲学家都喜欢逻辑。
迪伊是一位哲学家。
因此，迪伊喜欢逻辑。

在现实生活中，作者通常并不如此简单而直接地陈述他们的论证。结论也许被首先给出，或者掺杂在几个前提之间。一段长的论证实际上可以看成一连串更短的论证。作者有时增加额外的在论证中不起作用但增色或吸引听众的断言。为了代替重复命题或词项，他们有时用同义词来变化他们的语言。并且他们经常不考虑他们所相信的断言是太明显了以至于不需要明确陈述。评价现实生活的论证比合乎规范的教材论证（我们称之为"精心设计的论证"）要困难得多；因此，知道如何把第一种转换为第二种是有用的。

本章告诉你如何识别日常语言中出现的论证，如何把它们转换为精巧的论证，以及如何识别论证的结构。

2.1　论证和非论证

我们必须首先学会区分论证和非论证。我们知道，论证是一个命题系列，其中一部分是用来支持另一部分的。除了论辩，人们可以用语言来做很多事情：致欢迎词，讲故事，做邀请，表达感情，提供信息，讲笑话，做祈祷，等等。在本节，我们将考察命题的一些非论证使用，它有时与论证相混淆。

一般地，区分论证和非支持性断定是很重要的。例如：

L2. 美国在 2017 年 5 月的失业率是 4.3%，低于 2015 年 1 月的 5.7%。

上述句子并非论证，而仅仅是一个命题。它没有提供支持性命题（即前提），也没有做出什么推论。

非支持性断定包括各种类型，有些容易和论证相混淆。例如，一则**报道**（report）是一个试图提供情况、主题或事件等信息的命题系列。一则报道可以是不含任何论证等信息的命题。例如：

> L3. 从 1950 年至 1990 年，全球广告消费增加了几乎七倍。比世界经济增长快三分之一，比世界人口增长快三倍。具体地，消费从 1950 年的 390 亿美元增加到 1990 年的 2 560 亿美元——多于印度的国民生产总值或者整个第三世界国家花在健康和教育上的费用。
>
> ——Alan Thein During, "World Spending on Ads Skyrockets," in Lester Brown, Hal Kane, and Ed Ayres, eds., *Vital Signs 1993: The Trends That Are Shaping Our Future* (New York: Norton, 1993), p. 80

上述文字是一则报道而不是一个论证。该段文字并没有做出什么推理，仅仅是包含了一系列信息的命题。

一则**报道**是一个试图提供情况、主题或事件等信息的命题系列。

一个举例（illustration）是与解释或阐明例子联系在一起的命题。例如：

> L4. 哺乳动物是用奶水哺育后代的脊椎动物。例如，猫、马、羊、猴、人都是脊椎动物。

能够帮助区分论证和非论证的一个线索是前提的存在和结论指示词。这些词我们在下节将更详细地讨论，包括"因为""因此""所以""因而""由于"，表明作者打算用她的陈述来支持另一些陈述。但我们必须小心一点。尽管这些词通常指示着一个论证的存在，但它们偶然有别的目的。例如，"所以"一词有时被用来引入事例：

> L5. 全部数字都可以用分数来表示。所以，2 可以表示为 8/4，5 可以表示为 15/3。

在上述命题 L5 中，例子似乎仅仅是举例。然而，有时，例子不只是用来解释或者阐明一个命题，而且还支持（提供论据）一个论题，这时的段落就是一个论证而非举例了。

> L6. 你刚才说不存在大于 1 000 的孪生素数，但这是不准确的；例如，1 997 和 1 999 是孪生素数。

有时，一个段落可以合理地解释为一个举例或者一个论证。这完全依赖于对下述问题的回答：例子仅仅是阐明（或者解释）一个命题，还是用来为它提供证据？如果例子是用来提供证据的，则该段落就是一个论证。

📝 一个**举例**是与解释或阐明例子联系在一起的命题。

一个**解释性命题**（explanatory statement）为有些现象的出现提供了一个理由。例如：

> L7. 朱迪病了，因为她吃得太多。
> L8. 人类的火灾活动是野火的基本原因——具有 10 倍于自然启动的启动率。美国平均野火启动 88% 是人为引起的，12% 由闪电引起。大多人为火灾来自偶然原因。[1]

这些段落容易与论证相混淆，由于"因为"一词通常被用来指示一个前提。例如，"并非所有哺乳动物都是陆地动物，因为鲸是哺乳动物"。这里的"因为"一词指示前提"鲸是哺乳动物"（"因为"的这一使用更多地出现在下一节中）。但是要仔细地考虑陈述情况 L7 和 L8。命题 L7 似乎并不是一个以朱迪病了为结论,而是以"她吃得太多"为前提的论证。相反,L7 只是断定:朱迪病了,是她吃得过多引起的。类似地,L8 对于人类经常是森林火灾的原因这个结论来说似乎也不是一个论证,它只是断定了这是原因。

为了明白论证和解释的不同,比较以下情况:

L9. 战争是错误的,因为它涉及杀害无辜的人,而这总是错误的。

L10. 战争会发生,因为人类是自私的。

在第一个例子中,"因为"这个词所引导的从句是作者在尽力说服我们。在第二个例子中,"因为"这个词所引导的从句是作者想要解释的。差异的一个标志是,"战争是错误的"是一个有趣而矛盾的主张。有人可能会试图为之辩护,但是战争会发生是一个公认的事实,没人必须为之辩护。差异的另一个标志是从 L9 中"因为"这个词推论出来的,可以视为提供了一个相信战争是错误的理由,但并不能很好地说服那些不知道战争会发生的人。

当然,有时一个解释自身可以是一个论证的结论。如果一个解释性假说得到进一步的命题支持,那么我们就有一个论证。例如,很多论证都是对结果的论证,即某个命题或者假说是一些现象最好的解释(有些命题很可能是真的因为它是有些现象的最好的解释)。这些是论证而不仅仅是断定,因为其已经提供了前提。例如:

L11. 关于恐龙灭绝人们已经提供了三种解释。第一,全球气温升高会导致雄性恐龙睾丸停止起作用。第二,恐龙出现以后,某些有花植物(即被子植物)出现;这些植物对于恐龙来说是有毒性的,恐龙一吃它们就死。第三,彗星撞击地球,导致大量灰尘遮住阳光,进而产生令恐龙不能适应的严寒气候。现在尚无任何证据来证明或反驳第一个假设。第二个假设是不太可能的,因为在恐龙毁灭前被子植物很可能已经存在 1 000 万年了。然而,有些证据支持第三个假设。如果彗星撞击地球导致恐龙灭绝(大约 6 500 万年前），那么在那个阶段的沉淀物中就应该存在大量不同寻常的铱元素（稀有金属），因为地球上大量的铱元素都来自彗星和其他外星球。而且，事实上，已经发现大量非同寻常的铱元素存在于那个时代的沉积物中。因此，第三种解释似乎最好。这一论证是关于斯蒂芬·杰伊·古尔德主要思想的一个概述，见"Sex, Drugs, Disasters, and the Dinosaurs," Stephen R. C. Hicks and David Kelley, ed., *The Art of Reasoning: Readings for Logical Analysis* (New York: Norton, 1994), pp. 144-152。

上述段落 L11 是一个论证，因为给出了证据来支持三种解释中有一种解释是最好的主张。

一个**解释性命题**为某些现象的出现提供了理由。

一个**条件句命题**（conditional statements）是一个"如果-那么"的命题；一个条件句命题本身所做出的并不是一个论证。例如：

L12. 如果鲁西努力学习，那么她将取得进步。

我们容易误以为，一个条件句的前件（"如果-"从句）是前提而后件（"那么-"从句）是结论。但显然不是这种情况。记住，一个条件句命题本质上是一个假设，所以，上述陈述 L12 仅仅断定了，如果鲁西努力学习，那么她将取得进步，而并没有断定鲁西努力学习，也没有断定她取得进步。考虑下列论证进行比较：

L13. 鲁西努力学习。因此，鲁西将取得进步。

这里，我们显然有一个前提-结论的结构。而且结论是根据前提（也是被断定的）而得到断定的。

📝 一个**条件句命题**是一个"如果-那么"的命题。

尽管条件句本身并非论证，但在上下文中它们可以用来表达论证。例如，在一场比赛中，一名网球教练会给他的运动员这样的建议："如果你想击败莫伊，那么你就应该用法兰西防御。"在这一上下文中，"你想击败莫伊"不必得到清楚陈述；它可以作为假设。因此，通过表达一个条件句，教练实际上提供了一个肯定前件式的论证："如果你想击败莫伊，那么你应该用法兰西防御。你想击败莫伊吧。因此，你应该用法兰西防御。"这里有一个稍微复杂一点的例子。一张众所周知的保险杠贴纸说："如果你不能相信我的选择，那么你就不能相信我带着一个孩子。"显然，这张保险杠贴纸的作者用否定后件式的论证，断言（或多或少）："如果你不能相信我的选择，那么你就不能相信我带着一个孩子。并非你不能相信我带着一个孩子。因此，并非你不能相信我的选择。"注意，给论证增加不成立的前提（和结论）可能会遇到麻烦；我们在后一章中还会回到这个问题上来。这里的关键点是，条件句命题自身并非论证。如果我们试图将它们处理为论证，那是因为上下文明显使得作者试图将它们与其他隐含前提组合在一起。

定义概要

一则**报道**是一个试图提供情况、主题或事件等信息的命题系列。
一个**举例**是附有解释或阐明例子的命题。
一个**解释性命题**为某些现象的出现提供了理由。
一个**条件句命题**是一个"如果-那么"的命题。

✏️ **练习 2.1**

2.2 精心设计的论证

日常语言中的论证通常隐藏了具有重要逻辑特征的各种陈述。例如，冗词通常使人难以判定前提实际上是什么；结论被"隐藏"在前提的纠缠里。重复可以让许多事实上不存在的前提出现。一个词汇表中采用无用的变异也许隐藏着前提间（或前提与结论间）的联系。等等。

显然，当重要逻辑特征得到明确的陈述时，论证将变得更易于评价。当一个论证这样陈述后，我们称之为一个**精心设计的论证**（well-crafted argument）。因为从逻辑的观点看，精心设计的论证与不精心设计的论证相比更易于评价，所以，最重要的逻辑技术之一，就是能够将日常语言中的论证改写成精心设计的论证。

一个**精心设计的论证**是重要逻辑特征得到明确陈述的论证。

将一个段落转换为一个精心设计的论证是值得注意的，我们并不是说能够将段落写得比作者更好。无疑他们有最好的风格或修辞理由选择他们所用的词汇。我们只是对逻辑和证据因素感兴趣，我们可以判定它是可靠的还是可信的，它是否给我们提供相信其结论的好的理由。

我们如何做到这一点？一方面，指导思想是保留原文的内容——所声称的是什么，它的真值，它是不是有效的；另一方面，去除多余的、令人困惑的或令人分心的东西。重要的是要保留原文的内容，因此我们能够公平地对待作者，当我们评价精心设计的形式并且确定它是否可靠时，可以确定原文也是可靠的。在这一节，为了产生日常语言论证的精心设计版本，我们将讨论6个提示。这些提示都是要记住的"好主意"。

提示1：当构造一个精心设计的论证时，识别前提和结论。

如前所述，一个论证的前提是根据它就可以肯定结论的命题，并且命题是有真或假之分的语句或语句部分。一个论证的每一步，无论是前提还是结论，都必须是一个命题。请考虑下列简单事例：

L14. 我们应该废除死刑,因为它不能阻止犯罪。

这是一个论证。"因为"一词指示一个前提,就像它通常那样。论证 L14 的一个精心设计版本如下所示:

L15. (1) 死刑并不阻止犯罪。
因此,(2) 我们应该废除死刑。

从现在起,当构造论证的精心设计版本时,让我们约定论证的结论为最后一步。就像这里所做的那样,让我们也写"因此"来标示结论。而且,在论证的每一步(无论是前提还是结论)前边写一个数字。前面没有"因此"一词的论证步骤将被理解为前提。这样,命题(1)仅仅是前提。既然我们的约定说(1)是一个前提,所以可以省略"因为"这个词。

事实上,论证 L14 表明至少有两件事情值得注意。首先,一个论证的结论通常出现在一个自然语言语段的最前边。所以,人们不能假定一个作者将首先陈述他或她的前提,然后再得出一个结论。在日常交流中,次序经常颠倒。

其次,论证 L14 表明了前提指示词——在这里是"因为"一词。前提指示词通常是后跟前提的词或短语。例如:

因为　　　　毕竟
既然　　　　理由是
因　　　　　鉴于以下事实
根据　　　　基于以下事实

当然,人们不会假定这些词或短语在它们使用的每一场合下都指示前提。就像我们所看到的,"因为"一词经常用于解释。但这些词经常用作前提指示词是这里的要点,要知道,这对于把一个论证改写为精心设计的论证

有重要帮助。

就像前提指示词典型地标记前提一样，**结论指示词**（conclusion indicators）典型地标记结论。常见的结论指示词如下：

因此	所以
因而	由此可见
故此	可得
蕴涵	我们可以推出
可推得	据此证明

请考虑下列论证：

L16. 我小的时候被几条狗咬过。因此，狗是危险的。

上述论证的精心设计版本如下：

L17.（1）我小的时候被几条狗咬过。
因此，（2）狗是危险的。

当然，上述论证是弱的，但弱论证仍然是一个论证。

好消息是作者经常使用前提和结论指示词来阐明他们的意图。坏消息则是作者经常依赖更微妙的方法（如情景、次序和强调）来识别他们推理的结构。在这些情况下不存在逻辑和语言洞察力的替代。但是，好的策略是先识别结论。一旦你弄清楚作者试图证明什么，论证的其余部分通常都各得其所了。

让我们来考虑一个稍微复杂的论证：

L18. 既然美国人平均所消费的地球资源数量是亚洲人平均消费

的 30 倍，因此，美国人（作为一个整体）是自私的。毕竟，过度消费是一种贪婪行为。而且贪婪是一种自私欲望。

上述论证的结论是什么呢？美国人（作为一个整体）是自私的。"既然"是一个前提指示词，"毕竟"也是如此。所以，上述论证的精心设计版本如下：

L19. （1）美国人平均所消费的地球资源数量是一般亚洲人平均消费的 30 倍。
（2）过度消费是一种贪婪行为。
（3）贪婪是一种自私欲望。
因此，（4）美国人（作为一个整体）是自私的。

你也许想知道前提的次序是否重要。从逻辑的观点看，次序并没有什么要紧的，因此我们只是依据它们原初出现的次序来列出前提。

然而要注意的是，如果一个论证是良构的，则前提必须列在结论之前。因为关于结论的定义（我们的约定）告诉我们，在一个良构论证中，最后的命题是结论。

正像我们在第 1 章所看到的，条件句命题有许多变体。**标准形式的条件句**（standard form of a conditional）命题是"如果 A，那么 B"，当写一个论证的精心设计版本时，你应该将任一条件句的前提或结论纳入这一形式。为此有两个理由。首先，当条件句处于标准形式中时，大多数人易于抓住其逻辑涵义。其次，将条件句放入标准形式中有助于认识论证形式。考虑下例：

L20. 吃母牛和猪是不允许的，因为允许吃母牛和猪，仅当允许吃狗和猫。但吃狗和猫是不允许的。

改写上述论证为精心设计的论证，我们有：

L21. （1）如果允许吃母牛和猪，那么允许吃狗和猫。
　　（2）吃狗和猫是不允许的。
因此，（3）吃母牛和猪是不允许的。

该论证形式是否定后件式。如前所述，"如果 A，那么 B" 的常见变体包括 "B，如果 A"、"B，假设 A"、"B，鉴于 A"、"A，仅当 B"、"倘若 A，则 B" 及 "假定 A，则 B"。

📝 条件句命题的**标准形式**（standard form）是 "如果 A，那么 B"。

在结束识别前提和结论这个主题之前，我们需要先来考虑包含修辞问题和命令句的两个稍复杂的语句。就像第 1 章所提到的，并非所有语句都是命题。例如，疑问句是语句，但疑问句不是命题。然而，存在一类称作伪装陈述的问题，即所谓修辞问题。一个修辞问题用来强调一个点。没有答案是可期待的，因为答案完全要在上下文中来考虑。例如：

L22. 通常假设接受恩惠的人是幸福的人并不成立。难道说幸福的人是穷人和失业者吗？幸福的人会被认为是寄生虫吗？

在这一文本中，论证者显然期待对两个问题都回答 "不"。因此，这些问题实际上都是命题。而且当要产生该论证的一个精心设计版本时，我们将它们变为如下命题：

L23. （1）没有幸福的人是穷人和失业者。
　　（2）没有幸福的人会被认为是寄生虫。
因此，（3）通常假设接受恩惠的人是幸福的人并不成立。

命令（或命令句）通常也是语句但不是命题。如果有人发出命令 "关门!",回答"那是真的"(或"那是假的")是没有意义的,因为没有做出真假的诉求。然而,命令句有时在论证中也充当前提和结论。这样的命令句是伪装的"应该"命题。例如,考虑下列论证:

L24. 做一个医生吧!你有天赋。你会喜欢这个工作的。你可以帮助许多人。而且你可以挣到很多钱!

在这种情况下,命令"做一个医生吧!"自然被解释为"你应该做一个医生",而且这后面的语句表达了某种或者真或者假的东西。[2] 当一个命令句是一个伪装的"应该"命题时,你们应该明确构造该论证的一个精心设计版本:

L25. （1）你有天赋。

（2）你会喜欢这个工作。

（3）你可以帮助许多人。

（4）你可以挣到很多钱。

因此,（5）你应该做一个医生。

将结论写成"你必须做一个医生"也同样是正确的。

提示 2:当构造一个精心设计的论证时,消除多余冗词。

多余冗词（excess verbiage）是没有给论证增加任何东西的词或命题。这种东西不应该包括在精心设计的论证版本中。

多余冗词是没有给论证增加任何东西的词或命题。

四类冗词在论证中格外常见。第一类冗词是折扣。一个**折扣**（discount）是承认一个事实或者可能性,即被认为致使一个论证无效、弱、不可靠或不可信。例如:

L26. 尽管在次原子领域中某些事件随时发生，但我仍要说，宇宙作为一个整体呈现出一种奇妙的秩序。也许关于这最好的证据是这样的事实，即科学家继续在揭示可以被阐述为规律的法则。

上述论证的结论是"宇宙作为一个整体呈现出一种奇妙的秩序"，前提是"科学家继续在揭示可以被阐述为规律的法则"，但我们用"尽管在次原子领域中某些事件随时发生"做什么呢？它似乎并不是一个前提，因为随时发生的事件并不是有次序的理由。事实上，"在次原子领域中某些事件随时发生"这个命题似乎是与该论证的结论相违背的证据。这就是它最好不被认为是一个前提而是作为折扣的原因。

一个**折扣**是承认一个事实或者可能性，即被认为致使一个论证无效、弱、不可靠或不可信。

折扣在修辞上很重要。大致说来，在一个论证中的**修辞因素**（rhetorical elements）能够增加心理说服力而不影响其有效性、强度、可靠性或可信度。折扣经常通过增加潜在的对象来增强论证在心理上的说服力。当辩者针对一个潜在的对象进行反驳时，听众经常被折服。但折扣并不是前提，因为它们不支持结论。因此，当要产生一个论证的精心设计版本时，我们将省略它们。需要说明的是，下面是论证 L26 的精心设计版本：

L27.（1）科学家继续在揭示可以被阐述为规律的法则。
因此，（2）宇宙作为一个整体呈现出一种奇妙的秩序。

修辞因素能够增加其心理说服力而不影响其有效性、强度、可靠性或可信度。

折扣指示词（discount indicators）包括下列情况：

尽管　　　　然而那也许是真的

即使	然而我承认
尽管有事实	我认识到……，但
尽管事实上	我知道……，但

第二类冗词是重复。**重复**（repetition）是重述一个前提或结论，也许稍微改变一下语词。当发生这种情况时，选择一个似乎能让论证得到最好理解的阐述而将其他部分去掉。举例如下：

> L28. 逻辑研究将增加你的注意力持续时间和你遇到难理解的概念时的耐心。换言之，如果你专注于这个逻辑主题，你将会发现自己能长时间集中注意力。你也将会发现自己不会感到不安或沮丧地来处理复杂材料。因此，逻辑课程是值得努力学习的。

论证 L28 的精心设计版本如下：

> L29. （1）逻辑研究将增加你的注意力持续时间和你遇到难解的概念时的耐心。
> 因此，（2）逻辑课程是值得努力学习的。

现在，你会觉得在去掉重复内容的情况下有些东西丢失了，事实上丢失的是一些修辞上重要的东西。重复自身有助于记忆。而且对术语做一些稍微改变可以纠正可能的误解和/或使观点更鲜明。但是我们精心设计的版本仅对它自身有利；尤其是，它使我们能够专注于论证的本质逻辑特征。

📝 **重复**是重述一个前提或结论，也许稍微改变一下语词。

第三类冗词是确信。**确信**（assurance）是表明作者相信前提或推论的命题、词或词组。例如：

> L30. 本将在马拉松比赛中取得好成绩，因为他显然具备最

好的条件。

下面是该论证的精心设计版本：

L31.　（1）本具备最好的条件。
　　　因此，（2）本将在马拉松比赛中取得好成绩。

"显然"一词表明作者确信前提，但并不促成论证的有效性、强度、可靠性或可信度。常见的确信包括：

显然	人所共知
无疑	众所周知
当然	无人否认
简直	那是不可否认的
明显地	那是一个事实

确信在修辞上是重要的，因为确信经常有助于赢得听众。但确信很少影响一个论证的有效性、强度、可靠性或可信度，因此它们也很少出现在一个论证的精心设计版本中。

一个**确信**是表明作者相信前提或推论的一个命题、词或词组。

第四类冗词是与确信相反的樊篱。一个**樊篱**（hedge）是表明论者犹豫于前提或推论的一个命题、词或词组。例如：

L32. 在我看来，我们已经在毒品战争中失败了。因此，毒品应该合法化。

"在我看来"是樊篱，因此，该论证的精心设计版本如下：

L33. （1）我们已经在毒品战争中失败了。

因此，（2）毒品应该合法化。

常见的樊篱如下：

我认为	我相信
似乎	我猜想
也许	可合理地猜想
可能	这似乎合理地
在我看来	这似乎可靠地

樊篱在修辞上是重要的，因为没有它们论证有时看起来就显得教条和僵化。但樊篱常常不会影响一个论证的有效性、强度、可靠性或可信度。因此，樊篱通常不应该出现在一个论证的精心设计版本中。

一个**樊篱**是表明论者犹豫于前提或推论的一个命题、词或词组。

当我们要产生一个论证的精心设计版本时，确信和樊篱常常可以去掉。但它们不能总是去掉，因为它们有时影响到一个论证的有效性、强度、可靠性或可信度。例如：

L34. 我痛苦，如果我觉得我痛苦。而且我觉得我痛苦。所以，我痛苦。

该论证的精心设计版本如下：

L35. （1）如果我觉得我痛苦，那么我痛苦。

（2）我觉得我痛苦。

因此，(3) 我痛苦。

上述论证的关键点是，在觉得痛苦是什么样的和实际上是什么样的之间存在着一种特别的联系。我们经常将"觉得是什么样的"作为樊篱去掉，但这里不行。这个例子揭示了这样一个事实，当将一个论证重写为精心设计的论证时，我们必须保持鲜明性。上下文中每一个词或词组的作用必须得到仔细的评价。

提示 3：当构造精心设计的论证时，要采用统一的语言。

比较下列两个论证：

L36. 如果它看起来像一只鸭子并且嘎嘎叫像一只鸭子，那么它很可能是一只鸭子。而它类似一只鸭子并且嘎嘎叫像一只鸭子。因此，我们必须考虑有一只小的鸭子家族的水生鸟在我们手上。

L37. 如果它看起来像一只鸭子，那么它很可能是一只鸭子。它看起来像一只鸭子并且嘎嘎叫像一只鸭子。因此，它很可能是一只鸭子。

论证 L36 显得像是有人用词典写的，用"小的鸭子家族的水生鸟"代替"鸭子"，等等。这种不统一的语言模糊了前提和结论之间的联系。相比较，论证 L37 中前提与结论的联系是清晰的。上述两种情况下的基本论证形式相同，即都是肯定前件式。

下面是论证 L36 的一个精心设计版本：

L38. (1) 如果它看起来像一只鸭子并且嘎嘎叫像一只鸭子，那么它很可能是一只鸭子。
 (2) 它看起来是一只鸭子并且嘎嘎叫是一只鸭子。
因此，(3) 它很可能是一只鸭子。

在离开关于不统一的语言的主题之前，让我们再考虑一个例子：

L39. 如果你研究别的文化，那么你就会认识到存在各种各样的人类习惯。如果你理解社会实践的多样性，那么你会怀疑自己的习惯。如果你怀疑自己做事情的方式，那么你会变得更加宽容。所以，如果你扩展自己人类学的知识，那么你会变得更可能接受别人和没有瑕疵的实践。[3]

而且，缺乏统一的语言使得难以明白前提和结论之间是否（和如何）逻辑地联系着。下面是该论证的一个精心设计版本：

L40. （1）如果你研究别的文化，那么你会认识到存在各种各样的人类习惯。

（2）如果你认识到存在各种各样的人类习惯，那么你会怀疑自己的习惯。

（3）如果你怀疑自己的习惯，那么你会变得更加宽容。

因此，（4）如果你研究别的文化，那么你会变得更加宽容。

使用统一的语言对于展示论证的逻辑结构具有很多好处。通过澄清前提和结论之间的联系，统一的语言可以帮助我们避免模糊思维，这些模糊思维经常诱使我们粗心地使用类似但有细微差异的词。替换一个词的指导思想是：（1）替换使得该论证的结构更清晰，并且（2）替换，在此或者任何上下文中，都不会改变该命题的预期内容。注意，如果一个替换失去了一些原文的色彩或情感力，那么它不是一个问题。

注意，如何在从 L39 过渡到 L40 中应用这些提示。我们用"各种各样的人类习惯"替换"社会实践的多样性"。这一点和别的变化，会使我们能够明白 L39 的确是假言三段论的一个例子，因而是有效的。另外，"各种各样的人类习惯"和"社会实践的多样性"有相同的内容。结果并不是那么丰富多彩的，甚至更无聊，但它适合我们在逻辑上做得更好的目的。

提示 4：当构造精心设计的论证时，解释一个论证应公平和宽容。

公平包括忠实原文，而不是曲解清楚的意义。当原文在某些方面模糊时，宽容是必要的；它包含选取一个解释来使论证易于理解。上述两个概念都需要做一些详细说明。

关于公平，很多人阅读一个论证时常会沉迷其中。关键的命题可以做稍微的改写或润色，重要的前提可以被省略，原文中未提供的新前提可以增加，等等。现在，的确存在一个识别假设和评价论证的未陈述前提的地方（我们将在后续章节中给出）。但在有效识别未陈述假设前，人们必须首先准确表达已陈述的或明确的论证版本而不是歪曲其意义。

公平要求我们不要让偏见妨害了真实反映作者原文意图的精心设计版本的过程。例如，如果一个作者主张对永久昏迷的病人实施安乐死，那么就说他本人赞成我们"扮演上帝"，则肯定歪曲了他的意图。

同时，我们不必在太窄或个性化的方式下来理解公平。要解释好，我们必须考虑各种修辞手段，如讽刺和故意夸张。假设一家美国报纸的记者有如下论证：

L41. 哦，是的，拉什·林博以前总是如此可靠。因此，当他告诉我们不要相信关于前往佛罗里达的飓风的天气报道时，我们必须绝对相信他。

人们普遍认为，至少在某些方面，拉什·林博并不十分可靠；因此，该记者的真实意思很可能与她的话的表面意思完全相反。该论证的精心设计的版本因而会沿着这些线包含一些变化：

L42. （1）拉什·林博在过去不可靠。
因此，（2）他告诉我们不要相信关于前往佛罗里达的飓风的天气预报时，我们不应该相信他。

宽容进入画面，是当一个论证没有被清楚表达时。也许一个前提可以用两种方式中的任一种来理解。也许该论证的结构是不清楚的——哪一个命题

被假设来支持哪一个命题？在这样的模糊性出现之处，宽容就要求我们将该论证放入其最好的可能之处。换言之，当我们面临一个解释选择时，我们应该试图选择一个解释以使得该论证有效、强、可靠或可信（看情况），而不是无效、弱、不可靠或不可信。例如：

L43. 燃烧国旗应该被处罚。我认为存在比燃烧国旗更坏的事情，如杀人或绑架，但后者应该是非法的。许多人被这个问题困扰。而且它不爱国。无论如何，表达自由是多么重要？

请考虑下列精心设计版本的尝试：

L44. （1）许多人被燃烧国旗困扰。
（2）燃烧国旗是不爱国的。
（3）表达自由是不重要的。
因此，（4）燃烧国旗应该被处罚。

前提（3）是以非宽容的方式来陈述的。不可否认，问题"无论如何，表达自由是多么重要？"的意思并不清楚。但是就像前面所陈述的，前提（3）是一个容易的目标。宽容要求我们重新表述前提（3），也许是沿着以下几条线："表达自由不是最重要的事情"或"表达自由并非最高价值"。

有时一个不完善或模糊的论证存在着几种可能的解释。例如，如果你听到有人争论说："每个妇女都有权用她的身体做她想做的事"，因此，堕胎是允许的，你可能会怀疑她是否有这个意思。"每个妇女都有权用她的身体做她想做的事——没有限制，无论它如何影响别人——包括用她的身体拳打脚踢等"，或者她是否意味着某些更有限制的东西，像"每个妇女都有权用她的身体做她想做的事，只要不伤害到别人"。在这样的情况下，如果提供该论证的人是可用的，那么要求她解释一下她的企图倒是一个好主意。如果她不是可用的，那么呈现和评价她的论证版本就是一个好主意。

提示 5：当构造精心设计的论证时，不要混淆子结论与（最终）结论。

在重构论证时，你经常会发现，一个作者通过几个步骤来论证，首先为一项我们称为"子结论"的主张辩护，进而用子结论来为最终结论论证。考虑下例：

L45. 牺牲一条生命换取五条生命并不总是道德的。因为如果牺牲一条生命换取五条生命总是道德的，那么违背一个健康者的意愿而将他的器官移植给五个需要做器官移植的人就是道德的。但从事这种移植并不道德，因为这样做侵犯了健康者的权利。所以，牺牲一条生命去换取五条生命并不总是道德的。

下面是该论证的一个精心设计版本：

L46. （1）如果牺牲一条生命换取五条生命总是道德的，那么违背一个健康者的意愿而将他的器官移植给五个需要做器官移植的人就是道德的。

（2）违背一个健康者的意愿而将他的器官移植给五个需要做器官移植的人侵犯了健康者的权利。

因此，（3）违背一个健康者的意愿而将他的器官移植给五个需要做器官移植的人是不道德的。

因此，（4）牺牲一条生命去换取五条生命并不总是道德的。

注意，前提（2）并不支持子结论（3）。该结论是由论证 L45 中的前提指示词"因为"而获得的。而最终结论（4）是从（3）和（1）作为逻辑单元（形式是否定后件式）起作用推出来的。要使论证的结构清楚，就要缩短原文的表达，如"这样做"在这里被扩展和明确了。（这在给定情况有帮助的范围内是一个判断问题。）从 L45 变动到 L46 所获得的清晰性似乎少了，因为 L45 已经很清楚了，但这些变化说明了如何构造一个精心设计的论证，

当我们看到更多晦涩难懂的段落时，它将变得更加重要。

让我们约定，总是将论证的（最终）结论列为精心设计的版本的最后一步，并用"因此"一词做标记。子结论也用"因此"一词做标记，并且区别于（最终）结论，因为它们有双重作用，即假设它们在论证中是从更早的步骤推出，并支持后边的步骤。精心设计的版本可想而知是代表论者意图的，即使那些意图在逻辑上有缺陷。

思考子结论的另一种方法是，考虑为什么一个作者会使用它们。在最近一节中，有一个练习要求你为各种结论比较自己的论证。这个练习提供了一些来自不同观点的论证的结构中有用的洞察力。假设你相信并且希望论证死刑是错误的。要为这提供一个好的论证，你需要前提都是真的，并且对相信结论提供了好的理由。那么，为什么你认为死刑是错的？也许因为你相信"死刑杀人"。你需要把这与结论联系起来。让我们加上一句，"杀人总是错的"。但也许你注意到，这并不是真的（或者至少没有被广泛认为是真的）。有些不同意你的人，将几乎肯定会提起为了自卫而杀人或为了正义战争而杀人。因此，要使你的前提更合理，你将其修改为："杀人总是错的，除非这样做可以挽救更多的生命"。这仍然不被普遍接受，但它更合理。

但是，现在注意你的论证如下：

L47. 杀人是错的，除非这样做可以挽救更多的生命。死刑杀人。因此，死刑是错的。

不幸的是，改变已经使得这个新的论证无效。要使得它有效，改变第二个前提为："死刑杀人并没有挽救更多的生命"。但现在这个前提显然并不真。死刑与挽救生命并不矛盾，但经常争论的是它在这个过程中挽救了更多的生命。如果你有理由相信这是错的，那么它对于支持你的主张会是一个好主意，"死刑杀人并没有挽救更多的生命"。也许你记得在社会学课上所见到的统计学数据，其表明，平均而言，实行死刑的州比不实行死刑的州其谋杀率更高。现在，你可以用来支持你的观点，即死刑并不是一个威胁因素，并且死刑并不能挽救更多的生命。

你的最终论证将是这样的：

L48. （1）死刑杀人。
（2）实行死刑的州比不实行死刑的州其谋杀率更高。
因此，（3）死刑不是一个威胁因素。
因此，（4）死刑不能挽救生命。
（5）杀人总是错的，除非这样做可以挽救更多的生命。
因此，（6）死刑是错的。

注意第 3 步和第 4 步。它们用"因此"这个词开始，得出它们的结论，然而它们都被用来支持第 6 步。换言之，它们起到既作为前提又作为结论的作用，即作为子结论。

当用子结论来评价一个论证时，你必须评价对论证每一个子结论的支持和对最终结论的支持。例如，如果一个给定子结论的论证是弱的或无效的，那么整个论证在逻辑上就是有缺陷的。然而，即使一个给定子结论被前提支持不足，然而全部论证仍然保持下列两个条件下的优点：（1）子结论被论证中其他前提所充足支持；（2）子结论就其自身来说都是近似合理的。

提示 6：当构造一个精心设计的论证时，以宽容的方式明确隐含前提。

一个**省略三段论**是带有隐含前提或隐含结论的一个论证。例如：

L49. 显然，并非所有的哺乳动物都是陆地动物。思考鲸、鼠海豚、海豚，等等。

在这一情况下，对这个论证无效的对象将是不适宜的。显然作者知道（并且知道我们知道）鲸等是哺乳动物，并且它们不是陆地动物。要明确地陈述这一点将会是日常话语中不必要的迂腐。然而，在论证的精心设计版本中，我们的目的是要尽可能清楚地阐明论证的逻辑，我们需要明确隐含前提。因此，论证 L49 的精心设计版本如下：

L50. （1）鲸、鼠海豚和海豚都是哺乳动物。
（2）鲸、鼠海豚和海豚都不是陆地动物。
因此，（3）并非所有哺乳动物都是陆地动物。

一个省略三段论是带有隐含前提或隐含结论的一个论证。

当我们添加一个论证的省略步骤时，我们必须坚持公平和宽容原则。这意味着在可能的范围内，增加的步骤必须是说话者所希望的，必须是真的（或者至少是合理的），并且必须使得该论证有效（如果它是演绎的）或者强的（如果它是归纳的）。

后边这些目的有时是冲突的。也许存在着一个使得所有前提都真的，并且使得它是强的或有效的完善论证的方式，但不存在两者都可以的方式。我们必须选择是否将论证处理为归纳的或演绎的，例如：

L51. 鲍勃是一位职业篮球运动员。因此，鲍勃是高的。

这里所省略的前提是：（1）"所有职业篮球运动员都是高的"，或者（2）"大多数职业篮球运动员都是高的"，或者（3）"98.7%的篮球运动员是高的"？我们可以排除（3）。即使它是真的，上下文也不会给我们理由来假设这就是说话者的意图。作为一般的观点，注意我们不应该将话语放在说话者或作者的嘴里，除非她的话或者上下文意味着这是其意图的一部分。关于（1）和（2）呢？增加（1）使得该论证有效，但它是假的。以赛亚·托马斯并不高。增加（2）使得该论证可信。既然对论者来说属于可信论证比属于有效但不可靠论证是更宽容的，因此（2）似乎是最好的选择。

下面是一个更有趣的例子：

L52. 有些莎士比亚的作品是在1610年后首次出版或演出。因此，莎士比亚并不是死于1604年（的那个人）。

该论证显然是一个省略三段论。但什么样的额外前提将最好完善它呢？一个建议就是：(1)"剧作家在他们死后并没有写作品"。另一个就是(2)"剧作家在他们死后没有出版或演出他们的作品"。再一个就是(3)"作品不是剧作家死后首次出版或演出"。

这个例子说明了提示 6 的一个重要方面。这个提示的运用对论者来说似乎是一个简单的慷慨行动，帮助她使论证更清晰。但它在反驳论证时也是有用的。如果我们不使得该隐含前提明确，那么就存在一个危险，即由于我们没有细致地考察它而被它横扫。如果你听说过 L52，你也许被诱惑认为它可靠——也许因为你没有仔细区别前提 (1) 的版本和 (3) 的版本。当你遇到使隐含前提明确的麻烦时，你就会明白存在两个或更多可能的版本，其中每一个都是有缺陷的。

我们必须注意，有时一个论者将离开他或她的隐含结论。例如，熟悉的保险杠贴纸说道，"堕胎使心脏停止跳动"，显然有一个隐含前提，"停止心脏跳动是错误的"，还有一个隐含结论是，"因此，堕胎是错的"。

构造精心设计的论证原则概要

1. 识别前提和结论。
2. 消除冗词（如折扣、重复、确信、樊篱）。
3. 采用统一的语言。
4. 解释一个论证应公平和宽容。
5. 不要混淆子结论与（最终）结论。
6. 以宽容的方式明确隐含前提。

定义概要

一个条件句命题的**标准形式**是"如果 A，那么 B"。

多余冗词是没有给论证增加任何东西的词或命题。

折扣是承认一个事实或者可能性，即被认为致使一个论证无效、弱、不可靠或不可信。

修辞因素能够增加其心理说服力而不影响其有效性、强度、可靠性或可信性。

重复是重述一个前提或结论，也许稍微改变一下语词。

> **确信**是表明作者相信前提或推论的一个命题、词或词组。
> **樊篱**是表明论者犹豫于前提或推论的一个命题、词或词组。
> 一个**省略三段论**是带有隐含前提或隐含结论的一个论证。

练习 2.2

2.3 论证图

论证由前提和结论所组成。理解了前提和结论之间的关系，一个论证更易于评价。该论证是由几个前提组成共同支持该结论吗？几个前提所构成的论证中每一个前提都分别支持该结论？由一系列步骤所构成的论证其第一步支持第二步而第二步支持第三步吗？一个论证的这些结构对于人们如何评价它做出了区别。因此，能够画出一个论证的结构图是有用的。论证图至少还有两个原因引人关注：（1）它们提供了表达逻辑关系的速记方法，（2）它们突出了逻辑结构类型的某种重要差异。

要画一个论证图，首先需要在该论证的每一个命题前后画上括号，说明任一个前提或结论的指示者和每一个命题的序号。例如：

L53.[(1)] [竞选改革是必要的]，因为[(2)] [对政治竞选的许多捐助在道义上等于贿赂。]

我们用箭头表示前提和结论间的支持关系。从表示前提的数字向表示结论的数字画一个向下的箭头。所以，上述论证 L53 的图如下：

(2)
↓
(1)

该箭头意味着，结论（1）是根据前提（2）而得到肯定的，换句话说，(2) 是用来支持（1）的。

子结论也易于以这一方式得到表示。下面是一个例子：

L54.(1)［查尔斯是不令人愉快的］，因为(2)［他常常打扰别人。］所以,(3)［我不想和查尔斯在一个委员会工作。］

(2)
↓
(1)
↓
(3)

该图断定，前提（2）是假设来支持子结论（1）的，而（1）又是假设来支持结论（3）的。有时，两个或更多的前提对一个单一的结论提供支持。在这种情况下，如果一个前提被去掉，其他前提所提供的支持并不会减少。例如：

L55. 尽管(1)［美国人喜欢认为，他们干涉别的国家只是保护受压制者和无助者］,(2)［不可否认美国历史上存在着侵略行为。］例如,(3)［美国通过武力从墨西哥拿走得克萨斯。］(4)［美国占有了夏威夷、波多黎各和关岛。］而且(5)［在 20 世纪的前 30 年，美国并没有收到请求而军事干涉了下列国家：古巴、尼加拉瓜、危地马拉、多米尼加、海地和洪都拉斯。］

论证图如下：

```
        (3)  (4)  (5)
          ↘  ↓  ↙
            (2)
```

注意，图中陈述（1）被省略了，因为它是一个折扣。该图断定，三个前提都独立地支持结论。

有时，两个或更多的前提是相互依赖的。在这种情况下，前提作为一个整体共同起作用，以至于如果去掉一个前提，其他前提的支持性就会减少。下面是一个例子：

L56. (1)［所有物理对象都不快于光速。］(2)［氢原子是物理对象。］因此，(3)［氢原子都不快于光速。］

如果两个或更多的前提对一个单一的结论（或子结论）提供了相互依赖的支持，则将它们的数字写在同一排，并在其下画线标志合在一起。加线标志起着缩写"合取"的作用。为了便于说明，将上述论证图解如下：

```
     (1) + (2)
         ↓
        (3)
```

该图告诉我们，前提（1）和（2）对结论（3）提供了相互依赖的支持。

因为自然语言的语法是微妙而易变的，所以不存在对于括号位置的严格规则。但主要目的是要把一个论证括起来，以便完全揭示其中的推理模式。下列规则将帮助你做到这一点。

首先，通常要注意的是前提和结论的指示词。例如，被前提指示词"因为"连接起来的两个命题需要用括号分隔开来，因为一个是前提而另一个是结论（或子结论）。

其次，要认识到由语词"并且"或"但是"联结的命题，通常为了画图的目的需要分隔成不同的部分。例如，当"并且"一词联结两个前提时，论证图必须指出哪一个前提独立地或相互依赖地起作用。而且，最重要的原则是将命题用括号括起来，以便画出论证的精确逻辑结构图。例如：

L57. (1)［被告是有罪的。］毕竟，(2)［他承认偷了珠宝］并且(3)

[他被怀疑在犯罪现场]，因为$^{(4)}$［现场有他的指纹］。

该论证可图解如下：

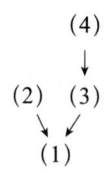

$$
\begin{array}{c}
(4) \\
\downarrow \\
(2)\ \ (3) \\
\searrow\swarrow \\
(1)
\end{array}
$$

该图指出，前提（2）和（3）都独立地支持结论（1）。另外，（4）支持（3）而不支持（2）。

最后，注意条件句（"如果-那么"命题）和析取（"或者-或者"命题）绝不能分为各个部分，然后用加号联结起来。特别要注意的是，加号是"并且"的特殊形式，联结在逻辑上起相互依赖作用的命题。当然，"并且"不同于"如果-那么"或"或者-或者"。例如，命题"如果我失败，那么我将自杀"。该条件句命题显然不同于"我将失败，而且我将自杀"。因此，为了论证图的目的，我们必须将条件句命题处理为一个单位。对析取的处理也是如此。下列表达所构成的复合句，都应该在论证图中作为一个整体来处理。

如果……那么	假如
仅当	或者……或者
倘若	既不……也不

当一个论证加上了括号和数字时，仅仅是明确了原文中命题的顺序，标注第一个命题（1）、第二个命题（2），等等。所有命题都应该加上数字，除了有些命题，诸如折扣和重复的命题，可以不出现在图中。这个约定在两个方面有帮助：它使得加括号和数字的过程相对机械，并且它确保了你的数字系统就像是你的同班同学。（这反过来，对交际有巨大帮助。）最后，修辞问句和命令句作为前提和结论，它们也应该加括号和数字。

论证图的复杂性反映了原文的复杂性。因此，论证图可能变得相当复杂。下面是一个例子：

L58. 尽管[1]〔有些人认为，核武器并没有对战争正义性的争论引入真正新的东西，〕我还是相信[2]〔核武器提出了新的道德问题。〕首先，[3]〔核武器具有新而非幻想的长期效果，〕因为[4]〔放射性残留物污染了环境，并改变了人类的基因。〕其次，[5]〔一次核战争能够破坏整个人类文明。〕最后，[6]〔在核战争的情况下，核爆炸所导致的灰尘将阻止太阳光线到达地球表面。〕因此，[7]〔一次核战争将导致一次地球温度剧烈下降。〕换言之，[8]〔一次核战争将导致一次"核冬季"。〕而且[9]〔任何人或人类组织都没有权利拿生命自身基于其上的气候冒险。〕

上述论证可以图示如下：

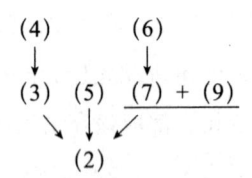

```
      (4)      (6)
       ↓        ↓
   (3) (5)   (7) + (9)
       ↘ ↓ ↙
         (2)
```

上述论证图中有几点是值得注意的。首先，命题（1）从论证图中省略了，因为它是折扣。其次，命题（8）被省略了，因为它是（7）的一个重复。当然，也可以保留（8）在论证图中，而省略掉（7）。最后，结论为三条独立的推理线索所支持。

- (4) 支持（3），也必然支持（2）。
- (5) 支持（2）。
- (6) 支持（7），而且（7）和（9）共同支持（2）。

每一条推理线索都独立于其他推理线索，因为如果我们取消了它们中的任何一个，其他线索的支持将保持不变。最后，命题（7）和（9）都作为一个相互独立的逻辑单位起作用。

练习 2.3

注释

[1] Steve Nix, "The Origin of Wildfires and How They Are Caused," ThoughtCo, August 2017.

[2] 有些哲学家，如情感主义者，否认"应该"判断有真假之分。但我这里说的是来自通常意义上的观点。关于情感主义者的经典陈述，参见 Alfred Jules Ayer, *Language, Truth and Logic* (New York: Dover, 1952), pp. 102-120。该作品首次出版于 1935 年。

[3] 该例借用于 Anthony Weston, *A Rulebook for Arguments* (Indianapolis, IN: Hackett, 1987), p. 8。我关于该论证的精装版也借用了威斯顿。

第 3 章

逻辑和语言

- 3.1 逻辑、意义和情感力
- 练习 3.1
- 3.2 定义
- 练习 3.2
- 3.3 用定义评价论证
- 练习 3.3
- 注释

为了能够很好地构造、分析和评价论证，我们必须密切关注语言。许多逻辑错误都是不小心或不确切地使用语言造成的，而且很多对逻辑的误解都是源于对语言本质的误解。本章将对逻辑和语言之间的关系进行一系列的阐述。

3.1 逻辑、意义和情感力

我们首先要注意，词语的意义是会随着时间而改变的。在简·奥斯汀的时间里，"法律上的母亲"这个词指的是继母。因此，这时，有人也许会说，"约翰坐在他法律上的母亲的大腿上，她在给他讲故事"，这不会引起任何惊奇。我们也许注意到，有些词在世界不同的国家可以有不同的意思，甚至在英语世界。彼得玩足球（soccer）但不是（美国）足球（football）。他父亲可能说"彼得不玩足球（football）"，而他的英国爷爷说，"彼得玩足球（football）"，他们都在说某种真的东西。这些现象已经引起一些人思考什么是随时间、地点的变化而变化的真，在某种程度上这是一个惯例性的问题。他们相信真是由词和词的意义构成的，随时间、地点的变化而变化，并且是依赖于我们群体选择的一个惯例性的问题。

然而，我们需要小心。在第 1 章中，我们说到，论证是由命题组成的，并且命题都是有一个真值（即或者真或者假）的直陈句。大多数哲学家和逻辑学家偏向于说，论证是由命题构成的而命题不是语句，而是真值的承担者。为了掌握命题的这个概念，思考下列语句：

L1. Grass is green. （草是绿的）。
L2. Das Gras ist grun. （草是绿的）。

如果有人说 L2 而你不明白，那么对一个双语朋友说 L1 会是适宜的。在这样的情况下，他会告诉你是说德语的人说的。在某些重要意义上，L1 和 L2 断言了同样的东西。L1 和 L2 通常所具有的这种东西，就是哲学家和逻辑学家所称的**命题**（proposition）——或者真或者假，可以或者不可以用一个语句来表达。

一个命题是或者真或者假的，可以或者不可以用一个语句来表达。

注意，正如一个单一命题可以用两个不同的语句来表达，一个单一的语句可以表达两个不同的命题。这会随着时间或文化的变化而发生变化。"那个男孩在玩足球"这句话在英国和美国表达了不同的命题。类似地，如果在4点的时候，你说"我饿了"，我们猜想这是真的。如果你在晚饭后说"我饿了"，那就是假的。单一语句"我饿了"被用来表达两个不同的命题，一个真，一个假。

如果命题是真值的承担者，那么就是真或者假的东西，如果命题随意义的变化而用不同的语句来表达，那么这使我们能够回应上面提到的建议，真随着意义的变化而变化，因而真仅仅是惯例性的。

考虑问题："如果我们称一条尾巴为一条腿，那么一条狗会有多少条腿？"诱人的答案就是"5"。但如果我们是对的，那么我们就可以通过改变词的意思来改变一条狗有多少条腿。我们也可以想象，通过再定义"高"这个词而使得我们自己变高，通过转换"白色"和"粉红"的意思而使得它意味着4分7秒多和雪是粉红的。如果这种思路是对的，那么你也许想，任何东西都是可能的，因为改变一个词的意思总是可能的，并且真都是用语词表达的。这使得一些人否定必然真的存在，想象如果你改变"正方形"的意义为"曲线图形"，那么会存在方形圆，并且如果你改变"4"的意义为"5"，那么2+2就是5。因此，不存在方形圆并不必然真，并且2+2=4并非必然真，如果一个肯定前件论证的前提都是真的则结论也是真的并非必然真。

这会给我们意想不到的力量——我们能够使物体运行得比光还快，使我们创造不可思议的财富，起死回生！如果我们拥有这些力量，将会是真正令人吃惊的。悲哀的是，我们做不到。

要明白这一点，请思考当你改变一个词的意义时，会发生什么。例如，假设你重新定义"正方形"为"曲线图形"。让我们假设你使得所有说英语的人都接受这个变化。在变化之前，你说，"存在方形圆"，并因此表达了一个假命题——有四个角并且没有角的图形。变化之后，你说，"存在方形圆"。现在你已经断言了某些东西真，但没有表达一个不同的命题——与有角的图形无关。不存在你已经改变了的从真到假的命题，并且不存在你已经改变了的几何对象。类似地，如果你已经改变了"粉红"的意义，使得它现在不指称香草冰激凌的颜色，那么你就不会改变雪的颜色。你已经使得它是这样的情况，句子"雪是粉红的"是真的，该句子表达了一个不同于改变意义之前所表达的命题。

这意味着真不随时间的变化而变化，不随地点及词的意义的变化而变化。"彼得玩足球"表达了两个不同地方的不同命题，一个命题是真的，一个命题是假的。事物——命题——在一个地方是真的，在另一个地方是假的。另外，尽管一个词的意义依赖于我们集体选择的惯例问题，但真并不是惯例问题（除了也许在不寻常的情况下真的主体自身是一个惯例）。因此，我们没有理由否定 2+2 = 4 是必然真的，或者必然地如果一个肯定前件论证的前提是真的，那么其结论也是真的。

> 认识到词和语句随时间而改变它们的含义，但命题不改变它们的真值。

如果这是对的，那么逻辑就是关于真和假的关系。这意味着逻辑并不像有些人所设想的那样是一个简单的文字游戏。它也意味着在试图阐明一个论证的本质时，我们可以用别的词来替换一些词，只要我们不改变因此所表达的命题。正如我们在第 2 章中所看到的那样，在重构一个论证的时候，用一个同义词来替换一个词有时是一个好主意，如果这会使得潜在的逻辑结构更清晰。注意，用同义词替换词语并不改变所表达的命题。

命题通常有情感力和认知意义。不区分这两个因素容易导致逻辑错误。思考下列命题：

L3. 美国每年大约有 20 000 起杀人事件，枪支是导致死亡的最常用工具。

L4. 现在美国每年的杀人数量太多了，以致人们无论是白天还是晚上走在街上都要有死亡的心理准备。每一个疯狂者和每一个暴徒都拿着一个"热弹"，随时准备将你炸毁。

命题 L3 主要是设计来提供信息的，而命题 L4 则是设计来表达感情或引起一种情感反应的，至少部分如此。一个语句的**认知意义**（cognitive meaning）是通过该语句所传达的信息。诸如"大约""20 000""杀人"这些词被赋予了 L3 认知意义。

> 一个语句的**认知意义**是通过该语句所传达的信息。

一个语句的**情感力**（emotive force）是该语句所表达或引起的情感程度。诸如"死亡的心理准备""疯狂者""暴徒""炸毁"这些词或短语，极大地加强了 L4 的情感力。

> 一个语句的**情感力**是该语句所表达或引起的情感程度。

当然，一个单独的句子可以同时具有认知意义和情感力。就拿 L3 做例子。它传达了信息，因此它具有认知意义；被传达的信息易于引起像害怕或愤慨之类的情感，因此它也具有情感力。

逻辑主要与认知意义有关——与命题的信息内容之间的逻辑关系有关。因此，我们通常需要区分一个语句的认知意义和情感力，以便于理解其逻辑关系，因为在情感上含蓄的语言容易干扰其中的逻辑视野。这至少会以两种方式发生。首先，含蓄的语言会干扰我们理解一个语句的认知意义。我们可能因语句引起的感情而迷失或失去判断力，从而不能准确掌握其信息内容。其次，在情感上含蓄的语言会使我们看不见需要的证据。当我们的积极情感出现时，我们可能倾向于不经论证就接受一个说法，即使这个论证的确是需要的。

让我们思考一些例子：

L5. 死刑应当被废除吗？没门！那些死刑犯除了是人类的害虫就什么也不是。

L6. 你应该无视那些反对罢工的公司的论证。那些论证除了是资本家针对工人的宣传之外什么都不是。

论证 L5 中的短语"人类的害虫",易于具有相当大的情感力。害虫是小的、令人烦恼的动物(如老鼠),我们通常无顾虑地杀死这些害虫。因此,如果我们接受关于死刑犯的"害虫"的称号,我们将容易接受他们应该被处死的要求。但是,"那些死刑犯除了是人类的害虫就什么也不是"这个前提的具体的认知意义是什么呢?也许是这样的:"那些死刑犯从道德上说是十分败坏的人"。将这个前提放入情感上中立的词项之中,有助于我们不那么容易地受原文冗词的情感力的影响。这也有助于我们思考与论证要求相关的批判性问题。例如,我们真的认为,所有"十分败坏的人"都应该被处死吗?不能存在道德上十分败坏却没有犯杀人罪的人吗?如果有的话,那么论证 L5 在效果上岂不是将死刑惩罚扩展到了从没有杀过人的许多人身上?它似乎会如此。

论证 L6 阐述了在什么情况下,语言的情感力会使我们忽视对论证的需要。一旦我们将一些人的推论称为宣传,我们易于不理会它。毕竟,宣传是灌输思想的一个系统形式,通常包含蓄意的欺骗和对事实的歪曲。但是如果提供了论证,那么我们就需要解释为什么它们会被正当地冠以宣传的称号。例如,在哪里有欺骗或对事实的歪曲?也许有些反对罢工的公司的论证是可靠的,即使避免罢工符合公司的利益。

出现在广告中情感上含蓄的语言,如下列例子所示:

> L7. 如果你面临刑事诉讼,那么就要请一位志在必得且有经验的辩护律师,他具有已经证明能力和技巧的记录,这是您的第一要务。一个不适宜的辩护可能会耗费你的一切。这就是您为什么需要约翰·雅各布森的原因。
>
> L8. 给予您孩子教育作为礼物。看到一个孩子努力攻读大学学位是父母的梦想。但是由于快速升级的更高的教育费用,这个梦想能够成为一个金融上的噩梦。

例子 L7 展示了有人面临刑事诉讼的担忧。例子 L8 展示了父母之爱和焦虑的强度。在政治背景中,我们也发现情感上含蓄的语言。

L9. 在美国，公司至上主义者、绝望的工会、某种以种族为中心的拉丁裔活动家组织，以及我们选举的大多数华盛顿官员组成的联盟都在勤奋地工作以保持我们的边界开放，工资被压制，美国人民几乎无力反抗每年冲撞我们边界的数以百万计的非法外国人所造成的金融危机和经济负担。

——Lou Dobbs，*CNN*

这些例子是相当粗陋的。这表明，使用情感上含蓄的语言是政治黑客和操作广告商的领域。尽管这经常是真的，但有时并不如此。

例如，情感上含蓄的语言可以是伟大诗歌的布局。请考虑下面两个例子，第一个来自名为 *Dulce et Decorum est*（翻译为：《[为国捐躯] 甜蜜而正确》）的诗：

L10. 弯腰再弯腰，就像麻袋下的乞丐佬，
迈着八字步，如同女巫般咳嗽，嘴里的淤血封不住我们的诅咒，
直到遇见鬼魂般的闪光，我们开始却步，
向着我们的憩息点开始漫长乏味的行走。
人入梦乡，但脚不停。丢了靴子的人无数。
仍然瘸脚走，靴中都是血。人人跛足，人人如夜游。
累了就喝酒，听不见别人呵斥，
五点九英寸①号燃弹就在身后落下快逃。[1]

修辞和词的选择以及欧文在这个段落中所运用的想象唤起了战争的可怕印象，表达了他自己对此的感受，并且感动读者去分享这种感受。

与之比较，思考来自莎士比亚《亨利五世》的下列段落。在这出松散地以历史事件为基础的戏剧中，英国已做好与数量上远远超过自己的法国展开

---

① 1 英寸等于 2.54 厘米。——译者注

决战的准备。在被称为"圣克里斯宾当天的演讲"中，亨利站起来，对他们讲话，因为战斗在那一天进行。下面是演讲的一部分：

> L11. 自今日起至世界末日，
> 圣徒克里斯宾、克里斯皮安二位从未弃我远去，
> 但我们始终为世所记——
> 我们人数甚少，而幸运备至！情同手足，与子同袍；
> 凡与我浴血并肩者
> 皆我的亲兄弟也；不论其怎样低微卑贱，
> 今天这个日子将会带给他绅士的身份；
> 而这会儿正躺在床上的英格兰的绅士
> 以后将会埋怨自身的命运，悔恨怎么轮不到他上这儿来，
> 而且以后只要听到哪个在圣克里斯宾节跟我们一起打过仗的人
> 说话，就会面带愧色，觉得自己够不上当个大丈夫。

这个段落充满了情感语言，旨在通过对荣誉和名声的思考来唤起（男性的）自豪感、信心和同志式的友谊。然而，要注意的是，尽管它们极为漂亮，但这些段落对鼓励或不鼓励参与战争没有（至少在引用的段落中）给出支持或反对这场特殊战争的任何理由。这些段落的强大和富有是，如果它们可能唤起我们去行动，去战斗，也许杀人或死亡，或者拒绝为任何事业而战，甚至阻止对国家的破坏，那么我们就需要去发现和评价如此行动的理由，并不只是被热情和词的漂亮所裹挟。

尽管情感上含蓄的语言能够干扰逻辑洞察力，但是这并不意味着论证总是应该用情感中性语言来表达。事实上，摆脱情感力的论证性既不可能也不可取。例如，几乎所有关于道德二难问题前提下的论证所传达的信息，都倾向于有情感力。此外，当为一个重要信念或行为课程辩护时，向你的听众表达情感通常是适合的。例如，一个人被深刻的洞察力所震撼或揭露严重不公正时的情感是完全恰当的。

认识一个命题的认知意义和情感力之间的差别。

> **定义概要**
> 一个**命题**是或者真或者假的,可以或者不可以用一个语句来表达。
> 一个语句的**认知意义**是通过该语句所传达的信息。
> 一个语句的**情感力**是该语句所表达或引起的情感程度。

练习 3.1

3.2 定义

歧义的、含糊的语言常常会干扰清晰的思维。一个词如果有多重意义,那它就是有**歧义的**(ambiguous)。例如,在陈述句"He lies in this grave"中,"lies"这个词也许意味着说假话,也可能意味着匍匐在水平面上。

> 有**歧义**的词有多重意义。

一个词语是**含糊**(vague)的,如果存在着所属不清的情况,即无法确定这个词是否应用于其中。例如,一个人必须要有多少物质财富才称得上富裕?十亿,百万,十万?我们都同意如果有上十亿的话就算富裕。但是,随着我们连续地提出更少的数目,也许是在十万这里,就会出现一个点,我们将不能确定拥有多少财富的人才算富裕。这样一个人将是所属不清的"富裕"情况。"高""秃""堆"都是模糊词项。

> **模糊**词有所属不清的情况。

定义在论证中起着重要的作用，因为定义可以用来澄清模棱两可，使模糊的术语更明确。在这一节中，我们将考察各种类型的定义，重点关注那些最有助于澄清和深化论证的类型。

内涵定义和外延定义

如果我们区分了词项的外延和内涵，我们就能更清楚地获得语言的意义。词项的**外延**（extension）由词项所应用的事物的集合组成。因此，词项"山脉"的外延，由雷尼尔山、珠穆朗玛峰、乞力马扎罗山等组成。词项的**内涵**（intension）由必须包含在词项外延中的事物的性质组成。在"山脉"这个例子中，其内涵是一块突出在周围环境上的地块并且比一座小山要高。

> 词项的**外延**由词项所应用的事物的集合组成。
> 词项的**内涵**由必须包含在词项外延中的事物的性质组成。

正如韦斯利·萨蒙（Wesley Salmon）所观察到的，我们"可以通过一个词的外延来明确它的意义，也可以通过它的内涵来明确它的意义。因此，外延定义和内涵定义之间就有一个基本的区别"[2]。下面我们来考察这两种定义。

外延定义（extensional definition）通过指出一个词项所作用的事物的集合来明确这个词项。外延定义自身包含两种基本类型：非语言的（用实物表示的）和语言的。要给出一个**实物定义**（ostensive definition），人们需要通过指出对象的外延来明确一个词项的意义。通常地，如果你想尽力教一个孩子"石头"这个词的意义，你就要指着一块石头，说"石头"这个词，那么指着另一块石头，再说"石头"这个词，等等。当然，这种类型的定义并不是没有它的问题。例如，如果你指着的石头全都是小石头，那么孩子也许就不能认识到大的石头也是石头。

> **外延定义**通过指出一个词项所作用的事物的集合来明确这个词项。
> **实物定义**通过指出对象的外延来明确一个词项的意义。

然而，很多时候我们是用语言的外延定义来明确一个词项的意义。我们可以通过分别地或分组地给外延中的元素命名来做到这一点。一个**枚举定义**

（enumerative definition）就是给外延中的元素分别命名。例如：

> L12. "哲学家"的意思是，像苏格拉底、柏拉图、亚里士多德、笛卡儿、康德或黑格尔这样的人。

这样的定义可能是部分的也可能是完全的。定义 L12 是部分的，因为我们没有列出每一位哲学家。如果外延中的所有元素都被列出，那就是一个完全的枚举定义。例如：

> L13. "斯堪的纳维亚"的意思是丹麦、挪威、瑞典、芬兰、冰岛和法罗群岛。

然而，一般来说，列出一个词项外延中的所有元素或者不可能或者不切实际，因为它们很可能有无穷多个。

枚举定义是通过给外延中的元素分别命名来明确一个词的意义。

另外一种语言上的外延定义，是按分组（而不是分别地）给外延中的元素命名。这叫作**子类定义**（definition by subclass）。例如：

> L14. "猫科动物"的意思是老虎、熊猫、狮子、豹子、美洲狮、猎豹、野猫、家猫，等等。

子类定义也可以是部分的或完全的。定义 L14 是部分的，因为猫科动物的一些类（种类或类型）被省略了，如美洲豹和山猫。下面是一个完全的子类定义的例子：

> L15. "北美的有袋动物"的意思是负鼠。[3]

📝 **子类定义**是按照分组给外延中的元素命名来明确一个词的意义。

虽然外延定义有时很有用，但它们也有自身的缺点。其缺点之一就是，有些词项不能通过外延来定义，因为它们的外延为空。举例来说：

L16. "独角兽"的意思是一种前额中间长着一个长且直的角像马一样的生物。

因为独角兽是一种虚构的生物，所以词项"独角兽"的外延为空。不过，"独角兽"有一个能通过如上所述的内涵定义来明确的意义。外延定义的第二个缺点就是，对于论证和具有理性的对话这样的目的来说，它们通常是不足够的。例如，假设史密斯和琼斯正在辩论肯定的行为是否正义。琼斯需要一个"正义"的定义。史密斯提到了一些社会现实中正义的例子——例如，只对犯罪进行惩罚，累进所得税，选民人头税的禁令。即使琼斯同意这些行为是正义的，但这样一个外延定义不大可能促进关于正义的肯定性行为的启发性讨论。细致而深入地思考有争议的问题，要求有更明确的术语——**内涵定义**（intensional definition），即通过指出事物所必须具有的包含在一个词项外延中的性质来明确该词项的意义。

📝 **内涵定义**通过指出事物所必须具有的包含在一个词项外延中的性质来明确该词项的意义。

存在大量不同类型的内涵定义，它们有不同的标准。重要的是明白它们之间的差异。

词汇定义（lexical definition）叙述了一个词项常规的或既定的内涵。字典定义是词汇定义的标准例子。例如：

L17. "内在的"意思是存在于或保持在内部的，即，固有的。
L18. "逼近的"意思是即将出现。

注意，词汇定义是有真值的——它们要么真，要么假。如果它们正确叙述了该词项的既定内涵，则真；反之则假。为了达到批判性思维的目的，重要的是要知道什么时候传统的意义将受到争论。举例来说，如果两个人在争论比尔·克林顿是否将被弹劾时，他们也许在所有非语言事实上是一致的，但只是赋予"弹劾"不同的意义。既然那样，求助于字典将是适宜的，并且能解决赞成主张克林顿被弹劾的问题，因为弹劾某人包括指控他行为不端。随着词的意义发生变化，正确的词汇定义通常会存在一些差别。它是既定的使用还是现在最广泛的使用？"弹劾"这个词在广义上似乎意味着，"因不当行为而被免职"。在回应这样的变化时，字典通常更新，以反映词汇的使用方式。

词汇定义叙述了一个词项常规的或既定的内涵。

规定定义（stipulative definition）指不受惯例或既定用法的影响来明确一个词项的内涵。因为各种原因，一个作者或说话者可能希望引进一个新词到语言中或赋予一个旧词新的意义。例如，"双双躲避"（double-dodge）一词，现在没有被普遍接受的意义。但是我们可以提出一个建议：

L19. "双双躲避"的意思是，当人们将要相撞（如当两个人在一个狭小的空间中迎面相遇时）并尽力避免这样的相撞时所共同期望做的动作。[4]

举例来说："玛莎和弗雷德在高速公路上即将相撞，但在最后一刻，他们双双躲避了，然后完全停了下来，这时，弗雷德发出了笑声"。因而，通过引进一个规定定义，我们可以用一个简化手段来表达一个复杂的思想。

规定定义指不受惯例或既定用法的影响来明确一个词项的内涵。

规定定义在科学上常常有用。例如，在1967年，物理学家约翰·惠勒（John Wheeler）引进"黑洞"一词，作为由于引力而彻底向自身内塌陷的恒星的简化手段。[5] 当第一次引进时，这个定义是规定的，因为那时没有用

"黑洞"指称天体的约定用法。(当然,自从 1967 年以来,"黑洞"就被普遍使用了,以至于它现在有了一个传统的意义,可以在词汇定义中得到叙述。)

注意,规定定义是一个在某种方式下来使用词项的建议或提议。换句话说,规定定义具有这样的形式:"让我们用词项 X 来表示……"既然一个建议或提议既不真也不假,那么一个规定定义也是既不真也不假的。然而,如果在某种方式下使用一个词项的建议保持下来了,并成为既定用法的一部分,那么这个规定定义就变成一个词汇定义,就像"黑洞"这个例子那样。正如我们所看到的,词汇定义因其叙述了传统的意义而为真(或为假)。

精确定义(precising definition)通过对传统的意义的强加限制来减少一个词项的模糊性。它不同于规定定义,因为它并不独立于传统的意义,但它类似于规定定义,其中,它是关于传统的意义所没有给出的点上划线的建议。

精确定义通过对传统的意义的强加限制来减少一个词项的模糊性。

例如,假设我们要将"非常强的论证"定义为,至少有 95% 的概率如果前提真那么结论真。显然,这个定义比通常的自然语言短语"非常强的论证"要更明确,但这个定义不是规定的,因为传统的意义并没有被忽视,只是变得更具体了。

精确定义在科学和法律中都很普遍。例如,"**速度**"(velocity)这个词在日常语言中,只意味着"**速率**"(speed),但是物理学家为了他们自己的目的而给了它一个更明确的含义。

L20. "速度"的意思是在特定方向上的运动比率。

精确定义在构建可操作的法律条款时也是必要的。例如,假设国会希望把为穷人提供优惠税额写入法律。如果到此为止,则法律将极难起作用,因为谁有资格享有优惠税额将存在争论。如果有人获得了优惠税额,则类似情况下赚更多钱的某些人,将会坚持他或她也应获得优惠税额的司法诉求。如此的话,则下一个人将做出同样的主张,很快,每一个人都将拥有优惠税

额。我们需要划线，即使它们有时是任意的。因此，例如，法律可以包含一个精确定义：一个四口之家，如果年收入 20 000 美元或不足 20 000 美元，就会被认为是穷人。又或者，假设一部正在起草的法律，它决定医护人员什么时候可以将病人从一个生命支持系统（如人工呼吸器）移开。在此目的下，"死亡"的精确定义将会是很有帮助的，因为很显然，如果病人已经死了，就没有人会反对将其从生命支持系统中移开。但是一个人死亡，就是当她的心脏停止了跳动吗？就是当她停止了呼吸吗？就是当她永远地无意识了吗？就是当她的大脑停止了运动吗？从法律上来说，我们显然想要一个比这更精确的定义。在大多数陈述中，当一个人"脑死亡"了，他或她就在法律上被认为是死亡了。即，沿着这条线所运用的一个精确定义如下：

L21. "死"人是一个大脑运动已经永远停止了的人。

并且脑电图可以用来确定这个定义是否可以在给定情况下使用。

　　记住精确定义应该在边界范围内划线。精确定义的不当使用是以这样一种方式划线，即对明确的案例分类不正确。例如，如果法律的目的要求我们明确"孩子"这个概念，提供 15 岁以下的人是孩子或 16 岁以下的人是孩子的精确定义是适当的。提供 25 岁以下的人是孩子的精确定义是不适当的，这将错误地对 24 岁的人进行分类，他们显然是成年人。

　　理论定义（theoretical definition）是试图对那个词项所作用的事物提供足够的理解的内涵定义。例如，当哲学家或科学家们在关于一些重要词项的定义上意见不一致时，如"知识"、"美德"、"质量"、"温度"、"空间"或"时间"，他们不是不同意这些词的词汇定义，也不是仅仅简单地试图规定这些词的意义或者使常规的意义更明确。他们在尽力尝试达到对事物本质的更深刻、更精确的理解。

> **理论定义**是试图对那个词项所作用的事物提供足够的理解的内涵定义。

　　哲学家们传统上关心"什么是知识？""什么是正义？""什么是勇敢？"这样一些问题。这些问题是古希腊哲学家所讨论的，但它们也可以出现在你下学期的导论课堂上。你也许想知道,为什么你不能简单地通过打开一本字典来回答这些问题。好的,让我们考虑一下其中的一个问题。《韦氏在线词典》将"知识"定义为"知道的事实或条件",并进而将"知道"定义为:"(1)直接感知;直接认知;(2)理解……(3)认识本质(a)知道真或事实;相信或肯定;(b)有实际的理解……"这一定义并没有回答哲学上的问题,部分地因为它是某种循环——"知识"和"认知"是同义词;它是不确定的,在不同的想法之间转换;并且有些非循环定义似乎可以有反例。例如,你没有直接认知它,也可以知道它的一些东西。你知道悉尼在澳大利亚,即使你从来没有亲眼看见过它。你可以确定某些东西,即使你并不知道它。

哲学家们长时间赞同将知识理论定义为"得到辩护的真信念"。这不同于词汇的、规定的或精确的定义。相反,这个定义试图对知识的本质提供一个更深的洞见。然而,有趣的是,哲学家们已经发现他们自己的定义的缺陷。埃德蒙德·盖梯尔在他的开创性文章中,描述了一系列并不算作知识的得到辩护的真信念的情况。[6]

"温度"的科学定义,即"分子的运动",也提供了一个理论定义的例子(分子运动越迅速,温度就越高)。显然,"温度"的这个定义不能在分子理论发展之前就被给出。注意,科学家在给出"温度"这个定义时,并没有叙述其常规意义。他们既没有给出一个规定定义,也没有使其传统定义更精确。他们给出一个理论定义,旨在提供一个对温度本质的更深入和更合理的理解。

词汇定义并不总是与理论定义不同。通常的用法是根据事物的本质来选择。例如,"正方形"的字典定义等价于数学家的理论定义。"真"的字典定义之一捕捉到了至少哲学家们关于真的本质的描述。词汇定义是正确的,只要它们反映了标准的用法。理论定义是正确的,只要它们捕捉到了它们所标榜的定义的属性或事物的真正本质。

定义概要

外延定义通过指出一个词项所作用的事物的集合来明确这个词项。例如:

> **实物定义**通过指出对象的外延来明确一个词项的意义。
> **枚举定义**是通过给外延中的元素分别命名来明确一个词的意义。
> **子类定义**是按照分组给外延中的元素命名来明确一个词的意义。
> **内涵定义**通过指出事物所必须具有的包含在一个词项外延中的性质来明确该词项的意义。
> **词汇定义**叙述了一个词项常规的或既定的内涵。
> **规定定义**指不受惯例或既定用法的影响来明确一个词项的内涵。
> **精确定义**通过对传统的意义的强加限制来减少一个词项的模糊性。
> **理论定义**是试图对那个词项所作用的事物提供足够的理解的内涵定义。

属加种差定义法

构造定义的一个技术值得特别注意，因为它能应用于各种各样的情况，而且它是消除歧义和模糊的最好方式之一。这就是属加种差定义法。这个方法常常在构造规定定义、精确定义和理论定义时很有用，但是我们在这里将首先重点关注词汇定义。

要说明这个方法，我们需要一些技术性词项。首先，就像逻辑学家的习惯那样，让我们称那个或那些被定义的词语为**被定义项**（definiendum），称那个或那些用来定义的词语为**定义项**（definiens）。举例来说：

L22. "小狗"的意思是年轻的狗。

这里，"小狗"是被定义项，"年轻的狗"是定义项。

> **被定义项**指那个或那些被定义的词语。
> **定义项**指那个或那些用来定义的词语。

其次，我们需要定义真子类。X 类是 Y 类的**子类**（subclass），即 X 中的每一元素也是 Y 中的元素。例如，牧羊犬这个类是犬类的子类。但要注意，牧羊犬这个类也是它自己的一个子类。相比之下，X 类是 Y 类的**真子类**

(proper subclass)，即 X 是 Y 中的子类，但 Y 拥有 X 所没有的元素。因此，牧羊犬类是犬类的真子类，但是牧羊犬类不是牧羊犬类的真子类。

> X 类是 Y 类的**子类**，即 X 中的每一元素也是 Y 中的元素。
> X 类是 Y 类的**真子类**，即 X 是 Y 中的子类，但 Y 拥有 X 所没有的元素。

现在我们可以说，**属**（genus）是对象的一个类，**种**（species）是属的一个真子类。词项的这个使用，不同于它们在生物学意义上的使用。例如，在逻辑学（不像生物学）上，我们可以说狗为属而小狗为种，动物为属而狗为种，或者动物为属而哺乳动物为种。

> **属**是对象的一个类。
> **种**是属的一个真子类。

差（difference）（或种差）是区分开同一个属中一个给定种的元素与另一个种的元素的差别。例如，假设兄弟姐妹是属而姐妹是种。那么，种差就是身为女性这一属性，它将姐妹与兄弟区分开来，却也属于兄弟姐妹这一属。或者假设狗是属，小狗是种。那么种差就是年轻这一属性，它将小狗与同属中的其他种——例如成年狗——区分开来。

> **差**（或种差）是区分开同一个属中一个给定种的元素与另一个种的元素的差别。

属、种和种差之间的关系如下图所示，方框表示类。

属（例如：马）	
种：小母马	种：小雄驹
种差：年轻雌性	种差：年轻雄性

现在，属加种差定义构造如下：首先，选择一个比被定义的词项更一般的词项，这个词项叫作属。其次，找出一个词或短语来识别同一属中被提及的种和其他种不同的属性。下面是一些例子：

种		种差	属
"种马"	意味着	雄性	马
"小猫"	意味着	年轻	猫
"盛宴"	意味着	精致的	膳食
"湖"	意味着	大的	陆地围着的水域

当然，在很多情况下，种差是一个相当复杂的属性，需要许多词语去描述。例如：

L23. "恐龙"意味着一种中生代的拥有四肢和一条长长的尖端很细的尾巴的已绝种的爬行动物群体。[7]

这里的属是爬行动物，定义的其余部分是种和种差。

如果属加种差定义没有一个特定的标准，那么它就是不合适的。让我们现在来考察属加种差定义的六个评价标准。它们背后的基本思想是：首先，一个定义必须有和被定义项相同的外延。其次，它应该是有帮助的和启发性的。

标准 1：定义不应该过宽。

定义的准确性至关重要，即它们只挑那些被定义项所应用的事物。如果定义项应用到被定义项外延之外，则定义过宽（或过广）。例如：

L24. "鸟"意味着长翅膀的动物。

定义 L24 过宽了，因为蝙蝠和苍蝇都有翅膀，但蝙蝠和苍蝇都不是鸟。蝙蝠和苍蝇在这里构成了该定义的反例，证明 L24 未能获取成为鸟的充分条件。

下面是一个更有趣的例子：

L25. "人"意味着具有人类 DNA 的某物。

这个定义过宽，因为我们可以想到反例：具有人类 DNA 但不是人的事物——例如，人体指甲剪。

标准 2：定义不应该过窄。

如果定义项不能应用于被定义项外延中的一些对象，则这个定义就过窄了。举例来说：

L26. "鸟"是指会飞的有羽毛的动物。

定义 L26 过窄了，因为有些鸟是不能飞的——例如，企鹅、鹬鸵、鸵鸟和鹤鸵这里都构成了该定义的反例，证明 L26 未能获取成为鸟的必要条件。

一个更有趣的例子是这样的：

L27. "人"意味着可以用不明确长度的句子无限期地在许多主题上交流，能够推理，并且有充分发展的自我意识和良心的存在。

定义 L27 过窄了，因为我们可以想到反例：缺乏交流，不能推理等但依然是人的事物——例如，一个 2 岁的小孩或暂时昏迷的某人。

一般地，一个**定义的反例**（counterexample to a definition）是该词项应用于它但不符合条件，或者符合条件但该词项不应用于它。

> 一个**定义的反例**是该词项应用于它但不符合条件，或者符合条件但该词项不应用于它。

标准 3：定义不应该是晦涩的、有歧义的或比喻性的。

举例来说：

L28. "愿望"，从所能想到的情况来看，是指人通过对自身的某些给定的修正，来作为确定一个特殊活动的现实本质。[8]

这个定义包括了晦涩的技术术语。由于定义一个词项的重点是要澄清它的意义，人们应该在定义中尽可能使用最简单的词语。

有时，一个定义包含了在上下文中具有两种可能意义的词。那么，这个定义就是有歧义的：

L29. "信仰"意味着真信念。

"真信念"在这里的意思是"真诚的或真正的信念"，还是"相信它是真的而不是假的"？两种意思在"信仰"定义的上下文中似乎都可以理解，所以，这个定义是有歧义的。然而，要注意的是，字典中列出的很多词语都有多重意义，但只是这一点还不能造成在给定情况下词语的歧义。例如，"store"（商店、储存）一词，可能表示"出售商品的地方"，比如，"我在商店里买了一件衬衫"（I bought a shirt at the store）；它也可能意味着"为将来的需要做准备"，比如，"松鼠为冬眠储存坚果"（Squirrels store nuts for the winter）。但是，上下文通常表明了哪一个意义是相关的。只有当上下文没有讲清楚哪一个意义是相关的时，歧义才会发生。

比喻性的（或隐喻性的）定义通常或者晦涩或者有歧义。例如：

L30. "艺术"是人类灵魂中储藏的蜜，聚集在悲惨和艰苦生活的翅膀上。[9]

定义 L30 也许是充满想象力的和有趣的，但是，它普遍地用到比喻性的语言，这就引发了多种解释，所以它是有歧义的。

标准 4：定义不应该是循环的。

如果被定义项（或者它的一些语法形式）出现在定义项中，那么这个定义就是**循环的**（circular）。举例来说：

L31. "形而上学"意味着对形而上问题的系统研究。

当然，如果一个人不知道"形而上学"一词的意思，就不可能发现一个采用"形而上"这个词的定义。然而，要注意的是，这需要依靠上下文来定，定义中有些种类的循环是不成问题的。例如，假设我的读者知道什么是三角形，但并不知道什么是锐角三角形。在这种情况下，我就可以定义"锐角三角形"如下：

L32. "锐角三角形"是三个角中的每一个角都小于 90 度的三角形。

这种类型的循环是无害的，因为（在此情况下）出现在定义项中的被定义项部分（即"三角形"）并不需要定义。

如果被定义项（或者它的一些语法形式）出现在定义项中，那么这个定义就是**循环的**。

标准 5：定义不应该是否定的，如果它可以是肯定的话。
例如：

L33. "矿物"是一种非动物非蔬菜的物质。
L34. "哺乳动物"是一种非爬行类动物、非两栖类动物以及非鸟类的动物。

一个相对肯定性的定义比一个相对否定性的定义更有信息含量，因而应首选肯定性的定义。然而，在每一情况下都给出一个肯定性的定义是不可能的。例如，"几何学上的点"的典型词典定义是"在空间中只有位置，没有大小没有形状的东西"。"未婚妇女"一词被定义为"一个从未结过婚的年长妇女"。这些定义很难被改善，尽管它们有很大的否定性。

标准 6：定义不应该凭借不适合于相关背景或目的的属性来挑选其外延。

例如，假设我们正在试图构造"三角形"一词的词汇定义。下列定义将违反标准 6：

L35. "三角形"是斯提夫喜欢的几何图形。

因为三角形的确是斯提夫喜欢的几何图形，所以这个定义应用于正确的外延，即三角形类的元素。但是，"是斯提夫喜欢的几何图形"这一属性，并不适合于形成一个词汇定义的背景。与该属性适合的，是说话者同意的"三角形"一词的意思，即"有三个角（或三条边）的一个封闭的平面图形"。

因为标准 6 并不总是易于运用，所以，让我们再来考虑几个实例。例如：

L36. "七"是指一个星期的天数。

因为事实上一个星期有七天，所以，定义项挑出了正确的外延。但是作为一个词汇定义，这个定义是有缺陷的，因为它并没有涉及那个与既定用法联系在一起的属性，即"比六多一"。（原则上，一个人不需要知道一个星期有几天，就可以知道"七"的通常意义。）而且，作为一个理论定义，L36 是有缺陷的，因为它没有挑出与数学目的相关的属性——例如："六和八之间的所有数字"。

如果我们将某些古希腊哲学家的建议翻译成中文，我们将得到"人"的定义如下：

L37. "人"是没有羽毛的两足动物。

现在，让我们假设，这个定义既不过窄也不过宽——所有并且只有人没

有羽毛且通常用两只脚直立行走。而且，如果 L37 作为一个词汇定义，它违反了标准 6。作为证据，我们可以引用这一事实，就是"没有羽毛的两足动物"这个属性，并没有在"人"这一词项的字典定义中得到暗示。如果这个定义本质上是理论性的，那么也许加上这一属性似乎就是不合适的，因为 L37 在人类的本质方面肯定没有提供任何有价值的洞见。支持"没有羽毛的两足动物"的思想是"人"的一个不合适的理论定义，哲学家通常给出会满足定义项的可能对象的例子而不是被定义项的例子。例如，一只拔光了羽毛的鸡将是非人的没有羽毛的两足动物。类似地，我们也许会反对一个在叫唤、会思考、有感情的大象是一个人，因此"人类"作为"人"的一个定义是过窄了。

综上所述，定义可以被用来去除歧义和含混。外延定义和内涵定义都可以用于这些目的，但是某些类型的内涵定义（如规定定义、词汇定义、精确定义和理论定义）在论证当中特别有用。属加种差定义法常常被用来建构规定定义、词汇定义、精确定义和理论定义；因此，这个方法在建构和评价论证的目的上非常有用。最后，属加种差定义法必须遵守在本节中写下的那六个标准。

评价属加种差定义的标准概要

标准 1：定义不应该过宽。
标准 2：定义不应该过窄。
标准 3：定义不应该是晦涩的、有歧义的或比喻性的。
标准 4：定义不应该是循环的。
标准 5：定义不应该是否定的，如果它可以是肯定的话。
标准 6：定义不应该凭借不适合于相关背景或目的的属性来挑选其外延。

定义概要

有**歧义**的词有多重意义。
模糊词有所属不清的情况。
词项的**外延**由词项所应用的事物的集合组成。

> 词项的**内涵**由必须包含在词项外延中的事物的性质组成。
> **被定义项**指那个或那些被定义的词语。
> **定义项**指那个或那些用来定义的词语。
> X 类是 Y 类的**子类**，即 X 中的每一元素也是 Y 中的元素。
> X 类是 Y 类的**真子类**，即 X 是 Y 中的子类，但 Y 拥有 X 所没有的元素。
> **属**是对象的一个类。
> **种**是属的一个真子类。
> **差**（或种差）是区分开同一个属中一个给定种的元素与另一个种的元素的差别。
> **定义的反例**是该词项应用于它但不符合条件，或者符合条件但该词项不应用于它。
> 如果被定义项（或者它的一些语法形式）出现在定义项中，那么这个定义就是**循环的**。

练习 3.2

3.3 用定义评价论证

如果我们不关心语言，就有可能出现两个负面结果：句义含混和仅言辞争论。**句义含混**（equivocation）出现在当用于一个论证中的词（或短语）有不止一种意义的时候，但论证的有效性依赖于这个词以通篇一致的意义来使用。

> **句义含混**出现在当用于一个论证中的词（或短语）有不止一种意义的时候，但论证的有效性依赖于这个词以通篇一致的意义来使用。

例如：

L38. 约翰在他的工作中有很多值得骄傲的地方。他已经是一名出色的工匠，而且他一直在进步。但是，不幸的是，骄傲是七宗罪之一。所以，约翰犯有七宗罪中的一宗罪恶。

当然，在这里，"骄傲"这个词被用于两种不同的意思。在第一次出现时，它的意思是"适当的自尊"；在第二次出现时，它的意思是"自大"或者"过分的自尊"。这两种意思是不同的，并且仅仅因为约翰是出于对工作的适当的自尊而去争论他有严重的道德缺点（即傲慢）是无效的。

论证 L38 对"骄傲"一词的使用，给出的是有效性的表面情况。如果我们重写一遍此论证的要点，把捕获"骄傲"的两种不同意思的词堵塞上，任何有效性的表面情况都会完全消失。

L39. 约翰对自己的工作有适当的自尊。傲慢是七宗罪之一。所以，约翰犯有七宗罪中的一宗罪恶。

从词源上看，"句义含混"来自两个拉丁词，一个表示"相等"或"相同"，另一个表示"声音"或"词"。当一个人句义含混时，他会让它听起来就好像相同的词（或短语）在通篇论证中都在同样的意义下使用，然而，事实上却出现了不止一个意思。让我们来考虑另一个句义含混的例子：

L40. 我不能相信我的儿子杰克为 15 位客人提供了五道菜的餐点。我不能相信我的儿子！如果一个人不能相信某人，那就意味着他是不诚实的。因此，那就意味着我的儿子是不诚实的。

在这里,"不能相信杰克"这个短语是在两种不同的意义下来使用的。在第一次出现时,它意味着"无权相信杰克愿意并且能够完成一项特定任务";在第二次出现时,它意味着"有理由相信杰克是不诚实的"。这两个意思不同,并且仅仅因为杰克不能完成一项困难任务,就断言他不诚实是无效的。论证 L40 中"不能相信"这个短语的使用,使其表面上看起来有效。

仅言辞争论(merely verbal dispute)发生在当两个(或更多)争论者表现出不一致(即表现出逻辑上冲突的断言)的时候,但是一个有歧义的词(或短语)却隐瞒了那些不一致是不真实的这一事实。

> **仅言辞争论**发生在当争论者表现出不一致的时候,但是一个有歧义的词(或短语)却隐瞒了那些不一致是不真实的这一事实。

一个非常简单的例子,发生在当两个人使用具有两种不同外延的一个名字的时候。例如:

L41. 马丽:我这个周末去莫斯科旅行。

汤姆:当心!我听说那里有高犯罪率和腐败。

马丽:的确,爱达荷州的一个小镇有高犯罪率和腐败!听到这个我很惊讶。

汤姆和马丽并没有分歧。他们仅仅是在谈论不同的城市。

类似地,两个人可能是在谈论同一个人,可能似乎不同意这个人是否具有某种特征,但事实上,他们是在谈论两个不同的特征。

L42. X 先生:鲍勃是个好男人。我常常注意到他在做他的工作,从不找任何借口。我希望我有更多的像他一样的员工。

Y 女士:我不同意。鲍勃不是个好男人。他已经离过四次婚,他喝太多的酒,并且沉溺于赌博。

对于 X 先生来说,"好男人"意味着"工作做得好的男人"——一个能

高效率地完成高质量工作的人。但是，对于 Y 女士来说，"好男人"意味着"在道德上拥有美德的人"。因此，在 X 先生和 Y 女士之间没有真正的不一致，因为鲍勃高效率地做高质量的工作这一陈述和鲍勃没有道德上的美德这一陈述之间没有逻辑上的冲突。即使鲍勃真的有道德上的缺点，他是一个好员工依然可以是真的。

仅言辞争论在包含双重意义的情况下类似于句义含混。但是，仅言辞争论必然包含两个或更多的人因为关键字或词的歧义而相互误解，句义含混却发生在当歧义破坏了一个论证的有效性时（没有对话方需要被包括进来）。美国哲学家和心理学家威廉·詹姆斯提供了一个仅言辞争论的明显而幽默的例子：

> 许多年前，在山上开露营派对的时候，我独自散步回来发现每个人都陷入了激烈的……争论。争论的主体是松鼠——一只被设想抓着树桩一侧的活松鼠，同时树的另一侧想象站着一个人。这个目击者企图通过迅速绕着树移动来看见松鼠，但是不管他走得多快，那个松鼠在另一侧移动得同样快，总是使得树保持在它自己和那个人之间，以至于他连一眼也没有看到松鼠。结果……现在的问题是：这个人在绕着松鼠转吗？可以肯定，他围着树转，而松鼠就在树上；那他绕着松鼠转了吗？在无限广袤的旷野中，讨论都快成陈词滥调了。每个人都站在某一侧，而且都很固执……[10]

这里，该争论可以被总结如下：

L43. 正方：这个人绕着松鼠转。
　　 反方：不。这个人没有绕着松鼠转。

詹姆斯接着解释了他是如何解决这个争论的：

> 有句格言说，每当遇到矛盾时，都必须加以区分，于是，我立

刻寻找并发现如下区别。我说："哪一组正确，取决于你们所说的'绕着松鼠转'实际上是什么意思。如果你们的意思是这个人从松鼠的北边转到它的东边，再到南边，再到西边，然后又回到松鼠的北边，显然，这个人的确绕着松鼠转，因为他处于这些连续的方位。但是如果相反，你们的意思是这个人首先在松鼠的前面，然后在松鼠的右边，然后到松鼠的后面，然后到左边，最后又回到前面的话，非常明显，这个人没有绕着松鼠转，因为松鼠做了补偿运动，它使自己的腹部始终对着这个人，其背部朝着相反的方向。"[11]

在这里，因为"绕着转"这个短语的歧义，该争论仅是口头言辞的。争论者们无法沟通，因为他们没有认识到，他们的断定在逻辑上是相容的。虽存在表面的矛盾，但无真正逻辑上的冲突。

考虑最后一个仅言辞争论的例子：

L44. X 先生：现代物理学已经证明，中型物质实体，如砖头、墙壁和书桌，不是固体。

Y 女士：多荒谬啊！如果你认为墙壁不是固体，那就试试把你的拳头穿过去吧，老兄。[12]

X 先生大概认为，根据现代物理学，中型物质实体是由细小微粒——原子、质子、电子、夸克等组成的。并且，根据现代物理学，这些颗粒并没有被很紧密地挤在一起。这些微粒之间的距离，相对于这些微粒的大小来说是巨大的（就像太阳和太阳系中的行星之间的距离，相比于这些物体的大小来说是巨大的一样）。简而言之，两个当事人之所以各说各的，是因为 X 先生用"固体"来表示"密集地或紧密地被挤在一起"，然而 Y 女士用"固体"表示"难以穿透"。

然而，有时看起来仅言辞争论，实际上却是一种真正的对定义的不同意。因此，前面的例子中，两个人在争论克林顿是否被弹劾，是正在为"弹劾"这个词的意思进行言辞争论。事实证明，他们中有一个人是错误的。这在理论定义的情况下特别重要。哲学家不同意有些主张为真——部分是因为他们不同意真的本质。例如，假设一个哲学家主张，"违背诺言是错误的"这个命题是真的，另一个哲学家主张它不是真的。当要求对她的主张辩护时，第二个哲学家可能说道德主张不能为真，因为它们不能被证明，并且说，按照她的观点，一个命题为真当且仅当能够被证明。前一个哲学家可能发现，这并不是他的真概念。断言现在已经得到解决的问题将不适当，因为这两个哲学家都将表明他们自己有一个更深层的意见不一——关于真的本质的意见不一。

就这一点来说，我们需要考虑推论中的另一个错误，它有时让人对仅言辞争论感到迷惑。这就是对劝说定义的不恰当的使用。**劝说定义**（persuasive definition）指人们有倾向地（或有偏见地）赞同某个特别的结论或观点。实际上，劝说定义常常相当于企图通过言辞命令来建立一个论证。下面是一个例子：

L45. "反歧视行动"是反向歧视。但是歧视总是错的。所以，反歧视行动是错的。

劝说定义是有倾向地（或有偏见地）赞同某个特别的结论或观点的定义。

通过把"反歧视行动"定义为"反向歧视"时，一个人对事情就有了某种特别的倾向。但是这个定义几乎不能为合理讨论的目的来刻画一个有用的概念。注意，一个不知道"反歧视行动"传统意思的人，是不能从这一定义来清楚把握该概念的。"反歧视行动"的一个更好的定义是"优先照顾弱势群体"。这个定义能让我们注意问题的关键：弱势群体应该获得特别照顾吗？

劝说定义有时具有重要的修辞力量，这种力量在政治学中常常被剥夺。下面是一个典型例子：

L46. 我说话坦率，并且没有我对手那如此严重的言辞模糊。"全国健康医疗"意味着全社会的医疗。这就是我为什么要反对它，

而且你也应该如此的理由。

这几乎不是一个能使双方都正视这个问题的公平和中立的定义。

劝说定义通常会违反属加种差定义的六个标准中的一个或多个。因此，它们可能会晦涩、过宽、过窄，或者它们可能包括不适合相关背景或目的的属性。最普遍的缺点是：为了合理讨论的目的，当上下文要求一个关键词项的中立（无偏见的）定义时，一个劝说定义却涉及一个不适合该目的的属性。在争论中一个使情感偏向一方的定义，显然不是一个争论各方都可接受的定义。

劝说定义的使用有时会和仅言辞争论的现象混淆。这种情况特别发生在争论者使劝说定义倾向于有利于对方观点的时候。例如，一个政治保守者可能将"保守者"定义为"一个聪明的自由主义者"。作为报复，自由主义者可能将"保守者"定义为"一个一心保护他或她自己特权的人"。但是，劝说定义不同于仅言辞争论的使用，明确地说是因为所提供的定义。相比之下，在仅言辞争论中，会采用不同的意义，但不会提供不同的定义。

推论中采用劝说定义并不一定会产生错误。错误只有在用劝说定义代替了实际论证时才会产生。这个错误可以通过重述论证而不使用任何劝说定义来发现。如果这样一个重述是一个其前提不支持其结论的论证，那么推理中的错误就已经出现了。但是，这样一个概括可能揭示了，一个具有似是而非前提的有效论证或强论证，并不依赖于劝说定义。在那样的情况下，劝说定义最好能够适当地作为一个修辞学的策略来使用。劝说定义可以既幽默又深刻，因而，合理的修辞学工具应该在需要论证的时候使用它，而不是代替论证。

注意命题和论证的歧义。它会让你误入歧途。

定义概要

句义含混出现在当用于一个论证中的词（或短语）有不止一种意义的时候，但论证的有效性依赖于这个词以通篇一致的意义来使用。

仅言辞争论发生在当争论者表现出不一致的时候，但是一个有歧义的词（或短语）却隐瞒了那些不一致是不真实的这一事实。

劝说定义是有倾向地（或有偏见地）赞同某个特别的结论或观点的定义。

练习 3.3

注释

[1] Alexander W. Allison et al., *The Norton Anthology of Poetry*, 3rd ed. (New York: Norton, 1983), p. 1037.

[2] Wesley Salmon, *Logic*, 3rd ed. (Englewood Cliffs, NJ: Prentice-Hall, 1984), p. 145.

[3] 这个例子来自 Frank R. Harrison, Ⅲ, *Logic and Rational Thought* (New York: West, 1992), p. 463。

[4] 对加里·戈勒伯博士来说，对话中的这一现象在英语中没有常规术语，我们缺乏有益的考察。

[5] 这个例子来自 Irving M. Copi and Carl Cohen, *Introduction to Logic*, 9th ed. (Englewood Cliffs, NJ: Prentice-Hall, 1994), p. 170。

[6] Edmund Gettier, "Is Justified True Belief Knowledge?" *Analysis* 23 (1963): 121–123.

[7] *Webster's New World Dictionary of the American Language* (New York: World, 1966), p. 412.

[8] Benedict de Spinoza, *The Ethics*, trans R. H. M. Elwes (New York: Dover,

1955), p. 173. 引述标志是添加的。

［9］ 定义 L30 来自 H. L. Mencken, ed., *A New Dictionary of Quotations on Historical Principles from Ancient and Modern Sources* (New York: Knopf, 1978), p. 62。引述标志是添加的。门肯将 L30 归于西奥多·德莱塞。

［10］ William James, *Pragmatism and Four Essays from* The Meaning of Truth (New York: New American Library, 1974), p. 41. 这个引用来自《实用主义》(*Pragmatism*) 的第二章："实用主义意味着什么"。《实用主义》由朗曼格林公司 (Longman, Green) 最初出版于 1907 年。

［11］ James, *Pragmatism*, pp. 41-42.

［12］ 这个例子的主旨来自 Salmon, *Logic*, p. 162。

第 4 章

非形式谬误

- 4.1　包含不相干前提的谬误
- 练习 4.1
- 4.2　包含歧义的谬误
- 练习 4.2
- 4.3　包含无根据假设的谬误
- 练习 4.3
- 注释

有些推理错误是明显的，没有人容易受其欺骗。另一些推理错误倾向于有心理上的说服力。当你为一些问题做出思考，或者有人在没有给你充分相信的理由的情况下用这些错误来诱使你相信某事时，你就有可能无意中掉进它们的陷阱里。这些错误被称为**谬误**（fallacies）。在第 1 章我们列举了大量的形式谬误。在本章中我们将集中描述一些非形式谬误。它们的差别是什么？**形式谬误**（formal fallacy）包括明确使用无效形式。

> **形式谬误**包括明确使用无效形式推理错误。

例如，肯定后件谬误是一种形式谬误。

L1. 如果 2 523 可以被 9 整除，那么它也可以被 3 整除。2 523 可以被 3 整除，因此，它可以被 9 整除。

上述形式无效："如果 A，那么 B；B；因此，A。"否定前件式是另外一种形式谬误。

L2. 如果好的愿望能给人好的启示，则牧师麦圭尔就是一位好的传教士。遗憾的是，它们不能给人好的启示；因此，他不是一位好的传教士。

上述推理的形式也是无效的："如果 A，那么 B；非 A；因此，非 B。"我们已明白如何用反例来揭示形式谬误。例如：

L3. 所有冬瓜都是瓜。所有西瓜都是瓜，因此，所有西瓜是冬瓜。

L3 的形式是："所有 A 是 B；所有 C 是 B；因此，所有 C 是 A。"下面是表明该形式无效的一个反例："所有狗是动物；所有猫是动物。因此，所

有猫是狗。"

不是所有谬误都是形式谬误。**非形式谬误**（informal fallacy）是并不包括明确使用无效形式的推理错误。

📝 **非形式谬误**是并不包括明确使用无效形式的推理错误。

揭示一个非形式谬误要求考察一个论证的内容。我们在第 3 章已经介绍了一种非形式谬误，即句义含混。下面是一个明显的例子：

L4. 我的祖父乔是一个孩子（他是我曾祖父母的儿子）。如果我的祖父乔是一个孩子，则他不必为生计而工作。因此，乔不必为生计而工作。

如果我们省略内容，上述论证体现了充分条件假言推理肯定前件式。但如果我们考察内容，就会发现"孩子"这个词是在两个不同意义上使用的。在第一个前提中，"孩子"意味着"人类的后代"。在第二个前提中，"孩子"意味着"年纪很小的人"。一旦我们注意到这种双重意义，我们就能明白它破坏了两个前提间的逻辑联系。虽然形式上表现为肯定前件式，但对内容的分析却表明，该形式可以更精确地表达为："A；如果 B，那么 C；因此，C"。这个形式显然无效，但论证 L4 并不明确地采用这个形式。由于"孩子"一词的双重意义，这个形式被隐藏着。所以，句义含混是一种非形式谬误。

存在许多类型的非形式谬误，逻辑学家不同意对它们进行分类的最佳方法。然而，试图将它们分类是有好处的，因为这能使我们明白它们的一些共同点。在本书中，我们将非形式谬误分为三类：（1）包含不相干前提的谬误；（2）包含歧义的谬误；（3）包含无根据假设的谬误。研究非形式谬误的目的仅仅在于：通过描述和标识更多迷惑人的谬误，提高我们阻止其迷惑的能力。然而，有几点值得注意。重要的是，尽管这里所描述的模式几乎总是谬误的，但是这些模式（或者很简单的模式）有时却并非谬误，存在很多这样的情况。同时，所有的教材都不会绝对地对所有不同的论证错误进行分类。因此，一个论证没有犯所列出的谬误之一，并不意味着它不犯一些不同的逻辑错误。谬误列表应该是用来帮助你认识一般的推理错误，并告诉你论证何以会犯错的常识。它不应该取代你在面对每一个论证时的刻苦和严谨的思考。

4.1 包含不相干前提的谬误

有些谬误包含使用逻辑上与结论不相干的前提，但由于心理因素，前提似乎可能相干。这些谬误被称为包含不相干前提的谬误。本节将讨论七类这样的谬误。

人身攻击论证

人身攻击论证（ad hominem fallacy）是攻击持有论证（或断定一个命题）的人，而不是对论证（或命题）本身提出合理的批评。（ad hominem 是拉丁词，意思是"攻击人身"。）

> **人身攻击论证**是攻击持有论证（或断定一个命题）的人，而不是对论证（或命题）本身提出合理的批评。

其最明显的形式是"**诽谤人身攻击**"（abusive ad hominem），这种谬误是指通过直接的人身攻击，试图诋毁一种论证或观点，如攻击或挑战论者有道德上的缺陷。

> **诽谤人身攻击**是指通过直接的人身攻击，试图诋毁一种论证或观点。

例如：

L5. 琼斯坚持素食主义。他说，杀害动物是错误的，除非你的确需要食物，而事实上，几乎每个人不吃肉也可以得到足够的食物。但琼斯是一个愚蠢的知识分子。因此，我们能够可靠地得出结

论——素食主义者一直所坚持的——胡说。

这里，琼斯的论证并没有得到合理批评；相反，琼斯自己反被批评了。即使琼斯是一个"愚蠢的知识分子"，也并不能表明琼斯的论证是有缺陷的，也不能证明素食主义者是胡说。对琼斯的人身攻击显然和琼斯论证的可靠性是不相干的，而且和素食主义问题也是不相干的。

人身攻击不必是言语上的误用。在更细微的形式中，它们包含试图通过认为对方的判断受他或她的处境因素影响而不可信，即使对方论证的可靠性（或对方观点的真）独立于所说的因素。这种人身攻击形式有时被称为**处境人身攻击**（circumstantial ad hominem），因为它包含试图通过诉诸持有观点者的处境或状况来使一个论证或观点不可信。例如：

L6. 菲齐夫人的观点是同工同酬。她说，做同样工作的人仅仅因为他是男性或白种人就付给他更多薪水并没有意义。但既然菲齐夫人是女人，因此赞成同工同酬对她个人有利。毕竟，如果她的老板接受她的论证，她会得到直接的提升！因此，她的论证毫无价值。

这里，论者企图通过表明如果论者的结论被接受则她就可以获得某些好处，来使该论证不可信。但这个事实本身并不能证明论者的推理有缺陷。需要的是对相关前提或推理的合理批评。

> **处境人身攻击**是指试图通过诉诸持有观点者的处境或状况来使一个论证或观点不可信。

人身攻击论证的另一种形式是，**你也一样**（tu quoque，发音"too kwo-kway"），意味着"你也一样"。它是通过指出对手是伪善的来试图破坏一个论证或观点——认为他的论证或观点与他的实践或他以前所说的话相冲突。

> **你也一样**是通过指出对手是伪善的来试图破坏一个论证或观点。

例如，假如一个12岁的孩子的论证如下：

L7. 爸爸告诉我不应该说谎。他说，说谎是错误的，因为它会使人们不再相互信任。但我听到过爸爸说谎。有时，当他事实上没有生病时，也声称"生病"而不上班。因此，说谎实际上并不错——爸爸就是不喜欢我说谎而已。

"你也一样"谬误可能在使对方陷入窘境或使对手不可信方面是成功的，但逻辑错误必须清除。例如，关于上述论证 L7，有些人（包括父母）说谎，并不表明说谎在道德上是允许的。一般地，事实上有些人违背既定的道德规则，并不表明该规则不正确。因此，论证 L7 的前提"爸爸说谎"，与结论不相干。

我们在结束人身攻击论证前，应该注意以下几种情况。首先，在现实生活中，论证者很少将人身攻击论证说得像这里所讨论的那样明确。他们很少重述对手的论证。也很少能明确地断定对手的观点是错误的。对提出人身攻击论证的人来说，更重要的是发动人身攻击，试图使听众或读者从原来的论证中心烦意乱。如果你会被激怒，轻蔑地将论辩者视为自相矛盾的或自私的，那么你将不太可能注意到她所说的是什么。下面是一个例子：

L8. 市长说，城市治理的最大问题是一直在与抗议工业发展的人作斗争。"我们已经有人反对高速公路、学校公司和县域区划，"他说，"我没有注意到这些人骑马赶驴来到这里。他们都是开车来的，到处喷射碳氢化合物。"

其次，存在两种人身攻击完全合法的情况。在选举前夕，我们被许多批评候选人的失败的攻击性广告轰炸。这些广告无疑是不适宜的，但是它们批评候选人的这个事实并不使它们犯下人身攻击的谬误。这是因为争论的焦点是，这个人是否会成为一个好总统（统治者、参议员、捕狗人等）。如果这个人真的说谎或偷盗或滥交，则这就是一个好的理由认为他或她不是那个职位的合适人选。那个人的缺陷（作为前提）与结论（那个人不应该当选）相关。然而，由于典型人身攻击论证，那个人的缺陷（例如，"我的批评也破坏了环境"）与结论（例如，"我破坏环境并没有错"）并不相关。

第二种合适的人身攻击情况是权威论证。正如我们在第 10 章将要看到的，以诉诸权威的方式进行争论是很常见的——例如，"总外科医生说过，婴儿应该接种 MMR 疫苗。因此，婴儿应该接种 MMR 疫苗"。这样的论证往往是有说服力的。但要注意的是，权威所说的话是作为一个前提来接受的。如果可以证明权威是不可依赖的、腐败的，或者中饱私囊的（例如，假设这个总外科医生在生产这种疫苗的公司拥有大量股份），那么这种诉诸权威的可信度会被削弱。如此做并没有犯人身攻击的谬误。在这种情况下，还应该注意，人身攻击并不是与结论不相关，因为最初的论证使用了一个隐含前提，即权威是可依赖的。

稻草人

稻草人谬误（straw man fallacy）是指论者将对手的观点加以歪曲来进行攻击。该思想是要描述听起来像对手的观点，但却更容易击倒进而反驳的东西。

稻草人谬误是指论者将对手的观点加以歪曲来进行攻击。

如果其听众并不知道发生了歪曲，这种谬误从修辞学的观点看还是很有效的。然而，直截了当地说，其前提显然和结论不相干。

前提：该观点的歪曲是假的。

结论：该观点是假的。

注意，稻草人谬误源自没有遵守第 2 章的提示 4：在解释一个论证时应公平和宽容。公平要求我们重现准确的原话；宽容要求我们在面对很多解释的选择时，应该将论证放在它最显眼的地方。

为了证明出现了稻草人谬误，人们必须提供一个被歪曲的观点的更精确的陈述。一个人的手边不会总是有这些需要的信息。但是人们可以通过问这样一个合适的问题来"揭露"稻草人谬误：原话所用的具体语词是什么？是否有关键的词或短语被换掉或遗漏？上下文是否暗示作者故意夸张或遗漏明显的未陈述出来的例外从句？

下面是一个例子：

> L9. 这些进化论者相信，一条狗可以生出一只猫来。多么荒谬！

论证 L9 攻击了一个稻草人，而不是攻击了进化论者本身。阅读一些关于进化论的标准描述并发现这种观点并不致力于任何如此激进的事情是相当容易的。

稻草人谬误也是指，一个观点或论证被宣称包括一些实际上没有（或不需要）包含的假设。例如：

> L10. 苏珊鼓吹可卡因的合法化。但是，我不同意任何基于可卡因对你有好处和吸毒者社会可以繁荣昌盛的假设的立场。所以，我不同意苏珊。

当然，人们可以继续鼓吹可卡因的合法化，同时相信可卡因对人没有好处。例如，人们可以认为，尽管毒品是有害的，但使其合法化是消除非法毒品贸易（和因此与之关联的暴力）的最好方法。而且，人们可以鼓吹毒品的合法化而不用假设或预设一个吸毒者社会可以繁荣昌盛。人们可以相信，合法化不会导致毒品上瘾者数量的激增，特别是如果合法化伴随着一个强有力的关于使用烈性毒品的危害的教育运动。

有时一个劝说（即偏颇）定义被用来构造一个稻草人。

> L11. 经验主义认为，只有直接被观察到的东西才值得相信。现在，没有人可以看到、听到、尝到、闻到或摸到质子、电子或者夸克。所以，当经验主义者假装鼓吹科学的同时，他们的观点实际上将我们这个时代最先进的物理科学否定掉了。

安东尼·弗卢教授，《哲学辞典》的作者，将"经验主义"定义为"全部的知识或至少物质事实（以区分概念间纯粹逻辑关系的知识）的全部知识是基于经验的论点"[1]。现在，因为"基于"这个短语有些模糊，经验主义这个概念的界限就更加模糊。但是，弗卢的定义并没有让经验主义者们坚持，我们只知道我们能直接观察到的东西。我们可以通过推断而知道一些实体的存在，或者因为最好的理论预设了它们的存在。这些知识仍然可以是"基于"经验的，因为它们可以运用观察陈述推出来。因此，弗卢的定义对哲学上的经验主义传统来说是公平的，尽管论证 L11 中所包含的定义是有偏颇的。通过将"直接观察"这个短语包括进来，论者将经验主义做成了一个稻草人。顺便提一下，论证 L11 表明了当包括复杂问题的时候，稻草人谬误可以变得十分微妙。如果一个观点表面上看不重要，但实际上观点的重要方面被歪曲或者遗漏了，那么该观点本身将比其真实所是显得更容易被反驳。

诉诸强力

诉诸强力（ad baculum fallacy）是通过威胁那些不接受该结论的人的福祉来为之辩护。（baculum 在拉丁文中意思为"支柱"，支柱是强力的一个标志。）该威胁或者是明确的或者是隐含的。

> **诉诸强力**是通过威胁那些不接受该结论的人的福祉来为之辩护。

让我们从一个包括身体伤害的威胁开始，回忆电影中有组织的犯罪情景：

L12. 琼斯先生，因为你帮助了我们进口这些毒品，我们老板很感激你。但是，现在你说你有权利要 50% 的利润。我们老板说，你只有权利分 10%。除非你按照我们老板的方式来看这件事，否则你将会发生一场严重的事故。因此，你有权利分 10%。要吗？

当然，威胁"严重的事故"与结论（"琼斯有权利分 10%"）没有逻辑关系。该逻辑错误可以概括如下："你可以通过接受这个命题来避免伤害。因此，这个命题是真的。"

一个独裁统治者可能会做出如下论证：

L13. 最近，出现了很多对我们的牙科福祉政策的负面批评。让我告诉你们一些事情，同志们。如果你们想继续在这儿工作，你们需要知道我们的政策是公平合理的。我不会让不知道这一点的人留在这里工作。

这里，失业的威胁显然和结论的真（有关牙科福利方面的政策是公平合理的）无关。然而，这也许是很吸引人地假设了，如果一个人可以通过相信 X 来避免伤害，那么 X 就是真的。

诉诸强力谬误可能包含了威胁一个人的福祉，包括一个人心灵上的安宁的任何方法。例如：

L14. 听着，瓦莱丽，我知道你不同意我关于建筑工程的观点。你让每个人都知道了你不同意。好，现在是时候让你看看你是错的了。让我们直奔要点吧。我知道，你就你周三下午去哪儿了的事一直在向你丈夫撒谎。除非你想让他知道你真的去哪了，不然你现在就要明白，就建筑工程这个问题上我一直是对的。听懂我的意思没有？

当然，揭露谎言的威胁，并不构成在建筑工程这个问题上任何人观点的证据。但同样，这也许是很吸引人地假设了，如果一个人可以通过接受一个命题来避免伤害的话，则这个命题就是真的。

最后，提醒一下。一个论证提及一个威胁的事实，并不必然使得它是谬误。例如：

L15. 如果你吸烟，那么你就增加了患肺癌的风险。做某事而增加你患肺癌的风险不符合你的利益。因此，吸烟不符合你的利益。

这一论证是完全合理的。患肺癌的危险关系到吸烟是否符合你的利益问题。因此，这并不是一个谬误的例子。当然，在这种情况下，论者正在描述一个有独立来源的威胁，而她自己并没有发出威胁。这有区别吗？假设我们把这个例子改变成论者正在做出威胁。

L16. 如果你现在不离开我的房子，那么我将叫警察来逮捕你。[被逮捕并不符合你的利益。因此，待在我的房子里并不符合你的利益。]

在现实生活中，括号里的材料会是隐含的。但是该论证的隐含版仍然是清晰合理的。假设该论证的第一个前提是真的（说话者并不只是虚张声势），那么这看起来就是一个明智的有一定信息量的论证。因此，即使论者正在威胁她，但她并没有犯诉诸强力的谬误。将这与前面的论证 L12 相比较。在那种情况下，结论是"你有权利分 10%"。这个问题就是该论证的前提是否与结论相关。在论证 L16 中它们是的，然而在论证 L12 中，它们并非如此。

诉诸众人

诉诸众人（ad populum fallacy）是企图通过诉诸众人接受的或重视的信念来说服一个人或一群人。（populum 是拉丁文"人民"或"国家"的意思。）

> **诉诸众人**是企图通过诉诸众人接受的或重视的信念来说服一个人或一群人。

例如，一个在政治集会上的演说者可能会引发群众的强烈情感，使得每一个人都想相信他的结论以成为群体的一员。

L17. 我望着你们，我告诉你们，我非常骄傲能够站在这里。为能够属于一个代表美国利益的政党而骄傲。为将我的命运交给了使得这个民族伟大的这些人而骄傲。为可以与使我们的民族自立的女士先生们站在一起而骄傲。是的，有人批评我们，说我们关于贸易

协定的观点是"贸易保护主义的"。但当我看到你们这些辛勤工作的人，我知道我们是正确的，而那些批评者是错误的。

当然，人们的强烈情绪并不能给任何关于贸易协定的观点提供合理的支持。

前提"我很骄傲可以与你们站在一起""你们是辛勤工作的"与结论（"我们关于贸易协定的观点是正确的"）是不相关的。

一个人不必对众人演讲也可以犯诉诸众人的谬误。任何企图通过诉诸被众人接受（或赞扬）的需要来进行说服的行为，都可以被认为是诉诸众人谬误。例如：

L18. 桑切斯女士，你是说，当特朗普总统决定提高中国商品的关税的时候，他就犯了一个道德上的错误吗？我简直不敢相信我的耳朵。那不是美国人的看法。无论如何，至少不是真正的美国人的看法。你是一个美国人，不是吗，桑切斯女士？

桑切斯女士是一个美国人的事实，并没有为她关于美国提高中国商品的关税是好主意的结论提供任何逻辑上的支持。但是就像大多数美国人一样，桑切斯女士可能希望避免被当作不爱国者，所以诉诸众人可能会影响她的想法。诉诸众人在广告中非常普遍：

L19. 全新电喷流 3000 敞篷跑车不是给每一个人的。但是，你总是站在远离众人的地方，不是吗？因此，电喷流 3000 是为你而生产的车。

这里，诉诸众人谬误采取了"诉诸势利"的形式，即诉诸被视为优越于别人的愿望。

诉诸怜悯

诉诸怜悯（ad misericordiam fallacy）是企图仅仅通过唤起听众的怜悯心来支持一个结论。（misericordiam 是拉丁文"怜悯"或"仁慈"的意思。）

> **诉诸怜悯**是企图仅仅通过唤起听众的怜悯心来支持一个结论。

例如，一个教授在进行期末教学评估时及时教导他的学生：

L20. 我希望你们对这个课堂做出仔细、准确和积极的评估。大学教学评估非常严格，使用它们来确定晋升和任期这样的事情。这对我来说特别重要，因为我有七个小孩和一条病狗，我可以把他们都带到课堂上来给你们看和玩。

这里的前提与结论（"发言人在课堂教学方面做得好"）是不相关的。即使发言人的家庭是十分贫困的，并且不能保证其任期会对学生不利，但没有理由假设这个课堂就教得好。

一般来说，诉诸怜悯并不是很微妙。但是，如果该论者成功地充分唤起了怜悯的强烈情感，则他或她就可能分散听众对该情形下的逻辑的注意力，并形成一个接受该结论的心理愿望。因此，律师们经常使用诉诸怜悯，来努力说服法官和陪审团，他们的当事人是无罪的或者不应受到严厉的判决。例如：

L21. 你已经听说过，谋杀案发生的当天，有人看到我的客户在犯罪现场附近。但是，看看他狭窄的肩膀和惊恐的眼睛吧。这是一个男人，一个比犯罪更受冒犯的男孩。

诉诸怜悯谬误必须与支持那些处在困境中需要同情心的人对富有同情心的回应需要的论证区分开。例如，以下这种论证就不是诉诸怜悯的例子：

> L22. 看到统计数据是一回事。……听到叙利亚的孩子用他们自己的话来表达战争的现实是另一回事。"没有食物，我们不可以外出。飞机正在爆炸。"一位恐惧的男孩说道。"我的一个朋友在我面前死了——我看见了流血。"另一个孩子喊道。被围困的东古塔的一个小男孩说，"感觉像世界末日"。

尽管这种论证的前提中的信息易于唤起怜悯，但是这种信息在逻辑上也和结论（我们应该帮助叙利亚）相关。因此，这个论证没有诉诸怜悯，它没有犯诉诸怜悯谬误。

诉诸无知

诉诸无知（ad ignorantiam fallacy）包括下列情况之一：或者（a）声称一个命题是真的（或可以合理地被相信为真的），只因为它没有被证明为假；或者（b）声称一个命题是假的（或可以合理地被相信为假的），只因为它没有被证明为真。

> **诉诸无知** 包括下列情况之一：或者（a）声称一个命题是真的（或可以合理地被相信为真的），只因为它没有被证明为假；或者（b）声称一个命题是假的（或可以合理地被相信为假的），只因为它没有被证明为真。

下面是两个相应的例子：

> L23. 经过几个世纪的努力，没有人能够证明转世轮回会出现。所以，从这一点来看，我认为，我们完全可以得出结论，转世轮回不会出现。
>
> L24. 经过几个世纪的努力，没有人能够证明转世轮回不会出现。因此，转世轮回会出现。

摆明了说，主张一个命题是假的，因为它还没有被证明为明显正确的。①根据这样的逻辑，科学家们恐怕要得出结论，即未被他们证明的假设都是假的。毫无疑问，科学家们采取一种"观望"的态度会更明智一些。毕竟，我们不必相信或者不相信我们考虑的每一个命题，因为我们经常有悬置判断的选择——既不相信该命题是真的，（同时）也不相信该命题是假的。我们可以保持中立。类似地，主张一个命题是真的（或能够合理地被相信为真的），仅仅因为它还没有被证实为不合逻辑的。根据这一原则，每一个新的科学假设都是真的（或至少可以合理地被相信为真的），除非它被证伪——无论它的证据有多么轻微。

诉诸无知谬误经常被处在变革阶段的组织所使用。那些反对变革的人可能做出如下论证：

L25. 被提议的变革将会是有益的还没有被证明。因此，它们不会是有益的。

相反的论证可能是这样：

L26. 没有有力的证据表明被提议的变革不会起到有益的作用。因此，它们将会是有益的。

两个论证都是有缺陷的。对于 L25 来说，除了组织实验——尝试那个建议，没有其他方法能获得证据。所以，要求证据也许是不切实际的，也是不合理的。对于 L26 来说，一旦该建议被采用，其中的问题可能会变得明显，所以尽管现在反对它的证据不足，但显然不能保证它将会起作用。

一个注意事项：有时，没有证据确实是不存在的证据。要明白这一点，考虑一类诉诸无知谬误：看不见/没有看见论证。[看不见（Noseeum）是一个非拉丁词，意味着"我看不见/没有看见它们"。]看不见论证的形式是这样的：

---

① 原文有误。——译者注

我看（感知）不见 X。

因此，不存在 X。

这个形式的替换例是谬误的："我看不见我手上的细菌，妈妈。因此，我的手上没有细菌。"但这个形式的有些替换例是归纳上强的。例如，"我在冰箱里没有看见橙汁罐。因此，冰箱里没有橙汁罐"。或者，"验尸官在受害者的血液里没有发现酒精的证据。因此，受害者的血液里没有酒精"。后两种情况与前两种情况的区别在于，假设存在任何 X，那些 X 会被相关的研究所发现。它们没有被发现的事实，是它们不存在的充分证据。也许要点最好这样说：验尸官在受害者的血液里没有发现酒精的证据，这不仅仅是事实，这使得假设受害者的血液里没有酒精是合理的。这一事实与这个（隐含）事实相结合，即如果她的血液里含有酒精，则他几乎肯定会发现它。

关于诉诸无知谬误的一些困惑，可能源自法庭上使用的假设，即一个被告是清白的，除非他被证明有罪。这个法律原则要求我们犯诉诸无知的谬误吗？不，这个法律原则指示我们把人当作清白的来看待，除非他们被证明有罪。它并没有告诉我们，他们在被证明有罪之前，他们事实上就是清白的（即他们并没有犯罪）。它甚至没有告诉我们，相信他们在被证明有罪之前，他们是清白的。（我们为什么要在这种情况下起诉他们？）假设法庭上提供的证据表明他有 75% 的可能性被告犯罪，并且假设这就是检方能做的最好的事情。法庭应该如何来处理被告？既然有 75% "合理怀疑"的空间，那么很可能他们会判他"无罪"，并且建议他不受惩罚。但是，如果我们只是试图构成关于那个事实的信念，则最合理的信念很可能是他可能有罪但我们无法确定。得出他肯定是无辜（他肯定没有犯罪）的结论，的确会犯一个错误。为什么在那种情况下要把他当作无辜的人？毋庸置疑，即使根据已被认可的法律标准，证据不足以证明被告犯罪，但许多被告确实已经犯了他们被控告的那些罪。我们的法律系统是精心设计来阻止一种不希望的结果（即对无辜者的惩罚），却陷入允许另外一种不希望的结果（即让犯了罪的人逍遥法外）的危险之中。

红鲱鱼[2]

红鲱鱼谬误（ignoratio elenchi fallacy）是指一个论证的前提在逻辑上与结论不相关。所以，它也是最一般的不相关谬误。

> **红鲱鱼谬误**是指一个论证的前提在逻辑上与结论不相关。

但是，不像我们讨论过的其他不相关谬误，红鲱鱼这类例子是，前提集中讨论的论题，与结论却不相干。红鲱鱼不是继续从前提得出自然的或适宜的结论，而是引入了一种新思想。红鲱鱼是提出一个无关话题，以转移人们对原先问题的注意力的谬误。基本思想是通过将注意力从一个论证转移到另外一个话题从而"赢得"论证。

这个谬误的名字来自一个猎狐运动，用一条干熏红鲱鱼掩盖狐狸的踪迹，使猎犬被红鲱鱼的气味误导。所以，一个"红鲱鱼"论证是通过引入一些无关紧要的内容来分散听众对这个问题的注意力。下面是一对例子：

L27. 你的朋友玛吉说，品尝者的选择（Taster's Choice）的咖啡味道比福爵（Folgers）好。显然她忽视了"品尝者的选择"是由雀巢生产的，雀巢是为第三世界国家生产糟糕的婴儿配方奶粉的公司。成千上万的婴儿死于配方奶粉与受污染的水混合。显然，你的朋友是错的。

L28. 是的，我对此感到很尴尬。我恨它。但它是更衣室谈话，这是其中的一件事。我将要痛击ISIS，我想要击败ISIS。ISIS发生在许多年前因为错误的判断而留下的真空中。并且我将告诉你，我将照顾ISIS。

——唐纳德·特朗普2005年在辩论之前发布的视频讲话

在上述每种情况下，论证者都改变了主题，这样做容易分散他或她的听众的注意力。婴儿的死亡是有巨大影响的，并可能使得人们考虑反对对此负责的公司（特别是如果这家公司不知道会发生这种事，或者在其他方面受到谴责），但是它对于咖啡尝起来更好的问题是不相关的。类似地，L28中，候选人有计划地打击ISIS与该候选人是否从事性侵或骚扰和吹嘘是无关的，除非可以证明他的对手不会有效地打击 ISIS，并且打击 ISIS 的重要性足以超过其他考虑因素，但是并没有做出努力来论证这一点。因此，这个论证中存在着一个刺眼的漏洞。

在你自己的论证和别人的论证中，注意避免无关谬误。

定义概要

形式谬误包括明确使用无效形式。

非形式谬误是并不包括明确使用无效形式的推理错误。

人身攻击论证是攻击持有论证（或断定一个命题）的人，而不是对论证（或命题）本身提出合理的批评。

诽谤人身攻击是指通过直接的人身攻击，试图诋毁一种论证或观点。

处境人身攻击是指试图通过诉诸持有观点者的处境或状况来使一个论证或观点不可信。

你也一样是通过指出对手是伪善的来试图破坏一个论证或观点。

稻草人谬误是指论者将对手的观点加以歪曲来进行攻击。

诉诸强力是通过威胁那些不接受该结论的人的福祉来为之辩护。

诉诸众人是企图通过诉诸众人接受的或重视的信念来说服一个人或一群人。

诉诸怜悯 是企图仅仅通过唤起听众的怜悯心来支持一个结论。

诉诸无知 包括下列情况之一：或者（a）声称一个命题是真的（或可以合理地被相信为真的），只因为它没有被证明为假；或者（b）声称一个命题是假的（或可以合理地被相信为假的），只因为它没有被证明为真。

红鲱鱼谬误是指一个论证的前提在逻辑上与结论不相关。

练习 4.1

4.2 包含歧义的谬误

论证有时有缺陷，是因为它们包含有歧义的语词（短语或命题），或者因为它们包含两个密切相关概念的轻微混淆。我们称之为包含歧义的谬误，下面分四类来讨论。

语义歧义

我们在3.3节中首先讨论了这一谬误。**语义歧义谬误**（fallacy of equivocation）是指当具有多种意义的一个词（或短语）在上下文中被使用时，其论证的有效性要求这个词（或短语）具有单一意义。

> **语义歧义谬误**是指当具有多种意义的一个词（或短语）在上下文中被使用时，其论证的有效性要求这个词（或短语）具有单一意义。

下面是一个例子：

L29. 只有人（man）是有理性的。但是，女人（woman）都不是人（man）。因此，女人都不是有理性的。

这里，当然，"人"（man）这个词被用于两种不同的意思。在第一个前提中它表示"人类"，在第二个前提中它表示"男人"。如果我们重写这个论证以使得这两种意义明确，则无效性是明显的。

L30. 只有人类是有理性的。女人都不是男人。所以，女人都不是有理性的。

论证L29中使用的单词"人"，给出了有效性的表面现象。但是，论证L30的重写表明了，实际上，"人"一词的两种意义破坏了前提和结论之间的逻辑联系。从词源上说，"句义含混"来自两个拉丁词，一个指"相等"或"相同"，另一个指"声音"或"词"。当一个人犯语义歧义谬误时，即使看似相同的词（或短语），在通篇论证中都在相同的意义上使用，然而，事实上这些词（或短语）却表现出不止一个意思。

下列例子是语义歧义谬误吗？

L31. 如果你想帮我偷那辆卡车，那么你就得有一个理由来这样做。如果你有一个理由偷那辆车，那么你偷车就是有道理的。因此，如果你想帮我偷那辆车，那么你偷车就是有道理的。

是的，其中有语义歧义。"有一个理由"这个短语是在两种不同意义上使用的。在它的第一次出现中，"有一个理由"意味着"有一个动机，即有一个动机或愿望"。在其第二次出现中，"有一个理由"意味着"存在某个整体或部分地为某个行为辩护的因素"。

现在，让我们考虑一个更微妙的语义歧义的例子。

L32. 这对双胞胎，比特和威廉，是同一的。如果 A 和 B 是同一的，那么 A 所具有的特征，B 也具有。比特和萨利结婚。因此，威廉和萨利结婚。

这个论证当然看起来有效。但它利用了"同一"这个词的歧义性。哲学家区分了"质量上的同一"和"数量上的同一"。两个事物在质量上是同一的，则如果它们有着共同的内在品质。在同一条装配线上生产的两个小部件可能是质量上同一的，即彼此的虚拟复制。同一的双胞胎具有它们大多数的内在品质，如重量、雀斑、眼睛的颜色（尽管也许并非绝对都是——就像染头发一样）。如果 A 是 B，则 A 和 B 在数量上是同一的，即如果仅有一个事物具有"A"和"B"的名。任何两个事物都不可能在数量上相互同一。第二个前提所表达的原则是：

> L33. 如果 A 和 B 在数量上是同一的，则 A 所具有的每一个特征，B 也具有。（这个原则被称为"莱布尼茨律"。）

因此，要使得前提合理，并且把语义歧义的话说清楚，最好是将论证 L32 翻译如下：

> L34. 比特和威廉是质量上（几乎）同一的双胞胎。如果 A 和 B 在数量上是同一的，那么 A 所具有的特征，B 也具有。比特和萨利结婚。因此，威廉和萨利结婚。

这个论证的这一解释表明它显然是无效的。

语法歧义

语法歧义谬误（fallacy of amphiboly）是指在上下文中的一个句子具有多重意义，其中（a）有效性需要单一的意义，（b）多重意义是由句子结构造成的（不是一些词或短语的意义）。

> **语法歧义谬误**是指在上下文中的一个句子具有多重意义，其中（a）有效性需要单一的意义，（b）多重意义是由句子结构造成的。

歧义通常是由于不恰当的言语，如缺少逗号，悬挂修饰语，或者代词的歧义先行词。下面是有歧义的一些例子：

> L35. 我在睡衣里射杀了一头大象。他如何进入我的睡衣，我一点都不知道。（电影《动物饼干》中的格劳乔·马克斯说）
> L36. 大象：远离车辆。（在路标上）
> L37. 在佛罗里达海岸边撕咬的金枪鱼。（新闻标题）

这样的歧义通常是幽默的资料，但它也会以不那么有趣的方式误导人们。

> L38. 作家迈伦·莫宾斯在他《说谎者说谎》一书中，警告人们小心微妙的谎言的负面影响。所以，要是莫宾斯的书包含微妙的谎言，也许我们最好不要读它。

莫宾斯大概不是警告人们在他自己的书中出现了微妙的谎言，而是在他的书中警告人们，小心其他地方微妙的谎言的负面影响。但是论证 L38 的结论是从一个语法上有缺陷的前提的不同解释中推出来的。当有人用一种并非原作者（或说话者）的意图来解释一个在语法上有缺陷的命题时，语法歧义就出现了。

下面是另一个语法歧义的例子：

> L39. 你说你并不喜欢她，因为她漂亮。这样，既然你不喜欢她，我认为你不该考虑和她结婚。

这里的说话者所表达的论证有一个前提"我不喜欢她，因为她漂亮"，有两层意思需要仔细区别。它可能意味着"我不喜欢她，因为她漂亮"（比较"我不喜欢跟在公共汽车后面开车，因为车尾有柴油废气"）。它也可能意味着"我喜欢她，并非因为她漂亮"（即"我喜欢她，是因为别的方面比如她的智慧和热情"）。在没有其他信息的情况下，论者的解释并没有正当理由，因此，论证 L39 是语法歧义谬误的一个例子。

在思考语义歧义和语法歧义的时候，可能出现的一个问题是，为什么我们有权得出结论说论证者在论证的不同部分使用了一个词的两种不同意义。将论证者解释为一致地使用单个词贯穿整个论证不是更仁慈吗？嗯，有时上下文表明他或她不是这样。例如，在前面的一些例子中，论证者就是使用了别人的主张作为前提。这样，我们就需要看最初的说话者所意味的东西。

在一些情况下，要一致地解释一个词贯穿整个论证，就意味着其中所出现的一个主张明显错误。例如，回顾一下 L4。

L4. 我的祖父乔是一个孩子。每个孩子都不必为生计而工作。因此，祖父乔不必为生计而工作。

"孩子"这个词是有歧义的。要一致地解释这个论证，我们就必须将第一个前提解读为"我的祖父乔是一个未成年人（比如说在15岁以下）"，或者将第二个前提解读为"人类父母的后代不必为生计而工作"。这两个主张显然都是错的。因此，将这个论证解释为带真前提的无效论证稍微仁慈了一点。

有时做选择是更为困难的。在这种情况下，注意到该论证可以有三种（或四种）不同方式（对于出现的两个歧义的每一个都有两种不同的解释）的解释可能是公平的，进而浏览每一个选项，看它们中的每一个是否都是带合理前提有效的。如果我们发现这些论证或者无效或者有虚假前提，那么我们就可以拒绝原来的论证。例如，考虑前面的L31。我们说的"有一个理由"这个短语，就是有歧义的。对这个论证的第一个一致解读是：

L31a. 如果你想帮我偷那辆卡车，那么你就得有一个动机来这样做。如果你有一个动机偷那辆车，那么你偷车就是有道理的。因此，如果你想帮我偷那辆车，那么你偷车就是有道理的。

显然，我们想做什么就做什么是没有道理的。

第二个一致解读是：

L31b. 如果你想帮我偷那辆卡车，那么有一些考虑因素可以证明你这样做是合理的。如果你偷那辆车有一些考虑因素可以证明你这样做是合理的，那么你偷车就是有道理的。因此，如果你想帮我偷那辆车，那么你偷车就是有道理的。

这里，第一个前提显然是假的。第三种解释在第一和第二个前提中使用了两种不同解释"有一个理由"，正如我们前面所看到的，是无效的。（当然，存在使用了"有一个理由"的两种不同解释的第四种解释，但使用了第一个前提的第二种解释和第二个前提的第一种解释。这种解释有两个错误前提，也是无效的。）

一个论证中出现了语词或短语的歧义，并不能确保这个论证就是语义歧义。例如，考虑一个古老的论证：

I40. 所有人都是有死的。

苏格拉底是人。

所以，苏格拉底是有死的。

"人"是有歧义的，处于"人类"和"男人"之间，但用"人"一致贯穿的这个论证的两个解释都是正确的。这个论证存在更仁慈的解释。因此，最好不要把这个论证看作语义歧义的例子。

合成

合成谬误（fallacy of composition）是指包含或者（a）一个从部分的性质到整体的性质的无效推论，或者（b）一个从群体的元素的性质到这个群体自身的性质的无效推论。

> **合成谬误**是指包含或者（a）一个从部分的性质到整体的性质的无效推论，或者（b）一个从群体的元素的性质到这个群体自身的性质的无效推论。

下面是一个例子（第一种类型的合成谬误）：

I41. 这架飞机的每一部分都非常轻。因此，这架飞机本身非常轻。

当然，如果足够轻的部分合成起来，则飞机自身会是非常重的，因此，这个论证是无效的。下面是另外一个从部分到整体的合成谬误的例子：

> L42. 这支足球队的每一名球员都非常出色。因此，这支队伍自身非常出色。

即使队里的每一名球员都非常出色，但如果缺少团队合作或进行共同练习的机会不多的话，那么球队自身也可能并不出色。

并不是所有从部分到整体的推理都是无效的。例如：

> L43. 这台机器的每一部分的重量都超过一磅，并且这台机器有五个部分。因此，这台机器自身的重量超过一磅。

论证 L43 是有效的。但是，L41 和 L42 使得如下这一点很清楚，即以下论证形式不是普遍有效的："X 的每一部分都有属性 Y；因此，X 自身具有属性 Y。" L43 区别于 L41 和 L42 的是什么呢？很可能地，一个重要的不同是，一个物体的重量不会轻于其任何部分，这是必然真的。这意味着不可能 L43 的前提为真而结论为假。因此 L43 是有效的。这意味着人们不能确定一个论证犯了合成的谬误，除非考察了一个论证的内容，特别是相关的属性。

第二种类型的合成谬误是指，从一个群体中的元素的属性到群体自身的属性的无效推论。下面是一个例子：

> L44. 大象吃得比人多。所以，大象作为一个群体比人作为一个群体还要吃得多。

这个论证说明了个体与集合谓词之间的传统区别。前提中，"大象吃得比人多"，"吃得多"的属性是对个体而言的；即每头单独的大象被认为比任何一个单独的人要吃得多。然而，在结论中，"吃得多"的属性是对群体而言的；即大象作为一个群体被认为比作为一个群体的人类吃得多。因此，尽管 L44 的前提是真的，但其结论依然是假的，只因为人的数量远远多于大象。

合成谬误的两种形式是有联系的，因为部分与整体之间的关系可类比于元素与群体（或集合）之间的关系。然而，这些关系并不是完全相等的。整体必须要让其部分按照一种特殊的方式来组织或排列。例如，如果我们将一辆汽车拆成很多部分，将这些部分分别运送到成百上千个不同的地方去，这辆汽车将不再存在，但是各个部分的集合依然存在。

合成谬误在这里被归类为歧义谬误，因为它经常从概念的混淆中获得其说服力。再来考虑这个例子："这支足球队的每一名球员都是优秀的。因此，这支队伍自身是优秀的。"尽管再三考虑在球员与球队之间有着明显的区别，但这两个概念很容易被弄混，因为一支球队只是由它的成员按照某种特定的方式组织起来的。所以，稍微不注意把握其中的概念，就会在推理中出现错误。

在某些情况下，人们会争辩一个论证是不是合成谬误的例子。例如，一些哲学家认为下列论证是一个合成谬误的例子，而其他人不这么认为：

L45. 宇宙的每一部分都是一个依存的实体（即依赖于其他实体而存在）。所以，宇宙自身是一个依存的实体。

论证 L45 的结论被一些哲学家用来论证上帝的存在。但是 L45 的前提支持其结论吗？一些哲学家怀疑，依存的概念已经被理解得足够好，从而合理地得到宇宙作为一个整体的结论（即使宇宙的每一部分是依存的实体）。这个争论也可以用定义的方法来解决。

分解

分解谬误（fallacy of division）是合成谬误的反面。它是指包含或者（a）一个从整体的性质到部分的性质的无效推论，或者（b）一个从群体的性质到其元素的性质的无效推论。

分解谬误是指包含或者（a）一个从整体的性质到部分的性质的无效推论，或者（b）一个从群体的性质到其元素的性质的无效推论。

下面是一个从整体到部分谬误的例子：

L46. 飞机是很重的。所以，它的每一部分也是很重的。

当然，一架很重的飞机的一些部分也可以是很轻的。因此，这个论证是无效的。下面是从整体到部分分解谬误变形的另一个例子：

L47. 这支足球队很优秀。因此，这支队伍的每一名球员都很优秀。

一支球队可能是由于团队合作而很棒，但同时只有很少的出色的球员，并且也有成员自身并不是优秀的球员。

分解谬误并不总是包含从整体到其部分的推论。它可能包含从一个群体（或集合体）到其元素的推论。例如：

L48. 大灰熊正在迅速消失。所以，弗雷迪这只动物园里的大灰熊必定在迅速消失。

这个论证从一个关于大灰熊（作为一个群体）的命题，无效地推出了一个关于该群体的元素的命题。分解谬误（正如合成谬误一样）被归类为歧义谬误，因为它是从意义或概念的混淆中来获得说服力的。例如，"大灰熊"可以指"作为群体的大灰熊"或者"个体的大灰熊"。如果没有区分清楚这两种意义，就很容易被这个谬误所蒙骗。

注意，就像合成的一样，并非所有从整体到部分的推论都是无效的。例如：

L49. 这台机器足够小，可以放进汽车的行李箱。因此，这台机器的每个部分都足够小，可以放进汽车的行李箱。

例子 L49 是有效的，并且很可能是因为事物的每个部分都必然不大于该事物本身。这也就意味着人们不能确定一个论证犯了分解谬误，除非人们考察了该论证的内容。

注意在你的论证和别人的论证中避免包含歧义谬误。

> **定义概要**
>
> **语义歧义谬误**是指当具有多种意义的一个词（或短语）在上下文中被使用时，其论证的有效性要求这个词（或短语）具有单一意义。
> **语法歧义谬误**是指在上下文中的一个句子具有多重意义，其中（a）有效性需要单一的意义，（b）多重意义是由句子结构造成的。
> **合成谬误**是指包含或者（a）一个从部分的性质到整体的性质的无效推论，或者（b）一个从群体的元素的性质到这个群体自身的性质的无效推论。
> **分解谬误**是指包含或者（a）一个从整体的性质到部分的性质的无效推论，或者（b）一个从群体的性质到其元素的性质的无效推论。

练习 4.2

4.3 包含无根据假设的谬误

有些推理错误是由于论者做了无根据的假设。一个无根据假设的成立需要在上下文中有支持它的陈述。因为还没有提供这个支持，所以这个假设对于确定该论证的力量就是不合理的或者不正当的。然而，有些粗心的读者可能不会注意所用到的无根据假设，而认为那个论证是有说服力的，尽管该论证不应该有说服力，而且读者理想地说也不是有警觉的和有理性的。

诉诸问题

诉诸问题谬误（petitio principii fallacy）是指一个论证假设了所要证明的那个观点。诉诸问题也以循环论证著称。（拉丁语 petitio principii，大致意思是"企求第一原理"。它有各种发音，但可以发音为"peh-TIT-ee-o prin-KIP-ee-ee"。）

> **诉诸问题谬误**是指一个论证假设了所要证明的那个观点。

下面是一个例子：

L50. 该被告是无罪的，因为她在这个犯罪事件上是清白的。

这个论证的结论仅仅是对前提轻微的改述版。所以，结论在给定前提为真的情况下不会是假的。因此，论证 L50 是有效的。如果前提事实上是真的，则结论就是可靠的（根据定义）。即使 L50 是可靠的，仍可看出它是有缺陷的，因为它假设了所需要证明的观点。

从逻辑理论的观点看，诉诸问题的现象是很有趣的，因为它向我们表明了，最终我们是想要比具有真前提的有效论证更多的一些东西。但是，那些更多的东西是什么呢？这里，我们必须牢记论证的两个基本目的：(a) 说服别人；(b) 发现真理。从说服别人的观点来看，我们需要在某种程度上提供比结论更可接受的前提。但是，只要在某个给定问题上我们希望用一个论证来说服一个人或一群人，我们就需要给出对那个人或那群人来说比结论似乎更合理的前提。如果结论与前提之一相等同，则前提将不比结论更合理。

我们使用论证，不仅要说服他人，而且也要发现真理。从这个角度看，诉诸问题论证就是有缺陷的，因为显然，当真理自身被包含在一个论证的前提之中时，一个人不能合理地宣称通过这样的推论发现了真理。人们要通过论证来发现一个给定的真理，每一个前提都必须是一个不同于结论的命题。而且，在考虑某个论证之前，我们通常希望（正确地）采用比结论更为可能的前提。①

总而言之，无论从说服他人还是发现真理的观点来看，诉诸问题都是常有缺陷的。当然，这不是要否定诉诸问题论证有时确实能说服一个人或一群人。但是，这样的论证不能说是有力的，因为它们不合理地假设了所需要证明的观点。

下述论证是诉诸问题吗？

L51. 人们必须被允许说出他（或她）的想法，因为否则的话就会违反言论自由。[3]

更明确地写出来，该前提是说，如果有人没有被允许说出他或她的想法，那么就会违反言论自由。"违反"这个词大概标志着一些不会发生的事情，既然如此，该论证的前提在内容上与结论相似。该前提比结论更能为人所知吗？恐怕很难这样认为。因此，这个论证似乎是诉诸问题。

一个论证是否包含了诉诸问题谬误，并不总是能马上明显地看出来。请考虑下列情况：

L52. 上帝是存在的，因为《圣经》上是这么说的。但是，我怎么知道《圣经》上说的就是真的呢？因为这是上帝的话。

---

① 我们说"通常"，是因为有时结论独立于一个论证的前提而被确知，而且从发现真理的观点看这样的论证是有帮助的，因为它表明结论获得了一系列证据的支持。

将论证 L52 整理成精心设计的形式如下：

L53.
  （1）《圣经》是上帝的话。
所以，（2）《圣经》所说的就是真的。[从（1）]
  （3）《圣经》说上帝存在。
所以，（4）上帝存在。[从（2）和（3）]

这里的前提并不是仅仅复述了上帝存在的结论。但是，第一个前提（独自地）预设了上帝存在。因此，这个论证似乎为诉诸问题。

下面是另一个例子：

L54. 上帝并不存在。为什么？因为自然选择是真的，根据自然选择，所有物种都是由纯粹盲目的自然力产生的。我如何知道自然选择是真的？啊，它是最好的科学理论。当然，"科学理论"，通过定义，排除了超自然的主张或假设。

将论证 L54 整理成精心设计的形式如下：

  （1）超自然或神学的理论都不是真的。
因此，（2）宇宙秩序的最好解释是自然选择。
因此，（3）自然选择是真的。
因此，（4）上帝不存在。

第一个前提和结论都没有具体说同样的东西。但是第一个前提假设了上帝不存在。因此，这些论证似乎也在诉诸问题。

有时，关于一个论证是否假设了所需要证明的观点，存在着合理的争执。一方面，可能存在所属不清的情况，因为前提所包含的结论的信息范围是一个等级问题。另一方面，整个问题被有效论证的前提必定包含结论中的信息的这一事实所复杂化。最终，要识别一个诉诸问题谬误，我们需要确定每一个前提（就它自身来说）是否比该论证的结论更能为人们所理解或更能令人合理地相信。如果一个给定前提在内容上与结论相似，但却不比结论更能为人们所理解（或更能令人合理地相信），那么这个论证就是诉诸问题。但是，有时关于一个给定前提是否比该论证的结论更为人们所理解（或更能令人合理地相信），也会存在合理的争执。

错误二难

错误二难谬误（false dilemma false）是指一个人在使用前提时无理地减少了需要考虑的大量选择。

> **错误二难谬误**是指一个人在使用前提时无理地减少了需要考虑的大量选择。

例如，论证者可能无理地假设只存在两种可能的选择，而事实上有三种或更多选择。请考虑下列论证：

L55. 我讨厌这些年轻人老是批评他们自己的国家。我要说的是："美国——爱它或离开它！"既然这些人显然不想离开这个国家，他们就应该爱它而不是批评它。[4]

该论证预设了只存在两种选择：我们可以爱美国（不批评）或者我们可以移民。但是，这似乎还存在别的可能性。例如，确实在道义上允许一个人尊重自己的国家（即尊重它的法律和传统）而又不爱它（假设爱自己的国家包括特别喜欢它）。

注意，错误二难谬误并不包含无效推理。假定我只有两种选择（"爱它"或"离开它"），并且假定其中一种（"离开它"）被排除了，那么我就必须选择另外一种。那只是选言三段论的有效式的一个例子。因此，与诉诸问题的情况相比，错误二难谬误是由假定一些没有经过恰当证明或辩护的东西组成的。在错误二难谬误的情况下，论证者假定了某些确定可能的选择是完全的，而事实上并非如此。下面是另一个例子：

> L56. 或者每个人都应该确切地付同样数量的税——就像加入一个国家俱乐部的每一个成员都要付同样的费用一样——否则我们有权将富人视为一种手段，一种养活其余人口的资源，就像一头鲸鱼可以养活整个渔村那样。现在，显然，后一种观点是完全不道义的。因此，每个人都应该确切地付同样数量的税。

这个论证忽视或忽略了几种可能性。例如，人们可以按照每个人都付同样百分比的他或她的收入税来提倡统一税率。或者人们可能主张一种累进税制，即对富人征收比穷人更高的税率，因此，支持政府的税收，使富人有可能赚到他们所赚的钱。这后一种办法可以与税收等级的上限相结合，比如50%。这种方法作为一种仅有的手段将不只是关于富人的。

除非我们能指出至少一种被忽视的选择，否则我们就不能识别错误二难。这并不总是容易的。请考虑下列例子：

> L57. 或者绝对主义或者道德相对主义是真的。绝对主义显然是假的，因为10多岁的人都能够明白绝对禁止杀人、说谎和偷盗的反例。因此，道德相对主义一定是真的。

这个论证很有诱惑力。然而，如果"绝对主义"指的是一类被描述为比如杀人、说谎和盗窃这样一些总是错误的行为的观点，"道德相对主义"指的是一个行为是对的或错的在于一个群体或个人赞同或不赞同它的作用，那么，似乎就可能存在别的选择。例如，后果主义似乎就是第三种观点：一个行动是错误的，当且仅当它的后果不好于当事人所有的一些选择。后果主义既不是绝对主义的一种形式——它允许有些杀人是错误的，有些杀人不是错误的——也不是道德相对主义的一种形式。尽管它隐含一个行为的错误依赖于其后果，它并没有说一个行为的错误就与当事人或他的或她的群体的观点相关。所以，有时既需要创造性，也需要艰苦的智力工作，才能找出犯了错误二难谬误的地方。

诉诸不可靠权威

诉诸不可靠权威（ad verecundiam fallacy）是指诉诸一个权威，但同时这个权威的可靠性可以被合理地质疑。（ad verecundiam 是拉丁文"诉诸权威"的意思。）

> **诉诸不可靠权威**是指诉诸一个权威，但同时这个权威的可靠性可以被合理地质疑。

一个可靠的权威是在很大程度上可以在特定领域提供正确信息的。当诉诸不可靠权威时，论证者就是在没有充分保证的情况下，假设这个有问题的权威是可靠的。

牢记这一点很重要，即诉诸一个可靠的权威一般来说是合适的。例如，当我们引用百科全书、词典、教科书或地图的时候，我们就在诉诸专家权威。只要我们诉诸的权威的可靠性没有受到质疑，这种感觉就是十分良好的。然而，当对一个权威是否可靠出现合理的质疑时，那么再诉诸这样的权威就成谬误了。

当不具有相关专业知识的知名人士赞同一种产品的时候，在广告中诉诸不可靠权威的谬误非常普遍。例如：

L58. "怪物"麦克·马隆，西雅图海狮队的左边锋说，巧克力榛子酱（Chocolate Zonkers）是一种营养的谷类早餐。所以，巧克力榛子酱是一种营养的谷类早餐。

马隆可能是一名很好的运动员，但是我们需要知道，他是不是一名营养学方面的专家，这个论证让我们怀疑这一点。一个诉诸不可靠权威的谬误就这样发生了。

一种更微妙的诉诸不可靠权威就是，一个在某一领域知名的专家被引用为另一个领域的专家，即使他或她缺少这一领域的经历。如果两个领域相关的话（至少在读者看来），这种形式的谬误特别难以察觉。例如：

> L59. 著名的天文学家巴雷特教授，在遥远的星系上做了广泛的研究。他指出，人的身体是由原子组成的，这些原子曾是遥远的恒星的一部分。根据巴雷特的观点，这给人类生活带来了一种戏剧性的感觉，以及其意义等于世界上伟大的神话和神学的内在的意义。因此，巴雷特修正了一个普遍的错误，即认为唯物主义减少了人类生活的戏剧性或意义。

即使认为唯物主义减少了人类生活的戏剧性或意义是一个错误，论证 L59 中的推理也是有缺陷的。一个天文学家是关于星体及其他天体的科学领域的专家。所以，作为一个天文学家，巴雷特教授可以告诉我们，我们身体里的原子曾经属于恒星。但是，他关于这些事情的权威，并不能自动转移到如神话、神学或世界观等有相对优势的哲学主题上。在一个领域的专业知识不必"擦掉"另一领域的专业知识。

论证 L59 也提醒了我们另外一点，当评价一个诉诸权威时需要牢记——在有争议的事情上诉诸权威常常是有问题的。毕竟，在这些事情上，权威们自己就经常意见不一致。而且当发生这种情况时，如果我们没有更好的理由来支持一个权威比另一个权威更可能正确的话，那么诉诸权威就是不能令人信服的。

重要的是要记住人身攻击和诉诸不可靠权威之间的关系。正如我们前面所警示的那样，通过指出权威是不可靠的或不可信来挑战诉诸权威，并不是一个谬误（并不是诉诸人身攻击论证），我们必须在这里做出相反的警示。如果并不是某个领域的可靠权威者提供了一个并非自身诉诸权威的论证，则指出该论者是不可靠权威就是不适宜的。这样做就会犯人身攻击的谬误。因此，例如，如果一个律师写了一本对进化论提出异议的书，那么基于他不是一个生物学家而拒绝他的论证就是不适宜的（当然，除非他这样论证："我是专家，在这件事情上相信我！"）。

错误归因

错误归因谬误（false cause fallacy）是指一种现象的可能原因被假设为一

个（或某种）原因，尽管缺少排除其他可能原因的理由。

> **错误归因谬误**是指一种现象的可能原因被假设为一个（或某种）原因，尽管缺少排除其他可能原因的理由。

这种谬误有各种形式。也许最普遍的一种形式是，拉丁语叫作 Post hoc, ergo propter hoc，意思是"在这之后，所以，这是原因"。这种形式的错误归因谬误，是指一个论证者不合理地假设，因为事件 X 早于事件 Y，所以，X 是 Y 的原因。下面是一个例子：

L60. 自从我两年前进入办公室以来，暴力犯罪率明显降低了。所以，很清楚，我们建议的更长的有期徒刑判决起到了作用。

当然，更长的有期徒刑判决可能是一个原因，但仅仅有更长的有期徒刑判决发生在犯罪率下降之前这一事实，并不能证明这一点。还有许多其他可能的原因也需要考虑。例如，经济条件有改善了吗？工作更好找了吗？这一地区的人口统计情况发生变化，使得年轻人（在统计学意义上最可能犯罪的一个群体）相对于人口总数变少了吗？巡逻的警察人数增加了吗？

思考另一个错误归因谬误的例子：

L61. 自从性教育已经普遍开展以来，我们在性泛滥方面增长显著。所以，性教育是性泛滥的原因。

这里，论证者在两方面存在问题：（1）忽视了其他可能的原因；（2）错误地解释了所谓性教育和性泛滥之间的联系。关于（1），性泛滥也可能是由于第三个因素，比如历史上代表着美国人态度的新教徒式的性法规已经崩溃了。（这一崩溃似乎逐渐出现于 20 世纪上半叶，并在 20 世纪 60 年代和 70 年代期间迅速瓦解。）关于（2），论证者忽视了从性泛滥现象到性教育而不是相反的因果关系的可能性。但可以确信，很多人之所以提倡性教育，是因为关注到了年轻人之间性行为的日渐增加，并设法减轻它的消极影响。所以，可能是性泛滥导致了性教育，而不是性教育导致性泛滥。再说一遍，主要的观点是，我们不能仅仅根据性教育先于性泛滥的增长，就能合理地断定性教育造成了性泛滥。

并非所有的错误归因谬误都包含着未确定的假设，即如果 X 先于 Y，那么 X 就是 Y 的原因。例如：

L62. 最优秀的专业运动员能获得丰厚的报酬。因此，为了保证史密斯成为最优秀的职业运动员之一，我们应该给予他丰厚的报酬。

这一论证假设了——没有充分的保证——如果丰厚的报酬和出众的运动表现有相互关联，则前者就是后者的原因。但可以确信，因果关系在与之相反的方向上是成立的：对于运动员来说，正是出众的运动表现（连同大众对观赏性体育运动的需求）导致了丰厚的报酬。显然，一个人不可能仅仅依靠支付某人丰厚的报酬，从而将他从一名普通的运动员变成明星。

错误归因谬误的另外一种形式出现在，许多原因是（或可能是）在起作用，但其中一种被不合理地假定为唯一的原因。

L63. 在过去的几十年里，标准化考试的分数一直在降低。这该怎么解释呢？唉，在这几十年期间，孩子们花费在（每天）看电视上的平均时间在增加。所以，原因是明显的：本来应该是孩子们读书的时间，但他们用来看了太多的电视。

花费在看电视上的平均时间的增多，可能是学习能力测试（SAT）这样的标准化考试分数降低的原因之一。但是这个结论所提供的不充分证据是，时间被花费在看电视上是唯一的原因。其他因素也可能发挥作用，如家长参与的减少，或者是公立学校系统的亏空。

错误归因谬误的一种特殊变形是滑坡谬误（slippery slope）。这种谬误是指，论证者假设连锁反作用会发生，但并不存在充分的证据说明链条中的一个（或更多）事件将会导致其他事件。因果链条就像一个陡坡——如果你在坡上迈一步，那么你就会直接滑落坡底。既然你不想滑落坡底，那就别迈出第一步。下面是一个例子：

> L64. 绝不要买彩票。买彩票的人很快会发现他们想赌马。接下来，他们会特别想去拉斯维加斯，在赌场中赌上他们毕生的积蓄。赌博的瘾逐渐毁坏了他们的家庭生活。最终，他们会在无家可归和孤独寂寞中死去。

这个所谓因果链条中的联系显然是薄弱的。这并不是说，赌博是一件无风险的事情；只是说，合乎逻辑地讲，当因果联系给出后，需要有充分的证据来说明这种联系是真实的。而且，主张买彩票将会导致一个人死于无家可归和孤独寂寞，显然就是要做出一个证据不充分支持的断言。

临床医学家有时把滑坡谬误叫作"灾变恐惧"。例如，某人内心的恐惧会使他认为，相对较小的事故会导致绝对的灾难。

> L65. 我在聚会上开了句玩笑：失败了。于是，那里所有的人都认为我是一个失败者。所以，我不会再被邀请了。事实上，如果这件事传出去，任何地方都不会邀请我了。而且我确信，他们都正在谈论我那个愚蠢的笑话。所以，我已经完全毁了我体面的社会生活的机会。现在除了长年的孤独和不幸，再没有什么留给我了。我多么希望我没有说过那个笑话！

尽管这个例子有些极端，但草率地设想因果链条是一种普遍的人类趋向。在人们的内心里，滑坡谬误活着而且活得很好。

在结束错误归因谬误的讨论时，注意自然语言中存在多种不同的方式来表示因果联系是有所帮助的。例如，根据语境，下列词和短语都可能表达一个因果主张：

A 产生 B	A 使得 B	A 通向 B
A 创造 B	A 说明 B	A 造成 B
A 发生 B	A 决定 B	A 是 B 的来源
A 导致 B	A 是 B 的源头	A 生出 B
A 引起 B	A 使 B 通过	B 发生于 A 的影响

上面的列表并非没有遗漏。关键是要记住：既然在自然语言中因果主张可以用多种不同方式来表达，那么当"原因"这个词没有出现时，因果谬误就会发生。

复杂问语

复杂问语谬误（fallacy of complex question）是指要求回答不合理地预设了某个结论的问题。

> **复杂问语谬误**是指要求回答不合理地预设了某个结论的问题。

下面是一个经典的例子：

L66. 你已经停止打你妻子了吗？

如果应答者回答"是"，他就承认了过去打过他的妻子。如果他回答"不是"，似乎他承认了过去打过他的妻子，现在还在继续打。要揭露复杂问语谬误，必须检查问题中预设了什么。例如，在这种情况下，回答应该沿着这样的线索："毫不夸张地说，你的问题是在误导我；我从未打过我的妻子。"

重要的是要注意，几乎所有的问题都有一个或更多的预设。请考虑下面的例子：

L67. 谁是俄亥俄州的州长？

问语 L67 预设了俄亥俄州有一名州长,但这个预设并没有不合理之处。当预设缺乏可靠的依据时,它们是不合理的(因此,对合理的怀疑是开放的)。

在许多情况下,复杂问语谬误包括两个问题,一个单一的回答应该同时满足它们:

L68. 你能做个好心人借我 100 美元吗?

当然,这里的假设是,做个好心人包括了借钱。再说一遍,一个有效的回答包含将不可靠的预设分离出来并且驳斥它;例如,"做个好心人是一回事,借钱是另一回事。不要混淆两者"。

下列哪些是复杂问语?

L69. 法国国王是谁?
L70. 现在是什么时间?
L71. 数学为什么那么令人厌烦?

问语 L69 是复杂问语,因为它不合理地预设了法国有一个国王。问语 L71 是复杂问语,因为它包含了数学是令人厌烦的这个无根据假设——这一假设当然会被所有真正对数学感兴趣的人所反对。问语 L70 不是复杂问语,它虽然预设了存在某些方式来说出钟表上的时间,而且"现在"是一个时间点,但这些预设确实是合理的。

在你自己的论证和别人的论证中,注意避免包含无根据假设的谬误。

在结论中,谬误是推理中的错误,倾向于心理上的说服。在这一章中,我们已经区分了形式谬误和非形式谬误,并且集中于一些更普遍的非形式谬误类型。认识和给这些谬误命名可以保护你不被误导,但要小心把论证归为谬误。有些似乎具有命名谬误模式的论证并非谬误。许多论证都是谬误的,即使它们没有犯这里所命名的任何谬误。

作为最后的提醒，关于哪一种推理模式算作谬误，存在一些争论。本章到此为止确定的种类普遍被认为是谬误的。然而，请注意，作者偶尔会编造一种谬误来妖魔化他或她所不同意的某种观点。通过给一个主张或论证形式贴上谬误的标签，作者试图使你认为，它是推理中的一个错误，可以在没有太多反思的情况下不予理会，事实上，该论证可能是可靠的、合理的，或者至少这个问题可能会引起争议，并且可以要求实质上的论证来表明该主张是假的。关于这，历史上两个重要的哲学事例就是"意图谬误"和"应然谬误"。（所谓的）意图谬误就是一个论证从作者或诗人想要其作品的某种解释的主张，推出这就是其作品的正确解释的结论。作者的意图构成了其作品意义的理论，是一种实质性的理论，它要求重要的论证来反驳，并且不能简单地被认为是谬误的。（所谓的）应然谬误是从非道德的前提推出道德的结论。如果存在连接非道德事实到道德结论的必然真理，那么这样的论证就不是无效的。要证明这样的必然真理不存在，人们需要做的不仅仅是简单地将这些论证称为谬误。因此，一如既往，保持警惕！

开动脑筋，判定一个论证是不是谬误。这并不是一件简单的事情。

定义概要

诉诸问题谬误（或者循环论证）是指一个论证假设了所要证明的那个观点。

错误二难谬误是指一个人在使用前提时无理地减少了需要考虑的大量选择。

诉诸不可靠权威是指诉诸一个权威，但同时这个权威的可靠性可以被合理地质疑。

错误归因谬误是指一种现象的可能原因被假设为一个（或某种）原因，尽管缺少排除其他可能原因的理由。

复杂问语谬误是指要求回答不合理地预设了某个结论的问题。

练习 4.3

注释

[1] Anthony Flew, *A Dictionary of Philosophy*, rev. 2nd ed. (New York: St. Martin's Press, 1979), p.104. 我们对标点符号稍微做了修改。

[2] 关于红鲱鱼谬误是否应该归类为 *ignoratio elenchi* 谬误, 作者们存在着一些分歧。

[3] 这个例子来自 Robert Baum, *Logic*, 3rd ed. (New York: Holt Rinehart and Winston, 1989), p.485。

[4] 我们把这个例子归功于安东尼·韦斯顿 (Anthony Weston), 见 *A Rulebook for Arguments* (Indianapolis, IN: Hackett, 1987), p.88。我们已经在一定程度上详尽阐述了这个例子。

第 5 章

范畴逻辑：命题

- 5.1 范畴命题介绍
- 练习 5.1
- 5.2 传统对当方阵
- 练习 5.2
- 5.3 进一步的直言推论
- 练习 5.3

在本章中，我们将介绍第一个逻辑系统。这个系统最初由公元前 4 世纪的亚里士多德所发展，2 000 多年来继续成为逻辑的主要方法。因为这种方法集中于对象的不同范畴之间的关系，所以，它通常被称为"范畴逻辑"。

5.1 范畴命题介绍

为了了解范畴逻辑，我们必须首先理解范畴命题。一个**范畴命题**（categorical statement）是关于两个类或两个范畴之间的关系的命题。

> 一个**范畴命题**是关于两个类或两个范畴之间的关系的命题。

例如：

L1. 所有树都是植物。

L2. 没有植物是动物。

L3. 有些动物是狗。

L4. 有些狗不是牧羊犬。

命题 L1 断言，树类的每一个元素都是植物类的元素。命题 L2 断言，没有植物类的元素是动物类的元素。命题 L3 断言，动物类的有些（即至少一个）元素也是狗类的元素。最后，命题 L4 断言，狗类的有些（即至少一个）元素不是牧羊犬类的元素。

这四个例子代表了范畴命题的四种标准形式（standard forms）。这些形式，相应地以 A、E、I、O 著称。

A：所有 S 都是 P。

E：没有 S 是 P。

I：有些 S 是 P。

O：有些 S 不是 P。

在这些形式中，"S"表示主项，"P"表示谓项。更详细地说，**主项**

（subject term）是出现在一个标准形式的范畴命题中的第一个名词或名词短语。

例如，L1 中的主项是"树"，L2 中的主项是"植物"。相比较，**谓项**（predicate term）是出现在一个标准形式的范畴命题中的第二个名词或名词短语。

> **谓项**是出现在一个标准形式的范畴命题中的第二个名词或名词短语。

例如，L3 中的谓项是"狗"，L4 中的谓项是"牧羊犬"。

每一个范畴命题都有质，或者**肯定**或者**否定**。A 和 I 命题是肯定的，因为它们断言了一些关于主项所指称的对象类的肯定的东西。更详细地说，**肯定命题**（affirmative statement）断言了主项所指称的类的有些或所有元素，也是谓项所指称的类的元素。

> **肯定命题**断言主项所指称的类的有些或所有元素，也是谓项所指称的类的元素。

例如，L1 断言，树类的所有元素也都是植物类的元素，L3 断言，动物类的有些元素也都是狗类的元素。相比较，E 和 O 命题是否定的，因为它们否定了主项所指称的类的有些或所有元素，也是谓项所指称的类的元素。

> **否定命题**（negative statement）否定主项所指称的类的有些或所有元素，也是谓项所指称的类的元素。

例如，L2 否定了植物类的有些元素也是动物类的元素，L4 否定了狗类的所有元素是牧羊犬类的元素。事实上，E 和 O 命题的命名来自拉丁词 nego 的元音，意味着"我否定"。类似地，A 和 I 命题的命名来自拉丁词 affirmo 的元音，意味着"我肯定"。记住这两件事情可以帮助你记住这些形式的质：A 和 I 是肯定的，而 E 和 O 是否定的。记住这是个好主意。

记住：A 和 I 是肯定的，而 E 和 O 是否定的。

除了质，每一个范畴命题都有一个量，或者全称或者特称。A 和 E 命题都是全称，因为它们断定了其主项所指称的类的每一个事物。

📝 **全称命题**（universal statement）断定其主项所指称的类的每一个事物。

例如，L1 断定了树类的每一个事物，L2 断定了植物类的每一个事物（它们都不是动物）。相比较，I 和 O 命题是特称的，因为它们仅仅断定了主项所指称的类的有些（即至少一个）事物。

📝 **特称命题**（particular statement）仅仅断定其主项所指称的类的有些事物。

例如，L3 仅仅断言，动物类中的有些对象是狗，这就留下了一种可能性，即它们中的一些可能不是。因此，L4 也断言狗类的有些元素不是牧羊犬，这就留下了一种可能性，即它们中的一些可能是。

记住标准形式的量的一个方法是，考虑将"A"和"E"来表示全称词"所有"（All）和"一切"（Everything）。如果你可以记住这一点，那么你就可以记住另外的两种形式——I 和 O——都是特称的。记住这也是一个好主意。

🎨 **记住**：A 和 E 是关于所有和一切的。

我们可以概括一下关于量和质的这些点，即 A 命题是全称肯定，E 命题是全称否定，I 命题是特称肯定，O 命题是特称否定。

标准形式概要			
名称	形式	量	质
A	所有 S 是 P	全称	肯定
E	没有 S 是 P	全称	否定
I	有些 S 是 P	特称	肯定
O	有些 S 不是 P	特称	否定

透过该表格，我们看到，每一个标准形式都有四个不同的部分，按特定顺序排列。

量词："所有"、"没有"或者"有些"。
主项：指称对象类的一个词或短语。
系词："是"或"不是"。
谓项：指称对象类的一个词或短语。

为了使命题使用标准形式，必须使得所有这些元素都具体按这个顺序排列。任何变体都意味着它不是标准形式。例如，考虑下列情况：

L5. 每一棵树都是植物。

该断言与命题 L1（"所有树都是植物"）相同。但 L5 并不是标准形式，因为（在其他事物中）它并没有以上面所列出的三个量词（"所有""没有""有些"）中的一个开始。那就是使得命题不标准的原因。

对于另一种不同类型的例子，请考虑 L6：

L6. 所有树都是上帝。

该命题包含前面列出的前三个元素，按照正确的顺序：一个适宜的量词（"所有"），一个指称对象类的词（"树"），一个赞同的系词（"是"）。然而，它并没有前面列出的第四个元素，因为"上帝"被设想为指称一个具体个体的名称而不是一个对象的通名。因为这个原因，L6 根本不是一个范畴命题（更不用说标准形式的范畴命题）。记住：范畴逻辑仅仅涉及范畴命题，而且范畴命题仅仅涉及对象类。

下面是第三种也是最后的例子：

L7. 所有树都是漂亮的。

再一次，问题出在最后一个词上。"漂亮"是一个形容词，不是一个名词或名词短语。如此，它的作用就是描述事物，而不是指称它们。当然，我们可以用一个相应的名词短语来替代"漂亮"这个词，如 L8：

L8. 所有树都是漂亮的事物。

连起来看,"漂亮的事物"这些词指称一个对象或事物的类——它们是漂亮的。因为这个原因,L8 是标准形式的范畴命题(它是形式"所有 S 都是 P"的一个命题)。

最后一个例子说明了两个要点。第一点,在我们最初的一组例子中,所有的主项和谓项都是由一个单一的词所构成的("树""植物""狗""牧羊犬")。然而,这仅仅是简单性的缘故。如前所述,主项或者是名词或者是名词短语,对谓项也同样为真。所以,L8 中的主项是一个单一的名词("树"),然而谓项是一个复合名词短语(漂亮的事物)。有些主项和谓项有多个词,可能会让人困惑,因为"项"(term)和"词"(word)在普通语言中经常在同义上使用。然而,你将很快习惯于这一新的话语方式,因为我们的很多例子将包含这种复杂的词项。

L7 和 L8 所表明的第二点是,可能把非标准命题变成标准形式。在有些情况下,这个过程是简单的(例如,用"漂亮的事物"来替换"漂亮的")。在别的情况下,它会复杂很多。例如,为了将 L5("每一棵树都是植物")变为标准形式,我们必须把"每一"变为"所有","树"(tree)变为"树"(trees),"是"(is)变成"是"(are),并且"植物"(a plant)变成"植物"(plants)。这些修改将把命题 L5 变为命题 L1("所有树都是植物")。

把范畴命题变为标准形式,不存在单一的策略。然而,存在很多有用的提示。第一,在有些情况下,一个标准形式的命题的所有元素将会呈现,但它们不会按正确的顺序排列。在这些情况下,你应该简单地重新排列单词。例如,"红宝石都是宝石"可以重新排列成"所有红宝石都是宝石","棕榈树是所有的树"可以变成"所有棕榈树都是树"。

第二,如果一个范畴命题的谓词是一个形容词,那么你就应该增加一个适宜的复合名词于那个命题的末尾。例如,"所有人都是有理性的"可以变成"所有人都是有理性的动物","有些动物是濒危的"可以变成"有些动物是濒危类"。如果你不能确信要加上什么样的名词,那么你可以经常求助通用词"事物"。因此,"有些日子不是容易的",可以变成"有些日子不是容易的事物";"所有人是有理性的",可以变成不近人情的"所有人都是有理性的事物"。

第三，当一个命题包含一个动词而不是"是"的时候，你应该塞进一个"是"在主项的后面，并且将动词转变成一个适宜的名词短语。例如，在"所有鱼会游泳"中，我们可以塞进一个"是"在"鱼"的后面，并将动词"游泳"变成"游泳者"。结果就是"所有鱼都是会游泳者"。以同样的方式，我们可以将"有些人跑"改变成"有些人是跑者"。如果你不能确信如何将一个动词改变成一个名词，那么你可以总是运用"——的事物"的结构创造一个新的名词短语。因此，"所有狗都值得爱"可以变成"所有狗都是值得爱的事物"。因此，"所有鱼游泳"可以变成有点冗长的"所有鱼都是游泳的事物"。

第四，当系词的时态不正确的时候，你应该在命题中塞进一个"是"，进而将原来的系词合并为名词短语。例如，"所有恐龙都是（were）爬行动物"可以变成"所有恐龙都是（are）爬行类的事物"，"没有善举不受惩罚"可以变成"没有善举是不受惩罚的事物"。同时，运用"——的事物"的结构创造名词短语，总是允许的（而且通常是有帮助的！）。记住这是一个好主意。

记住：当把范畴命题变成标准形式时，运用"——的事物"的结构创造名词短语通常是有帮助的。

第五，对于将范畴命题变成标准形式的最一般的提示，就是熟悉一些常见的**变体**（stylistic variants）。一个命题的变体就是断言同样事物的不同方式。

一个命题的**变体**就是断言同样事物的不同方式。

例如，考虑 A 命题"所有猫都是哺乳动物"。下列所有情况都是该全称肯定命题的变体。

    每一只猫是哺乳动物。
    任何一只猫是哺乳动物。
    任意一只猫是哺乳动物。
    如果任意事物是猫，那么是哺乳动物。

> 是猫的事物，仅当它们是哺乳动物。
>
> 只有哺乳动物是猫。

因此，要将所有这些命题变成标准形式，只需记为"所有猫都是哺乳动物"。

需要特别注意上述最后变体中"只有"这个词。"只有 P 是 S"，意味着"所有 S 是 P"，但并不意味着"所有 P 是 S"。例如，"只有哺乳动物是猫"，意味着"所有猫是哺乳动物"，并不意味着"所有哺乳动物是猫"。与之比较，"只有猫是哺乳动物"，意味着"所有哺乳动物是猫"，并不意味着"所有猫是哺乳动物"。

接下来，考虑 E 命题，如"没有猫是人"。这个全称否定命题有很多变体。包括下列所有情况：

> 猫都不是人。
>
> 一个事物是猫，仅当它不是人。
>
> 如果任何事物是猫，那么它不是人。
>
> 任何事物都不是猫，除非它不是人。

所以，所有这些命题都可以变成标准形式，记为"所有猫都不是人"。

现在，考虑 I 命题（"有些猫是美洲狮"）。下列每一个都是这个特称肯定命题的变体：

> 存在猫是美洲狮。
>
> 至少有一只猫是美洲狮。
>
> 存在一只猫是美洲狮。
>
> 有些事物既是猫又是美洲狮。

所以，所有这些命题都变为标准形式，记为"有些猫是美洲狮"。

最后，考虑 O 命题（"有些猫不是美洲狮"）。下列每一个都是"有些猫不是美洲狮"的变体：

> 至少有一只猫不是美洲狮。
>
> 并非所有猫是美洲狮。
>
> 并非每只猫是美洲狮。
>
> 有些事物是猫但不是美洲狮。
>
> 存在一只猫不是美洲狮。

所以，所有这些命题都可以变为标准形式，记为"有些猫不是美洲狮"。

回顾一下前面提到的所有变体，而且考虑一下这些变体可以采取的一般形式，是一个好主意（见下表"变体概要"）。熟悉变体将提高你识别范畴命题的能力，且有助于你将它们变成正确的标准形式。

变体概要	
全称肯定：	**全称否定：**
所有 S 是 P。	**没有 S 是 P。**
每一 S 是 P。	所有 S 不是 P。
任何一 S 是 P。	一个事物是 S，仅当它不是 P。
任意一 S 是 P。	如果任何事物是 S，那么它不是 P。
如果任何事物是 S，那么它是 P。	所有事物都不是 S，除非它不是 P。
是 S 的事物，仅当它们是 P。	
只有 P 是 S。	
特称肯定：	**特称否定：**
有些 S 是 P。	**有些 S 不是 P。**
存在 S 是 P。	至少有一个 S 不是 P。
至少有一个 S 是 P。	并非所有 S 是 P。
存在一个 S 是 P。	并非每个 S 是 P。
有些事物既是 S 又是 P。	有些事物是 S 但不是 P。
	存在 S 不是 P。

> **定义概要**
>
> **范畴命题**是关于两个类或两个范畴之间的关系的命题。
> **主项**是出现在一个标准形式的范畴命题中的第一个名词或名词短语。
> **谓项**是出现在一个标准形式的范畴命题中的第二个名词或名词短语。
> **肯定命题**断言主项所指称的类的有些或所有元素,也是谓项所指称的类的元素。
> **否定命题**否定主项所指称的类的有些或所有元素,也是谓项所指称的类的元素。
> **全称命题**断定其主项所指称的类的每一个事物。
> **特称命题**仅仅断定其主项所指称的类的有些事物。
> **一个命题的变体**就是断言同样事物的不同方式。

练习 5.1

5.2 传统对当方阵

既然我们已经对范畴命题有了更好的理解,那么我们可以开始考虑它们之间的逻辑关系。在本节,我们开始集中分析具有相同主项和谓项的范畴命题。这些以**对应命题**(corresponding statements)而著称。

对应命题是具有相同主项和谓项的范畴命题。

例如,下列所有命题都是相互对应的:

A 所有狗是牧羊犬。
E 没有狗是牧羊犬。
I 有些狗是牧羊犬。
O 有些狗不是牧羊犬。

亚里士多德逻辑已经发现了这些命题类型之间成立的四种逻辑关系。

第一种逻辑关系是矛盾关系。两个命题是相互**矛盾**（contradictories）的，如果它们不能同时都真也不能同时都假。换言之，如果一个命题为真，那么另一个命题必定假；反之亦然。

> 两个命题是**矛盾**的，如果它们不能同时都真也不能同时都假。

对应的 A 和 O 命题总是矛盾的。例如，如果"所有狗是牧羊犬"为真，那么"有些狗不是牧羊犬"必定为假。因此，如果"所有狗都是牧羊犬"为假，那么"有些狗不是牧羊犬"必定为真。反过来的情况一样：如果"有些狗不是牧羊犬"为真，那么"所有狗都是牧羊犬"必定为假；如果"有些狗不是牧羊犬"为假，那么"所有狗是牧羊犬"必定为真。

对应的 E 和 I 命题的情况也是一样的。例如，如果"没有狗是牧羊犬"为真，那么"有些狗是牧羊犬"必定为假；如果"有些狗是牧羊犬"为真，那么"没有狗是牧羊犬"必定为假。反过来的情况也一样。

第二种逻辑关系是反对关系。两个命题是**反对**（contraries）的，如果它们不能同真，但可以同假。

> 两个命题是**反对**的，如果它们不能同真，但可以同假。

根据传统的观点，对应的 A 和 E 命题总是反对的。例如，如果"所有狗是牧羊犬"为真，那么"没有狗是牧羊犬"必定为假；如果"没有狗是牧羊犬"为真，那么"所有狗是牧羊犬"必定为假。同时，这两个命题也可能都假，因为可能有些狗但并非所有狗都是牧羊犬。

至少存在一种传统规则的例外，那就是**必然真**（necessary truth）的情况。必然真是一个命题在任意可能的情况下都不能为假。

📝 **必然真**是一个命题在任意可能的情况下都不能为假。

例如，命题"所有三角形都是有三条边的图形"必然真，因为不存在一个三角形有多于三条边的可能情况。这里的问题是：根据我们的定义，两个命题是反对的，仅当可能两个命题都为假。因为必然真是不能为假的，所以它和它的相应命题不能是反对的。（在第 6 章第 4 节，我们将讨论传统关于反对观点的另外一个潜在问题，它与空类有关。）

把这些不寻常的情况放在一边，我们可以断言，所有对应的 A 和 E 命题都是反对的。同样的情况，对于所有对应的 I 和 O 命题并不是真的。例如，"有些狗是牧羊犬"和"有些狗不是牧羊犬"并不是反对的，因为两个命题可能同时为真（可以是有些狗是牧羊犬、有些狗不是牧羊犬的情况）。对应的 I 和 O 命题在它们自己的逻辑关系——下反对关系下是成立的。因此，第三种逻辑关系是下反对关系。两个命题是**下反对**（subcontraries）的，如果它们不能同时都假，但可以同时都真。

📝 两个命题是**下反对**的，如果它们不能同时都假，但可以同时都真。

例如，如果"有些狗是牧羊犬"为假，那么"有些狗不是牧羊犬"必定为真；如果"有些狗不是牧羊犬"为假，那么"有些狗是牧羊犬"必定为真。而且，这两个命题都为真也是可能的，因为可能有些狗是牧羊犬但别的狗不是。

正像反对的情况，至少存在这个规则的一个重要例外。这个例外就是**必然假**（necessary falsehood）的情况，即一个命题在任意可能的情况下都不能为真。

📝 **必然假**是一个命题在任意可能的情况下都不能为真。

例如，命题"有些三角形是四边形"是必然假的，因为不存在一个三角形有四条边的可能情况。这里的问题是：根据我们的定义，两个命题是下反对的，如果这两个命题可能同时为真。因为必然假不能是真的，所以它和它的对应命题不能是下反对的。(在第 6 章第 4 节，我们将看到空类造成传统关于下反对观点的另外一个问题。)

第四种也是最后一种要考虑的关系是从属关系。为了解释这一关系，我们首先必须想到 A 和 E 命题都是全称的。对每一个全称命题，都存在一个与这个全称命题（或者肯定或者否定）同质的对应特称命题。例如，"所有狗是牧羊犬"是肯定，它对应的特称命题是"有些狗是牧羊犬"；"没有狗是牧羊犬"是否定的，它对应的特称命题是"有些狗不是牧羊犬"。在这些情况下，我们将全称命题称为**上属**（superaltern），把特称命题称为**下属**（subaltern）。我们进而可以断言，**从属**（subalternation）是全称命题和其对应的特称命题之间的逻辑关系。

> **从属**是全称命题和其对应的特称命题之间的逻辑关系。全称命题是**上属**，特称命题是**下属**。

根据传统亚里士多德的理论，下反对关系是重要的，因为上属总是蕴涵其下属。例如，如果全称肯定"所有狗是牧羊犬"为真，那么特称肯定"有些狗是牧羊犬"也必定为真。如果全称否定"没有狗是牧羊犬"为真，那么特称否定"有些狗不是牧羊犬"必定为真。如果当上属为真时下属必定为真，那么一个假的下属意味着，其对应的全称命题也必定为假。例如，如果"有些狗是牧羊犬"为假，那么"所有狗是牧羊犬"也必定为假。同样，如果"有些狗不是牧羊犬"为假，那么"没有狗是牧羊犬"也必定为假。

所有这些似乎都感觉得到。例如，如果所有植物都是生物为真，那么似乎必定实际存在一些植物（并且所有这些植物都是生物）。换言之，一个 A 命题的真似乎蕴涵着对应的 I 命题的真。因此，如果有些植物是矿物为假，那么必定存在着非矿物的一些东西。既然那样，似乎所有植物是矿物必定为假。换言之，似乎 I 命题的假蕴涵对应的 A 命题的假。

在第 6 章，我们将看到，这一推理线索并不像最初看起来那么清楚。就像反对和下反对的情况那样，症结在于空类的情况。现在，我们将这些特别的情况放在一边，用下图来表明传统的观点，称其为**传统对当方阵**（traditional square of opposition）：

第 5 章 范畴逻辑：命题 | 185

```
(所有S是P) A ←——— 反对 ———→ E (没有S是P)
            ↑ ╲         ╱ ↑
            │  ╲  矛 盾 ╱  │
          从│   ╲     ╱   │从
          属│    ╲   ╱    │属
            │  矛  ╲ ╱  盾 │
            │      ╳      │
            │     ╱ ╲     │
            │    ╱   ╲    │
            ↓   ╱     ╲   ↓
(有些S是P) I ←——— 下反对 ———→ O (有些S不是P)
```

传统对当方阵

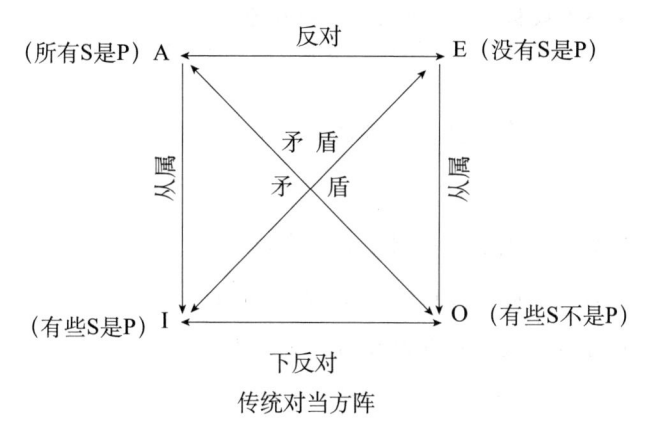

注意，这个图中的大多数箭头都是双向的。例如，方阵顶端的双箭头表示 A 和 E 命题是反对的。方阵底端的双箭头表示 I 和 O 命题是下反对的。在这些情况下，顺序无关紧要。然而，向下的箭头是单向的，因为 I 和 O 命题分别是 A 和 E 命题的下属，但反过来并不成立——例如，A 命题不是 I 命题的下属，但是上属。这些单箭头是重要的，也是因为另一个原因——它们提醒了我们，A 和 E 命题蕴涵它们对应的 I 和 O 命题，但反过来并非如此。

对当方阵是记忆和理解对应命题之间成立的逻辑关系的一个有力工具。因为这个原因，将其保存在记忆中是一个好主意。

记住：传统对当方阵。

记住传统对当方阵的最好方法，就是自己多画几次。这里有一些入门技巧。第一，从左到右并从上到下，在方阵角上按字母顺序写下形式（A，E，I，O）。第二，在方阵的中间画一个大"X"，并且记住一个大的"X"意味着"no-no"（每个方向都存在矛盾）。第三，记住下属走向底端，就像潜艇。这就留下反对和下反对。既然这些只有一个是"在下的"，那么你就知道它在底部而别的（反对）在顶部。

你一旦画了自己的传统对当方阵，你就可以用它来回顾对应命题之间成立的逻辑关系。从左上角开始，假设 A 命题（所有 S 都是 P）为真。那么：

a. A 与 E 反对，因此对应的 E 命题为假。

b. A 与 O 矛盾，因此对应的 O 命题为假。

c. A 与 I 从属，因此对应的 I 命题为真。

接下来，假设 E 命题（没有 S 是 P）为真。那么：

a. E 与 A 反对，因此对应的 A 命题为假。
b. E 与 I 矛盾，因此对应的 I 命题为假。
c. E 与 O 从属，因此对应的 O 命题为真。

现在，假设 I 命题（有些 S 是 P）为真。那么：

a. I 与 O 下反对，因此对应的 O 命题的真值不定（记住下反对不能同假但可以同真）。
b. I 与 E 矛盾，因此对应的 E 命题为假。
c. I 不从属 A（因为箭头只走一个方向），因此对应的 A 命题的真值不定。

最后，假设 O 命题（有些 S 不是 P）为真。那么：

a. O 与 I 下反对，因此对应的 I 命题的真值不定。
b. O 与 A 矛盾，因此对应的 A 命题为假。
c. O 不从属 E，因此对应的 E 命题的真值不定。

注意，你可以再次进行同样的过程，在每一个点上假设相关的命题为假（而不是真）。传统对当方阵在这些每一种情况中会告诉你什么呢？

综上所述，我们断言，传统对当方阵表明了许多对应范畴命题之间成立的逻辑关系。这是重要的，因为在很多情况下，逻辑关系直接验证某种推论。说一个推论是**直接的**（immediate），是说一个结论仅从一个前提得出。

📝 一个推论是**直接的**，如果结论仅从一个前提得出。

例如，只给定 L9 作为前提，传统对当方阵告诉我们，我们可以直接推出 L10（因为上属总是蕴涵其下属）：

L9. 所有狗是牧羊犬。
L10. 有些狗是牧羊犬。

给定 L10 作为一个前提，我们可以直接推出 L11 为假（I 命题总是与对应的 E 命题矛盾）：

L11. 没有狗是牧羊犬。

有多少其他类型的直接蕴涵可以通过传统对当方阵来验证？你可以给出每一类的例子吗？

> **定义概要**
>
> **对应命题**是具有相同主项和谓项的范畴命题。
> 两个命题是**矛盾的**，如果它们不能同时都真也不能同时都假。
> 两个命题是**反对的**，如果它们不能同真，但可以同假。
> 一个命题**必然真**，如果它不会在任意可能的情况下为假。
> 两个命题是**下反对的**，如果它们不能同时都假，但可以同时都真。
> 一个命题**必然假**，如果它不会在任何可能的情况下为真。
> **从属**是全称命题和其对应的特称命题之间的逻辑关系。全称命题是**上属**，特称命题是**下属**。
> 一个推论是**直接的**，如果结论仅从一个前提得出。

练习 5.2

5.3 进一步的直言推论

上一节,我们介绍了与传统对当方阵相联系的逻辑关系和直接推论。本节,我们将介绍三种附加关系和与它们相联系的推论:换位法、换质位法和换质法。

换位法

我们的第一种逻辑关系是最简单的:范畴命题的**换位**(converse),就是通过简单地变换其主项和谓项所形成的命题。

> 范畴命题的**换位**是通过简单地变换其主项和谓项所形成的命题。

大致来说,A 命题("所有 S 都是 P")的换位,简单地就是"所有 P 都是 S"。所有其他的标准形式也同样适用。

下面是四个命题和它们换位的例子:

命题	换位
A 所有狗是动物。	所有动物是狗。
E 没有植物是动物。	没有动物是植物。
I 有些植物是树。	有些树是植物。
O 有些植物不是树。	有些树不是植物。

在这些例子中，我们已经简单地变换了主项和谓项。其他一切都保持不变。

给定换位这个概念，我们就可以断言，**换位法**（conversion）是从一个范畴命题到其换位的推论。

📝 **换位法**是从一个范畴命题到其换位的推论。

例如，从"没有爬行动物是昆虫"到"没有昆虫是爬行动物"的推论，就是一个换位法的例子。

在某种意义上，换位法是最简单的推论，因为它就是简单地词项交换。唯一的技巧就是要记住：什么时候允许这个推论（什么时候不允许）。首先，换位法对于 E 和 I 命题都是有效的推论形式。例如，下列每一个推论都是有效的：

L12. 没有动物是矿物。因此，没有矿物是动物。

L13. 有些动物是山羊。因此，有些山羊是动物。

（记住，"有些"意味着"至少有一个"，因此，断言有些山羊是动物是与所有山羊都是动物相容的）。

另外，每一个 E 命题都蕴涵其换位，也被其换位所蕴涵。在这个意义上，这两个命题是**逻辑等值**（logically equivalent）的。

📝 两个命题是**逻辑等值**的，如果每一个有效地蕴涵另一个。

例如，"没有蝙蝠是鸟"蕴涵（并且被蕴涵）"没有鸟是蝙蝠"。同样，每一 I 命题逻辑等值于其换位。例如，"有些鸟是乌鸦"蕴涵（并且被蕴涵）"有些乌鸦是鸟"。在这些情况下，换位命题实际上就是断言同一事物的两种不同方式。

然而，同样的事情在 A 和 O 命题的情况下并不是真的：换位法对于 A 和 O 命题并不是有效的推论形式。例如，下列换位法的例子显然无效：

L14. 所有鲑鱼都是鱼。因此，所有鱼都是鲑鱼。

L15. 有些鱼不是鳟鱼。因此，有些鳟鱼不是鱼。

显然，每一个命题的前提都是真的，并且每一个命题的结论都是假的。因此，换位法对于 A 和 O 命题并不是有效的推论形式。

话虽如此，亚里士多德式的逻辑学家在宣传一种相应的推论形式即**限制换位**（conversion by limitation）。这种推论在两个方面被"限制"。第一，它仅仅对 A 命题限制。第二，它包括通过改变从全称到特称的量来限制结论的范围。更细致地，限制换位是这样的推论，其中，(a) 变换 A 命题的主项和谓项，并且 (b) 量词从全称变为特称。

> **限制换位**是这样的推论，其中，(a) 变换 A 命题的主项和谓项，并且 (b) 量词从全称变为特称。

例如：

L16. 所有橡树都是树。因此，有些树是橡树。

这里，我们首先改变"所有橡树是树"为"所有树是橡树"。我们进而改变全称量词"所有"为特称量词"有些"。这样做时，我们从"所有橡树是树"变动为"有些树是橡树"。

要理解为什么这个推论是有效的，回顾一下从属（传统对当方阵）允许我们从"所有橡树是树"变动为"有些橡树是树"。因为这是一个 I 命题，换位法允许我们变换主项和谓项，并且推出"有些树是橡树"。更一般地，限制换位法模式进行如下：

步骤 1：所有 S 是 P。

步骤 2：有些 S 是 P。[步骤 1 的下属]

步骤 3：有些 P 是 S。[步骤 2 的换位]

关于换位、换位法和限制换位法，我们可以概括如下（用√标记有效性，用×标记无效性）。

换位法概要		
标准形式	换位	限制换位
A 所有 S 是 P。	☒ 所有 P 是 S。	☑ 有些 P 是 S。
E 没有 S 是 P。	☑ 没有 P 是 S。	
I 有些 S 是 P。	☑ 有些 P 是 S。	
O 有些 S 不是 P。	☒ 有 P 不是 S。	

（注意：关于这一点，你可以完成练习 5.3 的第一部分，以便证实你对换位法的理解。）

换质位法

我们的第二种关系是换质位。换质位法就像换位法一样，除了我们交换主项和谓项之外，我们也在这些词项中引入一个否定元素。为了更细致地陈述这个定义，我们必须首先说明词项的补集的思想。

首先，我们定义 X 的**类补集**（complement of a class）是包含所有不是 X 的元素的事物的类。

> X 的**类补集**是包含所有不是 X 的元素的事物的类。

例如，树类的补集是包含所有非树——不是树的任何东西（老鹰、山、人等）的类。

其次，我们断言，X 的**项补集**（term-complement）是指称 X 所指称的类补集的词或短语。

> X 的**项补集**是指称 X 所指称的类补集的词或短语。

例如，"狗"的补集是"非狗"，这个词指称不是狗类元素的所有事物的类——例如，这个类包括猫、老鼠和棒球。反之，（非狗）这个类的补集，即不是非狗类的元素的所有事物的类——换言之，它就是狗的类。因此，

"非狗"的补集就是"狗"。

注意：不要将项补集与反对项混淆。例如，"赢家"的项补集不是"输家"，而是"非赢家"，这个项指称的类不仅包括全部输家，也包括平局和在场不玩游戏的人。

当一个项由一个以上的词构成时，必须特别注意其所形成的项补集。例如，"野狗"的项补集是什么？是"非野的狗"吗？不。项补集必须指称一个包含项所指称的类之外的任何东西的类，"非野的狗"仅仅指称不是野狗的狗的类。这种情况下的补集是"不是野狗的事物"。这个词项指称了一个类，不仅包括所有驯服的狗而且包括所有不是狗的事物（猫、老鼠等）。类似地，"优秀运动员"的项补集不是"不优秀的运动员"，而是"非优秀运动员的事物"。后一个词项指称一个类，不仅包括所有非优秀的运动员，而且包括所有非常可怕的运动员，也包括一切非运动员（青蛙、狗等）。（注意：在这一点上，你可以完成练习5.3的第二部分，这将会给你一些补集作用的实践。）

现在我们已经介绍了补集的思想，我们可以给换质位法一个更细致的定义。我们定义一个范畴命题的**换质位**（contrapositive）的命题的构成包括：（1）换位；（2）用谓项和主项的补集替换谓项和主项。

> 范畴命题的**换质位**的命题的构成包括：（1）换位；（2）用谓项和主项的补集替换谓项和主项。

大概地，如果我们从A命题（"所有S都是P"）开始，我们首先换位得到"所有P都是S"。我们进而用其项补集替换每一个项，得到"所有非P是非S"。所以，换质位法用谓项的补集替换主项，并且用主项的补集替换谓项。同样的方法可应用于所有其他形式。下面是一些例子。

	命题	换质位
A	所有猫是哺乳动物。	所有非哺乳动物是非猫。
E	没有蝙蝠是大象。	没有非大象是非蝙蝠。
I	有些植物是草。	有些非草是非植物。
O	有些植物不是草。	有些非草不是非植物。

注意：没有改变这些命题的量和质。只有主项和谓项进行了改变。这里，换质位就像换位。

我们现在可以定义**换质位法**（contraposition）为从一个范畴命题到其换质位的推论。

📝 **换质位法**是从一个范畴命题到其换质位的推论。

例如，从"所有灰狼都是熊"到"所有非熊都是非灰狼"的推论就是换质位法的一个例子。

换质位法对于 A 和 O 命题都是有效的推论形式。例如，下列推论都是有效的：

L17. 所有渡鸦都是鸟。因此，所有非鸟都是非渡鸦。

L18. 有些树不是榆树。因此，有些非榆树不是非树。

事实上，每一个 A 命题都逻辑等值于其换质位。所以，"所有牧羊犬都是狗"有效蕴涵（并且被有效蕴涵）"所有非狗都是非牧羊犬"。类似地，每一个 O 命题都逻辑等值于其换质位。例如，"有些狗是非牧羊犬"有效蕴涵（并且被有效蕴涵）"有些非牧羊犬不是非狗"。而且，这些都是断言同一事物的两种不同方式。

当换质位法对于 A 和 O 命题有效的时候，对于 E 和 I 命题换质位法并不有效。例如，下列推论显然无效。

L19. 没有狗是树。因此，没有非树是非狗。

L20. 有些动物是非狗。因此，有些狗是非动物。

（L19 对你来说显然无效，回顾非树类包括不是树的每一事物——包括许多事物不是狗！）

注意，换质位法当其涉及有效性的时候与换位法相反。换质位法仅仅对 A 和 O 命题有效，换位法仅仅对 E 和 I 命题有效。这些是要记住的重要事实，但人们容易将它们混淆起来。因此，注意下列要点可能是有帮助的：不管开头的"o"，"换质位法"（contraposition）的前两个元音是"a""o"，"换位法"（conversion）的前两个元音是"e""i"。这可以帮助提醒你，换质位法对于 A 和 O 命题是有效的，换位法对于 E 和 I 命题是有效的。记住这个小技巧是一个好主意。

记住：换质位法对于 A 和 O 命题有效，换位法对于 E 和 I 命题有效。

我们已经说过，换质位法对于 E 和 I 命题是无效的。然而，亚里士多德式的逻辑学家宣传一种被称为**限制换质位**（contraposition by limitation）的相关推论。就像限制换位法一样，这种推论是被两种不同的方式"限制"的。第一，限制换质位仅仅被限制为 E 命题。第二，它包括通过改变从全称到特称的量来限制结论的范围。更细致地，**限制换质位**是这样的推论，其中我们将（a）E 命题换位，（b）用谓项和主项的补集替换谓项和主项，并且（c）改变从全称到特称的量。

限制换质位是这样的推论，其中我们将（a）E 命题换位，（b）用谓项和主项的补集替换谓项和主项，并且（c）改变从全称到特称的量。

例如：

L21.（1）没有国旗都是烂布。

因此，（2）有些非烂布不是非国旗。

这里，首先我们将"没有国旗是烂布"变为"没有烂布是国旗"。然后我们将"没有烂布是国旗"变为"没有非烂布是非国旗"。最后我们用特称结构"有些……不是……"来替换全称否定"没有"。这样做的时候，我们从"没有国旗是烂布"推出了"有些非烂布不是非国旗"。

为了说明限制换质位是有效的，我们将首先不得不引入我们的第三种逻辑关系。现在，我们概括一下关于换质位和换质位法的主要观点如下（用√标记有效性，用×标记无效性）：

换质位法概要

标准形式	换质位	限制换质位
A 所有 S 是 P。	☑ 所有非 P 是非 S。	
E 没有 S 是 P。	☒ 没有非 P 是非 S。	☑ 有些非 P 不是非 S。
I 有些 S 是 P。	☒ 有些非 P 是非 S。	
O 有些 S 不是 P。	☑ 有非 P 不是非 S。	

（注意：关于这一点，希望你可以完成练习 5.3 第三部分，以便加强你对换质位法的理解。）

换质法

我们的第三种也是最后的推论形式是换质法。这种推论形式有点不同于前面两种。

要解释这种推论形式，我们首先定义一个命题的**换质**（obverse）的构成包括：(a) 改变质（从肯定变否定，或者从否定变肯定），(b) 将谓项变为其补集。

> 标准形式范畴命题的**换质**的构成包括：(a) 改变质（从肯定变否定，或者从否定变肯定），(b) 将谓项变为其补集。

例如，考虑 A 命题的形式："所有 S 都是 P"。因为这是一个全称肯定，我们必须首先将它变为一个全称否定（即一个 E 命题）："没有 S 是 P"。进而，我们用它的补集（"非 P"）来替换其谓项（"P"）。这就给了我们新的命题："没有 S 是非 P"。因此，"所有 S 都是 P"的换质是"没有 S 是非 P"。

结果是每种范畴命题看上去不同，但过程是相同的。下面是一些例子：

命题	换质
A 所有树是植物。	没有树是非植物。
E 没有猫是树。	所有猫是非树。
I 有些树是橡树。	有些树不是非橡树。
O 有些树不是橡树。	有些树是非橡树。

注意，不像换位法和换质位法的情况，（换质法）所有的主项和谓项都处于同一地方。而且，所有的谓项都用它们的补集来替换。这些模式对所有四种形式都是成立的。

给定一个换质的概念，我们现在就可以定义**换质法**（obversion）是从范畴命题到其换质的推论。

换质法是从范畴命题到其换质的推论。

例如，从"有些昆虫不是蚂蚁"到"有些昆虫是非蚂蚁"的推论，就是换质法的一个例子。

不像换位法和换质位法，换质法对于所有标准形式的范畴命题都是有效的。因此，无论你什么时候想知道你是否可以用换质法，回答都是显然的。这是要记住的一个好主意。

记住：**换质**法就是**换质**。它对于所有标准形式的命题都是有效的。

作为说明，所有下列推论都是有效的：

L22. 所有渡鸟都是鸟。因此，没有渡鸟是非鸟。
L23. 没有渡鸟是白色的。因此，所有渡鸟都是非白色的。
L24. 有些宝石是金刚石。因此，有些宝石不是非金刚石。
L25. 有些宝石不是金刚石。因此，所有宝石是非金刚石。

事实上，每一个标准形式的范畴命题都逻辑等值于其换位。例如，"没有金矿是植物"有效地蕴涵（并且被蕴涵）"所有金矿都是非植物"。断言同一事物正好存在两种不同的方式。

我们可以将换质法的这些点概括如下：

换质法概要	
标准形式	换质
A　所有 S 都是 P。	☑　没有 S 是非 P。

E	没有 S 是 P。	☑	所有 S 是非 P。
I	有些 S 是 P。	☑	有些 S 不是非 P。
O	有些 S 不是 P。	☑	有些 S 是非 P。

（注意：关于这一点，你可以完成练习 5.3 第四部分，这将会给你一些运用换质法的实践。）

换质法是一种添加规则，但它因为许多不同的原因也是重要的。一个原因就是他可以帮助我们解释为什么限制换质位是有效的。要说明这一点，考虑下列推论：

L26. 没有餐叉是勺子。因此，有些非勺子不是非餐叉。

回顾从属（自传统对当方阵）允许我们从 E 命题推出 O 命题。（这是方阵右边向下的推论。）这样，从属允许我们从"没有餐叉是勺子"推出"有些餐叉不是勺子"。从这里，我们可以应用换质法、换位法且换质法（按照那个顺序）得到"有些非勺子不是非餐叉"。大致地，这种推论模式看起来是这样：

第 1 步：没有 S 是 P。
第 2 步：有些 S 不是 P。（第 1 步的下属）
第 3 步：有些 S 是非 P。（第 2 步的换质）
第 4 步：有些非 P 是 S。（第 3 步的换位）
第 5 步：有些非 P 不是非 S。（第 4 步的换质）

这表明，限制换质位可以减少为从属、换质法和换位法。

事实上，有些类似的东西对于换质位为真。要说明这一点，考虑下列推论：

L27. 所有叉子都是餐具。因此，所有非餐具都是非叉子。

"所有叉子都是餐具"的换质是"没有叉子都是非餐具","没有叉子都是非餐具"的换位是"没有非餐具都是叉子"。通过再换质,我们得到最初命题的换质位"所有非餐具都是非叉子"。大致地,这一推理线索看起来类似这样:

第 1 步:所有 S 是 P。

第 2 步:没有 S 是非 P。(第 1 步的换质)

第 3 步:没有非 P 是 S。(第 2 步的换位)

第 4 步:所有非 P 都是非 S。(第 3 步的换质)

这一推理线索所展示的是,换质位可以归为换位和换质——可以被证明运用了换质位的任何情况,也可以被运用换位法和换质法来代替。这就是换质法是这样一个重要规则的原因。

定义概要

范畴命题的**换位**是通过简单变换其主项和谓项所形成的命题。

换位法是从一个范畴命题到其换位的推论。

两个命题是**逻辑等值**的,如果每一个有效地蕴涵另一个。

限制换位是这样的推论,其中,(a)变换 A 命题的主项和谓项,并且(b)量词从全称变为特称。

X 的**类补集**是包含所有不是 X 的元素的事物的类。

X 的**项补集**是指称 X 所指称的类补集的词或短语。

范畴命题的**换质位**的命题的构成包括:(1)换位;(2)用谓项和主项的补集替换谓项和主项。

换质位法是从一个范畴命题到其换质位的推论。

限制换质位是这样的推论,其中我们将(a)E 命题换位,(b)用谓项和主项的补集替换谓项和主项,并且(c)改变从全称到特称的量。

标准形式范畴命题的**换质**的构成包括:(a)改变质(从肯定变否定,或者从否定变肯定),(b)将谓项变为其补集。

换质法是从范畴命题到其换质的推论。

练习 5.3

第 6 章

范畴逻辑：三段论

- 6.1 标准形式、式和格
- 练习 6.1
- 6.2 文恩图与范畴命题
- 练习 6.2
- 6.3 文恩图与范畴三段论
- 练习 6.3
- 6.4 现代对当方阵
- 练习 6.4
- 6.5 评价三段论的规则
- 练习 6.5
- 6.6 减少词项的数量
- 练习 6.6
- 6.7 省略式
- 练习 6.7
- 6.8 连锁论证
- 练习 6.8
- 注释

在前面的章节中，我们讨论了直接推论，其中一个范畴命题是从一个单一的范畴前提推导出来的。在本章中，我们将注意力转向一个范畴命题是从两个范畴前提推出来的情况。这类论证以**范畴三段论**（categorical syllogisms）著称。下面，我们将讨论这些论证可以采取的不同形式，并且如何来评估它们的有效性。

> **范畴三段论**是一个论证，其中一个范畴命题是从两个范畴前提推出来的。

6.1 标准形式、式和格

首先，考虑下列范畴三段论的例子：

L1.　（1）所有天文学家都是科学家。
　　　（2）有些占星家不是科学家。
因此，（3）有些占星家不是天文学家。

每个范畴三段论都包括**大项**（major term）、**小项**（minor term）和**中项**（middle term）。大项是结论的谓项，小项是结论的主项，中项是在每一个前提中都出现一次但在结论中不出现的项。例如，L1 中的大项是"天文学家"，小项是"占星家"，中项是"科学家"。

> 范畴三段论的**大项**是结论的谓项。
> 范畴三段论的**小项**是结论的主项。
> 范畴三段论的**中项**是在每一个前提中都出现一次但在结论中不出现的项。

就像范畴命题存在标准形式那样，范畴三段论也存在标准形式。一个范畴三段论是标准形式，当满足下列四个条件：

a. 前提和结论都是标准形式的范畴命题（"所有 S 是 P""没有 S 是 P""有些 S 是 P""有些 S 不是 P"）。

b. 第一个前提包含大项。

c. 第二个前提包含小项。

d. 结论是最后的陈述。

包含大项的前提被称为**大前提**（major premise），包含小项的前提被称为**小前提**（minor premise）。L1 中的大前提是"所有天文学家都是科学家"，小前提是"有些占星家不是科学家"。当一个三段论是一个标准形式时，大前提总是放在前面，而小前提总是放在后面。

大前提是包含大项的前提（即标准形式范畴三段论的第一个前提）。

小前提是包含小项的前提（即标准形式范畴三段论的第二个前提）。

我们在本章将要发展的逻辑工具，仅仅可以应用于标准形式的论证。因为这个原因，认识到当一个论证是标准形式时是非常重要的，当它不是标准形式时，要能够将它变成标准形式。例如，考虑下列三段论。哪一个是标准形式？哪一个不是？

L2. （1）所有树是植物。

（2）所有橡树是树。

因此，（3）所有橡树是植物。

L3. （1）所有树是植物。

（2）只有树是橡树。

因此，（3）所有橡树是植物。

L4. （1）所有橡树是树。

（2）所有树是植物。

因此，（3）所有橡树是植物。

上述三段论 L2 是标准形式，因为它满足条件（a）-（d）。三段论 L3 不是标准形式，因为它不能满足条件（a）（该论证的第二个前提——"只有树是橡树"——不是标准形式）。三段论 L4 也不是标准形式，因为它不能满足条件（b）和（c）（该论证的大项——"植物"——出现在第二个前提中，而小项——"橡树"——出现在第一个前提中）。需要注意的是，L3 通过改变其第二个前提，可以变成标准形式。并且，L4 通过改变其前提的次序，可以变成标准形式。记住：在标准形式的三段论中，前提的次序常常根据结论中的词项所决定。因此，当把一个三段论变成标准形式时，常常最好是从结论开始，进而向后工作，确定在第一个前提中出现的结论的谓项，以及在第二个前提中出现的结论的主项。记住这是将三段论变成标准形式的好主意。

记住：当把一个范畴三段论变成标准形式时，常常从结论开始。

一旦一个范畴三段论是标准形式，我们就可以确定其逻辑形式。一个范畴三段论的逻辑形式，是由两种东西确定的：它的式和格。一个范畴三段论（标准形式）的**式**（mood）是由所包含的各种范畴命题及其所出现的次序来确定的各种逻辑形式。

> 一个标准形式范畴三段论的**式**是由所包含的各种范畴命题及其所出现的次序来确定的各种逻辑形式。

例如，考虑下列三段论：

L5. （1）所有精神病医生都是医生。
（2）有些心理学家不是医生。
因此，（3）有些心理学家不是精神病医生。

这一论证的第一个前提是 A 命题（"所有 S 都是 P"），第二个前提和结论都是 O 命题（"有些 S 不是 P"）。因此，我们断言，L5 的式为 AOO。下列三段论的式是什么？

L6. （1）没有鸟是哺乳动物。
（2）所有蝙蝠是哺乳动物。
因此，（3）没有蝙蝠是鸟。

这一论证的第一个前提是 E 命题（"没有 S 是 P"），第二个是 A 命题

("所有S都是P"),结论是另一个 E 命题("没有S是P")。因此,L6 的式是 EAE。牢记一个论证的式是由所包含的命题的种类和次序所决定的。因此,在试图识别式之前,确定前提处于正确的次序(大前提第一,小前提第二)是非常重要的。

两个三段论可以有相同的式,但逻辑形式却不同。例如,下列三段论具有与上述 L6 相同的式,但其逻辑形式不同。

L7. （1）没有哺乳动物是鸟。
　　（2）所有哺乳动物都是蝙蝠。
　　因此,（3）没有蝙蝠是鸟。

通过运用字母来表示词项,我们可以得出它们在形式上的差异。令"S"表示小项(结论的主项),"P"表示大项(结论的谓项),"M"表示中项(在每一个前提中都出现一次)。我们进而可以表达 L6 和 L7 的形式如下:

没有 P 是 M。　　　没有 M 是 P。
所有 S 是 M。　　　所有 M 是 S。
因此,没有 S 是 P。　因此,没有 S 是 P。

这两个式具有不同的格。范畴三段论(标准形式)的**格**(figure)是由中项的位置来确定的各种逻辑形式。

范畴三段论(标准形式)的**格**是由中项的位置来确定的各种逻辑形式。

三段论有四个可能的格,它们可以图示如下:

第一格	第二格	第三格	第四格
M—P	P—M	M—P	P—M
S—M	S—M	M—S	M—S
因此,S—P	因此,S—P	因此,S—P	因此,S—P

在第一格中，中项是大前提的主项和小前提的谓项。在第二格中，中项是两个前提的谓项。在第三格中，中项是两个前提的主项。最后，在第四格中，中项是大前提的谓项和小前提的主项。

记住这四个格是重要的，但也具有挑战性。然而，存在一些容易记忆的图解这些格的步骤。首先，按照字母顺序写下前三个字母：

M—P
S—

一旦你做到了，容易记住第四个字母就是 M（因为中项必须出现在每一个前提中）。记住结论是 S—P（因为"S"表示结论的主项，而"P"表示结论的谓项）也是容易的。这使我们得到第一格：

M—P
S—M
S—P

我们已经写下了第一格，我们正好需要来"改变"词项。如果你改变了第一个前提的词项（从"M—P"改为"P—M"），则你就得到第二格。如果你改变第二个前提中的词项（从"S—M"改为"M—S"），那么你就得到第三格。最后，如果你改变两个前提中的词项（从"M—P"改为"P—M"和从"S—M"改为"M—S"），那么你就得到第四格。这样，容易写出所有四个格来。

对于那些喜欢视觉辅助的人，本杰明·A. 吉多（Benjamin A. Guido）建议，想象一个靶子，挂在四个格的下面。

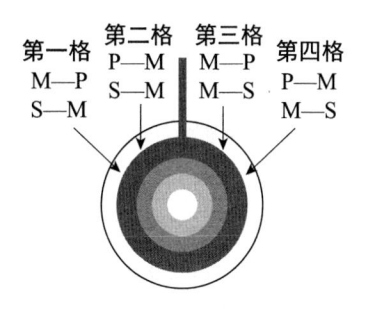

第一格　第二格　第三格　第四格
M—P　　P—M　　M—P　　P—M
S—M　　S—M　　M—S　　M—S

如果你通过第一格的中项（M）画一个箭头，那么你将发现它指向靶子的中央。第四格也同样为真。当它处于第二格和第三格的时候，你就需要记住，"M"是沿着中线走的，使得箭头再指向（或多或少）靶子的中心。

要说明这一图像的运用，考虑下列论证：

L8. （1）有些海盗是强盗。
　　（2）所有强盗都是无赖。
因此，（3）有些海盗是无赖。

要识别这一论证的形式，我们集中于前提，用字母替换词项，并且消除所有别的词汇（"有些""是"等）：

P—M
M—S

如果我们现在通过中项朝下画一个箭头，那么我们将指向左边。这意味着该论证必定是在靶子的右边，它必定是第四格的情况。这个"打靶技巧"是另一个要记住的好主意。

记住：要识别一个三段论的形式，就要画中项到靶心的轨迹。

三段论的形式完全由其式和格来确定。这些形式有些是有效的，而有些则是无效的。例如，前面一点的论证 L7 是一个具有 EAE 式的第三格三段论，这个论证形式不是有效的。论证 L8 是一个具有 IAI 式的第四格三段论，这个论证形式是有效的。亚里士多德方法的目的是算出式和格的哪些组合会导致有效的论证形式，哪些不会。

当然，可以采用的范畴三段论存在很多种不同形式。正如我们所看到的，存在四种不同类型的范畴命题，并且每个三段论都有三个范畴命题。这意味着，对每个范畴三段论都存在 64 个可能的式（AAA，AAE，AAI，等等）。而且，存在四种不同的格，64×4 = 256。因此，总的来说存在 256 个范畴三段论的不同的式。在所有这些可能性中，仅仅有 15 个式被古代和现代的逻辑学家视为有效。

第一格：AAA，EAE，AII，EIO
第二格：EAE，AEE，EIO，AOO
第三格：IAI，AII，OAO，EIO
第四格：AEE，IAI，EIO

另外，古代亚里士多德传统的逻辑学家们视下列 9 个形式为有效的。

第一格：AAI，EAO
第二格：AEO，EAO
第三格：AAI，EAO
第四格：AEO，EAO，AAI

在本章第四节中，我们将讨论亚里士多德和现代逻辑学家之间的差异。现在，主要的观点是这样的：一旦我们解决了一系列的有效式，我们就会有一个完美而直接的检验特称范畴三段论的方法，看它们是否有效。首先，我们将该三段论变成标准形式。其次，我们通过识别它的式和格来确定该三段论的式。最后，我们求助于我们赞同的列表来发现是否包括相关的形式。如果是的话，则该三段论就是有效的。如果不是的话，则该三段论就是无效的。

这对于确定范畴三段论的有效是一个完全适当的方法，前提是以正确的有效式列表开头。然而，这个方法并没有提供给我们关于这些特称三段论为何有效的任何理解。它也没有帮助我们确定首先要把哪些形式放在我们赞同的形式列表中。为了对这些问题有一个更深入的理解，我们必须发展一种更直观的方法来检验范畴三段论的有效性。这就是接下来两节的目的。

> **定义概要**
>
> **范畴三段论**是一个论证，其中一个范畴命题是从两个范畴前提推出来的。
>
> 范畴三段论的**大项**是结论的谓项。
>
> 范畴三段论的**小项**是结论的主项。
>
> 范畴三段论的**中项**是在每一个前提中都出现一次但在结论中不出现的项。
>
> **大前提**是包含大项的前提（即标准形式范畴三段论的第一个前提）。
>
> **小前提**是包含小项的前提（即标准形式范畴三段论的第二个前提）。
>
> 标准形式范畴三段论的**式**是由所包含的各种范畴命题及其所出现的次序来确定的各种逻辑形式。
>
> 范畴三段论（标准形式）的**格**是由中项的位置来确定的各种逻辑形式。

练习 6.1

6.2 文恩图与范畴命题

在本节和下一节中，我们将考察判定范畴论证的有效性和无效性的一种方法。这一方法是由英国逻辑学家约翰·文恩大约在 1880 年发现的。文恩法包括一种特殊类型图的使用。

文恩图由交叉着的圆圈组成，每个圆圈表示一个类。每个范畴命题有两个词项，每个词项代表一个类，因此每个范畴命题的文恩图正好包括两个交叉的圆圈。例如，在下列图形中，左边圆圈表示狗类，右边圆圈表示宠物类。数字（1~4）不是图的正式部分，暂时加上它们方便我们能够指示图的分区。

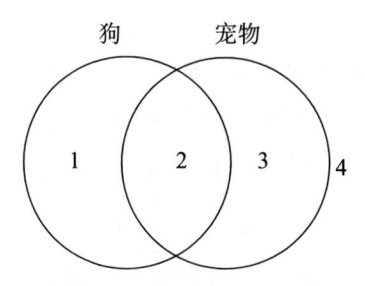

区域 1 表示是狗但非宠物的东西。区域 2（圆圈间的交叉区域）表示既是狗又是宠物的东西。区域 3 表示是宠物但不是狗的东西。区域 4 表示既不是狗也不是宠物的东西。（注意，这个区域包括所有园区外的区域。）

要构造一个文恩图，我们必须标明一个特定的区域是否包含任何对象。要显示一个区域包含至少一个对象，我们用一个"×"表示。要显示一个区域是空的，我们用阴影部分表示。如果一个区域并不包含一个"×"，而且也不是阴影的，那么该图并不标明该区域是否存在任何东西。需要说明的是，首先，考虑一个全称肯定命题（A 命题），如"所有狗都是动物"。这个命题断定：狗类中的任意事物也都在动物类中。因此，要画这个命题的图，我们必须画一个文恩图和阴影区域以表达所有是狗而不是动物的东西。换句话说，我们必须在区域 1 中画阴影：

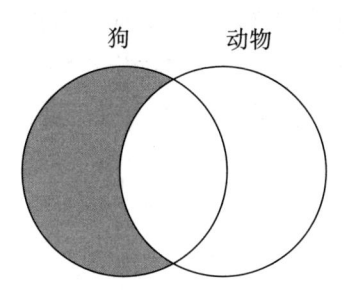

注意，这个图在标有"动物"的圆圈上，没有阴影并且没有"×"。因此，我们约定，这个图并没有指出这个区域是否存在任何东西。换句话说，它并没有指出是否存在任何动物（包括任何是狗的动物）。该图仅仅指出了，如果存在任何狗，那么它们也都将是动物。也就是要记住，存在许多不同的全称肯定命题的变体。例如，代替说"所有狗都是动物"，人们可以说"每条狗都是动物"，或者"只有动物是狗"，或者"如果任何东西是狗，那么它就是动物"。所有这些命题都是逻辑等值的，因此，它们全都可以用同样的方式画图。

其次，考虑一个全称否定命题（E 命题），比如"没有狗是猫"。这一命题断言，没有东西既包含在狗类中也包含在猫类中。因此，要画这一命题的图，我们必须在两个圈之间的交叉区域画阴影：

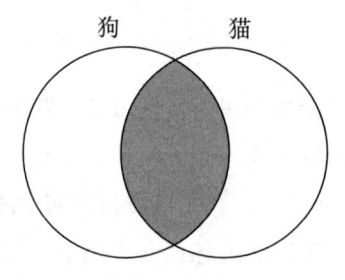

注意，图中别的区域是空白。因此，鉴于我们的惯例，这个图并没有指出在那些区域是否存在任何东西。尤其是，它并没有告诉我们，事实上存在任何猫或狗——它仅仅断言，在狗类中没有任何东西也在猫类中。需要记住，对全称否定命题来说，也存在许多不同的变体。例如，代替说"没有狗是猫"，人们可以说"没有任何是狗的东西是猫"，或者"一个东西是狗，仅当它不是猫"，或者"如果任何东西是一条狗，那么它就不是猫"。所有这些命题都可以用同样的方式画图。

再次，考虑特称肯定命题（I 命题），如"有些狗是牧羊犬"。这个命题断言，存在至少一个东西在狗类中也在牧羊犬类中。因此，要给这个命题画图，我们必须放一个"×"在两个圆圈的交叉区域：

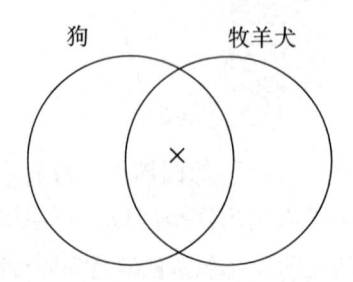

而且，重要的是要记住，特称肯定命题存在很多不同的变体。例如，代替说"有些狗是牧羊犬"，人们可以说"存在是牧羊犬的狗"或者"至少一只牧羊犬是狗"或者"有些东西是狗又是牧羊犬"。所有这些命题都可以用同样的方式画图。

最后，考虑特称否定命题（O命题），例如"有些狗不是牧羊犬"。这一命题断言，存在至少一个东西在狗类中但不在牧羊犬类中。因此，要给这个命题画图，我们必须放一个"×"在狗圈中但不落在牧羊犬圈中：

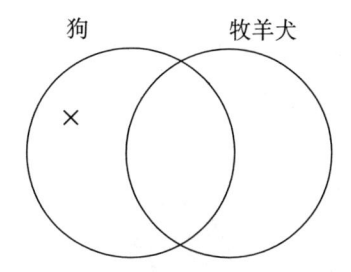

如前所述，重要的是要记住，特称否定命题存在许多不同的变体。例如，代替说"有些狗不是牧羊犬"，人们可以说"至少有一条狗不是牧羊犬"，或者"不是所有狗都是牧羊犬"，或者"有些东西是狗但不是牧羊犬"。所有这些命题都可以用同样的方式画图。

既然我们知道了如何图解四类范畴命题，那么我们就可以用文恩图来评价论证的有效性。要确定一个论证是否有效，我们首先要图解前提。然后我们看看我们关于前提的图解是否告诉我们结论为真。如果是的，则该论证有效。如果不是这样，则该论证无效。要保持简单，我们将从直接推论开始，其中结论从单一的前提中得出。

让我们从一个换位法的例子开始：

L9. （1）没有纳米比亚人是利比亚人。

因此，（2）没有利比亚人是纳米比亚人。

应用文恩图方法，我们画两个交叉圆圈并标上标识。为保持简单，我们用"N"表示"纳米比亚人"，用"L"表示"利比亚人"。对于单一前提的

论证 L9，我们约定，左边的圈标上前提的主项，右边的圈标上前提的谓项，即：

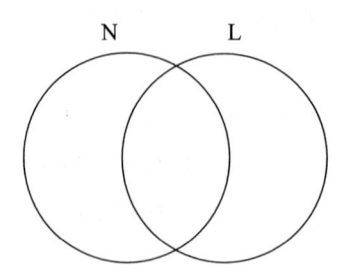

N　　L

因为 L9 是全称否定命题，所以，我们也必须在图的区域 2 画上阴影，表示：没有纳米比亚人是利比亚人。

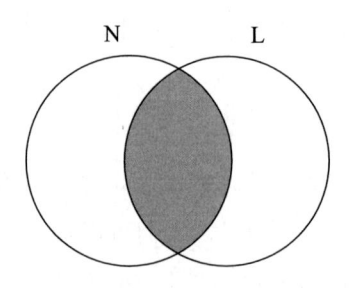

N　　L

既然我们已经有了前提的文恩图，我们就可以要求它告诉我们结论。这样，它告诉我们结论是真的，因为阴影部分表明：没有利比亚人是纳米比亚人。因此，该文恩图方法表明，论证 L9 是有效的。这实际上就是我们所期待的，因为 E 命题的换位是有效的。

现在请考虑下列换位法的例子：

L10. （1）所有利比亚人都是非洲人。
因此，（2）所有非洲人都是利比亚人。

如前所述，我们画两个交叉的圈，标注标识，并且图解前提：

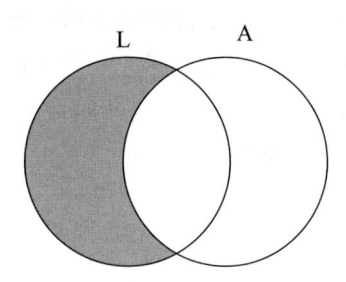

现在我们来看一看，前提的图解是否告诉了我们结论是真的。在这种情况下，它不会。上述文恩图仅仅告诉我们该区域 1 的某些东西（即它是空的）。相比较，结论的图将包含区域 3 的阴影，因为圆圈的该部分表示：不是利比亚人的非洲人。

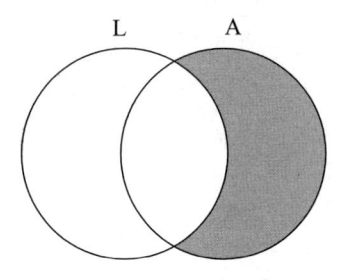

因为我们的前提文恩图并没有告诉我们该结论为真，因此，正可以推出该论证无效。这也是我们所期待的，因为换位对于 A 命题并不有效。

考虑另一个换位法的例子：

L11. （1）有些摩洛哥人讲西班牙语。

因此，（2）有些讲西班牙语的人是摩洛哥人。

如前所述，我们画前提的文恩图如下：

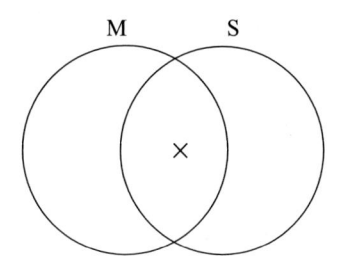

现在来看一看，前提的文恩图是否告诉了我们论证的结论是真的。在这种情况下，回答是肯定的，"×"告诉了我们，有些讲西班牙语类的元素也是摩洛哥人类的元素。因此，我们的文恩图表明该论证是有效的。这是应该的，因为换位对于 I 命题是有效的。

下面是最后一个换位法的例子：

L12.　（1）有些非洲人不是尼日利亚人。
　　　因此，（2）有些尼日利亚人不是非洲人。

像前面一样，我们画前提的文恩图如下：

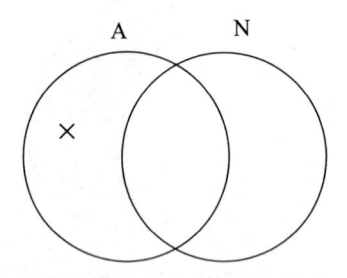

我们进而问，该文恩图是否告诉了我们结论为真？在这种情况下，回答是否定的，因为结论的真将要求在区域 3 有一个"×"，如下：

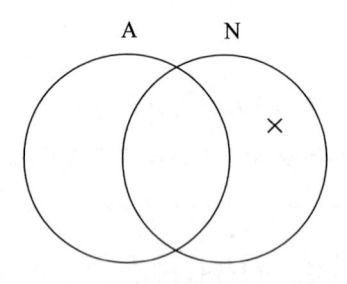

因此，文恩图方法告诉我们论证 L12 是无效的。像前面一样，这是应该的，因为换位法对于 O 命题不是有效的。

现在让我们来考虑一个换质法的例子：

L13.　（1）没有喀麦隆人是津巴布韦人。

因此，(2) 所有喀麦隆人都是非津巴布韦人。

前提的文恩图如下：

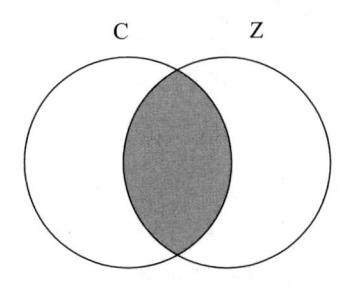

```
     C        Z
   ( ( ● ) )
```

该图告诉了我们结论为真吗？是的。因为它表明，如果存在任何喀麦隆人，则他们不是津巴布韦人（即他们必定在喀麦隆人圈的部分，而在津巴布韦人圈的外边）。在换质推理的情况下，论证的结论总是逻辑等值于前提，因此，前提的文恩图必定告诉我们结论是真的。

上述文恩图提出了处理否定词项的问题，如"非津巴布韦人"。为了避免某种复杂性，我们并没有在文恩图的圈上标否定词项。但我们着力于（在这种情况下）理解文恩图的种类或否定词项所需要包含的地方。本质问题是，"为了使得命题为真，该文恩图的哪些地方需要画阴影，或者需要标'×'？"有时在一张草稿纸上试验性地画独立的图是有帮助的——画一些阴影或加上"×"，并且问："这告诉了我们该命题为真吗？"掌握换质和换质位的知识也是有好处的，因为它将有助于我们识别在逻辑上等值于（和不等值于）包含否定词项的命题。让我们考虑一些情况。

下面是一个换质位的例子：

L14. (1) 所有乌干达人都是非洲人。

因此，(2) 所有非非洲人都是非乌干达人。

前提的文恩图如下：

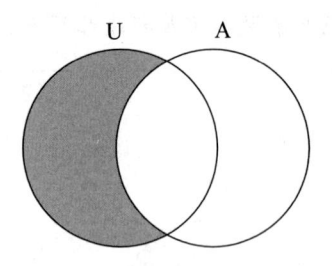

A 命题和它的换质位是逻辑等值的。所以，该前提的文恩图必定包含了结论的基本范围，但项补集（"非非洲人"和"非乌干达人"）却使得这不够明显。要理解该文恩图，就要注意，"所有非非洲人都是非乌干达人"断言了：如果有东西在标注"非洲人"的圈外，则它就在标注"乌干达人"的圈外。该文恩图的确包含了这一信息。

下面是另一个换质位的例子：

L15. （1）有些非洲人是非肯尼亚人。

因此，（2）有些肯尼亚人是非非洲人。

前提的文恩图如下：

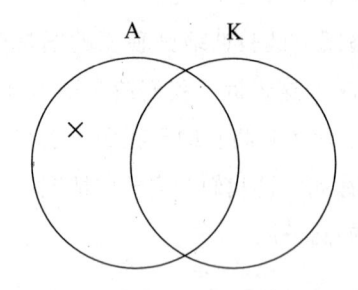

该文恩图告诉了我们结论为真吗？没有。因为没有"×"在区域 3，该区域表示非非洲人的肯尼亚人。这是应该的，因为换质位法对于 I 命题不是有效的。

现在，考虑包含否定词项的一个特别困难的情况，"没有非动物是非狗"。（如果你回顾一下换质位法表格，就会知道这并不逻辑等值于"没有狗是动物"。）要图解"没有非动物是非狗"，我们必须将"非动物"和"非狗"之间的交叉区域画上阴影。在圈上标有"动物"和"狗"的文恩图中，交叉区域是在圈外的区域，所以该文恩图如下：

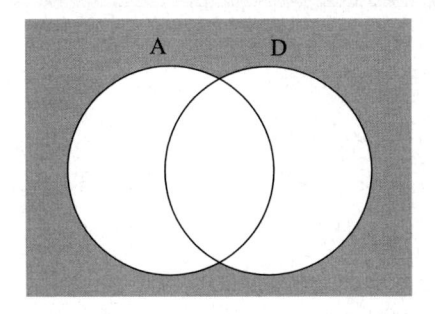

在本节快结束的时候，让我们从文恩图方法的观点来考察一下矛盾。回想一下，如果两个命题是矛盾的，那么如果一个为真，则另一个必定为假（反之亦然）。请考虑下列论证：

L16. （1）有些东非人不是乌干达人。
因此，（2）并非所有东非人都是乌干达人。

前提的文恩图如下：

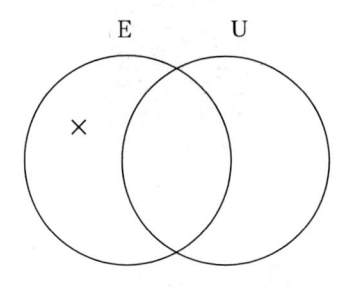

该文恩图告诉了我们论证的结论为真吗？是的。"所有东非人都是乌干达人"的文恩图表明了区域 1 为空，但该区域中的"×"告诉我们它并不空。因而，给定该前提为真，则并非东非人都是乌干达人。因此，文恩图方法很好地确证了亚里士多德的矛盾观点。

| 范畴命题的文恩图概要 |

所有S是P

没有S是P

有些S是P

有些S不是P

练习 6.2

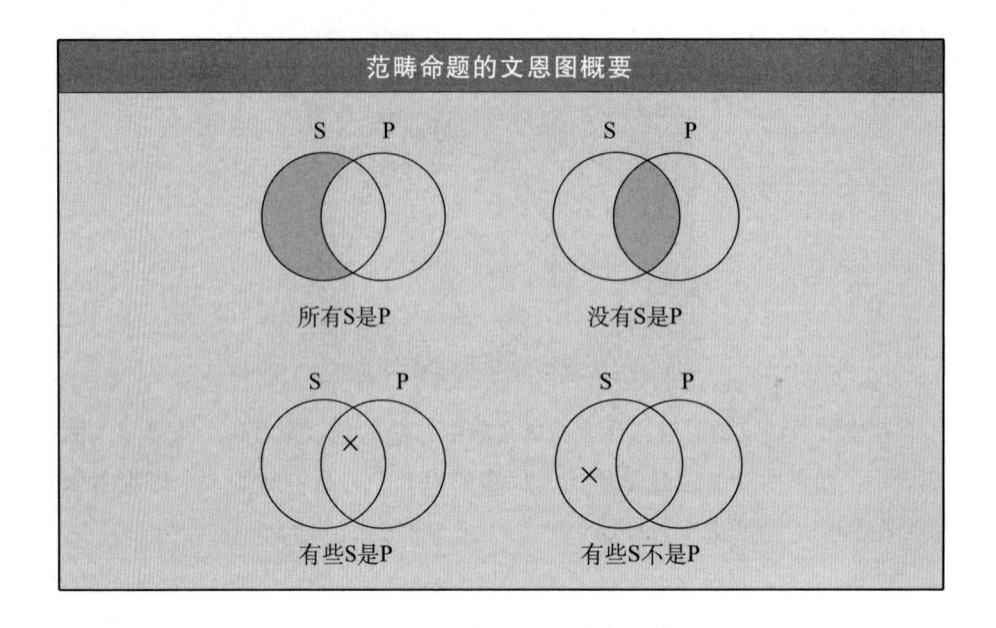

6.3 文恩图与范畴三段论

文恩图方法可以应用于范畴三段论。事实上，文恩图方法给了我们逻辑的视觉表达，许多人认为它是判断三段论有效性的特别有洞见和直觉的方法。

要运用文恩图方法于范畴三段论，我们首先要检查看该三段论是不是标准形式。如果是，我们就可以直接构图。如果该三段论不是标准形式，则要将它改写为标准形式再画图。接着，既然在每一个范畴三段论中都存在三个不同词项，每一个词项都指称一个类，我们就需要具有三个交叉圆圈的图来表达这些类的各种可能关系，如下所示：

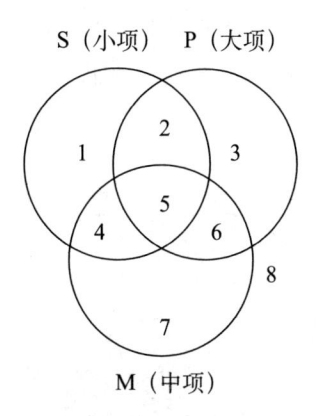

```
         S（小项）    P（大项）
              2
          1       3
              5
          4       6
                      8
              7
           M（中项）
```

在这个图中，中间的圆圈表示三段论中项所指称的事物的类（两个前提中都出现的项）。左上的圈表示小项所指称的事物的类（结论的主项）。右上的圈表示大项所指称的事物的类（结论的谓项）。每一个圈上都用大写字母标注相应词项的缩写。数字（1~8）是临时标注，允许我们指称该图的不同区域。注意，存在 8 个区域（算上了圈外的区域）。每一个区都表示三个不同类之间的可能关系。例如，如果我们把"×"放在区域 5，我们就会断定至少有一个事物属于所有三个范畴。如果我们在区域 5 投阴影，则我们就会断言：没有事物属于全部三个集合。如果在区域 8 放一个"×"，我们就会断定至少有一个事物不是任何这三个类的一个元素。如果区域 4 和区域 5 为阴影部分，我们就会断言：没有东西既属于中项所指称的集合又属于小项所指称的集合等。

要确定一个三段论是否有效，我们需要操作如下步骤。首先，图解前提。其次，看看前提的图解是否告诉了我们结论是真的。如果是真的，则该论证有效；如果不是真的，则该论证无效。例如，考虑下列三段论：

L17.　（1）没有石头是有感觉的事物。

　　　（2）所有动物是有感觉的事物。

　　因此，（3）没有动物是石头。

为了图解这个三段论的第一个前提，我们首先画三个交叉圆圈，并用适宜字母标注它们。在这种情况下，左边的圈上标注"A"表示小项（"动物"），右边的圈上标注"R"表示大项（"石头"），中间的圈上标注"S"表示中项（"有感觉的事物"）。然后，我们在 R 圈和 S 圈之间的交叉区域投上阴影完成画图：

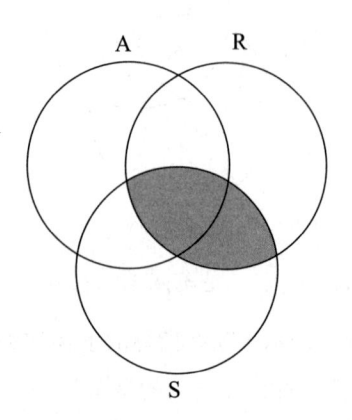

接下来，我们将一张图叠加在第二个前提的图上。在这种情况下，这意味着 A 圈上的所有部分都和 S 圈不重叠（表明不存在无感觉的动物）：

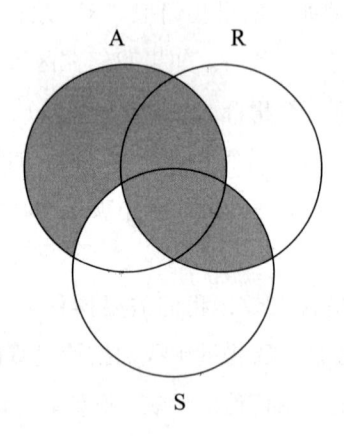

既然我们已经图解了前提，我们就可以来检查图解是否告诉我们没有动物是石头。是的，因为表达这两个类的圆圈重叠区域（区域 2 和 5）都是有阴影的。因此，该论证有效。

上述例子只包含全称命题。我们现在来考虑包含一个特称否定命题的三段论。

L18. （1）所有人都是有理性的存在。
（2）有些动物不是有理性的存在。
因此，（3）有些动物不是人。

首先，我们进行画图，并且给圈贴上标签，然后图解第一个前提：

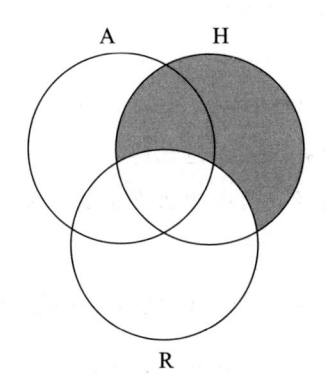

接下来，我们图解第二个前提：

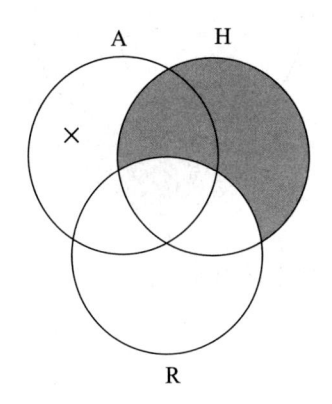

"×"位于 A 圈内（表示动物的类），但在 R 圈外（表示有理性的存在的类）。为什么我们要将"×"放在图的区域1而不放在区域2呢？我们不能放在区域2的回答是，因为该区域是有阴影的。这是因为第一个前提已经告诉我们，区域2是空的。

既然我们已经图解了前提，我们就来考察该图解，看它是否告诉我们，有些动物不是人。是的。"×"位于动物圈内但在人圈外。

在论证 L18 的图解中，我们在画特称前提的图解之前，就画了全称前提的图解。这并非偶然：当一个三段论包含全称前提和特称前提时，则通常是先画全称前提。记住这一点是一个好主意。如果你记不住,你可能在构造文恩图时会遇到障碍。

例如,在 L18 中,如果你在画全称前提之前,先画特称前提,则你就不知道将"×"放在区域 1 还是放在区域 2。

记住:通常在画特称命题之前,先画全称命题。

现在考虑一个无效的三段论:

L19. (1) 所有不道德的人都是心理上有烦恼的人。
(2) 没有圣徒是不道德的人。
因此,(3) 没有圣徒是心理上有烦恼的人。

画图并给圆圈贴上标签,进而图解第一个前提如下:

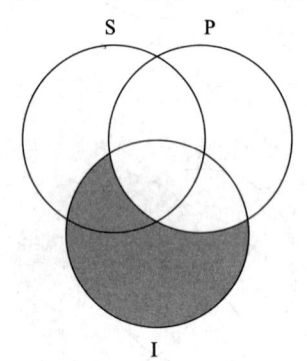

接下来,我们图解第二个前提如下:

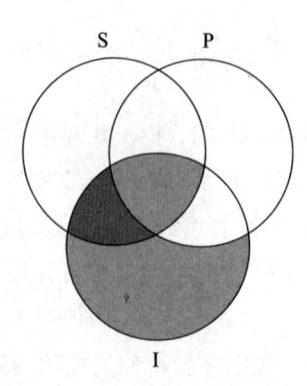

注意:区域 4 有两次阴影(因此颜色更深),因为每一个前提都表明这

个区域是空的。这不是一个问题;它只是意味着关于区域 4 为空是累赘的。

我们的图解告诉了我们该论证的结论为真吗?不是的。区域 2 并没有被宣布为空。所以,该图解留下了"有些圣徒在心理上有烦恼"的开放可能性。因而,该论证无效。

让我们来考虑一个例子,它将带来一点复杂性。

L20. (1) 所有著名的男演员都是非常成功的人。
(2) 有些非常成功的人是有一般智力的人。
因此,(3) 有些具有一般智力的人是著名的男演员。

我们先图解全称前提:

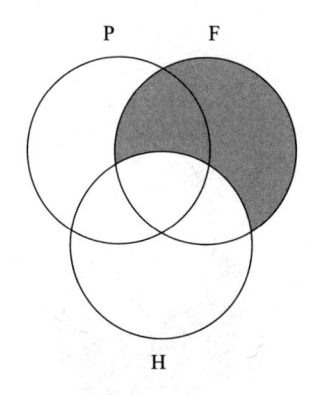

现在,当我们尽力画第二个前提(或特称肯定)时,我们看到"×"或者在区域 4 或者在区域 5。前提并不包含更多的具体信息。我们通过放一个"×"在分隔两个区的线上,来表明这一点。

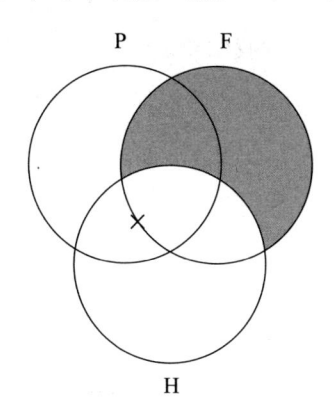

现在，因为该论证是有效的，前提必须告诉我们，或者区域 2 或者区域 5 包含一个对象。但第一个前提的文恩图并不表明区域 2 为空，第二个前提的文恩图并不确保区域 5 包含一个对象——它可能包含或者不包含。"×"跨越区域 4 和区域 5，所以前提并不确定地断言"×"属于区域 4，也不断言"×"属于区域 5。因此，该论证无效。显然，文恩法可以用于检验论证形式及论证。例如，考虑下列论证形式：

L21. （1）所有 M 都是 P。
　　　（2）有些 S 不是 M。
因此，（3）有些 S 不是 P。

图解如下：

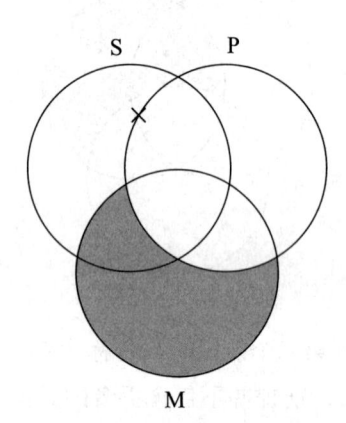

注意，"×"跨区域 1 和区域 2。前提告诉我们，这些区域至少有一个存在一个"S"，但前提并不告诉我们要放一个"×"在区域 1。然而，该论证形式是有效的，仅当前提真的告诉我们放一个"×"在这个区域。因此，该论证形式不是有效的。

练习 6.3

6.4 现代对当方阵

我们现在来考察对于范畴逻辑来说，文恩图方法和传统亚里士多德方法之间一些重要的不同点。

首先，让我们回顾一下来自第 5 章的传统对当方阵：

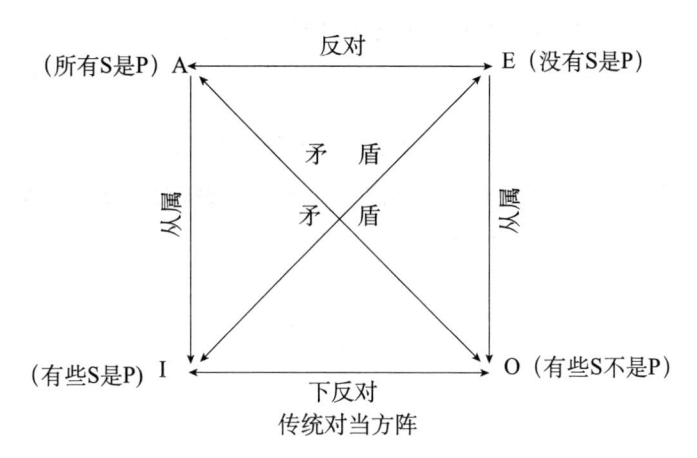

```
（所有S是P）A ←——— 反对 ———→ E（没有S是P）
            ↕       矛  盾      ↕
            从              从
            属     矛  盾      属
            ↕                  ↕
（有些S是P）I ←——— 下反对 ——→ O（有些S不是P）
                传统对当方阵
```

现在请考虑下列论证：

L22. （1）所有埃及人都是非洲人。

因此，（2）有些埃及人是非洲人。

L22 是从 A 命题（"所有 S 是 P"）到 I 命题（"有些 S 是 P"）的直接推论。根据传统对当方阵，这类推论——从属——总是有效的。但现在考虑相关前提的文恩图：

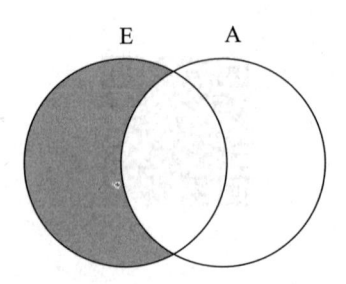

这个图并没有告诉我们 L22 的结论是真的，因为在两个圈的交叉区域没有"×"。因此，该文恩图方法告诉了我们这一论证是无效的。

一个类似的问题是由 L23 引起的。

L23. （1）没有埃及人是尼日利亚人。

因此，（2）有些埃及人不是尼日利亚人。

这是另一个从属的例子，因为它是从 E 命题（"没有 S 是 P"）到对应的 O 命题（"有些 S 不是 P"）的推论。而且，传统对当方阵告诉我们，这个论证是有效的。但现在考虑前提的文恩图：

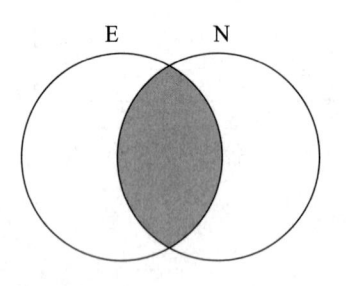

这个图并没有告诉我们 L23 的结论是有效的，因为在区域 1 中没有"×"。因此，文恩图方法告诉我们——与传统对当方阵相反——从属并不是有效的推论形式。

我们可以根据**存在引入**（existential import），刻画现代逻辑学家（如文恩）和亚里士多德式逻辑学家之间的这一差异。一个范畴命题有存在引入，即当它蕴涵其主项所指称的类非空。

> 一个范畴命题有**存在引入**，即当它蕴涵其主项所指称的类非空。

例如，"有些埃及人是非洲人"有存在引入，因为必定至少存在一个埃及人使得它为真。同样的事情对"有些埃及人不是美国人"也为真。当碰到这种特称命题时，现代逻辑学家和亚里士多德式逻辑学家是一致的。

不一致出现在全称命题中。因为亚里士多德式逻辑学家将从属当成有效的，他们认为全称的主张（肯定和否定）有存在引入。这就是他们赞同论证 L22 和 L23 的原因。现代逻辑学家将全称命题理解为"如果-那么"的充分条件句。例如，他们将"所有埃及人都是非洲人"看成是断言：如果有人是一个埃及人，那么那个人就是一个非洲人。类似地，他们将"没有埃及人是非洲人"理解成是断言：如果有人是一个埃及人，那么那个人就不是欧洲人。在这两种情况下，现代逻辑学家坚持相关的主张都可以是真的，即使主项指称空类。

存在几样东西是支持现代观点的。首先，似乎存在全称主张的具体例子为真，尽管事实上它们的主项指称空类。例如命题"所有独角兽都是动物"似乎为真，即使不存在独角兽。这一直观的想法，可以通过换质位，"所有独角兽都是动物"逻辑上等值于"所有非动物是非独角兽"。这后面的概括显然是正确的，因为存在许多非动物（苹果、书、卡车等），这些东西都不会是独角兽。结果似乎是，A 命题（"所有 S 是 P"）并不蕴涵其对应的 I 命题（"有些 S 是 P"）。

同样的东西对于 E 和 O 命题是真的。首先来看 I 命题"有些独角兽是独轮车"。亚里士多德和现代逻辑学家都同意，这个命题是假的，因为它蕴涵至少存在一只独角兽。然而，亚里士多德和现代逻辑学家也都同意对应的 I 和 E 命题是矛盾的（使得一个的真蕴涵另一个的假，反之亦然）。因此，"有些独角兽是独轮车"的假蕴涵"没有独角兽是独轮车"的真。但是，如果 E 命题是从属的，那么就能够推出对应的 O 命题"有些独角兽不是独轮车"。当然，该问题是亚里士多德和现代逻辑学家都同意的，这一命题是假的，因为它蕴涵了至少存在一只独角兽。为了避免这个结果，现代逻辑学家劝告我们放弃从属，并阻止从"没有独角兽是独轮车"到"有些独角兽不是独轮车"的推论。

像"独角兽"空词项的情况，帮助我们显现出亚里士多德和现代逻辑学家之间的差异在于存在引入问题。但是，更重要的是，它帮助显现出如前所示的亚里士多德图景的根本不一致。（这就是我们在 5.2 节中暗示了几次的问题。）按照传统的图景，对应的 I 和 E 命题是矛盾的，而且从属是有效的推论形式。但是，就像我们刚看到的那样，这两件东西和亚里士多德主张特称的 O 命题有存在引入是不相容的。所以，有些东西必须放弃。

人们会想，这个问题可以简单地用从属来解决，就像现代逻辑学家所主张的那样。然而，问题并没有在那里结束。例如，考虑下列的一对主张："有些独角兽是逻辑学家"和"有些独角兽不是逻辑学家"。它们是对应的 I 和 O 命题。因此，传统对当方阵告诉我们，它们是下反对——它们不能是假的，但它们可以都是真的。当然，问题是这两个命题都是假的，因为它们都蕴涵独角兽存在。

相同点（对应的 I 和 O 命题并没有下反对关系）可以用文恩图方法显示出来。例如，考虑下列论证：

L24. （1）并非有些乍得人是赞比亚人。
因此，（2）有些乍得人不是赞比亚人。

要断言并非有些乍得人是赞比亚人，就是要断言没有乍得人是赞比亚人。因此，L24 的前提可以图解如下：

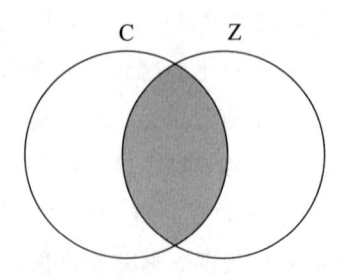

这个图解并没有告诉我们 L24 的结论为真，因为在区域 1 中没有"×"。它所告诉我们的是，如果存在一些乍得人，则"×"必须要在区域 1。但是，因为该图解本身并没有告诉我们乍得类非空，所以，我们可以得出 L24 的结论是无效的。更一般地，我们可以得出结论——与传统对当方阵相反——对应的 I 和 O 命题不必是下反对的。

这个下反对关系的问题，也会导致传统方阵顶端的对应问题。我们刚才说到对应的 I 和 O 命题"有些独角兽是逻辑学家"和"有些独角兽不是逻辑学家"都是假的。然而，传统对当方阵断定，这两个命题与对应的 E 和 A 命题"没有独角兽是逻辑学家"和"所有独角兽都是逻辑学家"相矛盾。矛盾必定总是真值不同，因此，这两个全称命题都是真的。但现在我们有了传统对当方阵的第三个问题，因为它断言对应的 E 和 A 命题总是反对的——它们可以都假，但不能都是真的。

对反对关系的这个担忧也是由文恩图所带来的。例如，考虑下列论证：

L25.　（1）没有马拉维人是坦桑尼亚人。

因此，（2）并非所有马拉维人都是坦桑尼亚人。

该论证前提可以图解如下：

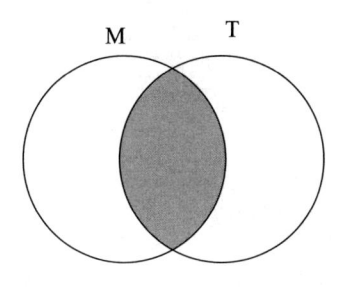

粗略地说，该图并没有告诉我们 L25 的结论是真的。要断定"所有马拉维人都是坦桑尼亚人"为假，就要断定：有些马拉维人不是坦桑尼亚人。这就要求放一个"×"在图的区域 1。当然，我们知道，如果那个区域有一些马拉维人，则"×"将必须放在那个区域。但是，前提本身并没有告诉我们是否有任何马拉维人。因此，该论证，如其所表示的那样，是无效的。更一般地说，我们可以得出结论——传统对当方阵的反对关系——对应的 E 和 A 命题并不必是反对的。

这样，我们已经用文恩图方法和空词项（如独角兽）的情况，挑战了传统的从属、下反对和反对的观点。如果我们自传统对当方阵中移出这些元素，那么我们就刚好留下矛盾的对角线。这一图像有时被称作"现代对当方阵"。

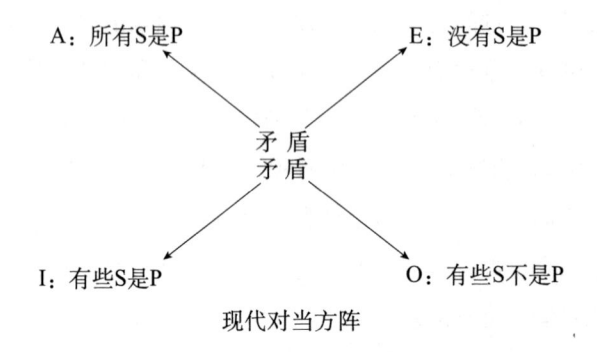

```
      A：所有S是P          E：没有S是P
               ↖    ↗
                 矛 盾
                 矛 盾
               ↙    ↘
      I：有些S是P          O：有些S不是P
```

现代对当方阵

这样，我们已经集中于与传统对当方阵相联系的直接推论上。然而，全称命题的现代理解也影响到了限制换位和限制换质位的评价。考虑有下列形式的限制换位：

L26. （1）所有 S 都是 P。
因此，（2）有些 P 是 S。

前提的文恩图如下：

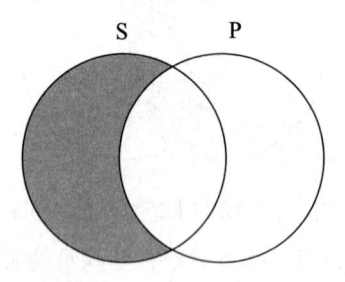

该图告诉我们结论为真了吗？没有。因为在两个圆圈的交叉区域没有"×"。所以，文恩图方法告诉我们，限制换位不是有效的。

全称命题的不同理解也影响对某些三段论形式的评价。事实上，被亚里士多德判断为有效的 9 个三段论形式，被现代方法判断为无效。（这些是在 6.1 节结束的时候列出的形式。）在每一种情况下，这些三段论形式都是从两个全称前提推出一个特称结论。作为一个例子，考虑三段论第一格的 AAI 式：

L27. （1）所有 M 都是 P。
（2）所有 S 都是 M。
因此，（3）有些 S 是 P。

L27 的文恩图如下：

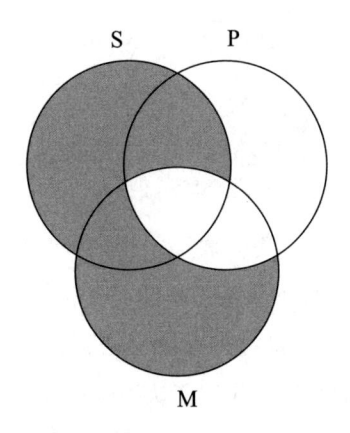

该文恩图并没有告诉我们结论为真，因为在 S 圈和 P 圈的交叉区域没有 "×"。事实上，倘若将全称命题理解为一个条件句（"如果-那么"），则没有两个全称命题和一个特称命题的范畴三段论是有效的。

亚里士多德逻辑和现代逻辑之间的差异可能似乎有点麻烦。但要注意的是，该差异在全称范畴命题是否有存在引入的具体问题上有其原因。让我们假设现代逻辑学家主张全称的范畴命题没有存在引入是正确的。在许多现实情况下，如果一个论证中出现从一个全称范畴命题推出特称命题，则我们可以合理地假设该论证者没有明确地陈述他（或她）的前提。（出于实用目的，通常没有必要陈述一个论证的每一个前提。）例如，如果我们加上前提"至少有一个政治家存在"，则从"所有政治家都是说谎者"推出"有些政治家是说谎者"就是有效的。在许多情况下，当有人断定了一个"所有 S 是 P"形式的前提，则那个人就是在合理地假设存在有些 S。请考虑下列论证形式：

L28. （1）所有 S 是 P。
　　　（2）至少有一个 S 存在。
　　因此，（3）有些 S 是 P。

第二个前提做出了明确的假设：第一个前提的主项所指称的类非空。因此，该前提的图如下：

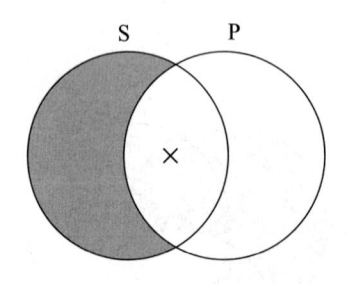

第二个前提告诉了我们，我们需要一个"×"在 S 圈内，但"×"只能出现在第一个前提文恩图的两个圈之间的交叉区域。（记住，在画特称前提之前先画全称前提。）所以，前提的文恩图告诉我们，该结论为真而且论证有效。通过明确未陈述的前提，我们在认识传统亚里士多德观点的同时，可以因此接受全称命题的现代观点。这样，如果加上存在有些 S（即如果加上"所有 S 是 P"的主项指称一个非空类），则从属关系推论（"所有 S 都是 P，故有些 S 是 P"）就是有效的。关于下反对和反对，类似的观点也可以做出。

关于三段论形式也可以做出一个类似的观点，亚里士多德认为其有效但现代逻辑学家却作为无效加以拒斥。例如，考虑三段论第二格的 EAO 式：

L29. （1）没有 P 是 M。
　　　（2）所有 S 是 M。
　　因此，（3）有些 S 不是 P。

这里我们只需要增加一个前提，就能使第二个前提的主项指称一个非空类：

L30. （1）没有 P 是 M。

（2）所有 S 都是 M。

（3）至少有一个 S 存在。

因此，（4）有些 S 不是 P。

当然，L30 并没有范畴三段论的形式，因为它有三个前提而不是两个。然而，我们可以十分容易地图解它，只要我们记住先图解全称前提即可。

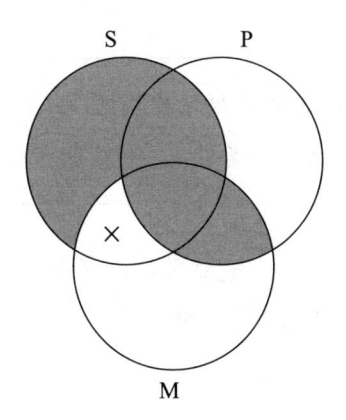

前提（3）告诉我们，放一个"×"在 S 圈内，"×"只能出现在全称前提图解的区域 4。前提的文恩图告诉我们，该结论是真的；因此，L30 的论证形式是有效的。再一点就是，通过添加未陈述的前提，我们实际上就可以尊重从亚里士多德传统和现代传统中得到的见解。

练习 6.4

6.5 评价三段论的规则

在发明文恩图之前，人们是根据一系列规则来评价范畴三段论的。尽管这些规则缺乏文恩图在视觉上的直观性，但它们在检验三段论的有效性时同样有效。在本节，我们将介绍一系列规则。

规则 1：一个有效的标准形式范畴三段论，必须包含三个不同词项，而且每一个词项在整个论证中必须作为相同意义使用。

例如：

L31. 所有棒球比赛都是用球棒打的。球棒是用木头制造出来的。因此，所有棒球比赛都是用木头制造出来的东西打的。

这个论证包含了三个词项，这些词项的通篇使用方式是相同的。因此，这个三段论遵守规则 1。我们将这个论证与下列论证相比较：

L32. 所有棒球比赛都是用球棒（bats）打的。蝙蝠（bats）是有翅膀的夜行生物。因此，所有棒球比赛都是用有翅膀的夜行生物来打的。

这个论证用了三个词项，但"bats"在两个前提中显然是在不同方式下使用。在第 3 章中，我们将这称为"句义含混"谬误。

句义含混谬误 出现在当用于一个论证中的词（或短语）有不止一种意义的时候，但论证的有效性依赖于这个词以通篇一致的意义来使用。

因为 L32 犯了这个错误，所以，它违反了规则 1。

下面两条规则主要依赖于词项的周延性概念。因此，在我们进一步探讨之前，必须对相当技巧性的周延性概念做一些详细说明。一个词项在一个命题中是**周延的**（distributed），如果该命题断言了该词项所指称的类的每一个元素。一个词项在一个命题中是**不周延的**（undistributed），如果该命题没有断言该词项所指称的类的每一个元素。

> 一个词项在一个命题中是**周延的**，如果该命题断言了该词项所指称的类的每一个元素。一个词项在一个命题中是**不周延的**，如果该命题没有断言该词项所指称的类的每一个元素。

要说明这个差别，考虑下列命题：

L33. 所有蚂蚁都是昆虫。

这一命题断言了蚂蚁这个类的所有元素——蚂蚁类的每一个元素都属于昆虫这个类。因此，上述论证 L33 中的"蚂蚁"这个词项是周延的。然而，"昆虫"这个词项是不周延的，因为它并没有断定昆虫这个类的每一个元素。一般地，全称肯定（或 A）命题的主项是周延的，但谓项不周延。

全称否定（或 E）命题的两个词项都是周延的。例如：

L34. 没有小号是长笛。

这个命题断定了，每一个小号都在长笛类之外，而每一个长笛都在小号类之外。因此，主项"小号"和谓项"长笛"都是周延的。

特称肯定（或 I）命题的两个词项都不是周延的。例如：

L35. 有些宝石是钻石。

这个命题没有对全部的宝石做出断定，也没有对全部的钻石做出断定。L35 仅仅断定有些宝石是钻石（有些钻石因此是宝石）。因此，特称肯定命题的主项和谓项都是不周延的。

最后，特称否定（或 O）命题的谓项周延，但主项不周延。例如：

L36. 有些宝石不是钻石。

这一命题没有断定所有的宝石。但它确实告诉我们所有的钻石都被排除在了宝石类的部分之外。因此，L36 中的"钻石"是周延的。

概言之，全称（A 和 E）命题的主项都周延，否定（E 和 O）命题的谓项都周延。所有其他的项都不周延。

周延词项概要		
字母名称	形式	周延词项性
A	所有 S 是 P	S
E	没有 S 是 P	S 和 P
I	有些 S 是 P	无
O	有些 S 不是 P	P

既然我们已经说明了周延词项的思想，那么我们可以来陈述我们的规则 2 了。

规则 2：在一个有效的标准形式范畴三段论中，中项必须至少在一个前提中周延。

例如：

L37. 没有爬行动物是哺乳动物。所有蛇都是爬行动物。因此，没有蛇是哺乳动物。

这里，中项是"爬行动物"，这个词项在第一个前提（E 命题）中是周延的。

比较下列论证：

L38. 所有鹰都是鸟。所有企鹅都是鸟。因此，所有企鹅都是鹰。

这里，中项是"鸟"，这个词项在任一前提中都是不周延的。（在两种情况下，都是 A 命题的谓项，并且这些词项都不周延。）在亚里士多德格式中，违背规则 2 称为**中项不周延谬误**（fallacy of undistributed middle）。

中项不周延谬误是指范畴三段论的中项在任一前提中都不周延。

为什么中项的周延性是重要的呢？因为中项起到连接论证的其他词项的作用。如果中项不周延，则任何一个前提都没有断定中项所指称的类的全部元素。因此，有可能小项和中项的一部分相联系，而大项和该类的另一部分相联系，结果就是小项和大项之间不存在必然的联系。

规则 3 也包含周延性概念。

规则 3：在一个有效的标准形式范畴三段论中，如果一个词项在结论中周延，那么它必须在前提中周延。

例如：

L39. 所有猩红的东西都是红色的东西。所有红色的东西都是彩色的东西。因此，所有猩红的东西都是彩色的东西。

在 L39 的结论中，"猩红的东西"是周延的，因为它断定了所有猩红的东西。相同的东西在第一个前提中也是周延的，因为同样的原因。所以，L39 遵守规则 3。这个规则被违反存在两种不同的方式。首先，考虑下列例子：

L40. 所有鸟是动物。没有蝙蝠是鸟。因此，没有蝙蝠是动物。

在 L40 中，大项"动物"在结论中周延——它断定了所有动物都是非蝙蝠。然而，这个词项在前提中并不周延，因为它仅仅出现在第一个前提中，而那个命题并不是关于所有动物的。这种违反规则 3 的情况被称为**非法大项谬误**（fallacy of the illicit major）。

> **非法大项谬误**是指范畴三段论的大项在结论中周延，但在前提中不周延。

接下来，考虑下列论证：

L41. 所有正方形都是长方形。所有正方形都是图形。因此，所有图形都是长方形。

在 L41 中，小项在结论中周延，但在前提中不周延——结论中断定了所有图形，但第二个前提（包含小项的前提）并没有这样。这种违反规则 3 的情况被称为**非法小项谬误**（fallacy of the illicit minor）。

> **非法小项谬误**是指范畴三段论的小项在结论中周延，但在前提中不周延。

为什么一个项如果在结论中周延，则在前提中也必须周延是重要的呢？好的，假设一个项在结论中周延而在前提中不周延。那么，结论就会"超出"前提，因为它（不像前提）断定了一类的全部元素。但是如果结论在这个意义上超出了前提，那么它的真不被前提保证，该论证因此是无效的。

我们评价范畴三段论的第四个规则是关于这些论证中的命题的质。

规则 4：在一个有效的标准形式范畴三段论中，否定前提的数量必须等于否定结论的数量。[1]

这条规则有许多有趣的结果。例如，一个三段论仅仅有一个结论。因此，规则 4 告诉我们，任一带两个否定前提的范畴三段论都是无效的。例如：

L42. 所有狗都不是猫。有些猫不是猎用小狗。因此，有些猎用小狗不是狗。

L42 的前提真，但结论假，因此，L42 显然无效。

规则 4 也告诉我们，如果一个范畴三段论有一个前提是否定的，则结论必定是否定的。所以，下列三段论也违背了规则 4：

L43. 没有老虎是狼。有些猫科动物是老虎。因此，有些猫科动物是狼。

这里是前提真而结论假，因此，该论证无效。

最后，规则 4 告诉我们，如果一个范畴三段论有否定结论但没有否定前提，则是无效的。

L44. 所有牧羊犬都是狗。有些动物是牧羊犬。因此，有些狗不是动物。

L44 显然有真前提和假结论。因此，它显然无效。事实上，违背规则 4 并非常见，因为它们的无效性显而易见。

以上我们所列出来的规则完全来自传统亚里士多德的观点。然而，如果我们加上下列规则，我们就可以实现亚里士多德系统和现代逻辑方法的一致。

规则 5：所有具有一个特称结论的有效的标准形式范畴三段论，都不会有两个全称前提。[2]

例如，考虑下列论证：

L45. 所有独角兽都是动物。所有粉红幻影独角兽都是独角兽。因此，有些粉红幻影独角兽是动物。

L45 的结论断定了至少存在一只粉红幻影独角兽。从传统亚里士多德的观点看，这种主张是从前提中推出来的，因为这些前提都有存在引入。但从现代逻辑的观点看，这是不正确的。按照现代逻辑的观点，"所有粉红幻影独角兽都是独角兽"这个命题等值于下列条件："如果有些东西是粉红幻影独角兽，那么它是独角兽。"并且这个命题可以为真，即使"粉红幻影独角兽"这个词项指称一个空集。因此，L45 是无效的。更一般地说，现代逻辑学家将会断定，一个具有特称结论的范畴三段论，为了有效，必然有至少一个特称前提。

既然我们已经介绍我们的五条规则，我们就可以陈述一下基于规则的评价范畴三段论的方法。这个方法很简单。首先，将相关的三段论变为标准形式。其次，检查该三段论是否遵守本节所介绍的所有五条规则。如果它遵守了，则该三段论就是有效的。如果它没有遵守，则它就是无效的。

记住，当正确应用的时候，基于规则的方法和文恩图方法将总是认同哪个论证是有效的（并且哪个论证不是有效的）。因此，每一种方法都可以用来反复检查另一种方法的结果。

判定范畴三段论有效性的规则概要

规则 1：一个有效的标准形式范畴三段论，必须包含三个不同词项，而且每一个词项在整个论证中必须作为相同意义使用。

规则 2：在一个有效的标准形式范畴三段论中，中项必须至少在一个前提中周延。

规则 3：在一个有效的标准形式范畴三段论中，如果一个词项在结论中周延，那么它必须在前提中周延。

规则 4：在一个有效的标准形式范畴三段论中，否定前提的数量必须等于否定结论的数量。

规则 5：所有具有一个特称结论的有效的标准形式范畴三段论，都不会有两个全称前提。

> **定义概要**
>
> **句义含混谬误**出现在当用于一个论证中的词（或短语）有不止一种意义的时候，但论证的有效性依赖于这个词以通篇一致的意义来使用。
>
> 一个词项在一个命题中是**周延的**，如果该命题断言了该词项所指称的类的每一个元素。
>
> 一个词项在一个命题中是**不周延的**，如果该命题没有断言该词项所指称的类的每一个元素。
>
> **中项不周延谬误**是指范畴三段论的中项在任一前提中都不周延。
>
> **非法大项谬误**是指范畴三段论的大项在结论中周延，但在前提中不周延。
>
> **非法小项谬误**是指范畴三段论的小项在结论中周延，但在前提中不周延。

练习 6.5

6.6 减少词项的数量

在前面的章节中，我们已经介绍检验范畴三段论有效性的两种不同的方法——文恩图方法和基于规则的方法。我们也强调，这些方法仅仅应用于范畴三段论的标准形式。因此，为了运用这些方法，我们首先必须能够将三段论变成标准形式。在有些情况下，这会是一个相对直接的过程。例如，它也许包含重写论证的前提和结论，使得相关的范畴命题变为标准形式（参看 5.1 节）。在别的情况下，它也许包含改变步骤的顺序，使得首先看到大前提，其次看到小前提，结论在最后（参看6.1节）。然而，也存在一些要求特别注意的情况。我们将在本节和下一节中讨论这三种情况。

首先，回顾5.1节，一个标准形式的范畴三段论，必须包括三个不同词项并且每个词项必须出现两次。然而，许多三段论——特别是人们日常生活中可能碰到的那种三段论——包括三个以上的词项。当我们遇到这类三段论时，我们在评价其有效性之前，必须减少该论证中词项的数量。存在许多这样做的方法，这依赖于不同的情况。

在有些情况下，可以通过替换同义词的表达来减少词项的数量。例如，考虑下列论证：

L46. （1）没有猫是犬科动物。

（2）所有拉布拉多猎犬是犬。

因此，（3）没有拉布拉多是猫科动物。

这个三段论不是标准形式，因为它包括六个不同词项。然而，这些词项中的每一个与论证中的其他词项都意味着同样的东西。如果我们从每一对词项中选择一个词项，那么我们就可以容易地把该三段论变成标准形式。例如：

L47. （1）没有猫是犬。

（2）所有拉布拉多猎犬都是犬。

因此，（3）没有拉布拉多猎犬是猫。

L47的前提的文恩图表明该论证是有效的。

```
         L       C
         ⬤     ○
           ⬤
            ○
            D
```

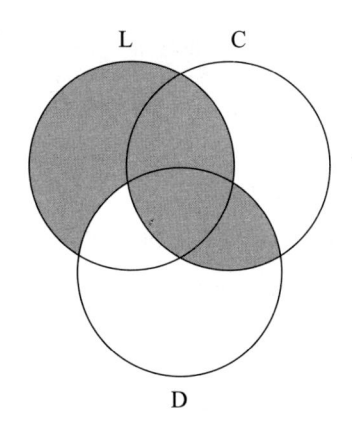

你也可以通过检验这个论证并不与本章最后一节的推理规则相冲突来确证这个结论。

其次，一类更具有挑战性的情况包括项补集。回顾第 5 章，类 X 的补集，是所有不是 X 的元素的所有东西的类。例如，狗类的补集，就是所有非狗的类（即所有不是狗的东西）。项 X 的补集，就是指 X 所指称的类的补集的词或短语。例如，"狗"的补集，就是"非狗"（指称包括所有非狗的东西的类的词项）。要说明由这些补集所提出的问题，请考虑下列三段论：

L48.　（1）所有猫都是非狗。
　　　（2）有些哺乳动物是狗。
　　因此，（3）有些哺乳动物不是猫。

这个论证有四个词项："猫""非狗""哺乳动物""狗"。因此，它不是一个标准形式的范畴三段论。而且，如果你试图用文恩图评价这个论证，则关于给中间圆圈标注的问题就出来了。你必须给它标上或者"狗"或者"非狗"。如果你给中间的圆圈标上"狗"，则第一个前提的图就不能是通常 A 命题的图。如果你给中间的圆圈标上"非狗"，则第二个前提的图就不能是通常 I 命题的图。（试一试！）

然而要注意的是，"狗"和"非狗"是彼此的补集。在这样的论证中，我们通常可以通过应用换位法、换质法或换质位法来减少词项的数量。例如，"所有猫都是非狗"的换质是"没有猫是狗"。所以，我们可以重写论证 L48 如下：

L49. （1）没有猫是狗。

（2）有些哺乳动物是狗。

因此，（3）有些哺乳动物不是猫。

这样，我们通过消除项补集，已经将论证中词项的数量从 4 个减少为 3 个。论证 L49 是一个标准形式的范畴三段论，其文恩图非常符合常规：

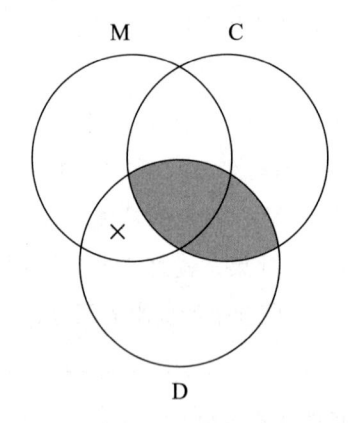

最后，本章最后一节所介绍的规则，也可以确证这个三段论是有效的。下面是最后一个例子：

L50. （1）没有非动物是哺乳动物。

（2）所有非哺乳动物都是非狗。

因此，（3）所有狗都是动物。

这个三段论不是标准形式，因为它有六个词项而不是三个。但我们可以通过一系列的直接推论将它变为标准形式。第一，将第一个前提换位可以得到"没有哺乳动物是非动物"。然后，应用换质推理，可以得到"所有哺乳动物都是动物"。第二，我们可以对第二个前提换质位得到"所有狗都是哺乳动物"。经过这些变换，该论证如下：

L51. （1）所有哺乳动物都是动物。
　　　（2）所有狗都是哺乳动物。
因此，（3）所有狗都是动物。

因为这一论证是标准形式的，所以，我们可以容易地应用文恩图方法来证明其有效性。

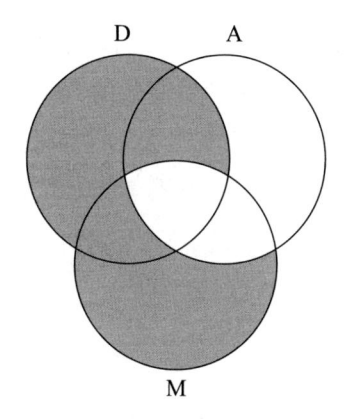

你也可以通过求助本章最后一节的规则来确证这个三段论是有效的。

我们通常可以通过换位、换质和换质位等来消除补集，将一个论证变成标准形式。然而，回顾（5.3 节）是重要的，换质法仅仅对 E 和 I 命题是有效的，换质位法仅仅对 A 和 O 命题是有效的。因此，如果你通过用换质位（例如）替换了一个 E 命题来消除一个项补集，那么你将改变该命题的意义，并且改变它所在的论证。因此，你必须将你的替换限制为逻辑等值命题。这些等值可以概括如下：

逻辑等值概要：换位法、换质位法和换质法	
换位	
没有 S 是 P。	没有 P 是 S。
有些 S 是 P。	有些 P 是 S。
换质位	
所有 S 是 P。	所有非 P 是非 S。

有些 S 不是 P。	有些非 P 不是非 S。
换质	
所有 S 是 P。	没有 S 是非 P。
没有 S 是 P。	所有 S 是非 P。
有些 S 是 P。	有些 S 不是非 P。
有些 S 不是 P。	有些 S 是非 P。

在每一种情况下，左边的命题都逻辑上等值于右边的命题，反之亦然。这意味着，在消除项补集的时候，你可以自由地来回替换这些形式的命题。再强调，换质位对于 E 和 I 命题并不是有效的，因此，对于任何一个这些命题你都绝不应当替换其换质位（反之亦然）。同样，换位法对于 A 和 O 命题不是有效的，因此，对任何一个这些命题你都绝对不应当替换其换位。

练习 6.6

6.7 省略式

在 6.4 节的最后，我们注意到，有些推论按照传统对当方阵是有效的，但是按照文恩图方法却是无效的。例如：

L52. （1）所有政治家都是说谎者。

因此，（2）有些政治家是说谎者。

我们也注意到，大多数人给出这个论证都会依赖未陈述的前提：存在一些政治家（即至少一个政治家存在）。通过使得这个前提更明晰，我们可以将 L52 转换成一个透明有效的论证：

L53. （1）所有政治家都是说谎者。
　　　（2）存在一些政治家。
因此，（3）有些政治家是说谎者。

论证 L52 是我们所称为省略式——包含隐含前提或结论的一个例子。

如果我们运用更一般的词项"步骤"来指称前提和结论，则我们可以断言，省略式是具有至少一个隐含步骤的论证。

省略式在日常交流和学术写作中很普遍。毕竟，我们通常与我们的读者享有很多背景信念，当这些信念是常识时，通常就没有必要将它们大声陈述出来。然而，当涉及逻辑时，放慢速度，明晰地陈述这些思想使得我们可以适宜地应用我们的评价工具是重要的。在这一节，我们将在一些细节上贯通这个过程，专门集中于范畴三段论。我们贯穿的方向性原则是宽容原则，在第 2.2 节中首先介绍过：当构造精心设计的论证时，应公平与宽容地来解释一个论证。尤其是，我们的目的（当可能时）是要识别一个省略的步骤为真（或者至少不显然为假）并且使得作为结果的论证有效。

在某个抽象层次上，处理一个省略式的范畴三段论是简单的。第一，我们需要识别所省略的步骤。因为我们将注意力限定在范畴三段论，这意味着识别一个大前提、一个小前提，或一个结论。第二，我们将该三段论变成标准形式（例如，通过减少词项的数量到三个）。第三，我们通过运用文恩图方法或者第 6.5 节的基于规则的方法来检验该论证的有效性。这就是整个过程的全部内容。

在有些情况下，发现省略三段论的省略步骤将是容易的，而且你具有的有关范畴三段论的经验越多，发现省略步骤将变得越容易。如果所省略步骤并不显然，则你可以用第 6.5 节的规则来帮助你缩小选择范围。为了便于参考，这些规则又来了。

> **判定范畴三段论有效性的规则概要**
>
> **规则 1：** 一个有效的标准形式范畴三段论，必须包含三个不同词项，而且每一个词项在整个论证中必须作为相同意义使用。
>
> **规则 2：** 在一个有效的标准形式范畴三段论中，中项必须至少在一个前提中周延。
>
> **规则 3：** 在一个有效的标准形式范畴三段论中，如果一个词项在结论中周延，那么它必须在前提中周延。
>
> **规则 4：** 在一个有效的标准形式范畴三段论中，否定前提的数量必须等于否定结论的数量。
>
> **规则 5：** 所有具有一个特称结论的有效的标准形式范畴三段论，都不会有两个全称前提。

要说明这些规则如何被用于确定一个三段论的省略步骤，考虑下列推论线索：

L54. 所有道德判断都是主观的观点。因此，所有关于盗贼错误的判断都是主观的观点。

这里，该论证的结论是通过"因此"这个词来指示的："所有关于盗贼错误的判断都是主观的观点"，别的命题显然是前提："所有道德判断都是主观的观点"。因为这个前提包含了大项（结论的谓项），所以我们知道它是大前提。因此，我们可以开始阐述我们的三段论如下（用问号表示省略的前提）：

L55. （1）所有道德判断都是主观的观点。
（2）？
因此，（3）所有关于盗贼错误的判断都是主观的观点。

现在，因为"主观的观点"这个词项已经出现两次，所以，我们知道省略的前提必定包含着别的两个词项——"道德判断""关于盗贼错误的判断"。我们需要做的就是确定该前提的量和质，以及哪一个词项放哪里（即哪是主项和哪是谓项）。下面是规则变得相关的地方：因为 L55 的结论是肯定的，规则 4 告诉我们前提也必须是肯定的（宽容地假设该论证是有效的）。同时，因为"关于盗贼错误的判断"这个词项在结论中是周延的，所以，规则 3 告诉我们它在前提中必定是周延的。因为 A 命题是唯一有周延词项的肯定命题，并且那个词项总是主项，所以，我们可以得出结论：省略的前提是"关于盗贼错误的所有判断都是道德判断"。把所有这些放在一起，我们有：

L56. （1）所有道德判断都是主观的观点。

（2）所有关于盗贼错误的判断都是道德判断。

因此，（3）所有关于盗贼错误的判断都是主观的观点。

既然我们的省略式已经变成了标准形式，我们可以运用文恩图方法轻易地检验该三段论的有效性：

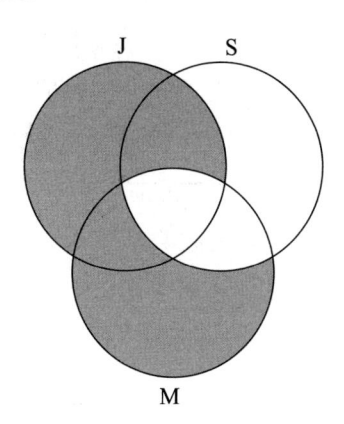

下面是第二个例子：

L57. 我们知道有些数学真理。因此，我们知道有些无法通过感官观察到的东西。

这里，结论是通过"因此"这个词来指示的。其标准形式为："我们知道的有些东西并不是可以通过感官观察到的"。另一个命题显然是前提。其标准形式为："有些数学真理是我们知道的东西"。因为这个前提包含小项"我们知道"，它必定是小前提。所以，我们的三段论看起来如下：

L58.　（1）？
　　　（2）有些数学真理是我们知道的东西。
　　因此，（3）有些我们知道的东西并不是可以通过感官观察到的。

因为"我们知道的东西"这个词项已经出现两次，所以，我们知道省略的前提将包含其他两个词项——"数学真理"和"可以通过感官观察到的东西"。同时，因为 L58 的结论是否定的，且小前提不是否定的，所以，规则 4 告诉我们，省略的前提必须是否定的。而且，因为中项（"数学真理"）在第二个前提中并不周延，所以规则 2 告诉我们，它在第一个前提中必须周延。然而，这并不告诉我们该省略的前提就是 E 命题（"没有 S 是 P"）或者 O 命题（"有些 S 不是 P"）。注意，在 O 命题中，只有谓项是周延的。因此，这里，省略的前提将必须是"有些可以通过感官观察到的东西不是数学真理"。问题是它和规则 3 冲突："可以通过感官观察到的东西"在结论中周延但在前提中并不周延。因此，省略的前提必定是一个 E 命题——或者是"没有可以通过感官观察到的东西是数学真理"，或者是"没有数学真理是可以通过感官观察到的东西"。因为这两个命题是逻辑等值的，所以任何一个都将对该论证起作用：

L59.　（1）没有数学真理是可以通过感官观察到的东西。
　　　（2）有些数学真理是我们知道的东西。
　　因此，（3）有些我们知道的东西并不是可以通过感官观察到的东西。

既然该三段论是标准形式，我们就可以用文恩图确证它的有效性：

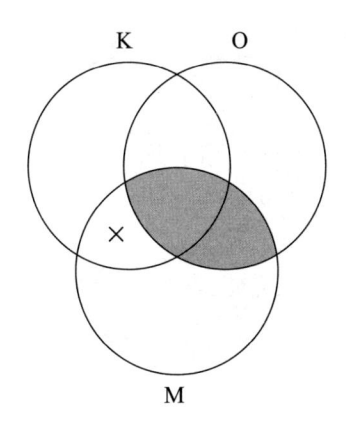

下面是省略式范畴三段论的第三个例子：

L60. 每一个希望赢的政治家都是诽谤者，而且每一个政治家都希望赢！

这里，有两个命题被提出来——标准形式——"所有想赢的政治家都是诽谤者"和"所有政治家都是想赢的政治家"。因为这里没有结论指示词，所以我们假设这些都是我们的前提。因为这些前提都是全称的和肯定的，所以规则4和5都告诉我们，该结论必定是相同的——它必定是一个A命题。因为来自前提的非重复词项是"政治家"和"诽谤者"，这意味着结论必定是或者"所有政治家都是诽谤者"或者"所有诽谤者都是政治家"。然而，规则3排除了第二种选择，因为那会包括"诽谤者"在结论中周延而在前提中不周延。因此，我们宽容地解释，该论证必定如下：

L61. （1）所有政治家都是希望赢的政治家。
（2）所有希望赢的政治家都是诽谤者。
因此，（3）所有政治家都是诽谤者。

这个论证是标准形式，我们可以用文恩图方法确证其有效性：

```
      P       S
       ⊙ ⊙
        ⊙
        W
```

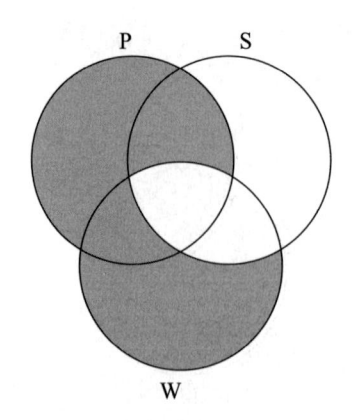

（注意：对于范畴三段论，结论中词项的顺序，确定了论证中前提的顺序。因此，当一个三段论的结论被隐含时，我们不能确定前提的顺序，直到省略的步骤得到认同为止。）

我们已经强调，人们在处理省略三段论论证时必须以宽容原则为向导。尤其是，人们总是应该识别一个为真（或者至少不明显为假）的省略步骤，那使得以结论为中心的论证有效。然而，增加一个具有这些特征的命题并不总是可能的。要说明这一点，请考虑下列例子：

L62. 所有俄亥俄人都是美国人。因此，没有俄亥俄人是社会主义者。

这里省略的步骤很可能是"没有美国人是社会主义者"（或者它的换位）。将该三段论变为标准形式，我们得到：

L63. （1）没有美国人是社会主义者。
　　　（2）所有俄亥俄人都是美国人。
因此，（3）没有俄亥俄人是社会主义者。

前提（1）是使该论证有效所必需的，但（1）显然是假的，因为有些美国人显然是社会主义者。当需要一个假的或可疑的前提来使一个论证有效

时，我们就通过使前提明晰而实现了对论证的重要弱化，因为这样做的时候，我们已认同了怀疑该论证的可靠性的重要理由。

有些情况下，上下文迫使我们在添补一个显然为假的前提和使论证无效的前提之间做出艰难的选择。例如，下列论证省略的步骤是什么？

L64. 所有正方形都是多边形。因此，所有四边形都是多边形。

这个省略的步骤似乎是，或者"所有四边形都是正方形"，或者"所有正方形都是四边形"。如果我们对论证添补"所有四边形都是正方形"，则它是有效的，但有一个显然为假的前提（毕竟，长方形是四边形但不是正方形）。如果我们对论证添加"所有正方形都是四边形"，我们就增加了一个真的前提，但会使得论证无效。无论发生哪一种情况，该论证都是有严重缺陷的。我们有必要选择，是将这一缺陷作为逻辑结构中的缺陷还是作为一个假前提的缺陷。当面临这种选择的时候，让我们选择使论证有效的实际的添加步骤，让添加的步骤的真值作为一个问题去讨论。因此，论证 L64 的标准形式如下：

L65. （1）所有正方形都是多边形。
　　（2）所有四边形都是正方形。
　　因此，（3）所有四边形都是多边形。

这个例子所带来的结果就是，存在着有限的宽容——我们必须始终尽最大努力识别省略的前提条件，实现良好的论证，但有时这些努力将会落空。

练习 6.7

6.8 连锁论证

前面一节中,我们介绍了省略式的一般思想(即有隐含前提或结论的论证)。本节中,我们将讨论一类具体的省略式,即要求做具体处理的连锁论证。

连锁(sorites,so-ri-teez)来源于希腊语"soros"一词,意思是"堆"或"一堆"。在这个背景下,连锁在本质上是一"堆"三段论。更简洁地说,一个**连锁**就是最终结论被陈述而子结论未被陈述的一串三段论。

连锁就是最终结论被陈述而子结论未被陈述的一串三段论。

下面是一个例子:

L66. (1) 所有关于美的命题都是通过感官得到的命题。
(2) 所有通过感官得到的命题都是经验命题。
(3) 所有经验命题都是接受科学调查的命题。
因此,(4) 所有关于美的命题都是接受科学调查的命题。

前提(1)和(2)有效地蕴涵了下列子结论:

子结论1:所有关于美的命题都是经验命题。

结合命题(3)后,这个子结论有效地蕴涵该论证的结论。因此,这个连锁是两个范畴三段论的串。

一般地,标准形式的连锁更易于评价。一个标准形式的连锁具有下列四个特征:

a. 论证中的每一个命题都是标准形式,"所有S都是P""没有S是P""有的S是P""有的S不是P"。

b. 结论的谓项出现在第一个前提。

c. 每一个词项在两个不同的命题中都出现两次。

d. 每一个前提（除第一个之外）都和直接的前一个前提有一个共同词项。

论证 L66 是标准形式的连锁，因为它满足（a）-（d）。通过考察该论证的形式也许更容易明白这一点。运用明显的简写，该论证的形式如下：

L67.　（1）所有 B 是 K。

　　　（2）所有 K 是 E。

　　　（3）所有 E 是 S。

因此，（4）所有 B 是 S。

在评价一个连锁推论时，我们需要经过三个步骤。第一，检查该连锁是不是标准形式。如果是，则进入下一步。如果不是，则变为标准形式。（这样做时，我们通常使用主项和谓项的简写。）第二，我们识别连锁的子结论。第三，我们运用文恩图，检验串中的每一个三段论是否有效。如果串中的任何一个三段论有效，则该连锁推论是有效的。如果串中的任何一个三段论无效，则整个连锁推论也无效。

为了阐明这三步过程，我们来评价下列连锁推论：

L68. 没有残酷而不平常的处罚是与犯罪成比例的。每一个公正的处罚都是应处罚的。而且，所有应得的处罚都是与犯罪成比例的。所以，没有残酷而不平常的处罚是公正的处罚。

首先，我们需要检验这个连锁推论是不是标准形式。它不是。（因为，第一个范畴命题并不是标准形式。）因此，我们需要将该连锁推论变成标准形式。要做到这一点，通常最好是从结论开始。在标准形式中，结论是"没有残酷而不平常的处罚是公正的处罚"。前面所提到的条件（b）要求，该连锁推论的第一个前提包含结论的谓项。这里，即"公正的处罚"。我们回看

一下整个论证，发现带这个词项的别的命题就是我们的第一个前提。在标准形式中，该命题如下："所有公正的处罚都是应处罚的"。接下来，我们定义的条件（d）要求，每一个前提都与前一个前提共享一个词项。因此，第二个前提必须包括"应处罚"这个词项（因为"应处罚"已经为结论所包括）。在标准形式中，该命题如下："所有应得的处罚都是与犯罪成比例的"。段落中最后保留的句子是我们连锁推论的最后前提（直接含有前面前提和结论的一个词项）。在标准形式中，该命题如下："没有残酷而不平常的处罚是与犯罪成比例的"。将这些都放在一起，并用最明显的简写表示相关词项，我们就有下列标准形式：

L69. （1）所有 J 是 D。
（2）所有 D 是 P。
（3）没有 C 是 P。
因此，（4）没有 C 是 J。

前提（1）和（2）蕴涵了所有公正的处罚都是与犯罪成比例的惩罚。运用简写：

子结论 1：所有 J 是 P。

让我们在被推出来的最后一个前提旁边，写一个子结论，如下：

L70. （1）所有 J 是 D。
（2）所有 D 是 P。子结论 1：所有 J 是 P。
（3）没有 C 是 P。
因此，（4）没有 C 是 J。

子结论 1 和前提（3）联合起来产生论证的结论（4）。所以，这个连锁推论是两个范畴三段论的串。最后，我们应用文恩图方法于这两个范畴三段论：

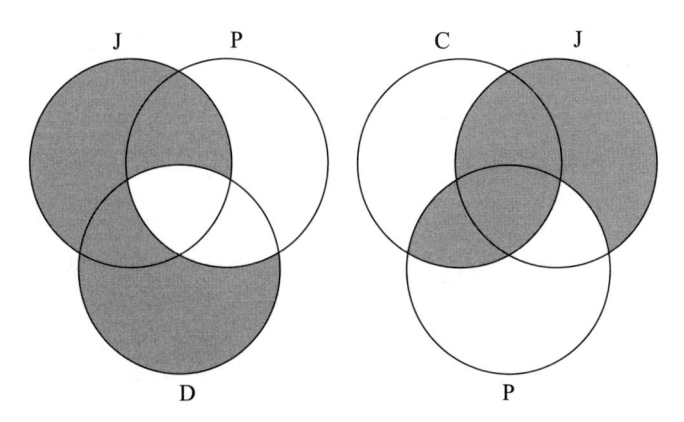

左边的图评价了从前提（1）和（2）得出子结论 1 的推论。右边的图评价了从子结论 1 和前提（3）得出论证的最后结论（4）的推论。这两个三段论都是有效的，因此该连锁推论本身是有效的。

练习 6.8

注释

［1］关于规则 4 的具体表述，参见 Wesley C. Salmon, *Logic*, 3rd ed.（Englewood Cliffs, NJ：Prentice-Hall, 1984），p. 57。

［2］关于规则 5 的具体表述，参见 Irving Copi and Carl Cohen, *Introduction to Logic*, 9th ed.（Englewood Cliffs, NJ：Prentice-Hall, 1994），p. 266。

第 7 章

命题逻辑：真值表

- 7.1 日常论证的符号化
- 练习 7.1
- 7.2 真值表
- 练习 7.2
- 7.3 用真值表评价论证
- 练习 7.3
- 7.4 简化真值表
- 练习 7.4
- 7.5 逻辑意义上的范畴和关系
- 练习 7.5
- 注释

在第 1 章中，我们看到，形式有效的论证是依据一个有效的形式而有效的。我们利用这样的事实来努力发展一些方法，以辨别论证的有效和无效。1.2 节中的著名形式法，帮助我们辨别许多论证的有效性。不幸的是，它并不能帮助我们辨别不是我们著名形式事例的任意论证的有效性。而且，它对我们辨别无效论证没有任何帮助。1.3 节中的反例方法，帮助我们辨别很多论证的有效性，但它仅仅给了我们暂时的结果，因为我们也许并不能识别大多数逻辑上敏感的论证形式，即使我们能识别，我们也许也缺乏创造性来思考一个好的反例。简言之，我们有好的理由来寻找替代方法。

在第 5 章和第 6 章中，我们集中于包含单一范畴命题的论证有用的方法。但并不是所有论证都是由单一的范畴命题组成的。例如：

L1. （1）如果你想要做好逻辑，那么你应该十分仔细地阅读本章。

（2）你想要做好逻辑。

因此，（3）你应该十分仔细地阅读本章。

第 5 章和第 6 章发展的方法，并没有认识到这种论证的有效性，即使它是肯定前件式的一个例子。在接下来的第 7 章和第 8 章中，我们将把重点扩大到两种方法，它们对于包含不是范畴命题的命题的论证是有用的。本章中，我们集中来考察由查尔斯·桑德斯·皮尔斯（1839—1914）[1] 所发展的真值表方法。但首先，我们必须学会如何将日常语言的论证翻译为符号。

7.1 日常论证的符号化

现代逻辑学家已经发展了非常有用的方法将一个论证形式符号化。将一个论证符号化，我们能够运用某种有力的技术来判定其有效性。

要具体将一个命题符号化，我们必须区别原子命题与复合命题。**原子命题**（atomic statement）是不包含任何其他命题作为组成部分的命题。例如：

L2. 莎士比亚写了《哈姆雷特》。

L3. 中国拥有众多的人口。

L4. 玫瑰是红色的。

复合命题（compound statement）是含有至少一个原子命题作为组成部分的命题。例如：

L5. 并非本·琼森写了《哈姆雷特》。

L6. 中国拥有众多的人口，并且卢森堡是一个人口很少的国家。

L7. 或者巴勒莫是西西里的首府，或者墨西拿是西西里的首府。

L8. 如果希博伊根在威斯康星州，那么它在美国。

L9. 民主党获胜，当且仅当共和党闹矛盾。

原子命题是不包含任何其他命题作为组成部分的命题。
复合命题是含有至少一个原子命题作为组成部分的命题。

我们可以在这些复合句中用首字母将原子命题符号化如下：

B：本·琼森（Ben Jonson）写了《哈姆雷特》。

C：中国（China）拥有众多的人口。

L：卢森堡（Luxembourg）是一个人口很少的国家。

P：巴勒莫（Palermo）是西西里的首府。

M：墨西拿（Messina）是西西里的首府。

S：希博伊根（Sheboygan）在威斯康星州。

U：希博伊根在美国（U.S.A.）。

D：民主党（Democrats）获胜。

R：共和党（Republicans）闹矛盾。

当我们为每一个原子命题指派一个不同的大写字母时，我们就提供了我们所称的**缩写模式**（scheme of abbreviation）。用这些缩写模式，复合命题(5)-(9)进而可以依次书写如下：

L10. 并非 B。
L11. C 并且 L。
L12. P 或者 M。
L13. 如果 S，那么 U。
L14. D，当且仅当 R。

缩写模式是为每一个原子命题指派一个不同的大写字母。

注意，命题 L10 是一个复合命题，即使它只有一个命题作为支命题。它是由一个原子命题和联结词"并非"构成的复合命题。

在本章和下一章，我们将用首字母来表示原子命题。我们也将用符号来表示复合命题中的关键逻辑概念，即"并非""并且""或者""如果……那么""当且仅当"。通过运用**逻辑算子**（logical operations）我们将把这些日常表达符号化。我们可以概括该符号系统①如下：

算子	名称	翻译	复合种类
~	波形号	并非	否定
·	点号	并且	合取
∨	V 形号	或者	析取
→	箭头	如果-那么	条件
↔	双箭头	当且仅当	双条件

让我们现在转过来讨论每一类复合命题，我们对于如何将日常语言翻译

---

① 从历史的观点看，符号逻辑是比较新的，其术语还未标准化。所以，尽管本书所提供的符号是常用的，但它们并不是常用的唯一符号。许多逻辑书中用到更多的替代符号："¬"表示否定符号；"&"表示合取符号；"⊃"表示条件句符号；"≡"表示双条件符号。逻辑中缺乏标准术语是很不方便的，但是只要掌握了基本原则，从一个术语推出另一个术语并不困难。

为我们的符号系统将会有一个更好的理解。

否定

符号"~"称为**波形号**（tilde），用来翻译"并非"及其变体。如下例：

L15. 玫瑰（rose）不是蓝色的。（R：玫瑰是蓝色的）

波形号是表示否定的符号：~。

L15 的缩写模式是在"玫瑰不是蓝色的"这个命题右边的圆括号里。我们将经常用这种方式提供一个缩写模式。运用波形号，我们可以将 L15 符号化如下：

L16. ~R

当然，自然语言提供了许多否定一个命题的方式。例如：

a. 并非玫瑰是蓝色的。
b. 玫瑰是蓝色的是假的。
c. 玫瑰是蓝色的不是真的。
d. 玫瑰并非蓝色。

上述每一个表达式都可以用符号表达为命题 L16 的形式。

命题 L15 是关于一个原子命题的否定。很多否定都是关于复合命题的否定。例如：

L17. 并非克里斯托弗是一个佛教徒或印度教徒。
（B：克里斯托弗是一个佛教徒；H：克里斯托弗是一个印度教徒）

L18. 并非如果约书亚今年完成了他的毕业论文，他就可以确保获得长聘教职工作。

(F：约书亚今年完成他的毕业论文；T：约书亚可以确保获得长聘教职工作)

L19. 并非金莺队将会赢并且水手队将会赢。(O：金莺队将会赢；M：水手队将会赢)

L17是一个析取的否定，L18是一个充分条件句的否定，L19是一个合取的否定。运用我们的逻辑算子和所提供的缩写模式，我们就可以将这些复合命题符号化如下：

L20. ~(B∨H)
L21. ~(F→T)
L22. ~(O·M)

这些例子表明了两个重要之点。首先，注意使用圆括号作为一种标点符号形式。要了解为什么，就要考虑如果我们取消它们将会发生什么。

L23. ~B∨H
L24. ~F→T
L25. ~O·M

L23断言，"克里斯托弗不是一个佛教徒或者克里斯托弗是一个印度教徒"，完全不是L17的意思。L24断言，"如果约书亚不能完成他的毕业论文，那么他就可以确保获得一个长聘教职工作"，几乎没有L18的意思。L25断言，"金莺队不会赢并且水手队将会赢"，L19并不是这个意思。因此，当把自然语言翻译为符号的时候，圆括号的位置是重要的。放圆括号在B∨H的两边，并放波形号在左外边，使得它显然是B∨H（析取），不是否定的B（原子命题）。这同样适用于其他两个例子。

其次，这些例子也表明了主逻辑算子和次逻辑算子之间的差异。在一个复合命题中的**主逻辑算子**（main logical operator）支配大量的支命题或一个复合命题的支命题。**次逻辑算子**（minor logical operator）支配较少的支命题。

> 在一个复合命题中的**主逻辑算子**支配大量的支命题或一个复合命题的支命题。
> **次逻辑算子**支配较少的支命题。

在前面每一个例子中，波形号是主算子。在 L20 中，波形号支配（B∨H）。在 L21 中，波形号支配（F→T）。在 L22 中，波形号支配（O·M）。在 L20 中，次算子是析取∨，支配 B 和 H。在 L21 中，次算子是箭头→，支配 F 和 T。在 L22 中，次算子是圆点·，支配 O 和 M。

当然，否定可以比刚才所讨论的符合命题更复杂。这样，我们就可以选择圆括号和方括号，因为多组圆括号可能会使人困惑。例如：

L26. 并非如果上帝是全能的并且是全善的，那么或者可怕的苦难本身是必要的或者有某种更伟大的善。（P：上帝是全能的；G：上帝是全善的；I：可怕的苦难本身是必要的；R：可怕的苦难对于某种更伟大的善来说是必要的）

运用所提供的缩写模式，我们可以将 L26 符号化如下：

L27. ～ [（P·G）→（I∨R）]

下列每一个命题都是一个否定。主算子是波形号。

～C
～（A∨B）
～（F→G）

合取

"·"[称为**点号**（dot）]是用来翻译语言中"并且"一词及其变体的。例如：

L28. 霍布斯生于 1588 年，并且笛卡儿生于 1596 年。（H：霍布斯生于 1588 年；D：笛卡儿生于 1596 年）

点号是合取的符号：·。

使用缩写模式，命题 L28 翻译为如下符号：

L29. H · D

构成一个合取（在该种情况下是 H 和 D）的命题被称为**合取项**（conjuncts）。下列系列句子所提供的是"并且"变体的部分列表：

a. 霍布斯生于 1588 年，但笛卡儿生于 1596 年。
b. 霍布斯生于 1588 年，然而笛卡儿生于 1596 年。
c. 当霍布斯生于 1588 年时，笛卡儿生于 1596 年。
d. 尽管霍布斯生于 1588 年，笛卡儿却生于 1596 年。
e. 霍布斯生于 1588 年，笛卡儿却生于 1596 年。
f. 霍布斯生于 1588 年，而笛卡儿生于 1596 年。
g. 霍布斯生于 1588 年，即使笛卡儿生于 1596 年。
h. 霍布斯生于 1588 年，尽管笛卡儿生于 1596 年。

L29 正确地符号化了上述每一个变体。你也许认为，像"但""然而""尽管"等，并没有像日常语言中"并且"一样的意义。的确，这些词传达了"并且"所缺乏的某种意义。但是，我们也要想到，当一种语言被翻译为另一种语言时经常会导致某些误解。为了评价论证有效性的目的，前面所列举的表达常常通过点号就足以翻译。

然而，应该指出的是，点号并不能完全正确地翻译日常语言中"并且"一词的任何使用。请考虑下列命题：

L30. 斯图尔特爬上了贝克山并且往硫黄锥里看。（P：斯图尔特爬上了贝克山；M：斯图尔特往硫黄锥里看）

L31. 斯图尔特往硫黄锥里看并且爬上了贝克山。

在一般对话中，这两个命题并不传达同样的东西。这里，"并且"这个词传达了"进而"的意思，指示了一个暂时的次序。点号并不传达任何如此暂时的次序，因此点号不能用来充分地翻译命题 L30 和 L31。下面是需要注意的另一种情况：

L32. 迈克和克里斯汀结了婚。

L33. 威廉和比特是双胞胎。

通常，这些命题被用来传达一种关系。命题 L32 通常传达了迈克和克里斯汀结婚，L33 通常传达了威廉和比特是双胞胎。点号并不传达这样的关系，因此，它不能用来翻译这些命题所传达的意思。

下列命题的每一种情况都是合取。主算子是点号。

E · ~F
(G∨H) · K
(L→M) · (N∨O)

析取

"∨"号［称为 **V 形号**（vee）］被用来表示析取。（这个符号来源于

vel 这个拉丁词的首字母，意思是"或者"。)请考虑下列命题：

L34. 或者卡罗上大学或者她找工作。(C：卡罗上大学；J：卡罗找工作)

V 形号是析取的符号：∨。

命题 L34 可以翻译为符号：

L35. C ∨ J

L35 可以翻译为 L34 的变体，如下：

a. 卡罗上大学并且／或者她找工作。
b. 卡罗上大学或者她找工作。
c. 或者卡罗上大学或者她找工作。
d. 卡罗上大学，除非她找工作。

在第 1 章的第 1.2 节中，我们关于析取发表了几点意见，其中有一些值得在这里重复。第一，有时人们做出或者 A 或者 B 形式的命题，他们的意思是或者 A 或者 B（或者两者都），这被称为相容意义上的"或者"。例如，如果卡罗的父母亲说，"如果你打算住在家里，那么你或者上大学或者找工作"，则如果她作为一个被雇用的大学生住在家里，他们将并不是不高兴。他们头脑中有相容的析取。第二，有时人们说或者 A 或者 B 形式的某些东西，是当他们意味着或者 A 或者 B（但并非两者都），这被称为不相容意义上的"或者"。例如，当一个父亲告诉他的女儿，"或者你为伤害你的兄弟道歉或者你将暂时休息"，他并不打算让她两样都做。他的头脑想的是不相容的析取。第三，跟随大多数逻辑学家，我们假定或者 A 或者 B 形式的命题是相容的析取。即，在我们的符号系统中，V 形号意味着相容的"或者"，并非不相容的"或者"。第四，当我们想要交流或者 A 或者 B（但并非两者都）形式的某些东西时，我们可以用我们自己的符号系统将它表达为两个命题的合取：或者 A 或者 B，但并非 A 且 B。请考虑下列命题：

L36. 或者宇宙的存在依赖于其他事物，或者它的存在不依赖于任何东西，但并非两者都。（S：宇宙的存在依赖于其他事物；N：宇宙的存在不依赖于任何东西）

它的正确符号化如下：

L37. （S∨N）·～（S·N）

作为一般规则，当我们将包含析取的论证符号化的时候，假定"或者"这个词是在相容的意义上使用的。例如，考虑下列有一个析取三段论的论证：

L38. 拉希或者是一只猫或者是一条狗。拉希不是一只猫。因此，拉希是一条狗。（C：拉希是一只猫；D：拉希是一条狗）

这个论证正确的符号化如下：

L39. C∨D，～C ∴ D

这里有几点需要注意。首先，逗号被用来分开（或分隔）前提。其次，即使 C 和 D 在事实上不能都真，但 V 形号还是被用于第一个前提。即使"或者"是相容的，该论证形式仍是有效的："或者 C 或者 D（或者两者都）真。并非 C。因此，D 真。"最后，逻辑学家习惯用"∴"符号［称为**三点**（triple-dot）］来标明结论。

> 📝 **三点**是用来标明结论的符号：∴。

如果我们用不相容的"或者"来表达一个相应的论证会怎么样呢？例如，想象我们知道 76 人队和公牛队正在相互比赛，并且只有一个队可以赢。

L40. 或者 76 人队赢或者公牛队赢。76 人队赢。因此，公牛队没赢。（S：76 人队赢；B：公牛队赢）

根据我们的背景知识，我们可以考虑该论证是有效的，但下列符号化表达式是无效的：

L41. S∨B, S ∴ ~B

下面是一个反例："或者树是植物或者花是植物（或者都是植物）。树是植物。因此，花不是植物。"根据我们的背景知识，要相应地表达论证 L40，我们需要解释第一个前提如下：

L42. 或者 76 人队赢或者公牛队赢，但并非 76 人队和公牛队都赢。

逗号表明，L42 中的主逻辑算子是"但"这个词，用点号来符号化。左边的联结词是析取（"或者 76 人队赢或者公牛队赢"），右边的联结词是对合取的否定（"并非 76 人队和公牛队都赢"）。因此，L42 用符号表示如下：

L43. (S∨B)·~(S·B)

用 L43 作为第一个前提，论证 L40 整个来说可以符号化如下：

L44. (S∨B)·~(S·B), S ∴ ~B

该论证在直观上有效，我们将在本章的后边证明它是有效的。

在离开析取之前，我们注意到，命题形式"既不 A 也不 B"有两种符号化方式。例如：

L45. 苏伊和弗雷德都不高兴。（S：苏伊高兴；F：弗雷德高兴）

我们可以根据 V 形号，将命题 L45 符号化如下：

L46. ~（S∨F）

但我们也可以根据点号，将之符号化为：

L47. ~S · ~F

下列命题的每一个都是析取。主算子是 ∨。

~P∨Q
(R · S)∨~T
(U→W)∨~(X · Y)

条件句

"→"符号［称作**箭头**（arrow）］，是用来给条件句符号化的。例如：

L48. 如果费多是狗，那么它是动物。（D：费多是狗；A：费多是动物）

📝 **箭头**是条件句的符号：→。

L48 可以符号化如下：

L49. D→A

正像我们在第 1 章所看到的，存在如果-那么命题的许多变体。我们将全都使用箭头来表示它们。例如，表达式 L49 可以将 L48 以及下列每个命题符号化：

---

a. 倘若费多是狗，则费多是动物。

b. 费多是动物，倘若费多是狗。

c. 假设费多是狗，则它是动物。

d. 费多是动物，假如它是狗。

e. 假使费多是狗，它是动物。

f. 费多是动物，假使它是狗。

g. 在费多是狗的条件下，它是动物。

h. 费多是动物，在它是狗的条件下。

i. 费多是动物，如果它是狗。

j. 费多是狗，仅当它是动物。

k. 费多作为狗的存在是费多作为动物存在的充分条件。

l. 费多作为动物的存在是费多作为狗存在的必要条件。

---

k 和 l 需要做些解释。充分条件是保证一个命题为真（或某个现象将发生）的条件。例如，费多作为狗的存在保证它是动物。与之比较，费多作为动物的存在并不保证它是狗，因为它也许是一些别的种类的动物。一个真的条件命题的前件（"如果-"从句）为后件（"那么-"从句）的真提供了充足的条件。

必要条件是，如果没有它保证一个命题将为假（或某个现象将不会发生)。所以，费多作为动物的存在是费多作为狗的存在的必要条件，因为如果费多不是动物，则它不是狗。一个真的条件命题的后件（"那么-"从句）为前件（"如果-"从句）的真提供了必要条件。

下列每一个命题都是一个条件句。主算子是一个箭头。

~X→Y
Z→(A∨B)
(C·~D)→(E∨~F)

让我们现在来给一个包含条件句的论证符号化：

L50. 如果人有灵魂，那么非物质的东西就能从物质的东西中游离出来。非物质的东西不能从物质的东西中游离出来。因此，人没有灵魂。(H：人有灵魂；M：非物质的东西能从物质的东西中游离出来)

运用所提供的缩写模式，论证 L50 可以符号化如下：

L51. H→M, ~M ∴ ~H

在结束条件句的讨论之前，让我们注意一下"除非"一词可以用箭头也可以用 ∨ 形号来翻译。例如：

L52. 我们将失败，除非我们尽最大努力。(L：我们将失败；B：我们将尽最大努力)

L52 可以符号化如下：

L53. L∨B

但它也可以结合用箭头和波形号符号化如下：

L54. ~L→B

换句话说，L52 的意思等同于"我们尽最大努力，是我们不失败的必要条件"。

双条件句

"↔"符号［读作**双箭头**（double arrow）］，是用来对双条件句符号化的。例如：

L55. 玛丽是少年，当且仅当她处于 13 岁到 19 岁的年龄段时。（M：玛丽是少年；Y：玛丽处于 13 岁到 19 岁的年龄段）

📝 **双箭头**是双条件句的符号：↔。

这一命题可以符号化如下：

L56. M↔Y

L56 不仅是对 L55 的符号化，而且是对其变体的符号化，如：

a. 玛丽是少年，正当她处于 13 岁到 19 岁的年龄段时。
b. 玛丽作为少年存在是玛丽作为 13 岁到 19 岁年龄段的人的充分必要条件。

下列每一个命题都是一个双条件句。主算子是双箭头。

~H↔J

~K↔(P∨Q)

(L·M)↔(N→T)

汇总

我们一直在讨论如何将自然语言的命题翻译为命题逻辑的符号。让我们现在考虑一个例子，这将有助于我们实践我们的翻译技巧，并且说明一些将论证翻译为符号的更精细的点。

让我们从一个简单的论证开始：

L57. 科学界几乎没有什么疑问，碳排放导致全球变暖。如果碳排放导致全球变暖，那么我们应减少我们的碳足迹。因此，我们应减少我们的碳足迹。（C：碳排放导致全球变暖；R：我们应减少我们的碳足迹）

这个论证的结论是什么？它就是由最后一句中的"因此"这个词所表明的。接着它后面的就是结论，而它前面的就是前提。接着它后面的"我们应减少我们的碳足迹"这个命题，其缩写模式指派字母 R。因此，该论证的结论符号化为：

L58. R

现在来看第一个句子。它开始用"科学界几乎没有什么疑问"。这个短语的作用就是保证。它并不在我们的符号翻译中。（对于更多保证的作用，参看第 2 章。）因此，第一个句子把这个命题作为一个前提提供给我们："碳排放导致全球变暖"，其中的缩写模式指派字母 C。因此，该论证的第一个前提符号化为：

L59. C

该论证的第二个句子是一个条件句。它的前件是 C 而后件是 R。因此，它应该符号化为：

L60. C→R

现在，让我们把所有的部分综合起来。下面是该论证的自然语言表述和我们对它的符号化：

科学界几乎没有什么疑问，碳排放导致全球变暖。如果碳排放导致全球变暖，那么我们应减少我们的碳足迹。因此，我们应减少我们的碳足迹。(C：碳排放导致全球变暖；R：我们应减少我们的碳足迹)

符号表达：C，C→R ∴ R

注意，当我们将该论证符号化的时候，我们就能更容易地看到它是形式上有效的，因为我们可以更容易地看到它是一个肯定前件的例子。

让我们考虑另一个论证，比第一个更复杂的论证。

L61. 似乎对我来说，我们应该停止购买工厂化养殖肉类，并且我们必须抵制快餐馆。为什么我这样认为？好，因为这就是我们应该做的，如果道德上不允许吃工厂化养殖动物。但是道德上允许吃工厂化养殖动物，仅当工厂化养殖不会使它们痛苦。而且，工厂化养殖使动物痛苦就像你的狗尖叫一样显然，当你踩着她的脚趾的时候。(S：我们应该停止购买工厂化养殖肉类；B：我们必须抵制快餐馆；P：道德上允许吃工厂化养殖动物；F：工厂化养殖使动物痛苦)

注意，第一个句子开始用短语"似乎对我来说"，其在这里起樊篱的作用。它不应该包括在我们的符号翻译中。(要更多了解樊篱的作用，参看第 2 章。)还要注意，第二个句子是一个修辞问题，指出了随之而来的是之前发生的事情的原因。因此，结论是"我们应该停止购买工厂化养殖肉类，并且我们必须抵制快餐馆"。注意，这是两个命题的合取，给定缩写模式，应该符号化为：

  L62. S · B

剩余的语句是前提。论证中的第三句断言"这就是我们应该做的，如果道德上不允许吃工厂化养殖动物"，注意"如果"这个词，它表达了一个条件句。这个条件句的前件跟在"如果"的后面："道德上不允许吃工厂化养殖动物"。注意这里的"不"这个词，它表达了一个否定。因此，给定缩写模式，该前件应该符号化为~P。后件是短语"这就是我们应该做的"。这是回指称结论的一种方式。该条件句的后件应该符号化为 S · B。因此，我们应该符号化这一前提为：

  L63. ~P→(S · B)

下一个句子——"道德上允许吃工厂化养殖动物，仅当工厂化养殖不会使它们痛苦"——也是一个条件句。前件在"仅当"的前面，后件跟在它的后面。给定我们的缩写模式，前件已经被指派给字母 P。注意，后件包含了"不"这个词，它是一个否定。因此，给定缩写模式，它应该被符号化为 ~F。因此，前提应该符号化如下：

  L64. P→~F

最后的句子采用华丽辞藻，我们可以放心地将其排除在翻译之外。这里的前提是直接主张"工厂化养殖使动物痛苦"，给定缩写模式，它被符号化为：

  L65. F

让我们用手里的符号化，把碎片整合起来。首先，是最初的论证，进而对之符号化：

似乎对我来说，我们应该停止购买工厂化养殖肉类，并且我们必须抵制快餐馆。为什么我这样认为？好，因为这就是我们应该做的，如果道德上不允许吃工厂化养殖动物。但是道德上允许吃工厂化养殖动物，仅当工厂化养殖不会使它们痛苦。而且，工厂化养殖使动物痛苦就像你的狗尖叫一样显然，当你踩着她的脚趾的时候。（S：我们应该停止购买工厂化养殖肉类；B：我们必须抵制快餐馆；P：道德上允许吃工厂化养殖动物；F：工厂化养殖使动物痛苦）

用符号表示：~P→(S·B)，P→~F，F ∴ S·B

让我们试图把我们的符号化技巧用于另一个论证。医生和治疗专家通常的做法是，一有机会就破坏他们与患者关系的保密性，这样做可能有益于他人。有些人反对这种做法，提出了以下论点：

L66. 对一个医生来说，为了公共利益的原因而破坏与她的患者之间的保密性，道德上是允许的吗？不。因为道德上所允许的是，当且仅当对一个医生来说做以下的事情都不是错的：伤害她的病人，对医疗保密制度的侵蚀处理，损害她临床关系的诚实性。但显然，这每一件事情都是错的。（B：道德上允许一个医生为了公共利益而破坏与她的患者之间的保密性；H：医生伤害她的病人是错的；C：医生对医疗保密制度的侵蚀处理是错的；D：医生损害她临床关系的诚实性是错的）

关于上述论证有几件事情要注意。第一，该论证的结论——~B——出现在段落的开头，因为"对"这个词表明，后面的是前面的原因。然而，当我们用符号表达该论证的时候，结论将放在最后。第二，该论证的第一个前提是双条件句，因为主算子是"当且仅当"。双条件句的左边是 B，右边是三

个命题的合取：~H；~C；~D。第三，注意，不清楚的是，这个合取应该符号化为［(~H·~C)·~D］还是［~H·(~C·~D)］。事实上，在这个情况下，该两个符号表达式都意味着相同的东西，因此，我们可以任意选择其中一个。但并不是每个情况都是这样。你必须运用你的自然语言的意义和宽容原则来确定用一个符号表达还是用另一个符号表达更好，或者是否做任意选择都是正确的。我们可以将第一个前提表达如下：

L67. B↔[(~H·~C)·~D]

最后，注意该论证中最后的命题是断言三件事的简略方式：H、C和D。接下来，我们面临不能确定的选择。我们可以将这处理为三个不同的前提H、C、D，或者我们可以将它处理为合取，即断言

L68. (H·C)·D

事实上，在这个情况下，两种选择是相等的。但是，又一次，你在做出这样的决定的时候，必须仔细练习，表现出宽容。

将各个片段整合起来吧，下面是原来的论证和我们对它的符号化：

> 对一个医生来说，为了公共利益的原因而破坏与她的患者之间的保密性，道德上是允许的吗？不。因为道德上所允许的是，当且仅当对一个医生来说做以下的事情都不是错的：伤害她的病人，对医疗保密制度的侵蚀处理，损害她临床关系的诚实性。但显然，这每一件事情都是错的。(B：道德上允许一个医生为了公共利益而破坏与她的患者之间的保密性；H：医生伤害她的病人是错的；C：医生对医疗保密制度的侵蚀处理是错的；D：医生损害她临床关系的诚实性是错的)
>
> 用符号表示：B↔[(~H·~C)·~D]，(H·C)·D ∴ ~B

如果我们愿意，我们可以设计一个与这有点不同的论证，其中为了方便

参考，前提都做了编号：

---

1. B↔[（~H·~C）·~D]
2. （H·C）·D ∴ ~B

让我们对最后的论证符号化。医生有时面临不同的选择，是否及在什么时候告诉临终病人真相。有些人主张医生永远不应该隐瞒真相；其他人则主张有时它是允许的，并且医生在这些场合必须使用自由裁量权。下面是对第二个结论的一个论证：

L69. 一个医生应该永远不要隐瞒临终病人的真相吗？我不这样认为。因为，尽管病人有权知道他们状况的严重性，但是对一个医生来说有时隐瞒临终病人的真相是允许的，如果或者该病人没有准备好听坏消息或者医生并不准备说出它。有时一个医生不能说出坏消息，如果没有对患者状况表示绝望的话。如果是这种情况，则她还没准备好透露这个坏消息。有时一个患者正压抑其病情的严重性，或者容易受到严重的情感创伤，或者自杀。如果是这种情况，那么患者就不准备听到坏消息。因此，对一个医生来说有时隐瞒她临终病人的真相是允许的。(P：对一个医生来说有时隐瞒临终病人的真相是允许的；H：病人准备听到坏消息；D：医生准备说出坏消息；A：有时一个医生能够透露坏消息而不表达出对患者状况的绝望之情；R：患者压抑其病情的严重性；E：患者容易受到严重的情感创伤；S：患者容易自杀)

这个论证的结论——P，"对一个医生来说有时隐瞒临终病人的真相是允许的"——在文本的开头就指出来了，且在结束的时候最清晰。注意，文本的第三句话包括了承认患者有权知道他们病情的严重性。这是在第2章中我们称为折扣的一个例子，承认可能被认为是削弱一个论证的说服力或可靠性。它不是一个论证的前提。

现在，将折扣放一边，第三个句子陈述道，"对一个医生来说有时隐瞒临终病人的真相是允许的,如果或者该病人没有准备好听坏消息或者医生并不准备说出它",这里的主算子是"如果",表达了该命题是一个条件句。紧跟着"如果",是它的前件,是一个析取:"或者该病人没有准备好听坏消息或者医生并不准备说出它"。注意否定。给定缩写模式,我们将这个析取表达如下:~H∨~D。"如果"之前的部分,即条件句的后件,是该论证的结论,我们已经视同为P。所以,记住,我们必须把前件放在条件句的第一位,我们就有了第一个前提。

L70. (~H∨~D)→P

我们用~H∨~D周围的圆括号表达该事实,即前件是一个取析而主算子是箭头。

　　第一个前提所做出的主张是足够显然的:如果或者~H或者~D,则P。一个自然的问题就出现了:好,这是~H或者~D的情况吗?我们将期待有人断定(~H∨~D)→P,而且想得出结论:P是对这个问题的回答。事实上,这就是我们所要发现的。因为论证仍在继续,所以,有理由思考~H和~D都是真的。

　　首先,我们有理由认为~D是真的:"有时一个医生不能说出坏消息,如果没有对患者状况表示绝望的话。如果是这种情况,则她还没准备好透露这个坏消息。"注意,这里的第二句话是一个条件句,其前件是对第一个句子的快速回指:"如果[即之前的命题]是这种情况……"也要注意,"不"这个词出现两次。记住这些情况,并且给定缩写模式,我们可以表达这两个命题如下:

L71. ~A
L72. ~A→~D

　　其次,我们有理由思考~H是真的:"有时一个患者正压抑其病情的严重性,或者容易受到严重的情感创伤,或者自杀。如果是这种情况,那么患者就不准备听到坏消息。"注意,这里的第二句话是一个条件句:它的前件快速回指第一个句子，其后件是~H。也要注意，第一个句子包含"或者"这个词两次。这给了我们一个选择：使用缩写模式，我们将该句子表达为 R∨(E∨S) 还是 (R∨E)∨S？事实上，在这种情况下，两个表达式有同样的意义；因此，我们可以选择它们中的任何一个。但请记住：并不是每一种情况都像这样。你必须根据你对自然语言的掌握，一方面，运用宽容原则来确定是否用一个表达式比另一个表达式更好，或者另一方面，是否要做的任意选择都是正确的。记住这些事情，给定缩写模式，我们就可以表达析取和条件句如下：

L73. (R∨E)∨S
L74. [(R∨E)∨S] →~H

段落中最后的命题是对结论的重申：P。

综合起来，下面是最初的论证和我们对它的符号化：

一个医生应该永远不要隐瞒临终病人的真相吗？我不这样认为。因为，尽管病人有权知道他们状况的严重性，但是对一个医生来说有时隐瞒临终病人的真相是允许的，如果或者该病人没有准备好听坏消息或者医生并不准备说出它。有时一个医生不能说出坏消息，如果没有对患者状况表示绝望的话。如果是这种情况，则她还没准备好透露这个坏消息。有时一个患者正压抑其病情的严重性，或者容易受到严重的情感创伤，或者自杀。如果是这种情况，那么患者就不准备听到坏消息。因此，对一个医生来说有时隐瞒她临终病人的真相是允许的。

符号表达式：(~H∨~D)→P，~A，~A→~D，(R∨E)∨S，[(R∨E)∨S] →~H ∴ P

在这一点上，我们已经介绍和说明了命题逻辑中的符号化基础。其实，你以人们学习自己的母语的沉浸的方式，已经学会了这些基础。在结束本节的时候，更明晰而简明地描述一下我们命题逻辑符号系统的语法，也许是有帮助的。

命题逻辑符号系统：一个更简明的阐述

我们的命题逻辑符号系统的词汇表包括圆括号、逻辑算子（~、∨、·、→、↔）和命题字母（即大写字母 A 到 Z）。命题逻辑的表达式是该词汇表的任意符号系列，如（→S∨↔(N~)）。一个语法上正确的符号表达式称为**一个合式公式**（well-formed formula，简写为 WFF）。为了总结什么是合式公式，我们用斜体小写字母 *p* 和 *q* 作为**命题变项**（statement variables），表示任一命题。例如，在下列概要中，命题变元 *p* 可以表示 A，表示 ~B，表示（C ∨ ~D），表示（E · F），表示（G→H），等等。

> 一个**合式公式**（简写为 WFF）是一个语法上正确的符号表达式。
> **命题变项**是对任意命题起占位符作用的小写字母——例如 *p*，*q*，*r*，*s*。

在下列条件下的一个符号表达式是合式公式：

1. 大写字母（表示原子命题）是合式公式。
2. 如果 *p* 是合式公式，则 ~*p* 是合式公式。
3. 如果 *p* 和 *q* 是合式公式，则（*p* · *q*）是合式公式。
4. 如果 *p* 和 *q* 是合式公式，则（*p* ∨ *q*）是合式公式。
5. 如果 *p* 和 *q* 是合式公式，则（*p*→*q*）是合式公式。
6. 如果 *p* 和 *q* 是合式公式，则（*p*↔*q*）是合式公式。

除了通过应用上述条件所得到的公式，其他都不是合式公式。综合起来，这些条件是我们符号语言的语法基础。

让我们现在应用我们的语法于一些表达式，使其符号语言的作用更明晰。

请考虑下列表达式：

---

a. 鸭嘴兽的咕噜咕噜声

b. *p*

c. M

d. （M）

e. ~M
f. (~M)

表达式（a）不是合式公式，因为我们的词汇表并不包括任意自然语言的这些词或命题。表达式（b）不是合式公式，因为我们的语言词汇表中没有小写字母。小写字母仅仅被用作命题变项表达条件句，其中在我们语言中的一个表达式是合式公式。表达式（c）是合式公式。证明：条件1断定，大写字母是合式公式，并且M是大写字母，因此，M是合式公式。表达式（d）不是合式公式，因为我们的条件没有一个断定我们可以放圆括号在大写字母周围。表达式（e）是合式公式。证明：根据条件2，~M是合式公式，并且根据条件1，M是合式公式。表达式（f）不是合式公式，因为条件2并没有断定，我们可以放圆括号在否定的周围，因此，我们不应该这样做。

现在请考虑下列表达式：

g. (M·N)　　k. M·N
h. (M∨N)　　l. M∨N
i. (M→N)　　m. M→N
j. (M↔N)　　n. M↔N

左栏所有表达式都是合式公式。表达式（g）是合式公式，因为根据条件3，(M·N) 是合式公式，如果M和N都是合式公式，并且根据条件1，它们都是合式公式。表达式（h）是合式公式，因为根据条件4，(M∨N) 是合式公式，如果M和N都是合式公式，并且根据条件1，它们都是合式公式。表达式（i）是合式公式，因为根据条件5，(M→N) 是合式公式，如果M和N都是合式公式，并且根据条件1，它们都是合式公式。表达式（j）是合式公式，因为根据条件6，(M↔N) 是合式公式，如果M和N都是合式公式，并且根据条件1，它们都是合式公式。右栏的表达式没有一个是合式公式，因为没有条件断定，我们可以引入一个点号、V形号、箭头或双箭头，而没有圆括号在结果表达式的周围。

到目前为止，我们的条件应用到符号表达式已经直截了当。让我们现在看一看一些更复杂的例子，表明如何用我们的语法来证明，一个表达式是一个合式公式。

o. （A∨（B→C））

表达式（o）是合式公式。注意，∨形号是主算子，并且根据条件4，（A∨（B→C））是合式公式，如果A和（B→C）都是合式公式。当然，A是合式公式，根据条件1，并且根据条件5，（B→C）是合式公式，如果B和C是合式公式，并且根据条件1，它们是合式公式。下面是一个更复杂的表达式：

p. （（A∨（B→C））↔（D·E））

表达式（p）也是合式公式。注意，双箭头是主算子，并且根据条件6，（（A∨（B→C））↔（D·E））是合式公式，如果（A∨（B→C））和（D·E）是合式公式。当然，正像前面我们已证明的，（A∨（B→C））是合式公式，并且根据条件3，（D·E）是合式公式，如果D和E是合式公式，当然，根据条件1，它们是合式公式。

说到这儿，我们已经严格应用我们的语法。为了方便，我们将在两种场合放松它。首先，我们允许去掉圆括号以避免混乱，前提是我们不产生歧义。说明：在表达式（o）中，如果我们去掉最外层的圆括号不产生歧义，那么下列违背规则就是允许的。

q. A∨（B→C）

但假设我们去掉表达式（o）中最内层的圆括号：

r.（A∨B→C）

违背规则的表达式（r）并不是允许的，因为它产生了一个歧义。一方面，它会意味着两个不同的事物之一。

s. A∨（B→C）

另一方面，仅仅去掉没有歧义产生时的圆括号。

t.（A∨B）→C

其次，即使我们的字母表没有提及中括号，但我们允许在长的表达式中用中括号替换圆括号，因为有时这使命题更容易阅读。所以，表达式

u.（A∨（B→C））↔（（D·E）∨F）

可能更容易阅读，如下：

v. [A∨（B→C）]↔[（D·E）∨F]

我们在本节所发展的符号语言，作为表达论证形式的手段是非常有用的。

定义概要

原子命题是不包含任何其他命题作为组成部分的命题。
复合命题是含有至少一个原子命题作为组成部分的命题。

> **缩写模式**是为每一个原子命题指派一个不同的大写字母。
>
> **波形号**是表示否定的符号：~。
>
> 在一个复合命题中的**主逻辑算子**支配大量的支命题或一个复合命题的支命题。
>
> **次逻辑算子**支配较少的支命题。
>
> 点号是合取的符号：·。
>
> **V 形号**是析取的符号：∨。
>
> 三点是用来标明结论的符号：∴。
>
> 箭头是条件句的符号：→。
>
> 双箭头是双条件句的符号：↔。
>
> 一个**合式公式**（简写为 WFF）是一个语法上正确的符号表达式。
>
> **命题变项**是对任意命题起占位符作用的小写字母——例如 p，q，r，s。

练习 7.1

7.2 真值表

在本节中，我们将考察五个基本类型的复合句的真值表，它们是通过上节所引入的算子构成的。

真值表背后的主要思想是，某些复合命题的真值是构成它们的原子命题的真值的函数。说一个复合命题是**真值函数**（truth-functional），如果其真值完全由构成它的原子命题的真值所决定。让我们现在来考察一系列真值函数的复合句。

> 一个复合命题是**真值函数**，如果其真值完全由构成它的原子命题的真值所决定。

我们将再次使用斜体小写字母 p 和 q 作为命题变元来表示任一命题。例如，命题变元 q 可以表示 A，表示 ~B，表示 ~C∨D，或者表示 E↔F，等等。

否定

否定（用波形号表示）有被否定命题的相反的真值。例如，命题"伯特兰·罗素生于 1872 年"是真的。因此其否定"伯特兰·罗素不是生于 1872 年"是假的。"约翰·肯尼迪生于 1872 年"是假的，因此其否定"约翰·肯尼迪不是生于 1872 年"是真的。所以，否定是真值函数复合句。我们可以把这种图称为**真值表**（truth table），如下所示：

p	$\sim p$
T	F
F	T

该表有两竖栏，左边一栏，右边一栏。左边一栏给出了任一命题 p 的可能真值，即 T（真）和 F（假）。右边一栏给出了否定 ~p 的对应真值。该表也有两行。在第 1 行，p 是真的，因此其否定是假的。在第 2 行，p 是假的，因此其否定是真的。

你可能问，"波形号在我们的符号语言中意味着什么？"好问题。回答是，波形号的意义是由其真值表来具体说明的。波形号并不意味着"并非"或者日常语言中表达否定所用到的任何别的词或短语。相反，波形号是"并非"和日常语言中表达否定所用到的别的词或短语的翻译。更一般地，我们符号语言中的一个逻辑算子的真值表，具体说明了这个算子的意义。

> 一个逻辑算子的**真值表**，具体说明了这个算子在我们符号语言中的意义。

合取

一个合取（用点号表示）是真的，如果在其合取项都真时；否则，它是假的。所以，一个假的合取项会导致整个合取假。例如，"圣奥古斯丁和亚伯拉罕·林肯都生于 354 年"是假的，因为尽管圣奥古斯丁生于 354 年是真的，但林肯却不是。我们可以将合取的真值与其合取项的真值之间的关系总结如下：

p	q	$p \cdot q$
T	T	T
T	F	F
F	T	F
F	F	F

这里，左边两栏列举了对于任何两个命题的全部可能真值。第 1 行表达了两个命题都真的情况。第 2 行和第 3 行表达了命题真值不同的两种情况（p 真 q 假和 p 假 q 真）。最后，第 4 行表达了两个命题都假的情况。仅当合取项都是真的（即第 1 行），带点号下的栏指示合取整个是真的；否则，合取整个是假的。

析取

析取（用 V 形号表示）是假的，如果两个析取项都是假的；否则，它是真的。请考虑下列例子：

L75. 或者乔治·华盛顿或者约翰·肯尼迪生于 2003 年（或者都是）。

L76. 或者亚伯拉罕·林肯或者安德鲁·杰克逊生于 1809 年（或者都是）。

L77. 或者富兰克林·罗斯福或者吉米·卡特是民主党员（或者都是）。

命题 L75 是假的，因为它的两个合取项都是假的。L76 是真的，因为林肯生于 1809 年。（该命题整个来说是真的，即使杰克逊不是生于 1809 年而是生于 1767 年。）L77 是真的，因为罗斯福和卡特都是民主党员。

V 形号的真值表如下：

p	q	$p \vee q$
T	T	T
T	F	T
F	T	T
F	F	F

而且，左边的栏表达了任何两个命题的四种可能的真值组合。仅当析取项都是假的（即第 4 行），带 V 形号下的栏指示析取是假的；否则，析取整个是真的。

条件句

自然语言的条件句是相当复杂的，我们更需要在一些细节上讨论箭头和自然语言"如果-那么"之间的关系。请考虑下列例子：

L78. 如果有些狗不是牧羊犬，那么没有狗是牧羊犬。

L79. 如果乔治·华盛顿出生在吉米·卡特之前，那么吉米·卡特出生在乔治·华盛顿之前。

L80. 如果物体相互之间产生吸引力，那么一个从地球表面射出的拳头大小的枪弹将总是飘浮在空气中。

上述每一个条件句都有真前件和假后件。并且任一条件句都是假的。的确，一个自然语言的条件句当其前件真而后件假时总是假的。正像所表明的，这一事实是如此重要，以至于逻辑学家已经定义了一种特别类型的条件句，即**实质条件句**（material conditional），它是假的，仅当其前件真而后件假。

> **实质条件句**是一个条件句，它是假的，仅当其前件真而后件假；否则，它是真的。

用箭头所表达的实质条件句的真值表如下：

p	q	$p \to q$
T	T	T
T	F	F
F	T	T
F	F	T

现在来考虑下列四个自然语言语句，它们对应于实质条件句的真值表的四种情况：

a. 如果埃菲尔铁塔在法国，那么埃菲尔铁塔在欧洲。
b. 如果埃菲尔铁塔在法国，那么埃菲尔铁塔在美国。
c. 如果埃菲尔铁塔在德国，那么埃菲尔铁塔在欧洲。
d. 如果埃菲尔铁塔在俄亥俄，那么埃菲尔铁塔在美国。

除了 b 外，上述每一个条件句都是真的。在 a 中，前件和后件都是真的。在 c 中，前件假而后件真；条件句自身是真的，因为如果埃菲尔铁塔在德国，则它显然在欧洲。似乎也可以得到，一个条件句在前件和后件都假时可以是真的，d 表明了这一点：如果埃菲尔铁塔在俄亥俄，则当然它也在美国。

现在，似乎可以说自然语言中的"如果-那么"是真值函数，对于实质条件句的真值表也是对于自然语言中的"如果-那么"的真值表。遗憾的是，事情不是那么简单。请考虑下列情况：

a. 如果 1+1=2，那么埃菲尔铁塔在法国。
b. 如果埃菲尔铁塔在俄亥俄，那么它在欧洲。
c. 如果埃菲尔铁塔在德国，那么它在美国。

在 a 中，前件和后件都是真的，但我们也许会怀疑它的真实性，因为前件和后件之间不存在关联性。在 b 中，前件假而后件真。如果我们依据实质条件句的真值表，我们就会说 b 是真的，但它是假的。如果埃菲尔铁塔在俄亥俄，那么它肯定不在欧洲。类似地，c 似乎为假。如果埃菲尔铁塔在德国，那么它肯定不在美国。然而，如果我们根据实质条件句的真值表，我们必定得出 c 是真的，因为前件和后件都是假的。

如果真值表并不对（一般）日常语言条件句的真值和其构成部分的真值之间的关系给出一个精确的刻画，那么条件句的真值表有什么好处呢？逻辑学家不同意对这一问题的回答，但他们倾向于同意：当真值表方法被应用于论证时，它更好地让我们确信了第 1 章介绍过的那些直觉性推理规则的有效性——肯定前件式、否定后件式、假言三段论、析取三段论和构成式二难推理。而且，它确证了我们相信否定前件和肯定后件的通常的形式谬误的无效性。简言之，实质条件句捕获了自然语言条件句的部分意义，这些条件句对于命题逻辑的基本论证形式的有效性是本质上的。

双条件句

正如我们所看到的，双条件句实质上是条件句的合取。因为我们将条件句处理为实质条件句，所以，我们将双条件句处理为实质条件句的合取。结果就是逻辑学家所称的**实质双条件句**（material biconditional），它是真的，当其两个组成命题有同样的真值；当其两个组成命题的真值不同时，它是假的。

> 一个**实质双条件句**是两个实质条件句的合取，它是真的，当其两个组成命题有同样的真值；它是假的，当其两个组成命题的真值不同。

所以，用双箭头来表示的实质双条件句的真值表，如下：

p	q	$p \leftrightarrow q$
T	T	T
T	F	F
F	T	F
F	F	T

如果人们记住一个双条件句事实上就是两个条件句的合取，则双条件句的真值也许更容易理解。考虑一个例子：

L81. 林肯赢得选举，当且仅当道格拉斯败选。

命题 L81 可以被分解为如下两个条件命题：

L82. 林肯赢得选举，如果道格拉斯败选。
L83. 林肯赢得选举，仅当道格拉斯败选。

在标准形式中，L82 和 L83 应该是如下情况：

L84. 如果道格拉斯败选，那么林肯赢得选举。
L85. 如果林肯赢得选举，那么道格拉斯败选。

因此，L81 可以改写为两个条件句的合取：

L86. 如果林肯赢得选举，那么道格拉斯败选；而且如果道格拉斯败选，那么林肯赢得选举。（L：林肯赢得选举；D：道格拉斯败选）

关于双条件句做些说明。让我们符号化 L81 和 L86，进而检验看是否这些命题的真值表相像。L81 和 L86 用符号表示如下（相应地）：

L87. $L \leftrightarrow D$
L88. $(L \rightarrow D) \cdot (D \rightarrow L)$

让我们做出 L88 的真值表。第 1 行如下：

L	D	$(L \rightarrow D)$	$\cdot$	$(D \rightarrow L)$
T	T	T	T	T

当 L 和 D 都真时，当然 L→D 是真的，因此 D→L 也是真的。因此，我们放一个"T"在主算子点号（·）下面，因为两个合取项都是真的。现在让我

们增加第 2 行真值表：

```
L   D  |(L→D) · (D→L)
T   T  |  T   T   T
T   F  |  F   F   T
```

当 L 真 D 假时，L→D 是假的，而 D→L 是真的。（记住：实质条件句是假的，仅当前件真而后件假。）因此，我们有一个假合取项和一个真合取项的合取。我们放一个"F"在点号下边，因为一个假合取项使得整个合取是假的。

接下来，我们来填第 3 行的真值表：

```
L   D  |(L→D) · (D→L)
T   T  |  T   T   T
T   F  |  F   F   T
F   T  |  T   F   F
```

当 L 假 D 真时，L→D 是真的，而 D→L 是假的。因此，我们再将一个"F"放在点号下，因为我们有一个假合取项。我们现在可以加上第 4 行即最后一行的真值表：

```
L   D  |(L→D) · (D→L)
T   T  |  T   T   T
T   F  |  F   F   T
F   T  |  T   F   F
F   F  |  T   T   T
```

当 L 和 D 都假时，L→D 是真的，因此 D→L 也是真的。我们在点号下放一个"T"，因为两个合取项都是真的。

点号下的栏一行一行地给了我们整个陈述的真值。点号下的栏，的确如双条件句的真值表中双箭头下的栏：

```
L   D  | L↔D
T   T  |  T
T   F  |  F
F   T  |  F
F   F  |  T
```

五个复合句真值表概要

否定		合取			析取			条件句			双条件句		
p	$\sim p$	p	q	$p \cdot q$	p	q	$p \vee q$	p	q	$p \rightarrow q$	p	q	$p \leftrightarrow q$
T	F	T	T	T	T	T	T	T	T	T	T	T	T
F	T	T	F	F	T	F	T	T	F	F	T	F	F
		F	T	F	F	T	T	F	T	T	F	T	F
		F	F	F	F	F	F	F	F	T	F	F	T

定义概要

一个复合命题是**真值函数**，如果其真值完全由构成它的原子命题的真值所决定。

一个逻辑算子的**真值表**，具体说明了这个算子在我们符号语言中的意义。

实质条件句 是一个条件句，它是假的，仅当其前件真而后件假；否则，它是真的。

一个**实质双条件句**是两个实质条件句的合取，它是真的，当其两个组成命题有同样的真值；它是假的，当其两个组成命题的真值不同。

练习 7.2

7.3 用真值表评价论证

我们现在使用真值表来评价论证的有效性和无效性。让我们从考察一个具有否定后件式的论证开始。

L89. 如果林肯有 8 英尺①高，那么林肯高于 7 英尺。但并非林肯高于 7 英尺。

由此可以推出林肯没有 8 英尺高。（L：林肯有 8 英尺高；S：林肯高于 7 英尺）

该论证可以符号化如下：

L90. L→S, ~S ∴ ~L

首先，我们给出 L 和 S 的所有真值指派。既然存在两个真值（真和假），我们的真值表就必须有 2^n 行，n 是符号论证中命题字母的数量。在这种情况下，我们正好有两个命题字母 L 和 S，因此，我们的真值表将有 2^2 行（$2^2=2×2=4$）。真值指派可以完全按机械的方式产生，的确，重要的是机械地产生它们时既要避免错误又要使信息完备。在离竖线最近的栏里（即 S 下的栏），只要交替地写 T_S 和 F_S。在左边的下一栏（即 L 下的栏），交替地写一对（两 Ts，跟着两 Fs）。如下：

L	S
T	T
T	F
F	T
F	F

进而在表的顶端线上写出该论证的前提。接下来，在第 1 行，我们将原

---

① 1 英尺等于 0.304 8 米。——译者注

子命题的真值表从竖线的左边移到竖线的右边，将这些真值直接放在前提的原子字母下面。最后，我们将真值放在前提的逻辑算子下面。第 1 行如下：

L	S	L → S,	~ S	∴	~ L
T	T	T T T	F T		F T

正像我们所看到的，当 L 和 S 都为真时，L→S 是真的。当然，当 S 真时，~S 是假的，而且当 L 为真时，~L 为假。

接下来，我们填第 2 行的真值：

L	S	L → S,	~ S	∴	~ L
T	T	T T T	F T		F T
T	F	T F F	T F		F T

由于前件真而后件假，所以，L→S 在表的这一行为假。既然 S 假，~S 必定为真。而且既然 L 为真，所以，~L 必定为假。

现在我们增加第 3 行：

L	S	L → S,	~ S	∴	~ L
T	T	T T T	F T		F T
T	F	T F F	T F		F T
F	T	F T T	F T		T F

条件句前提当其前件假而后件真时是真的。显然，当 S 真时，~S 假，当 L 假时，~L 真。

要完成该表，我们增加第 4 行即最后一行即可。

L	S	L → S,	~ S	∴	~ L
T	T	T T T	F T		F T
T	F	T F F	T F		F T
F	T	F T T	F T		T F
F	F	F T F	T F		T F

该条件句前提在第 4 行中真。L 和 S 在该行都是假的，因此，~S 和~L 都是真的。一旦该表完成，我们就集中到一个前提的主算子和结论下面的栏。（如果我们在纸上做了真值表，那么它就会帮助我们明确这些栏目，像正文所显示的那样。）

现在，关于论证，真值表告诉了我们什么呢？表的每一行都描述了非常抽象的一个可能情况。我们所在寻找的是这样一行，因此也是一种可能情况，其中前提都真而结论为假。如果能够发现这样一行（或情况），那么该论证形式就是无效的。考虑到有效性保真——如果从真的前提开始，并且进行有效推理，你将得到一个真实的结论。因此，如果一个论证形式可以从真前提导出假结论，则该论证形式是无效的。正像我们在符号论证 L90 中所看到的，其形式是否定后件式，我们看到，不存在所有的前提都真而结论假的行。这意味着，该论证有一个有效形式。因此，该论证本身是有效的。自然语言论证 L89 因为有同样的形式，所以它也是有效的。

现在，让我们来看看，当我们应用真值表方法于一种形式谬误时会发生什么情况。这里是一个具有否定前件谬误形式的论证。

L91. 如果社会赞成基因工程，那么基因工程在道义上是允许的。但社会并不赞成基因工程。所以，基因工程在道义上是不允许的。（S：社会赞成基因工程；G：基因工程在道义上是允许的）

我们将该论证翻译为如下符号：

L92. S→G，~S ∴ ~G

真值表如下：

S	G	S	→	G,	~	S	∴	~	G
T	T	T	T	T	F	T		F	T
T	F	T	F	F	F	T		T	F
F	T	F	T	T	T	F		F	T*
F	F	F	T	F	T	F		T	F

存在前提都真而结论为假的行吗？是的，第 3 行。这表明，该论证形式是无效的，因为它并不保真。我们将用一颗星 * 表明哪一行显示了无效性。该表给了我们另外一点信息，即该形式在条件句前提的前件（即 S）为假而

后件（即 G）为真的情况下所揭示的无效性。

该推论模式总是无效的，因为它总是前提都真而结论为假。

当然，并不是所有的真值表都像我们到目前为止所考察的一样短。让我们看一下，当我们将真值表方法应用于有三个命题字母的论证时会发生什么。

L93. 如果赤道雨林所产生的氧为美国人所用，那么或者美国人应该为氧付款，或者他们应该停止抱怨对雨林的破坏。但是或者并非美国人应该为氧付款，或者并非美国人应该停止抱怨对雨林的破坏。所以，并非赤道雨林产生的氧为美国人所用。（E：赤道雨林产生的氧为美国人所用；P：美国人应该为氧付款；S：美国人应该停止抱怨对雨林的破坏）

运用所提供的缩写模式，上述论证翻译为符号如下：

L94. E→(P∨S), ~P∨~S ∴ ~E

现在，我们准备构造一个真值表。我们按照出现在我们的符号化表中的顺序列出命题字母：E、P、S。既然一个真值表必须有 2^n 行，其中 n 是出现在我们符号术语中的命题字母的数量，在这种情况下我们需要一个具有 8（$2^3 = 2×2×2 = 8$）行的表。为了三个命题字母机械地产生每一个可能的真值组合，我们在 S 的下方，离直线最近的栏里交替地写 Ts 和 Fs。然后，我们在左边的下一栏里，即 P 下交替地写一对（两个 Ts，跟着两个 Fs，等等）。接下来，我们在左边更远的栏里，即 E 下交替地写四个（四个 Ts，跟着四个 Fs）。最后，我们把论证本身加在最上方。结果如下：

E	P	S	E→(P∨S), ~P∨~S ∴ ~E
T	T	T	
T	T	F	
T	F	T	
T	F	F	

```
F  T  T
F  T  F
F  F  T
F  F  F
```

重要的是要根据指出的方式产生可能的真值组合，有两个理由。第一，这样做将使你能够迅速而准确地构造真值表。第二，为了精确地比较或检查的目的，需要一个产生真值组合的标准方法。

接下来，我们在真值表中逐行填入前提和结论。以下是第 1 行的详细操作说明。这些说明的要点，对你来说就是要看到，指派 Ts 和 Fs 背后的推理。它们对于你完成真值表剩余的七行应该是足够的。在我们说明的最后，我们将展示完全的真值表。

让我们开始。第 1 行，E、P 和 S 都被指派 T。当我们将 T 放在它们的下面之后，无论它们出现在前提和结论中的什么地方，我们来考虑第一个前提：E→(P∨S)。主算子是箭头。我们想要知道给它指派什么样的真值。要知道这一点，我们需要知道前件 E 和后件 P∨S 的真值。我们可以看到，在这一行，原子命题 E 被指派一个 T。我们现在需要解决指派什么真值给一个析取 P∨S。要知道这一点，我们需要知道 P∨S 的真值。我们看到，第 1 行原子命题 P 被指派一个 T，原子命题 S 被指派一个 T。因此，一个析取为真，如果至少它的一个支命题为真，析取 P∨S 被指派一个 T。我们写一个 T 在真值表的第 1 行，正处于 P∨S 中的 ∨ 形号的底下。结果如下：

```
E  P  S │ E → (P∨S), ~ P ∨ ~ S ∴ ~ E
T  T  T │ T    TTT    T     T      T
T  T  F │
T  F  T │
T  F  F │
F  T  T │
F  T  F │
F  F  T │
F  F  F │
```

因为第 1 行中的 E 被指派一个 T，而且我们正好知道 P∨S 被指派一个 T，所以，实质条件句 E→(P∨S) 有一个真前件和真后件。一个实质条件句为真，当它的前件为真并且后件为真时，因此，E→(P∨S) 被指派一个 T。写一个 T 在真值表的第 1 行，正好处于箭头的下边，如下所示：

E	P	S	E → (P∨S), ~P ∨ ~S ∴ ~E
T	T	T	T T T T T T T
T	T	F	
T	F	T	
T	F	F	
F	T	T	
F	T	F	
F	F	T	
F	F	F	

现在，让我们转向第二个前提：~P∨~S。主算子是∨。我们想要知道指派什么真值给它。要知道这一点，我们就需要知道两个支命题~P 和~S 的真值。让我们从~P 开始。因为~P 是一个否定，一个否定的真值与它所否定的命题的真值相反，所以，我们需要知道 P 的真值。我们可以看到，在这一行，原子命题 P 被指派一个 T。因此，我们指派一个 F 给~P。我们用类似的推理指派一个 F 给~S。因此，我们写 F 在真值表的第 1 行，一个处于~P 的波形号的下边，一个处于~S 的波形号的下边，如下所示：

E	P	S	E → (P∨S), ~P ∨ ~S ∴ ~E
T	T	T	T T T T T F T F T T
T	T	F	
T	F	T	
T	F	F	
F	T	T	
F	T	F	
F	F	T	
F	F	F	

一个析取是假的，如果它的两个支命题都是假的。~P 为 F，且~S 是 F，因此，我们指派一个 F 给~P∨~S。因此，我们写一个 F 在真值表的第 1 行，正处于~P∨~S 中的∨形号的下边，如下所示：

E	P	S	E→(P∨S) , ~P∨~S ∴ ~E
T	T	T	TT TTT FTFFT T
T	T	F	
T	F	T	
T	F	F	
F	T	T	
F	T	F	
F	F	T	
F	F	F	

现在我们在第 1 行中还剩下的就是结论。因为它是否定的，否定的真值与它所否定的命题的真值相反，所以，我们需要知道 E 的真值。我们可以看到，这一行中原子命题 E 被指派了一个 T。因此，我们指派一个 F 给~E。因此，我们在真值表的第 1 行写一个 F，正处于~E 中的波形号的下边，即：

E	P	S	E→(P∨S) , ~P∨~S ∴ ~E
T	T	T	TTTTT FTFFT FT
T	T	F	
T	F	T	
T	F	F	
F	T	T	
F	T	F	
F	F	T	
F	F	F	

我们用类似的推理来为剩下的七行指派真值。你将发现，这个过程进展得更快，如果对于每一类复合命题，你都理解和记住它们为真和假的条件。下面是记住的方便方法：

记住复合句的真值定义		
复合句	符号	要记住的方法
否定	~	总是相反
合取	·	总是假的，除了两个支命题都真
析取	∨	总是真的，除了两个支命题都假
实质条件句	→	总是真的，除了前件真而后件假
实质双条件句	↔	总是真的，除了两个支命题有不同的真值

完全的真值表如下：

E	P	S	E	→	(P∨S),	~P∨~S ∴ ~E
T	T	T	T	T	T T T	F T F F T F T
T	T	F	T	T	T T F	F T T T F F T*
T	F	T	T	T	F T T	T F T F T F T*
T	F	F	T	F	F F F	T F T T F F T
F	T	T	F	T	T F T	F T F F T T F
F	T	F	F	T	T T F	F T T T F T F
F	F	T	F	T	F T T	T F T F T T F
F	F	F	F	T	F F F	T F T T F T F

现在，我们来检查该表看是否存在任何前提都真而结论假的行。（如果我们在纸上画真值表，可以一开始就注意到这些行，如上面所指出的那样。）第 2 行和第 3 行符合这个条件，因此该论证——论证 L93，符号化为论证 L94——是无效的。（一个论证是无效的，只要至少有一行符合这个条件。）

真值表方法的确有一个致命的局限：当论证变得更长时，它将变得笨拙。例如，假设我们希望评价一个包含构成式二难的论证。通过符号化，我们能得出：

L95. A∨B，A→C，B→D ∴ C∨D

这里，我们有四个命题字母，因此我们的真值表有 16（$2^4 = 2×2×2×2 = 16$）行。该真值表如下：

A	B	C	D	A∨B,	A→C,	B→D ∴	C∨D
T	T	T	T	T	T	T	T
T	T	T	F	T	T	F	T
T	T	F	T	T	F	T	T
T	T	F	F	T	F	F	F
T	F	T	T	T	T	T	T
T	F	T	F	T	T	T	T
T	F	F	T	T	F	T	T
T	F	F	F	T	F	T	F
F	T	T	T	T	T	T	T

```
F T T F | T   T   F   T
F T F T | T   T   T   T
F T F F | T   T   F   F
F F T T | F   T   T   T
F F T F | F   T   T   T
F F F T | F   T   T   T
F F F F | F   T   T   F
```

该论证是有效的，因为不存在所有前提都真而结论假的行。注意，左边最初的真值指派是由前面描述的机械方法产生的：在最靠近直线的字母（表中的 D）下边交替地使用 Ts 和 Fs；在左边下一个字母（C）下面交替地写 2 个 Ts 和 Fs；在下一个字母（B）下边交替地写 4 个 Ts 和 Fs；最后，交替地写 8 个 Ts 和 Fs。包含 5 个命题字母的真值表将需要多少行呢？32 行（$2^5 = 2 \times 2 \times 2 \times 2 \times 2 = 32$）。如果包含 6 个命题字母，我们将需要有 64 行的真值表。因此，当应用于包含许多命题字母的论证时，该真值表方法是冗长的。但它是在许多情况下有用的一个强有力的方法。

真值表方法概要

1. 机械地指派真值。

a. 按照它们在我们符号化中出现的次序，从左到右摆放原子命题的大写字母。

b. 对原子命题的行的数量，你需要的是 2^n 个，其中的 n 表示原子命题的数量。

c. 开始指派真值给栏里的原子命题，通过首先指派真值给远的命题：在它的底下的栏中交替地写 Ts 和 Fs。左边的下一栏，交替地写一对 Ts 和 Fs。左边的再下一栏，交替地写 4 个 Ts 和 Fs。左边的下一栏，交替地写 8 个 Ts 和 Fs，以此类推（加倍）。

2. 对每一个前提和结论，写下原子命题的真值。

3. 识别每一个前提和结论中的主逻辑算子。

4. 在复杂的复合命题情况下，先计算比较简单的复合句的真值，然后努力"向外"作用到主逻辑算子。

5. 寻找一行，其中所有前提都为真而结论为假。假设你已经正确地做了这一点，那么如果还存在这种情况，则该论证就是无效的。如果不存在，则它就是有效的。

练习 7.3

7.4 简化真值表

正像我们所看到的，当应用于具有三个以上的命题字母时，真值表方法是相当冗长的。在本节中我们将考察**简化真值表法**（abbreviated truth table method），它是一种用真值表来证明有效性和无效性的并不冗长的方法。简化真值表背后的必要考察是：如果存在真值表的一行，使得其所有前提真而结论假，那么我们已证明该论证形式是无效的。简化真值表法的中心策略就是，假设存在着这样的一行，则证实该假设，因此证明该论证是无效的，或者证伪它，因此证明该论证是有效的。

简化真值表法是一种用真值表来证明有效性和无效性的并不冗长的方法。

让我们看一个例子：

L96. 如果我在思考，那么我的神经在活动。因此，如果我的神经在活动，那么我在思考。（A：我在思考；N：我的神经在活动）

运用所提供的缩写模式，我们可以符号化该论证如下：

L97. A→N ∴ N→A

我们以假设该论证是无效的开始。如果这一假设是真的，那么将至少在真值表的一行存在一个真值指派，其中所有前提为真而结论为假。下面是我们如何表达我们的假设：

```
 A  N │ A→N ∴ N→A
      │  T      F
```

注意，这时，离开 A 和 N 下面的区域，到竖线空白的左边。现在，从结论来回溯。结论是 N→A 假，是一个实质条件句，并且实质条件句唯一可以为假的方式就是当其前件为真而后件为假。因此，我们指派一个 T 给 N，指派一个 F 到后件的下边，如下：

```
 A  N │ A→N ∴ N→A
      │  T     T F F
```

我们进而一致地填写整个论证中 N 和 A 的真值，得到：

```
 A  N │ A→N ∴ N→A
      │ F T T   T F F
```

这个真值指派真的使得结论为假而前提为真。我们最终在真值表中构造了一行，证明该论证是无效的。这正是 A 为假且 N 为真的那一行。我们在左边加上这一信息来完成我们的真值表：

```
 A  N │ A→N ∴ N→A
 F  T │ F T T   T F F
```

我们已经确证了我们的假设，因此我们已经证明了该论证是无效的。

让我们试举一个复杂得多的例子。请考虑下列符号论证：

L98. E∨S, E→(B·U), ~S∨~U ∴ B

我们也是通过假设这一论证无效开始的。即我们假设在真值表的至少一行存在一个真值指派，所有的前提为真而结论为假。我们表达我们的假设如下：

```
 E  S  B  U | E∨S, E→(B·U), ~S∨~U ∴ B
             |  T     T         T     F
```

然后，我们反过来确定每个支命题字母的真值。我们已指派"F"给B，因此我们必须在整个论证中一致地指派"F"给B。在第二个前提中B的下面写一个F。一个合取是假的，如果至少它的一个合取支是假的，B是假的，因此我们知道B·U是假的，在B·U的点号下写一个F。（注意：不在U下面写一个F，因为我们还不知道它为假还是为真。）因此，我们有：

```
 E  S  B  U | E∨S, E→(B·U), ~S∨~U ∴ B
             |  T    T  FF        T     F
```

因为B·U是假的，并且它是一个实质条件句的后件，所以我们知道，E→(B·U)为真的唯一方式就是如果E是假的。[如果E为真且B·U是假的，则E→(B·U)将是假的，与我们的假设相矛盾。记住：我们的目的就是要看我们是否可以指派与我们的假设相一致的真值，而不是与之冲突。] 因此，在E→(B·U)中的E下面写一个F。我们已经指派F给E，因此，我们必须在整个论证中一致地指派F给E。因此，在第一个前提的E下面写一个F。因此，我们有：

```
 E  S  B  U | E∨S, E→(B·U), ~S∨~U ∴ B
             | FT    FT FF        T     F
```

现在，如果E假，给定我们的假设E∨S为真，那么我们就知道指派什么真值给S。因为当一个析取的析取支为假时，这个析取为真的唯一方式就是另一个析取支为真。因此，S是真的。因此，在E∨S中的S下面写一个T。我们已经指派T给S，因此，我们必须在整个论证中一致地指派T给S。因此，在第三个前提~S∨~U中的S下面写一个T。（注意：不要在~S的波形号下面写一个T，而要在S的下面写一个T。）因此，我们有：

```
 E  S  B  U | E∨S, E→(B·U), ~S∨~U ∴ B
             | FTT  FT FF         TT    F
```

现在，因为否定的真值表是它所否定的反面，S为真，~S为假。因此，写一个F在~S的波形号下面。给定我们的假设~S∨~U为真，~S为假。但当一个析取的析取支为假时，这个析取为真的唯一方式就是另一个析取支为真。因此，~U 为真。因此，写一个 T 在~U 的波形号下面。因此，我们有：

```
 E  S  B  U  | E∨S, E→(B·U),  ~S∨~U ∴ B
             | FTT  FT FF     FTTT    F
```

因为否定的真值与它所否定的相反，并且~U 为真，所以，U 是假的。因此，写一个 F 在~U 的 U 下。我们已经指派 F 给 U，因此，我们必须在整个论证中一致地指派 F 给 U。因此，写一个 F 在第二个前提 E→(B·U) 中的 U 下。因此，我们有：

```
 E  S  B  U  | E∨S, E→(B·U), ~S∨~U ∴ B
             | FTT  FT FFF   FTTTF   F
```

既然我们已经给每一个支命题字母都指派了一个真值，而且逻辑算子是在前提都为真而结论为假的这种情况下，我们就可以得出结论：可能所有前提都为真而结论为假。这种可能性就是当 E 为假，S 为真，B 为假，U 为假。在原子字母下写这些指派到竖线的左边，如下：

```
 E  S  B  U  | E∨S, E→(B·U), ~S∨~U ∴ B
 F  T  F  F  | FTT  FT FFF   FTTTF   F
```

论证 L98 因此是无效的。注意，一个要求 16 行真值表的论证，可以通过简化的真值表得到快速处理。

最后一个自然段中所用到的推理是长而复杂的。也许它甚至是吓人的。但请放心：如果你理解并记住五类复合命题的真值表，每一步都将灵光一现。

到目前为止，我们已经看到，简化的真值表方法如何可以用来证明一个论证是无效的。它也可以用来证明一个论证是有效的。让我们以析取三段论为例做一个彻底的试验：

L99. A∨B, ~A ∴ B

我们假设，所有前提都是真的，而结论是假的：

A	B	A∨B, ~A ∴ B
		T T F

我们已经指派 F 到 B，因此，我们必须在整个论证中一致地指派 F 到 B。因此，在第一个前提 A∨B 中的 B 下面写一个 F。现在，因为 ~A 是真的，其否定的真值与其所否定的相反，所以，我们知道 A 是假的。因此，在 ~A 的 A 下写一个 F。给定这一指派，我们必须在整个论证中一致地指派 F 到 A。因此，在第一个前提 A∨B 中的 A 下面写一个 F。现在，我们的简化真值表如下：

A	B	A∨B, ~A ∴ B
		F T F T F F

它完全有点可怕的毛病。什么？这就是：它不可能是对的。当 A 和 B 都为假时，A∨B 是真的，就像我们的假设说的那样，这不可能是对的。给定假设：所有前提都为真而结论为假是可能的，那么我们就已经得到断言 A∨B 是真的。而且，给定同样的假设：我们已经得到断言 A∨B 是假的，其中，我们必须断言 A∨B 是假的。因此，给定我们的假设，我们不得不断言 A∨B 是既真又假的。但这是不可能的！因此，我们的假设导致了某些不可能的东西，因此，该假设是假的。即不可能所有前提都为真而结论为假，其中正好断言了论证 L99 是有效的。我们表明，我们不得不指派一个 T 和一个 F 到 A∨B 上，通过写符号"/"（反斜线）在∨形号下，如下所示：

A	B	A∨B, ~A ∴ B	
		F / F T F F	有效

注意，我们并没有写任何真值在竖线左边的 A 和 B 的下面。这是因为不存在给 A 和 B 的真值指派，使得所有的前提都为真而结论为假。

让我们试试一个更复杂的符号论证：

L100. A∨~B, ~A, ~B→(C→D) ∴ C→D

再一次，我们假设，所有前提都为真而结论为假是可能的，其中我们表达如下：

A B C D	A∨~B, ~A, ~B→(C→D) ∴ C→D
	T T T F

这次，我们将要使我们的解释呈流线型。如果 C→D 为假，那么 C 是真的，而 D 是假的。第三个前提 ~B→(C→D) 的后件为假，其前件 ~B 为假。但是，如果 ~B 为假，那么 B 就是真的。因此，~B 在第一个前提 A∨~B 中有同样的指派。在这种情况下，A∨~B 中的 A 是真的。但如果 A 是真的，则它在第二个前提 ~A 中是真的，其中，我们的假设已经使得我们断言 ~A 既真又假。但这是不可能的。因此，给定我们的假设，我们将导致一种不可能性。因此，我们的假设是假的。即，不可能所有前提都是真的而结论为假。

A B C D	A∨~B, ~A, ~B→(C→D) ∴ C→D
T T F T	/T FT TTFF TFF

有效论证 L100 是有效的。

运用简化的真值表是有一点复杂的，当基于一个以上的真值指派的论证的结论为假时——例如，当结论是一个合取或一个双条件句时。在这种情况下，记住两个原则。

原则 1：如果存在任一指派值，其中前提都真而结论假，那么该论证无效。

原则 2：如果一个以上的真值指派，使得结论为假，那么考虑一个这样的指派；如果一个使得结论假的指派，使得至少一个前提假，那么该论证有效。

要说明原则 1，考虑下面的符号论证：

L101. F→G，G→H ∴ ~F · H

存在三种方式使得该结论假：（1）使两个合取项假；（2）使左合取项假而右合取项真；（3）使左合取项真而右合取项假。如果我们忽视这一复杂性，我们就容易犯错误，因为并非每一个使得结论假的指派都使前提真。例如：

F G H	F→G, G→H ∴ ~F·H
	T/F FTF FTFF

根据这一指派，第一个前提为假。（我们通过指派 T 给 G，得到第一个前提真，但第二个前提会是假的。）如果我们忽视其他使得结论假的真值指派的事实，我们可以假设这一简化真值表证明了该论证是有效的。但并不是因为存在一个指派 F 给结论的方式，使得所有前提都为真，即：

F G H	F→G, G→H ∴ ~F·H
F F F	FTF FTF TFFF

这证明了该论证形式是无效的。

要说明原则 2，考虑下列例子：

L102. P→Q, Q→P ∴ P↔Q

一个双条件句是假的，当其左右两个支命题的真值不同时。因此，在这个情况下，我们必须考虑 P 为真而 Q 为假的指派，也可以指派 P 为假而 Q 为真。

P Q	P→Q, Q→P ∴ P↔Q	
	T/F FTT TFF	有效
	FTT T/F FFT	

这里，使得结论为假的每一指派，也使得前提之一假（与我们的假设所有前提都真而结论假相矛盾）。所以，我们已证明该论证是有效的。

最好是构造一个你自己的真值表，使得结论为假的所有方式都得到表达。例如，考虑下列符号论证：

L103. ~[A·(B→C)]→D, E∨~D, ~E ∴ A·(B→C)

我们假设，可能所有前提都为真而结论为假。但请注意，存在结论为假的五种方式：

（1）A 为真，并且 B→C 为假，因为 B 为真并且 C 为假。

（2）A 为假，并且 B→C 为假，因为 B 为真并且 C 为假。

（3）A 为假，并且 B→C 为真，因为 B 为真并且 C 为真。

（4）A 为假，并且 B→C 为真，因为 B 为假并且 C 为真。

（5）A 为假，并且 B→C 为真，因为 B 为假并且 C 为假。

这些方式中的每一种，都必须用我们的真值表来表示：

A B C D E	~[A·(B→C)]→D, E∨~D, ~E ∴ A·(B→C)
	T F T F F
	F F T F F
	F F T T T
	F F F T T
	F F F T F

我们在做出该论证有效的结论前，必须检查每一行。你可以完成该真值表，来证明论证 L103 是有效的吗？（在有些情况下，存在着结论可以为假的多种方式，做一个完全的真值表比简化的真值表更快。）

简化真值表方法概要

1. 将论证放在真值表之后，确定是否存在结论可以为假的多种方式。

2. 如果正好存在一种方式，则放一个 F 在结论（主算子）的下面，且放一个 T 在一个前提（主算子）的下面。

　a. 要证明无效性，就要一致地指派 Ts 和 Fs 到结论和前提的所有支上；在表的左边的原子命题下面写 Ts 和 Fs。

　b. 要证明有效性，就要一致地指派 Ts 和 Fs 到结论和前提的所有支上；在你将导致既真又假的前提（主算子）的下面写斜线。不要在左边的原子命题下面写 Ts 和 Fs。

3. 如果存在结论为假的一种以上的方式，则对每一种可以为假的方式，都放一个 F 在结论（主算子）的下面，因此产生与结论为假的方式一样多的行。

　a. 要证明无效性，就要对至少一行遵照指令 2a。

　b. 要证明有效性，就要对每一行遵照指令 2b。

> **定义概要**
>
> **简化真值表法**是一种用真值表来证明有效性和无效性的并不冗长的方法。

练习 7.4

7.5 逻辑意义上的范畴和关系

真值表可以用来将命题区分为重言式、矛盾式和协调式等逻辑意义上重要的范畴。真值表也可以用来将命题区分为等值、矛盾、一致和不一致等逻辑意义上重要的关系。本节将解释如何用真值表来识别重言式、矛盾式和协调式命题，以及命题之间的等值、矛盾、一致和不一致。最后，本节描述一些属于这些范畴和进入这些关系的关于命题的有趣事实。

重言式、矛盾式和可真式

一个命题是**重言式**（tautology），当且仅当对其原子成分的每一个真值指派都是真的。

> 一个命题是**重言式**，当且仅当对其原子成分的每一个真值指派都是真的。

在一个真值表中，一个命题是重言式，如果它在每一行都是真的。命题逻辑的重言式属于仅仅依据其形式而为真的一类命题。① 下面是一些例子：

L104. 或者天下雨，或者天不下雨。（R：天下雨）
L105. 如果树是植物，那么树是植物。（P：树是植物）
L106. 如果原子和分子都不存在，那么原子不存在。（A：原子存在；M：分子存在）

上述命题可以依次翻译为如下符号：

L107. R ∨ ~R
L108. P→P
L109. ~(A ∨ M)→~A

如果我们为这些命题构造真值表，那么主逻辑算子下边的每一行都将包含一个 T：

R	R ∨ ~R
T	T
F	T

P	P→P
T	T
F	T

A	M	~(A ∨ M)→~A
T	T	T
T	F	T
F	T	T
F	F	T

（当你在《逻辑的力量》的网站上做练习 7.5 的真值表时，你必须在每一个逻辑算子的下面放一个真值。这里，为了简化起见，我们仅仅在主逻辑算子的下面放一个真值。）

一个命题是**矛盾式**（contradiction），当且仅当对其原子成分的每一个真

---

① 在这个意义上，并非所有命题基于它们的形式都是这里被定义的重言式。例如，下列命题不是重言式，但基于其形式它是真的："如果任一东西是人，那么有些东西就是人。"我们将在第 9 章"谓词逻辑"中考察这类命题。根据许多哲学家，基于其形式为真的命题（包括重言式）属于所谓必然真的更大一类的命题。必然真是在任何可能情况下都不能为假的真。下面是一个并不仅仅基于其形式而为真的必然真的例子："如果阿尔比鲍勃大，则鲍勃比阿尔年轻。"

值指派都是假的。

> 一个命题是**矛盾式**，当且仅当对其原子成分的每一个真值指派都是假的。

在一个真值表中，一个命题是矛盾的，如果它在每一行都是假的。命题逻辑的矛盾式，属于仅仅依据其形式而为假的一类命题。下面是两个例子：

L110. 蚂蚁存在，而且它们也不存在。（A：蚂蚁存在）
L111. 如果柠檬是黄色的，那么它们不是蓝色的；但柠檬既是蓝色的也是黄色的。（Y：柠檬是黄色的；B：柠檬是蓝色的）

用符号表示，我们有：

L112. A · ~A
L113. (Y→~B) · (B · Y)

如果我们构造一个矛盾式的真值表，那么主逻辑算子的每一行都将包含一个 F：

A	A · ~A
T	F
F	F

Y	B	(Y→~B) · (B · Y)
T	T	F
T	F	F
F	T	F
F	F	F

一个命题是**可真式**（contingent），当且仅当对其原子成分的有些真值指派为真，在别的真值指派下为假。

> 一个命题是**可真式**，当且仅当对其原子成分的有些真值指派为真，在别的真值指派下为假。

在真值表中，一个命题是可真的，如果在其真值表的有些行是真的且在别的行为假。例如，考虑命题：鸭嘴兽发出咕噜声，并且如果鸭嘴兽发出咕噜声，则它们在休息。可以符合化如下：

L114. P·(P→R)

其真值表如下：

P	R	P·(P→R)
T	T	T
T	F	F
F	T	F
F	F	F

等值、矛盾、一致和不一致

到目前为止，我们已经集中于一个单一的命题也许属于三个逻辑意义上的范畴。现在让我们考虑也许相互成立的四种逻辑意义上的关系命题，并且证明真值表如何可以用来展示这些关系。

两个命题是**逻辑等值**（logical equivalent）的，当且仅当它们对其原子成分的每个真值指派是一致的。

> 两个命题是**逻辑等值**的，当且仅当它们对其原子成分的每个真值指派是一致的。

在真值表中，两个命题是逻辑等值的，如果它们在每一行有相同的真值。例如，考虑命题：如果食蚁兽可口，则狒狒可吃，并且食蚁兽不可口或者狒狒可吃。我们可以将其符号化为 A→B 和 ~A∨B。

A	B	A→B	~A∨B
T	T	T	T
T	F	F	F
F	T	T	T
F	F	T	T

注意，箭头和 V 形号下面的栏每一行都的确是相同的。因此，A→B 和 ~A∨

B 是逻辑等值的。

两个命题是**逻辑矛盾**（logically contradictory）的，当且仅当它们对其原子成分的每个真值指派是不一致的。

> 两个命题是**逻辑矛盾**的，当且仅当它们对其原子成分的每个真值指派是不一致的。

在真值表中，两个命题是逻辑上矛盾的，如果它们在每一行都有不同的真值。例如，考虑~B→~A 和 A·~B：

A B	~B→~A A·~B
T T	T F
T F	F T
F T	T F
F F	T F

注意，箭头下面的栏和点号下面的栏每一行都是不同的。因此，~B→~A 和 A·~B 是逻辑矛盾的。

两个（或更多）命题是**逻辑一致**（logically consistent）的，当且仅当它们给其原子成分指派的有些真值上两者（全部）都是真的。

> 两个（或更多）命题是**逻辑一致**的，当且仅当它们给其原子成分指派的有些真值上两者（全部）都是真的。

在真值表中，两个（或更多）命题是逻辑一致的，如果它们在至少一行中都为真。例如，考虑 A∨B 和 ~B∨A：

A B	A∨B ~B∨A
T T	T T
T F	T T
F T	T F
F F	F T

注意，两个∨形号下面的栏，在第 1 行和第 2 行是相同的，即使它们在第 3 行和第 4 行是不同的。因此，A∨B 和 ~B∨A 是逻辑一致的。也要注意，逻辑一致的定义允许两个以上的命题是逻辑一致的。

两个（或更多）命题是**逻辑不一致**（logically inconsistent）的，当且仅当它们给其原子成分指派的任意真值绝不会两者（全部）都是真的。

> 两个（或更多）命题是**逻辑不一致**的，当且仅当它们给其原子成分指派的任意真值绝不会两者（全部）都是真的。

在一个真值表中，两个命题是逻辑不一致的，如果不存在它们两者（全部）都是真的行。例如，考虑 A↔B 和 ~(~A∨B)：

A B	A↔B	~(~A∨B)
T T	T	F
T F	F	T
F T	F	F
F F	T	F

注意，双箭头下面的栏和波形号下面的栏绝不会同真。因此，A↔B 和 ~(~A∨B) 是逻辑上不一致的。逻辑上不一致的定义允许两个命题都是假的。在真值表中，这出现在它们都为假的一行——例如，第 3 行。也要注意，逻辑不一致的定义允许两个以上的命题是逻辑不一致的。例如，考虑 A·B、(A·B)→~C 和 ~~C。

A B C	A·B	(A·B)→~C	~~C
T T T	T	F	T
T T F	T	T	F
T F T	F	T	T
T F F	F	T	F
F T T	F	T	T
F T F	F	T	F
F F T	F	T	T
F F F	F	T	F

注意，不存在所有这些命题都为真的行。因此，它们形成了所谓不一致的三位一体，三个命题不能都是真的。

总结性意见

重言式有一些有趣的且令人吃惊的性质。例如，结论为重言式的每一个论证都是有效的——无关前提的内容。请考虑下列例子：

L115. 月亮是由绿色的奶酪制成的。因此，或者圣诞老人是真实的或者不是真实的。（M：月亮是由绿色的奶酪制成的；S：圣诞老人是真实的）

下面是论证 L115 的符号化和真值表：

M S	M ∴ S∨~S
T T	T T
T F	T T
F T	F T
F F	F T

就像你所能看到的，不存在前提为真而结论为假的行，因而该论证是有效的。这也许令人迷惑，因为直觉上前提和结论不相关。但是该论证的确满足我们关于有效性的定义——因为结论是一个重言式，所以，不可能结论假而前提真。

像重言式那样，矛盾式有一些有趣的逻辑性质。例如，前提中有一个矛盾式的任意论证都是一个有效的论证。例如：

L116. 原子存在，并且它们也不存在。因此，上帝存在。（A：原子存在；G：上帝存在）

下面是其真值表：

A G	A · ~A ∴ G
T T	F T
T F	F F
F T	F T
F F	F F

注意，不存在前提为真而结论为假的行，因此，该论证是有效的。这也许似乎奇怪，但该论证的确满足我们关于有效性的定义，不可能结论为假而前提为真（因为前提为真是不可能的）。然而，需要注意的是，前提中有矛盾的所有论证都是不可靠的，因为矛盾式总是假的。

这里，我们可以更进一步：任一包含逻辑不一致前提的论证都将是有效而不可靠的。如果一个论证的前提是不一致的，那么如果我们构成一个前提的合取，则该合取将是一个矛盾式。下面是一个例子：

L117. P→Q，~P→Q，~Q ∴ R

如果我们构成一个前提的合取，则该论证如下：

P	Q	R	(P→Q) · [(~P→Q) · ~Q] ∴ R
T	T	T	T　F　　　　F　　　T
T	T	F	T　F　　　　F　　　F
T	F	T	F　F　　　　T　　　T
T	F	F	F　F　　　　T　　　F
F	T	T	T　F　　　　F　　　T
F	T	F	T　F　　　　F　　　F
F	F	T	T　T　　　　T　　　T
F	F	F	T　T　　　　T　　　F

第二栏揭示了该合取是一个矛盾式。而且，这一点是令人吃惊的，带有不一致前提的每一个论证都是有效的。（当然，所有这些论证由于包含一个或更多的假前提，都是不可靠的。）你如何知道一个论证的前提是不一致的？回答是：真值表中不存在所有前提都真的行。例如：

M	N	L	M↔N, M · ~N ∴ L
T	T	T	T　　F　　　T
T	T	F	T　　F　　　F
T	F	T	F　　T　　　T
T	F	F	F　　T　　　F
F	T	T	F　　F　　　T
F	T	F	F　　F　　　F
F	F	T	T　　F　　　T
F	F	F	T　　F　　　F

因为不存在所有前提都真的行，所以前提是不一致的，论证是有效的。

协调式命题与重言式和矛盾式都有重要的逻辑关系。例如，任一包含重言式作为前提，并且包含协调式作为结论的论证都是无效的。（前提在真值表的每一行都将是真的，而结论至少在一行中是假的。）假设构成一个合取的论证的前提，形成一个协调式的命题。如果论证的结论是一个矛盾式，则该论证是无效的。（结论在每一行都将是假的，而前提在至少一行中为真。）

注意，重言式和矛盾式对上节所介绍的简化真值表法加了限制。例如，如果一个论证有一个重言式作为其结论，那么就没有办法来指派真值使得结论为假。处理这一情况的一个方法是，运用完全真值表来证明结论是一个重言式。（同时证明该论证是有效的。）类似地，如果至少有一个前提是矛盾式（或者如果前提是不一致的），那么就没有办法来指派真值使得前提都真，因此有必要建立一个完全真值表来确立这一点，就像论证 L116 的情况一样。但是，一个完全真值表在这样的情况下并不总是必要的，考虑下列（公认奇怪的）论证：

L118. B · ~B ∴ B

我们可以通过简化的真值表来处理这一论证：

	B · ~B ∴ B
	F / T F　F

有效

仅仅存在一种方法使得 B 假，而且它迫使指派一个 F 到前提上，因此简化真值表在这里起作用。

逻辑等值这个概念和重言式概念有一个重要的概念——如果一个双条件命题是一个重言式，那么它的两个支命题（由双箭头所连接）是逻辑等值的。例如，考虑下列重言式：

F	G	(F→G)	↔	(~G→~F)
T	T	T	T	T
T	F	F	T	F
F	T	T	T	T
F	F	T	T	T

从 (F→G)↔(~G→~F) 是重言式，我们可以推出下列两个命题是逻辑等值的：

L119. F→G

L120. ~G→~F

还要注意的是，在真值表中，同样的真值出现在两个命题（即箭头）各行的主算子下边。

概括起来，真值表可以用来将命题排序为逻辑意义上的范畴，并且证明命题间的逻辑意义上的关系。而且，像我们已看到的，这些范畴和关系都具有有趣的逻辑性质。

定义概要

一个命题是**重言式**，当且仅当对其原子成分的每一个真值指派都是真的。

一个命题是**矛盾式**，当且仅当对其原子成分的每一个真值指派都是假的。

一个命题是**可真式**，当且仅当对其原子成分的有些真值指派为真，在别的真值指派下为假。

两个命题是**逻辑等值**的，当且仅当它们对其原子成分的每个真值指派是一致的。

两个命题是**逻辑矛盾**的，当且仅当它们对其原子成分的每个真值指派是不一致的。

两个（或更多）命题是**逻辑一致**的，当且仅当它们给其原子成分指派的有些真值上两者（全部）都是真的。

两个（或更多）命题是**逻辑不一致**的，当且仅当它们给其原子成分指派的任意真值绝不会两者（全部）都是真的。

练习 7.5

注释

[1] C. S. Peirce, "On the Algebra of Logic: A Contribution to the Philosophy of Notation," *American Journal of Mathematics* 7, 1885, pp. 180-202. 真值表的发明和发展也许应该稍微传播一下。这个思想非正式地出现在戈特洛布·弗雷格的《概念文字》(Halle, Germany: L. Nebert, 1879) 中。而且奥地利哲学家路德维希·维特根斯坦在他著名的《逻辑哲学论》(London: Routledge & Kegan Paul, 1922) 中独立地发展了真值表。

第 8 章

命题逻辑：证明

- 8.1 蕴涵推理规则
- 练习 8.1
- 8.2 5 个等值规则
- 练习 8.2
- 8.3 另外 5 个等值规则
- 练习 8.3
- 8.4 条件句证明
- 练习 8.4
- 8.5 归谬律
- 练习 8.5
- 8.6 定理证明
- 练习 8.6
- 注释

在前一章，我们运用真值表来评价命题逻辑的论证。我们看到，真值表可以是冗长的。在本章，我们将发展一个自然演绎系统，人们运用一系列的推理规则来证明一个论证的结论从其前提中推论出来。与真值表方法相比，一个自然演绎系统至少具有两个优点。第一，它不冗长。第二，它更清晰地反映了我们日常论证的方式。德国逻辑学家和数学家杰哈德·根岑（1909—1945）第一个发展了自然演绎系统。[1]

在发展了一个自然演绎系统的同时，我们被拉入两个方向。一方面，我们可以发展一个推理规则很少的系统，但该证明要求许多聪明才智，而且往往更长，偏离了日常推理。另一方面，我们可以发展带很多规则的系统，但我们必须全部记住它们。目前的自然演绎系统是一种折中，包括 20 个规则。我们将分阶段介绍：8 个蕴涵规则（8.1 节），10 个等值规则（8.2 节和 8.3 节），条件句证明（8.4 节），以及归谬规则（8.5 节）。最后，在 8.6 节，我们讨论定理证明。

8.1 蕴涵推理规则

让我们在技术意义上使用**证明**（proof）一词，来指称从符号论证的前提到其结论的一系列推理步骤。

> 一个**证明**是从符号论证的前提到其结论的一系列推理步骤。

基本概念是要表明，前提通过有效推理规则的方式导出结论。基本原则是这样的：根据有效推理规则从一个命题集合中推导出来的都是真的，如果集合中的所有命题都是真的。

我们的第一组推理规则集大多数是熟悉的。前五个在第一章中作为论证形式被介绍过。我们使用斜体小写字母作为变项来表示任一给定命题：p、q、r 和 s。

规则 1，肯定前件式（MP）：$p \rightarrow q$

$$p$$
$$\therefore q$$

规则 2，否定后件式（MT）：$p \rightarrow q$

$\sim q$

$\therefore \sim p$

规则 3，假言三段论（HS）：$p \rightarrow q$

$q \rightarrow r$

$\therefore p \rightarrow r$

规则 4，析取三段论（DS）：$p \vee q$　　$p \vee q$

$\sim p$　　　$\sim q$

$\therefore q$　　　$\therefore p$

规则 5，构成式二难（CD）：$p \vee q$

$p \rightarrow r$

$q \rightarrow s$

$\therefore r \vee s$

在这些熟悉的形式中，我们又增加三个形式。

规则 6，分解式（Simp），包括两个形式：

$p \cdot q$　　　　$p \cdot q$

$\therefore p$　　　　$\therefore q$

分解式断定，如果你有一个合取式，那么你就可以推出任意一个合取支。下面是一个自然语言的例子：

L1. 皮埃尔·居里和玛丽·居里都是物理学家。所以，玛丽·居里是物理学家。

这类推论似乎如此明显，以至于微不足道，但它仍然是有效的。逻辑力量的一个方面，就是能够将复杂的推理化解为容易的步骤。

下一个规则告诉我们，如果我们在一个论证中有两个命题作为步骤，那么我们可以将它们组合起来。

规则 7，合取式（Conj）：p

$$q$$
$$\therefore p \cdot q$$

这个规则显然有效。下面是一个例子：

L2. 托马斯·阿奎那死于 1274 年。奥卡姆死于 1349 年。因此，阿奎那死于 1274 年并且奥卡姆死于 1349 年。

其他的规则，也许比起我们目前为止所考虑的规则来说更不明显。

规则 8，附加（Add），有两个形式：

$$p \qquad\qquad p$$
$$\therefore p \vee q \qquad \therefore q \vee p$$

附加告诉我们，从任一给定命题 p，人们能够推出有 p 作为它的一个析取项的析取式——而且另一个析取项可以是你想要的任何东西。例如：

L3. 托马斯·佩恩写了《常识》（*Common Sense*）。因此，或者托马斯·佩恩写了《常识》，或者帕特里克·亨利写了《常识》。

尽管这类推论似乎奇怪，但回顾一下，在逻辑学里，析取被处理为相容析取，对于一个相容析取为真只要它的一个析取项必须真。因此，不可能托马斯·佩恩写了《常识》为真，或者托马斯·佩恩写了《常识》或者帕特里克·亨利写了《常识》为假。事实上，不可能托马斯·佩恩写了《常识》为真，而下列任何这些情况为假：

L4. 或者托马斯·佩恩写了《常识》，或者鸭嘴兽发出咕噜声。

L5. 或者托马斯·佩恩写了《常识》，或者 2+2 = 22。

L6. 或者托马斯·佩恩写了《常识》，或者你是猴子的叔叔。

下列论证是附加的例子吗？

L7. 阿丹偷钱。所以，或者阿丹偷钱或者贝蒂偷钱，但并非都偷钱。（A：阿丹偷钱；B：贝蒂偷钱）

这不是附加的实例。论证 L7 具有下列无效式：

L8. A ∴ (A∨B)·~(A·B)

下列简化真值表证明了它是无效的。

A B	A ∴ (A∨B)·~(A·B)
T T	T T T T F F T T T

不要将形式 L8 和附加规则混淆起来。

斜体小写字母在前面的规则或论证模式中起着特殊作用。它们可以被任意符号命题所置换，只要置换在整个模式中是一致的。例如，下列两种情况都可以算肯定前件式的例子：

~F→G   L→(M→N)
~F   L
∴ G   ∴ M→N

在左边的推论中，~F 替换最初模式（$p \to q, p \therefore q$）中的字母 p，G 替换最初模式中的字母 q。注意，我们已经在整个论证模式中用 ~F 替换 p；替换在这个意义上必须是一致的。在右边的例子中，L 替换 p，而（M→N）替换最初模式中的 q。在上述两种情况下，推理模式都是肯定前件式，因为一个前提是条件句，另一个前提是该条件句的前件，而结论是该条件句的后件。

在用符号公式替换小写字母时，要求具有精确性。请考虑下列论证，它是一个否定后件式的例子吗？

C→ ~D
D
∴ ~C

不，它不是。否定后件式的模式为：$p→q$，$~q ∴ ~p$。如果我们在第一个前提中用~D 置换 q，我们也必须在第二个前提中用~D 置换 q，这样我们将获得下列论证：

C→ ~D
~ ~D
∴ ~C

这是一个否定后件式的例子。应用否定后件式，我们需要一个条件句和对其后件的否定。如果该条件句的后件自身是否定的，如~D，另一个前提将是一个双否定，如上述~~D。

我们为了加深对新的推论规则的理解，现在来考虑一系列例子。哪些推论规则，如果有的话，可以被下列论证所实例化？

~P→(Q·R)   X∨(Y↔Z)
(Q·R)→S   ~(Y↔Z)
∴ ~P→S   ∴ X

左边的论证是一个假言三段论的例子。注意，在最初的模式

$p→q$，$q→r ∴ p→r$

中，~P 替换 p，(Q·R) 替换 q，S 替换 r。右边的论证是一个析取三段论的

例子。这里，在析取三段论的第二式

$$p \vee q, \sim q \therefore p$$

中，X 替换 p，$(Y \leftrightarrow Z)$ 替换 q。

哪些推论规则，如果有的话，可以被下列论证所实例化？

$\sim M \vee \sim N$
$\sim M \rightarrow \sim O$
$\sim N \rightarrow \sim P$ $\sim (B \cdot \sim C)$
$\therefore \sim O \vee \sim P$ $\therefore \sim (B \cdot \sim C) \vee \sim D$

左边的论证是一个构成式二难的例子。这里，在构成式二难模式

$$p \vee q, p \rightarrow r, q \rightarrow s \therefore r \vee s$$

中，~M 替换 p，~N 替换 q，~O 替换 r，并且~P 替换 s。右边的论证是一个附加的例子。注意，在附加的第一个形式

$$p \therefore p \vee q$$

中，$\sim(B \cdot \sim C)$ 置换 p，$\sim D$ 置换 q。

哪些推论规则，如果有的话，可以被下列论证所实例化？

                       $A \vee \sim B$
$(C \rightarrow D) \cdot (E \vee F)$ B
$\therefore E \vee F$ $\therefore A$

左边的论证是分解式的例子。这里，在分解式的第二式

$$p \cdot q \therefore q$$

中，(C→D) 置换 p，(E∨F) 置换 q。然而右边的论证，并不是我们任何一个推论规则的实例化。但是，如果我们改变第二个前提为~~B，那么我们就得到一个析取三段论的第二式：

$$p \vee q, \sim q \therefore p \quad (\text{A 替换} p，\sim \text{B 替换} q)$$

让我们现在用推论规则来构造一些证明。我们从自然语言的论证开始：

L9. 如果有些被雇用者获得了其他被雇用者 5 倍的工资，那么这些被雇用者的价值 5 倍于其他被雇用者。并非有些被雇用者的价值 5 倍于其他被雇用者。因此，并非有些被雇用者获得了 5 倍于其他被雇用者的工资。(D：有些被雇用者获得了其他被雇用者 5 倍的工资；V：这些被雇用者的价值 5 倍于其他被雇用者)

运用所提供的缩写模式，该论证可符号化如下：

（1） D→V
（2） ~V   ∴ ~D

我们证明的前面的行，行（1）和（2），包含了论证的前提。在后面前提的右边，我们写上结论，用 ∴ 标出。这是用来对我们试图从前提所推出的东西的一个提醒。(所以，该表达式 ∴ ~D 实际上并非证明的一个部分，而仅仅是提醒我们所要证明的东西而已。)我们想要做的，是要根据我们的推论规则，得到一个结论~D。我们有一个条件句前提，我们也有其后件的否定。

即这里要做出一个否定后件式类型的论证。

如果你要明白这一点,那么就需要试试这个过程。回顾一下否定后件式的模式如下:

$p \to q$

$\sim q$

$\therefore \sim p$

现在,用 D 一致地替换整个模式中的 p:

$D \to q$

$\sim q$

$\therefore \sim D$

进而,用 V 一致地替换整个模式中的 q。

$D \to V$

$\sim V$

$\therefore \sim D$

因此,我们可以看到,给定行(1)和行(2),$D \to V$ 和 $\sim V$,通过否定后件式,就可以得到 $\sim D$。

具体证明过程要求,逐行列出我们所应用的推论规则,以及推论规则的简写。因此,我们完整的证明过程如下:

---

(1) $D \to V$

(2) $\sim V$

(3) $\sim D$ $\therefore \sim D$

          (1)(2),MT

行（3）告诉我们，~D 是从行（1）和行（2），运用否定后件式推出来的。我们已经通过一个有效推论规则证明，从该论证的前提得出其结论。注意，只有在这个证明中没有注解（没有明确地指出我们是如何得到它们的）的行是前提。让我们采用这样一个约定，一个论证中没有注解的任一步骤都将被理解为一个前提。

考虑一个稍微有些复杂的例子：

L10. 如果工作场所是精英统治，那么条件最好的人总能得到工作。但是如果关系网在寻找工作中起作用，那么条件最好的人并不总是得到工作。而且，关系网的确在找工作中起作用。所以，工作场所并不是精英统治。（W：工作场所是精英统治；M：条件最好的人总能得到工作；N：关系网在寻找工作中起作用）

运用所提供的缩写模式，该论证应该符号化如下：

---

(1) W→M
(2) N→~M
(3) N   ∴ ~W

如前所述，证明前边的行列出论证的前提，结论位于最后一个前提的右边。该证明如下：

---

(1) W→M
(2) N→~M
(3) N   ∴ ~W
(4) ~M   (2)(3)，MP
(5) ~W   (1)(4)，MT

通过运用肯定前件式规则，行（2）和（3）蕴涵~M。要明白这一点，让我们再用我们的模式。回顾肯定前件式模式如下：

$$p \to q$$
$$p$$
$$\therefore q$$

现在，用 N 置换模式中的 p：

$$N \to q$$
$$N$$
$$\therefore q$$

并且用~M 置换 q：

$$N \to \sim M$$
$$N$$
$$\therefore \sim M$$

因此，给定行（2）和行（3），N→~M 和 N，通过运用肯定前件式，就可以得出~M。

行（1）和行（4），通过否定后件式，蕴涵~W。要明白这一点，回顾一下前面的否定后件模式。用 W 置换模式中的 p：

$$W \to q$$
$$\sim q$$
$$\therefore \sim W$$

进而用 M 置换 q：

$$W \to M$$
$$\sim M$$
$$\therefore \sim W$$

因此，给定行（1）和（4），W→M 和~M，通过运用否定后件式，就可以得出~W。

下面是一个证明，运用了包含合取在内的推论规则：

L11. 男人每挣 1 美元时妇女只挣 75 美分。如果男人每挣 1 美元时妇女只挣 75 美分，并且 90%单亲家庭的孩子都和母亲生活，那么男人将更优于妇女，而且妇女是不公正的牺牲品。90%单亲家庭的孩子都和母亲生活。如果妇女是不公正的牺牲品，女权主义就是对的。因此，女权主义是对的。(W：男人每挣 1 美元时妇女只挣 75 美分；C：90%单亲家庭的孩子都和母亲生活；M：男人将更优于妇女；V：妇女是不公正的牺牲品；F：女权主义是对的)

运用所提供的缩写模式，该论证翻译为符号如下：

---

(1) W
(2) (W・C)→(M・V)
(3) C
(4) V→F   ∴ F

该证明因此可以完成如下：

---

(5) W・C   (1) (3)，Conj

(6) M · V　　　　(2)(5), MP
(7) V　　　　　　(6), Simp
(8) F　　　　　　(4)(7), MP

下面是一个说明。回顾一下合取规则：

$$p$$
$$q$$
$$\therefore p \cdot q$$

如果我们用 W 置换 p，用 C 置换模式中的 q，我们将得到：

$$W$$
$$C$$
$$\therefore W \cdot C$$

因此，给定行（1）和行（3），行（5）就可以通过合取式推出来。肯定前件式如下：

$$p \rightarrow q$$
$$p$$
$$\therefore q$$

用 W · C 替换 p，并且用 M · V 替换模式中的 q，其结果如下：

$$(W \cdot C) \rightarrow (M \cdot V)$$
$$W \cdot C$$
$$\therefore M \cdot V$$

因此，给定行（2）和行（5），行（6）可以通过肯定前件式推出来。下面是一个合取分解式：

$$p \cdot q$$
$$\therefore p$$

如果我们用 M 替换 p，用 V 替换模式中的 q，我们有：

$$M \cdot V$$
$$\therefore M$$

因此，给定行（6），行（7）就可以通过分解式推出来。最后，用 V 替换 p，用 F 替换肯定前件模式中的 q，结果如下：

$$V \to F$$
$$V$$
$$\therefore F$$

因此，给定行（4）和行（7），行（8）可以通过肯定前件式推出来。最后一个例子将证明一些包含析取的推论规则：

L12. 如果比埃尔是一个刺客，那么或者他将被判处死刑，或者被判处终身监禁。只有当凶手该死时，他才被判处死刑。只有当凶手丧失自由权时，他才被判处终身监禁。比埃尔是一个刺客，但凶手并不该死。所以，凶手丧失了自由权。（A：比埃尔是一个刺客；D：比埃尔应该被判处死刑；L：比埃尔应该被判处终身监禁；M：凶手该死；F：凶手丧失自由权）

运用被提供的缩写模式，该论证可以符号化为：

(1) A→(D∨L)
(2) D→M
(3) L→F
(4) A・~M   ∴ F

该证明可以完成如下：

(5) A   (4), Simp
(6) D∨L   (1)(5), MP
(7) M∨F   (6)(2)(3), CD
(8) ~M   (4), Simp
(9) F   (7)(8), DS

注意，在最初模式构成式二难

$p \vee q,\ p \to r,\ q \to s \therefore r \vee s$

中，通过用 D 替换 p，用 L 替换 q，用 M 替换 r，用 F 替换 s，行 (7) 可以从行 (2) 和行 (3) 推导出来。而且在析取三段论第一式

$p \vee q,\ \sim p \therefore q$

中，通过用 M 替换 p，用 F 替换 q，可以从行 (7) 和 (8) 推出行 (9)。

我们将前 8 个推理规则称为**蕴涵规则**（implicational rules）。有两件事情值得注意。第一，因为它们是论证形式，所以它们是一个方向的。即尽管它

们允许我们从前提的替换例移动到结论的替换例，但它们并不允许我们从结论的替换例移动到前提的替换例。例如，尽管分解式的规则 $p \cdot q \therefore p$——允许我们从**你和圣诞老人存在**的合取移动到**你存在**的原子命题，但它并不允许我们从原子命题**你存在**移动到**你和圣诞老人存在**的合取。第二，我们可以将蕴涵规则应用于一个证明的整行，但不能应用它们于一行中的某些部分。这一限制需要通过下列论证来说明。

L13. 如果乔治·W. 布什在 2010 年是总统，并且巴拉克·奥巴马在 2010 年是总统，那么美国在 2010 年有两位总统。因此，乔治·W. 布什在 2010 年是总统。（B：乔治·W. 布什在 2010 年是总统；O：巴拉克·奥巴马在 2010 年是总统；A：美国在 2010 年有两位总统）

蕴涵规则是包含肯定前件式、否定后件式、假言三段论、析取三段论、构成式二难、分解式、合取式和附加的一类推论规则。

如果蕴涵规则能够用于一行的部分，那么我们就有下列证明：

---

(1) (B · O)→A ∴ B
(2) B   (1)，Simp

显然，这是一个无效的推论。分解式，就像每一个其他的蕴涵规则，仅仅应用于一个证明的整行，而不应用于一行的部分。

注意，我们每行都基于一个推论规则的应用来构造我们的证明。我们这样做来确保每一个证明的每一步都是明确的，而且得到我们逻辑系统的辩护。下列哪一个证明得到了适当的构造？

证明一		证明二	
(1) A→~B		(1) A→~B	
(2) A·C ∴ ~B		(2) A·C ∴ ~B	
(3) ~B	(1)(2),MP	(3) A	(2),Simp
		(4) ~B	(1)(3),MP

证明二是正确的，证明一漏掉了应用分解式和误用了肯定前件式。

下列经验法则能够帮助构造证明。第一个经验法则通常没有得到说明，但遵循它可以节省你几个小时无用的、痛苦的抓耳挠腮。当你做证明的时候，你将通常复制前提，并且期望的结论从一个地方如一本教材，到另一个地方如一张纸。

经验法则 1：务必立即检查你是否正确复制了证明。

如果你没有正确复制它，那么你将浪费时间来试图做不能证明的证明。我们建议，你不会以这种方式浪费你的生命，也不会以任何其他方式，尤其不会以这种方式。

经验法则 2：扫描前提看它们是否适合任意规则模式。

随着你越来越熟练地使用这些规则，你会看到前提中的模式从页面中跳出来。当这种情况发生时，则随波逐流。毫不稀奇，那股水流变成了一条小溪，随着一个证明出现在你眼前，大量的规则得到认可。在其他时间，这条小溪将变为涓涓细流，然后干涸。在每一种情况下，当想到它们的时候，记下规则的名称，用它们的缩写。当你一步步地着手构造证明时，它们很可能在以后被证明是有用的。

当你在一张纸上写了一个符号论证之后，则静静地看一看前提和结论。当你更好地做一个证明时，它们通常会以逻辑的洪流出现在你的脑海中。

经验法则 3：尽力发现前提中的结论（或其中的元素）。

例如：

(1) A→[B→(C∨D)]

(2) B · A
(3) ~D   ∴ C

这里的结论是 C。它在前提中出现过吗？是的，它在前提（1）的后件中出现过。如果我们能够从前提中获得 C∨D，那么我们就可以和 ~ D——前提（3）相结合——运用析取三段论得到 C。但如何才能够得到 C∨D 呢？请考虑另一条经验法则。

经验法则 4：应用推论规则来分解前提。

我们可以通过运用分解式，从行（2）得到 A，并将它与行（1）结合起来，运用肯定前件式得到 B→(C∨D)。然后，我们可以从行（2）（运用分解式）得到 B，再次运用肯定前件式得到 C∨D。整个证明情况如下：

(1) A→[B→(C∨D)]
(2) B · A
(3) ~D   ∴ C
(4) A   (2), Simp
(5) B→(C∨D)   (1)(4), MP
(6) B   (2), Simp
(7) C∨D   (5)(6), MP
(8) C   (3)(7), DS

让我们考虑另一个例子：

(1) E∨F
(2) E→G
(3) F→H
(4) (G∨H)→J   ∴ J∨K

运用经验法则 3，从考察结论开始。我们来看一看，结论（或其部分）

是否在前提中出现，注意 J 是前提（4）的后件。现在，存在像经验法则 4 所认为的那样分解前提（4）的方法吗？是的，我们可以运用构成式二难规则，从前提（1）（2）（3），得到 G∨H，进而运用肯定前件式得到 J。但接下来我们该如何做呢？特别是，我们如何才能得到在前提中没有出现过的 K 呢？这里，考虑一个另外的经验法则是有帮助的。

经验法则 5：如果结论中包含了一个并没有出现在前提中的命题字母时，则运用附加规则。

整个证明过程是这样的：

(1) E∨F
(2) E→G
(3) F→H
(4) (G∨H)→J   ∴ J∨K
(5) G∨H   (1)(2)(3)，CD
(6) J   (4)(5)，MP
(7) J∨K   (6)，Add

到目前为止，我们已经提到了 5 个经验法则。我们在后面还将提到。在本节结束的时候，我们希望推荐一个任何学生都发现有用的证明策略。我们称之为内德愿望清单策略。[2]

假设你在展示一个符号论证，例如：

(1) A→B
(2) C→D
(3) D→~B
(4) C   ∴ ~A

一个简单的问题出现了：你要做什么？自然，世界和平浮现在脑海中，艾滋病的预防，肺癌的治疗，等等。但是，把如此重大的事情放在一边，关于你面前的论证，你想要什么？好的，你想得到~A。内德愿望清单策略从一条建议开始：记下你想要得到什么。真的，写下它，如下所示：

(1) A→B　　　　　愿望清单
(2) C→D　　　　　~A
(3) D→~B
(4) C　　　∴ ~A

下一个问题：你打算如何得到~A？好的，使用经验法则3，你看到，A在行（1）中出现。如果你可以将它变成~A，那么你将有你所想有的。但是你如何才能做到这一点？好的，如果你有~B，那么你可以在A→B上运用否定后件式得到~A。因此，你想要~B。将它写下：

(1) A→B　　　　　愿望清单
(2) C→D　　　　　~A
(3) D→~B　　　　 ~B（~B+行（1）+MT=~A）
(4) C　　　∴ ~A

圆括号之间的东西提醒你打算如何运用~B得到~A：运用~B加上行（1）和否定后件式得到~A。

下一个问题：你打算如何得到~B？运用经验法则3的相似物——尽力发现前提中你所想要的（或其中的元素）——你要注意~B是行（3）的后件。好的，如果你有D，则你可以在D→~B上运用肯定前件式得到~B。因此，你想要D。写下它：

(1) A→B　　　　　愿望清单
(2) C→D　　　　　~A
(3) D→~B　　　　 ~B（~B+行（1）+MT=~A）
(4) C　　　∴ ~A　D（D+行（3）+MP=~B）

下一个问题：你打算如何得到 D？再次运用经验法则 3 的相似物，你发现，D 是行（2）的后件。好的，如果有 C，那么你可以在 C→D 上运用否定后件式得到 C。因此，你想要 C。写下它：

(1) A→B   愿望清单
(2) C→D   ~A
(3) D→~B   ~B（~B+行（1）+MT = ~A）
(4) C   ∴ ~A   D（D+行（3）+MP = ~B）
                       C（C+行（2）+MP = D）

但是，等一等。你已经在行（4）中有 C 了！因此，现在你需要证明你所有的一切。

首先，因为你在行（4）中有 C，所以，你必须有 D，清单上 C 上方的项。在行（5）中写下它。你的插入式提醒表明了你关于行（5）的证明。别忘了划掉 C，等等：

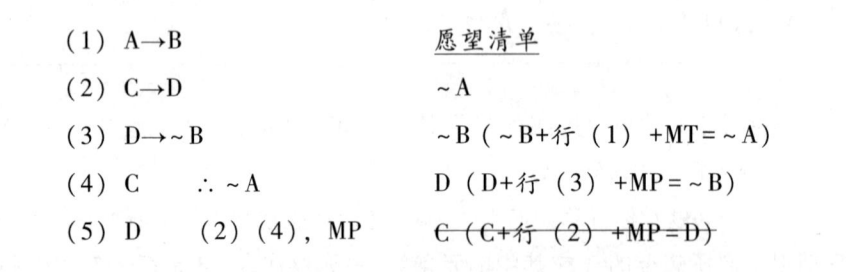

(1) A→B   愿望清单
(2) C→D   ~A
(3) D→~B   ~B（~B+行（1）+MT = ~A）
(4) C   ∴ ~A   D（D+行（3）+MP = ~B）
(5) D   (2)(4), MP   ~~C（C+行（2）+MP = D）~~

接下来，因为你在行（5）中有 D，所以，你必须有 ~B，清单中的下一项。在行（6）中写下它，并且运用你的插入式提醒来证明，划掉 D，等等。

(1) A→B   愿望清单
(2) C→D   ~A
(3) D→~B   ~B（~B+行（1）+MT = ~A）
(4) C   ∴ ~A   ~~D（D+行（3）+MP = ~B）~~

(5) D　　(2)(4)，MP　　　~~C（C+行（2）+MP=D）~~
(6) ~B　　(3)(5)，MP

最后，你在行（6）有~B；因此，你有~A，清单中的下一项。在行（7）中写下它，用插入式提醒作为证明的向导，划掉~B，等等。（而且，也别忘了划掉~A！）整个证明可以用完全的愿望清单表示如下：

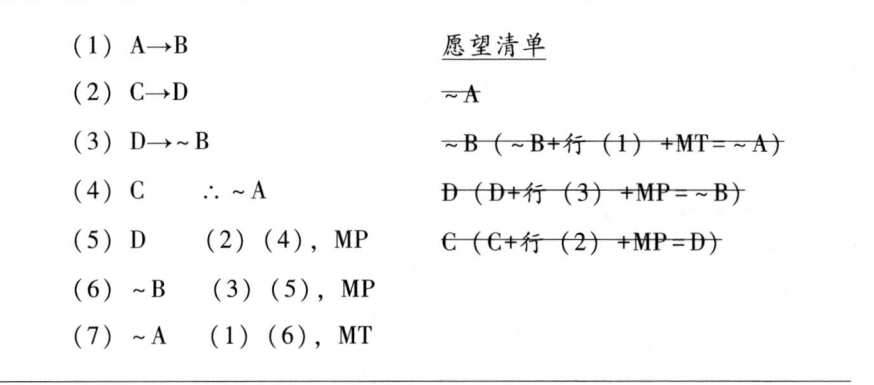

---

(1) A→B　　　　　　　　　愿望清单
(2) C→D　　　　　　　　　~A
(3) D→~B　　　　　　　　~B（~B+行（1）+MT=~A）
(4) C　　∴ ~A　　　　　　~~D（D+行（3）+MP=~B）~~
(5) D　　(2)(4)，MP　　　~~C（C+行（2）+MP=D）~~
(6) ~B　　(3)(5)，MP
(7) ~A　　(1)(6)，MT

内德愿望清单策略是一个系统的方法，有助于我们发现做一个证明所需要的并记录正确操作所需的步骤。

> 写下一个愿望清单是有用的，你也许很快就会做得如此好，以至于所有你所需要做的就是用你的方式来谈论它，而不是把它写下来。

在8.5节中总结了关于构造性证明的所有有用提示。

蕴涵规则概要
1. 肯定前件式（MP）：　　$p→q$
p
$∴ q$
2. 否定后件式（MT）：　　$p→q$
$~q$
$∴ ~p$
3. 假言三段论（HS）：　　$p→q$
$q→r$

第8章 命题逻辑：证明 | 349

$$\therefore p \rightarrow r$$

4. 析取三段论（DS），有两个形式：

$$p \lor q \qquad p \lor q$$
$$\sim p \qquad \sim q$$
$$\therefore q \qquad \therefore p$$

5. 构成式二难（CD）：
$$p \lor q$$
$$p \rightarrow r$$
$$q \rightarrow s$$
$$\therefore r \lor s$$

6. 分解式（Simp），包括两个形式：
$$p \cdot q \qquad p \cdot q$$
$$\therefore p \qquad \therefore q$$

7. 合取式（Conj）：
$$p$$
$$q$$
$$\therefore p \cdot q$$

8. 附加（Add），有两个形式：
$$p \qquad p$$
$$\therefore p \lor q \qquad \therefore q \lor p$$

定义概要

一个**证明**是从符号论证的前提到其结论的一系列推理步骤。

蕴涵规则是包含肯定前件式、否定后件式、假言三段论、析取三段论、构成式二难、分解式、合取式和附加的一类推论规则。

练习 8.1

8.2 5个等值规则

两个命题是逻辑等值的,当且仅当它们在原子成分的每一个真值指派下的真值相同。[3] 因此,我们可以做出从一个命题到逻辑上等值于它的另一个命题的有效推论。例如,既然P∨Q在逻辑上等值于Q∨P,因此,从P∨Q到Q∨P的推论是有效的,因此从Q∨P到P∨Q的推论也是有效的。

这里,**等值规则**(equivalence rule),顾名思义,就是基于逻辑等值而被命名的。我们对等值规则的使用依赖于这一原则:在真值函数逻辑之内,如果我们用任意逻辑等值的部分,来替换一个复合命题中的部分,得到的命题与原来的复合命题具有相同的真值。例如,如果我们用(Q∨P)来替换(P∨Q)→R中的(P∨Q),则得到一个具有同样真值的命题,即(Q∨P)→R。而且,从(P∨Q)→R到(Q∨P)→R的推论显然是有效的,因为这两个命题必定有同样的真值。

本节将介绍5个等值规则,下一节将介绍更多这样的规则。运用(∷)来表示逻辑等值,我们可以陈述第一个等值规则,即**双否**(double-negation)规则如下:

规则 9,双否(DN):$p \;::\; \sim\sim p$

> **等值规则**是一类包含双否、结合律、交换律、德·摩根律、逆否律、输出律、分配律、冗余律、实质等值和实质蕴涵的推论规则。

双否规则形式化了这样的直觉,任一命题和其否定的否定相互蕴涵。下边是两个自然语言事例:

L14. 并非布思没有杀林肯。因此,布思杀了林肯。

L15. 布思杀林肯。因此,并非布思没有杀林肯。

这一规则的应用可以通过构造下列简短论证的证明来显示:

L16. 如果人没有自由意志，则他们不为他们的行为负责。但显然，人要为他们的行为负责。所以，人有自由意志。（F：人有自由意志；R：人要为他们的行为负责）

运用所提供的缩写模式，论证 L16 翻译为符号如下：

(1) ~F→~R
(2) R   ∴ F

该证明两次运用了双否规则：

(3) ~~R   (2), DN
(4) ~~F   (1)(3), MT
(5) F   (4), DN

注意，我们并不是通过 MT 一步就从前提得到 F 的。MT 告诉我们，如果在一个证明中某一行有一个条件句，并且该证明中的另一行又否定该条件句的后件，则我们就可以得出否定前件的结论。但该证明的行（2）并没有给我们行（1）后件的否定。~R 的否定是~~R，因此，我们在应用 MT 规则之前必须运用双否。

我们必须在两个方面将等值规则从蕴涵规则中区分开来，这是强调这一点的好地方。

第一，正如我们在第 8.1 节中所看到的那样，蕴涵规则是一个方向的；然而，等值规则是两个方向的。例如，因为 P 逻辑等值于~~P，不仅从 P 到~~P 的推论有效，而且从~~P 到 P 的推论也有效。

第二，正如我们前面所看到的，蕴涵规则仅仅可以应用于整行，而不可以应用于行的部分；然而，等值规则可以应用于整行，也可以应用于行的部分。这是因为，我们从未用一个逻辑等值表达式替换一个命题的部分从而改变其真值。

蕴涵和等值规则的具体运用，可以在下列证明中得到显示：

(1) (A→B)→(A→~~C)
(2) A
(3) A→D
(4) D→B   ∴ C

这里，如果我们试图应用 MP 规则于行（1）和行（2）以得到 B 或 ~~C，那么我们将误用 MP 规则。像 MP 这样的蕴涵规则，不能被应用于行（1）中的一个部分；它必须被应用于整行。所以，我们需要 A→B，运用 MP 从行（1）中得到 A→~~C。然而，因为双否是一个等值规则，因此，如果希望的话，我们可以应用双否于行的一部分。所以，我们可以完成我们的证明如下：

(5) (A→B)→(A→C)   (1), DN
(6) A→B   (3)(4), HS
(7) A→C   (5)(6), MP
(8) C   (2)(7), MP

事实上，等值规则可以应用于行的一部分，这使得它们作为"非常灵活的"工具起作用。但如果我们不注意蕴涵规则和等值规则的区别，就会出现错误。

我们的第二个等值规则是应用于析取和合取的交换律（commutation）。

规则 10，交换律（Com）：$(p \lor q) :: (q \lor p)$
$(p \cdot q) :: (q \cdot p)$

下面是两个交换律的自然语言例子：

L17. 或者萨拉喜欢心理学，或者哈兰不喜欢历史。因此，或者哈兰不喜欢历史，或者萨拉喜欢心理学。

L18. 弗雷格是逻辑学家且罗素是逻辑学家。因此，罗素是逻辑学家且弗雷格是逻辑学家。

交换规则的用处，可通过为下列论证构造一个证明来揭示：

L19. 如果发生莫名的灾难，那么上帝并非既善良又全能。但上帝是既全能又善良的。因此，不会发生莫名的灾难。（P：发生莫名的灾难；B：上帝善良；O：上帝全能）

(1) P→~(B·O)
(2) O·B   ∴ ~P
(3) B·O   (2), Com
(4) ~~(B·O)   (3), DN
(5) ~P   (4)(1), MT

为了强调蕴涵规则和等值规则之间的差别，也许有帮助的是，注意下述替换的证明也是正确的：

---

(3) P→~(O·B)   (1), Com
(4) ~~(O·B)   (2), DN
(5) ~P   (3)(4), MT

这里，应用交换规则于行（1）的部分，而得到了行（3）。

结合（association）规则表现为两个形式，一个支配析取，另一个支配合取。

规则 11，结合律（As）：$(p \lor (q \lor r)) :: ((p \lor q) \lor r)$
$(p \cdot (q \cdot r)) :: ((p \cdot q) \cdot r)$

在自然语言中，这种推论常常通过标点符号的变动来区分。下面是前一个交换形式的例子：

L20. 或者 UFO 登陆的所谓目击者说真话，或者他们说谎或者他们被骗。因此，或者 UFO 登陆的所谓目击者说真话或者他们说谎，或者他们被骗。

在我们的符号语言中，圆括号起着自然语言中逗号的作用。结合规则的实践价值，可以通过为下列简短论证构造一个证明来揭示：

L21. 或者香烟制造商是贪婪的或者他们对肺癌研究一无所知，或者他们不喜欢年轻人。但并非或者香烟制造商对肺癌研究一无所知或者他们不喜欢年轻人。因此，香烟制造商是贪婪的。（C：香烟制造商是贪婪的；R：香烟制造商对肺癌研究一无所知；D：香烟制造商不喜欢年轻人）

(1) (C∨R)∨D
(2) ~(R∨D)   ∴ C
(3) C∨(R∨D)   (1)，AS
(4) C   (2)(3)，DS

我们的下一条规则——德·摩根律（De Morgan's laws）——是由英国逻辑学家奥古斯塔·德·摩根（1806—1871）首次明确表述的。它表现为两个形式。

规则 12，德·摩根律（DeM）：$\sim(p \cdot q) \ ∷ \ (\sim p \lor \sim q)$
$\sim(p \lor q) \ ∷ \ (\sim p \cdot \sim q)$

下面是由前一个德·摩根律所赞同的推论的一个自然语言例子：

L22. 斑头鸽并非狗和猫。因此，或者斑头鸽不是狗或者斑头鸽不是猫。

当然，德·摩根律是一个等值规则，我们也可以有效地从结论中推出

L22 的前提。下面是第二个规律的一个自然语言例子：

> L23. 并非或者氢或者氧是金属。因此，氢不是金属而且氧不是金属。

第二个规律也告诉我们，我们可以将这个推理反过来，并从结论中推出前提。

就像下述例子所表明的，德·摩根律在构造证明中是相当有用的。

> L24. 或者人们是平等的并且同工同酬，或者人们不是平等的并且不同工同酬。人们不是平等的。因此，人们并不同工同酬。（E：人们是平等的；D：人们同工同酬）
>
> (1)　(E·D)∨(~E·~D)
> (2)　~E　　　　　　∴ ~D
> (3)　~E∨~D　　　　(2)，Add
> (4)　~(E·D)　　　　(3)，DeM
> (5)　~E·~D　　　　(1)(4)，DS
> (6)　~D　　　　　　(5)，Simp

上述证明中所需的策略有些间接。基本切入点是第二个前提~E，显然与第一个前提左边的合取 E·D 不相容。这意味着即将发生的是要运用一个析取三段论。但在我们可以应用析取三段论之前，我们必须运用析取附加和一次德·摩根律。

我们的下一个推论规则依赖于条件句和其逆否推论之间的逻辑等值。要形成一个条件句的逆否推论，转变前件和后件并否定两者。"如果鲍勃是一个叔叔，那么鲍勃是一个男性"是"如果鲍勃不是男性，那么鲍勃不是一个叔叔"的逆否推论。我们将推论规则称为**逆否**（contraposition）。

规则 13. 逆否规则（Cont）：$(p \rightarrow q) :: (\sim q \rightarrow \sim p)$

逆否规则的应用在下列论证的评价中是显然的。

L25. 如果使用毒品是错误的，仅当它们在损害使用者的精神功能，那么使用咖啡因并不是错误的。而且如果毒品并不损害使用者的精神功能，那么使用毒品并不是错误的。因此，使用咖啡因不是错误的。（W：使用毒品是错误的；D：毒品损害使用者的精神功能；C：使用咖啡因是错误的）

(1) (W→D)→~C
(2) ~D→~W   ∴ ~C
(3) W→D   (2)，Cont
(4) ~C   (1)（3），MP

需要强调的是，等值规则可以用于一行中的部分。我们注意到，上述证明也可以完成如下：

(3) (~D→~W)→~C   (1)，Cont
(4) ~C   (2)（3），MP

这里，逆否用于行（1）中的部分，得到行（3）。

本节所介绍的5个规则似乎是显然的，甚或是不用说的，但一些逻辑学家拒绝了其中的一个或多个规则。这是拒斥**排中律**（law of the excluded middle，LEM）的结果，该规律说，对任意给定的命题，或者它是真的或者它的否定是真的。运用命题变项，我们可以将排中律陈述如下：$p \lor \sim p$。

排中律断言，对任意命题 p，或者 p 是真的或者 $\sim p$ 是真的，即 $p \lor \sim p$。

直觉主义者否定LEM。他们的论证是这样的：一个命题的真，在于它的可证性。试验了几个世纪之后，我们没有证明某些命题或者它们的否定——例如，哥德巴赫猜想，即每一个大于2的偶数都等于两个素数之和。我们称这个命题为G。因为G不是可证的，所以，G不是真的，并且因为~G不是可证的，所以，~G 不是真的。因此，由于 G∨~G 的析取支都不是真的，并且析取为真，仅当至少它的一个支为真，它为假即对任意命题 p 来说，或者 p 为真或者~p 为真——LEM 是假的。[4]

然而，根据本节所介绍的规则，我们并不能否定 LEM，除非我们准备否定**不矛盾律**（law of noncontradiction，LNC），该规律说的是，对任一给定命题，并非这个命题和它的否定都是真的。运用命题变项，我们可以陈述 LNC 如下：~(p · ~p)。

> **不矛盾律**断言，对任意命题 p，并非这个命题 p 和它的否定~p 都是真的，即 ~(p · ~p)。[5]

而且，所有逻辑学家都赞同不矛盾律。现在，考虑下述证明：

---

(1)　~(G · ~G)　　　　　∴ G∨~G
(2)　~G∨~~G　　　　　(1), DeM
(3)　~G∨G　　　　　　(2), DN
(4)　G∨~G　　　　　　(3), Com

前提（1）断言，并非哥德巴赫猜想和它的否定都是真的！而且该结论断言，或者哥德巴赫猜想是真的或者它的否定是真的。显然，如果我们要否定 LEM，那么也必须否定至少下列一项：DeM、DN、Com 或者 LNC。

直觉主义者否定 DN。[6] 我们这里发展的系统肯定 DN 和 LEM。这是经典逻辑系统的特征，而且为了开始学逻辑课程，最好是学会经典逻辑。然而，我们要注意的是，我们认为，直觉主义的论证否定 LEM（并且因此否定 DN）是不可靠的。这是因为，我们认为，并非一个命题的真就在于其可证性。一个命题的真在于它描述了事物之所是。我们也要注意，许多哲学家同意我们关于命题的真之所在，但基于模糊性、不确定性和时间的性质有关的理由，仍然否定 LEM（并且因此否定 DN）。评估这些理由，将会把我们带得太远。我们建议，通过选修高水平的逻辑、语言哲学和形而上学的大学课程，学会了本书所发展的经典逻辑系统之后，你再来研究这些理由。

等值规则的第一个系列概要

9. 双否（DN）：　　　　　$p \; :: \; \sim\sim p$
10. 交换律（Com）：　$(p \lor q) \; :: \; (q \lor p)$
　　　　　　　　　　　$(p \cdot q) \; :: \; (q \cdot p)$
11. 结合律（As）：
　　　　　　$(p \lor (q \lor r)) \; :: \; ((p \lor q) \lor r)$
　　　　　　$(p \cdot (q \cdot r)) \; :: \; ((p \cdot q) \cdot r)$
12. 德·摩根律（DeM）：
　　　　　　$\sim(p \cdot q) \; :: \; (\sim p \lor \sim q)$
　　　　　　$\sim(p \lor q) \; :: \; (\sim p \cdot \sim q)$
13. 逆否规则（Cont）：
　　　　　　$(p \to q) \; :: \; (\sim q \to \sim p)$

定义概要

排中律断言，对任意命题 p，或者 p 是真的或者 $\sim p$ 是真的，即 $p \lor \sim p$。
不矛盾律断言，对任意命题 p，并非这个命题 p 和它的否定 $\sim p$ 都是真的，即 $\sim (p \cdot \sim p)$。

在你完成了下列练习后，记住前面章节所提供的构造证明的 5 个有用的经验法则。我们现在再增加 2 个。第一个增加的经验法则如下：

经验法则 6：考虑结论和前提的逻辑等值形式。

例如，考虑下列论证：

（1）　$\sim G \to \sim A$
（2）　$\sim H \to \sim B$
（3）　$\sim(G \cdot H)$　　　　　$\therefore \sim(A \cdot B)$

注意，根据德·摩根律，结论 $\sim(A \cdot B)$ 等值于 $\sim A \lor \sim B$。还要注意，$\sim A$ 是行（1）的后件，而 $\sim B$ 是行（2）的后件，回想一下，我们可以通过构成式二难所提供的条件句的前件的析取，推出两个条件句的后件的析取。

但是，我们真的有~G∨~H？好的，不是真的。但是我们真的在行（3）有一些东西等值于它，即~(G·H)。我只需要应用一种德·摩根律。因此，通过考虑结论和前提之一的逻辑等值式，我们就可以得到一个成功的证明：

(1) ~G→~A
(2) ~H→~B
(3) ~(G·H)　　　　　∴ ~(A·B)
(4) ~G∨~H　　　　　(3), DeM
(5) ~A∨~B　　　　　(1)(2)(4), CD
(6) ~(A·B)　　　　　(5), DeM

下面是另一个例子，考虑下列论证：

(1) ~A→~C
(2) A→D　　　　　∴ ~D→~C

首先，要注意，通过逆否律，结论~D→~C等值于C→D。受这一观察的启发，我们也可以注意到，行（1）中，~A→~C等值于C→A。但C→A和A→D，在行（2）中，通过假言三段论，给了我们C→D。因此，就像我们开始所注意到的，我们有了我们所需要的，得出了该结论。证明过程如下：

(1) ~A→~C
(2) A→D　　　　　∴ ~D→~C
(3) C→A　　　　　(1), Cont
(4) C→D　　　　　(2)(3), HS
(5) ~D→~C　　　　(4), Cont

通常情况下，在证明的途中，你就知道需要什么来完成它。写下它，进而考虑它在逻辑上等值的阐述。这有时是有帮助的。

这是一个很好的地方，可以引起你注意关于做证明的两个问题，学生经常会问。

第一个问题是这样的：行（4）如何才能得到行（2）和行（3）及假言三段论的证明？假言三段论的模式如下：

$$p \to q$$
$$q \to r$$
$$\therefore p \to r$$

但行（2）和行（3）的证明过程如下：

(2) $A \to D$
(3) $C \to A$

它们似乎一点都不像是该模式的前提的替换例！

好问题。下面是答案。一个推论规则的正确应用并不受前提或行的次序的影响。假设我们转变的次序如下：

(3) $C \to A$
(2) $A \to D$

现在，显然我们可以从行（3）和行（2），通过假言三段论，移动到

(4) $C \to D$

但要注意：逻辑仍保持不变，即使视觉呈现更清晰。行的次序与逻辑无关，

即使它关系到更清晰的视觉呈现。

第二个问题是这样的：做一个证明存在一个以上的方法吗？是的。以前的证明可以像这样简单地完成：

---

(1) ~A→~C
(2) A→D   ∴ ~D→~C
(3) ~D→~A   (2), Cont
(4) ~D→~C   (1)(3), HS

事实上，到目前为止的简单证明，都好于更复杂的证明，这个证明比最初的更好。

第二个增加的经验法则如下：

经验法则7：合取与附加都可以导致有用的德·摩根律的运用。

请考虑下列例子：

---

(1) ~E
(2) ~F
(3) ~E · ~F   (1)(2), Conj
(4) ~(E∨F)   (3), DeM
(1) ~G
(2) ~G∨~H   (1), Add
(3) ~(G·H)   (2), DeM

如前所示，经验法则可以作为有帮助的暗示。它们不会自动提供解决方案，唯有实践才能完善。

练习 8.2

8.3 另外 5 个等值规则

到目前为止，我们的演绎系统包含了 8 个蕴涵规则和 5 个等值规则。在本节中，我们增加另外 5 个等值规则。

当你更熟悉这些规则后，你将发现记住和应用一些规则比其他的规则更容易。但是即使在你最好的时候，还是可能存在困难。这些是你的"盲点"。当你陷入一个证明时，如果你能回想一下你的盲点，你可能会摆脱困难！

分配（distribution）规则告诉我们，·号和 ∨ 形号的某种组合将会如何。它表现为两个形式。

规则 14，分配律（Dist）：$(p \cdot (q \vee r)) :: ((p \cdot q) \vee (p \cdot r))$
$(p \vee (q \cdot r)) :: ((p \vee q) \cdot (p \vee r))$

注意，在正确运用分配律时，主逻辑算子在变化（或者从·号变为 ∨ 形号，或者由 ∨ 形号变为·号）。下面是分配律的一些自然语言事例：

L26. "蝙蝠是动物，而且它们或者是哺乳动物或者是鸟"，蕴涵（且被蕴涵）"或者蝙蝠是动物和哺乳动物，或者蝙蝠是动物和鸟"。

L27. "或者比尔输了奖券，或者他赢了而且他富了"，蕴涵（且被蕴涵）"或者比尔输了奖券或者他赢了，并且或者比尔输了奖券或者他富了"。

在我们给下列论证构造证明时，分配规则的用途得到了体现：

L28. 或者费尔纳是精神病患者，或者她是罪犯并且是一个说谎者。但如果费尔纳是一个精神病患者或说谎者，则她是危险的。因此，费尔纳是危险的。（F：费尔纳是精神病患者；G：费尔纳是罪犯；L：费尔纳是说谎者；D：费尔纳是危险的）

(1) F∨(G·L)
(2) (F∨L)→D   ∴ D
(3) (F∨G)·(F∨L)   (1)，Dist
(4) F∨L   (3)，Simp
(5) D   (2)(4)，MP

也许分配律显得有些复杂，在构造证明时会存在忽视它的倾向，但它通常是很有用的。

输出（exportation）规则告诉我们，形如"如果 p 并且 q，那么 r"的陈述，逻辑上等值于形如"如果 p，那么如果 q 则 r"。用符号表示，我们有：
规则 15，输出律（Ex）：$((p·q)→r) :: (p→(q→r))$
下面是一个自然语言的例子：

L29. "如果苏厄是聪明的并且她学习努力，那么她会取得好成绩"，蕴涵（且被蕴涵）"如果苏厄是聪明的，那么如果她学习努力，则她会取得好成绩"。

下列论证的一个证明，将显示出输出律的典型应用。

L30. 如果第一次世界大战不是美国的一次防御战，并且只有防御战才是公正的，则美国参与第一次世界大战就不是公正的。第一次世界大战不是美国的一次防御战。因此，如果只有防御战才是公正的，则美国参加第一次世界大战不是公正的。（W：第一次世界

大战是美国的一次防御战；D：只有防御战才是公正的；J：美国参加第一次世界大战是公正的）

(1) (~W・D)→~J
(2) ~W   ∴ D→~J
(3) ~W→(D→~J)   (1), Ex
(4) D→~J   (2)(3), MP

冗余（redundancy）规则显然有效，而且正像其名称所示，它允许我们消除某类冗余。

规则 16，冗余律（Re）：$p :: (p \cdot p)$
$$p :: (p \vee p)$$

下列论证的一个证明，揭示了这个规则的典型应用。

L31. 或者痛是实在的或者是一种幻觉。如果痛是实在的，则痛是不好的。而且如果痛是一种幻觉，则痛是不好的。因此，痛是不好的。（R：痛是实在的；I：痛是一种幻觉；B：痛是不好的）

(1) R∨I
(2) R→B
(3) I→B   ∴ B
(4) B∨B   (1)(2)(3), CD
(5) B   (4), Re

注意，该规则允许我们引进冗余和消除它。例如，冗余规则允许我们从~A推出~A・~A，而且从R推出R∨R。

实质等值（material equivalence）规则，给予了我们处理双条件句的方法。它有两个形式。第一个形式告诉我们，一个双条件句逻辑上等值于两个条件句的合取。第二个形式告诉我们，一个双条件句逻辑上等值于两个合取的析取。如果我们记住双条件句的真值表，则第二个形式就是有意义的：如果 p 和 q 都是真的或者 p 和 q 都是假的，则（$p \leftrightarrow q$）是真的；否则（$p \leftrightarrow q$）是假的。

规则 17，实质等值（ME）： $(p \leftrightarrow q) \;::\; ((p \rightarrow q) \cdot (q \rightarrow p))$
$(p \leftrightarrow q) \;::\; ((p \cdot q) \vee (\sim p \cdot \sim q))$

下列论证的一个证明，将表明实质等值的典型应用。

L32. 拒绝治疗是错误的，当且仅当病人存在有价值的未来生活或者家属坚持治疗。但病人是脑死亡。并且如果病人是脑死亡，则他不存在有价值的未来生活。而且，并非家属坚持治疗。因此，拒绝治疗不是错误的。（W：拒绝治疗是错误的；L：病人存在有价值的未来生活；F：家属坚持治疗；B：病人是脑死亡）

(1) $W \leftrightarrow (L \vee F)$
(2) B
(3) $B \rightarrow \sim L$
(4) $\sim F$ ∴ $\sim W$
(5) $\sim L$ (2)(3)，MP
(6) $[W \rightarrow (L \vee F)] \cdot [(L \vee F) \rightarrow W]$ (1)，ME
(7) $W \rightarrow (L \vee F)$ (6)，Simp
(8) $\sim L \cdot \sim F$ (5)(4)，Conj
(9) $\sim (L \vee F)$ (8)，DeM
(10) $\sim W$ (7)(9)，MT

最后一个等值规则是**实质蕴涵**（material implication）。

规则 18，实质蕴涵（MI）： $(p \rightarrow q) \;::\; (\sim p \vee q)$

没有实质蕴涵，我们的证明系统将缺乏能力来证明根据真值表法为有效的任一论证。但重要的是要记住，$\sim p \vee q$ 和 $p \rightarrow q$ 是等值的，因为我们已给予了箭头的真值函数定义。

下列论证的一个证明，既使用了实质蕴涵也使用了分配律。

L33. 如果人类不需要吃肉或者吃肉是不健康的，则人类不应该吃肉。因此，如果人类不需要吃肉，则人类不应该吃肉。（N：人类

需要吃肉；E：吃肉是不健康的；S：人类应该吃肉)

(1) (~N∨E)→~S　　　　　　　　∴ ~N→~S
(2) ~(~N∨E)∨~S　　　　　　　(1), MI
(3) ~S∨~(~N∨E)　　　　　　　(2), Com
(4) ~S∨(~~N·~E)　　　　　　　(3), DeM
(5) (~S∨~~N)·(~S∨~E)　　　　(4), Dist
(6) ~S∨~~N　　　　　　　　　(5), Simp
(7) ~~N∨~S　　　　　　　　　(6), Com
(8) ~N→~S　　　　　　　　　(7), MI

上述证明是相当复杂的，而且用到了下列经验法则（加上前面介绍的7个经验法则）。

经验法则 8：实质蕴涵可以有用地应用于分配律。

这个法则是上述证明中行（2）至行（6）所表明的。但下面是更简单的一种情况：

(1) A→(B·C)
(2) ~A∨(B·C)　　　　　　　　(1), MI
(3) (~A∨B)·(~A∨C)　　　　　(2), Dist

经验法则 9：分配律可以有用地应用于分解式。

(1) (D·E)∨(D·F)
(2) D·(E∨F)　　　　　　　　　(1), Dist
(3) D　　　　　　　　　　　　(2), Simp

至少再加一个经验法则，在完成本节后面的练习时将是有帮助的。

经验法则 10：析取附加可以有用地应用于实质蕴涵。

下面是两个例子：

例一		例二	
(1) B		(1) ~F	
(2) ~A∨B	(1), Add	(2) ~F∨G	(1), Add
(3) A→B	(2), MI	(3) F→G	(2), MI

等值规则的第二个系列概要

14. 分配律（Dist）：
$$(p \cdot (q \vee r)) :: ((p \cdot q) \vee (p \cdot r))$$
$$(p \vee (q \cdot r)) :: ((p \vee q) \cdot (p \vee r))$$

15. 输出律（Ex）：
$$((p \cdot q) \to r) :: (p \to (q \to r))$$

16. 冗余律（Re）：
$$p :: (p \cdot p)$$
$$p :: (p \vee p)$$

17. 实质等值（ME）：
$$(p \leftrightarrow q) :: ((p \to q) \cdot (q \to p))$$
$$(p \leftrightarrow q) :: ((p \cdot q) \vee (\sim p \cdot \sim q))$$

18. 实质蕴涵（MI）：
$$(p \to q) :: (\sim p \vee q)$$

当你在做证明的时候，或者只是卡住的时候，遵守规则是有用的。……应用任何可以应用的规则。咔嚓！你没有被卡住。但要记住：为了遵守规则，你必须知道规则。

练习8.3

8.4 条件句证明

思考下列论证。

L34. 如果汉克是一匹马,则汉克不是鸟。因此,如果汉克是一匹马,则汉克是一匹马而且不是鸟。(H:汉克是一匹马;B:汉克是鸟)

上述论证似乎有些奇怪,但它显然有效。它的形式如下:

L35. H→~B ∴ H→(H · ~B)

遗憾的是,只用到目前为止我们熟知的 18 个规则,我们并不能证明该论证是有效的。[7] 事实上,为了使我们的命题逻辑系统完整,需要增加"**条件句证明**"(简写 CP)规则。没有这条规则(或者一些等值规则加入我们的系统),我们将不能构造许多有效论证的证明。CP 也极大地简化了许多证明。

CP 后面的"基本"观念是,通过假设其前件为真,从这个假设(加上可以利用的任何前提)可以推论出后件,从而可以证明一个条件句为真。我们需要一个方法来将这一基本观念形式化。这意味着,我们需要一个方法来得到我们证明中的假设,考虑到一个假设并不是一个前提。事实上,因为条件句是假设性的,所以一个条件句的前件可以是假的(论证者允许是假的),即使该条件句自身为真。因此,我们暂时需要运用假设方法——一种显然并不将它们作为前提处理的方法。作为一个例子,上述论证 L35 的形式证明如下:

```
(1) H→~B              ∴ H→(H·~B)
⎡(2) H                假设（为 CP）
⎢(3) ~B               (1)(2), MP
⎣(4) H·~B             (2)(3), Conj
 (5) H→(H·~B)         (2)-(4), CP
```

"假设"一词表明了 H 的特殊地位。方框 [表明了假设的范围（即部分证明在所做出的假设之中）。从行（2）到行（4）这些步骤，并不能证明 H·~B 可以从该论证的前提中推出来。（如果 H 是一个前提而并不仅仅是一个假设，将证明这一点。）相反，从行（2）到行（4）仅仅表明了，H·~B 在 H 为真的假设下是真的。我们在步骤中画方框 [，并进到行（5），显然只能建立一个条件句的结论。行（5）的注释提到了属于假设范围内的步骤，以及所用到的（CP）证明类型。注意，行（5）是从该论证的前提，即 H→~B 在逻辑上推出来的结论。我们并没有在行（2）中增加前提。我们仅仅引入了一个暂时的假设，这是为了证明该条件句结论可以从前提中推出的目的。

运用小写字母作为命题变项，我们可以将条件句证明图解如下：

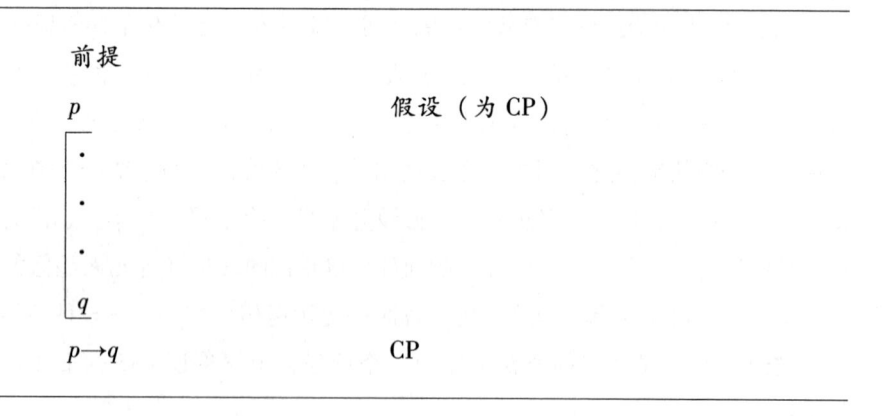

```
前提
⎡p               假设（为 CP）
⎢.
⎢.
⎢.
⎣q
 p→q             CP
```

这里垂直的点号表示从前提和假设开始的推论。典型情况下，($p→q$) 是论证的结论，尽管像我们将看到的，这不是必然的情况。

直接证明（direct proof）是不用假设的证明。**间接证明**（indirect proof）

是使用假设的证明。

直接证明是不用假设的证明。
间接证明是使用假设的证明。

在我们这儿所发展的命题逻辑系统中，直接证明是仅仅用我们已经提到的 18 个推论规则来进行的证明，而间接证明是使用条件句证明（或归谬法或一些它们的结合——见 8.5 节）加上 18 个推论规则来进行的证明。

学会喜欢间接证明！当你做假设时，你在做证明的时候你还要做更多的工作，这通常会让事情变得更容易。

让我们考虑另一个例子：

L36. 如果大多数美国人赞成枪支控制，则如果抢劫阻止了枪支控制提议，那么民主就会被阻止。如果大多数美国人赞成枪支控制，则抢劫的确阻止了枪支控制提议。因此，如果大多数美国人赞成枪支控制，则民主就会被阻止。（M：大多数美国人赞成枪支控制；L：抢劫阻止了枪支控制提议；D：民主就会被阻止）

(1) M→(L→D)
(2) M→L   ∴ M→D
⎡ (3) M   假设（为 CP）
⎢ (4) L→D   (1)(3)，MP
⎢ (5) L   (2)(3)，MP
⎣ (6) D   (4)(5)，MP
  (7) M→D   (3)-(6)，CP

注意，假设方框内的全都是单独根据前提而得到证明的命题将是错误的。我们在命题中明确标上方框，是为了提醒我们这些命题处于暂时状态，它们都依赖于行（3）中的假设。我们在行（7）中解除了这个假设。而且我们的证明显示，行（7）是从前提，即行（1）和行（2）中逻辑地推导出来的。

当你正在为条件句证明的目的做出一个假设的时候，你总是尽力选择要获得该条件句命题的前件。当一个论证的结论是一个条件命题时，CP 常常是有用的。因此，我们可以陈述有用的经验法则如下：

经验法则 11：如果一个论证的结论是一个条件命题，则运用 **CP**。

例如，考虑下列符号论证：

L37. ~S→W, ~R→U, (U∨W)→T ∴ ~(S·R)→(T∨Z)

由于上述论证的结论是一个条件命题，CP 是要采用的一个好方法。而且，我们应该假设该结论的前件~(S·R)。于是，证明如下：

```
(1)  ~S→W
(2)  ~R→U
(3)  (U∨W)→T           ∴ ~(S·R)→(T∨Z)
⎡(4)  ~(S·R)            假设（为 CP）
⎢(5)  ~S∨~R             (4), DeM
⎢(6)  W∨U               (5)(1)(2), CD
⎢(7)  U∨W               (6), Com
⎢(8)  T                 (3)(7), MP
⎣(9)  T∨Z               (8), Add
 (10) ~(S·R)→(T∨Z)      (4)-(9), CP
```

而且，我们在证明的行中所画的方框限于假设的范围之内（部分证明在所做出的假设之中）。这些行告诉我们，如果我们有~(S·R)，则可以得到 T∨Z。方框内的步骤本质上是假设性的，因为它们依赖于行（4）中的假设。在行（10）中我们不再做出假设。而且我们的证明显示，行（10）可以有效地从前提（即行（1）（2）（3））中推出。

到目前为止，我们所考虑的都是仅仅引入一个假设的情况。但有时引入一个以上的假设是有帮助的——例如，当你试图证明一个条件句的后件也是一个条件句时。下面是一个例子：

L38. 如果太空旅行者从另外一个星球来访问地球，则如果我们的技术处于劣势，那么外星人将统治我们。但如果我们的技术处于劣势并且外星人将统治我们，则我们的自由将会减少。因此，如果太空旅行者从另外一个星球访问地球，则如果我们的技术处于劣势，那么我们的自由将会减少。（S：太空旅行者从另外一个星球来访问地球；A：外星人将统治我们；T：我们的技术处于劣势；L：我们的自由将会减少）

我们将上述论证符号化，并在行（3）开始一个条件句证明。

(1) S→(T→A)
(2) (T·A)→L   ∴ S→(T→L)
⎡(3) S   假设（为 CP）
⎣(4) T→A   (1)(3)，MP

在推出行（4）之后，我们可以转向注意前提（2），应用交换律、输出律等，但用 CP 的另一个策略也是可能的。注意，结论 S→(T→L) 是以另一个条件句（即 T→L）作为其后件的一个条件句。所以，我们可以有效地引入第二个假设（即条件句的前件），如下所示：

(1) S→(T→A)
(2) (T·A)→L   ∴ S→(T→L)
⎡(3) S   假设（为 CP）
⎢(4) T→A   (1)(3)，MP
⎢⎡(5) T   假设（为 CP）
⎢⎢(6) A   (4)(5)，MP
⎢⎢(7) T·A   (5)(6)，Conj
⎢⎣(8) L   (2)(7)，MP
⎣(9) T→L   (5)-(8)，CP

我们在这里证明了，如果 T 则 L，在假设 T 的情况下，可以得到 L。但这所有的一切都发生在第一个假设的范围之内（即 S），只要我们还在做假设，这个证明就是不完全的。而且，我们也还没有得到该论证的结论，因此，我们还需要一个附加步骤。

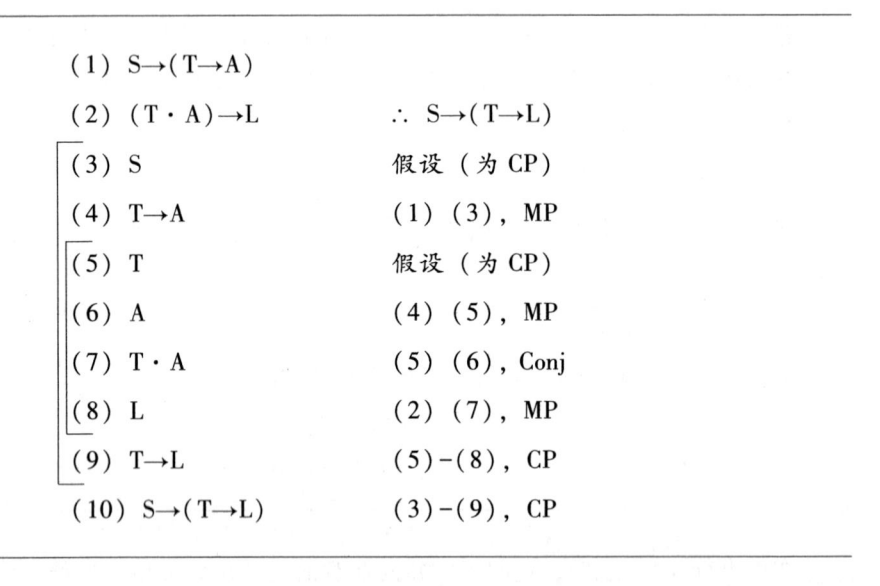

(1) S→(T→A)
(2) (T·A)→L   ∴ S→(T→L)
(3) S   假设（为 CP）
(4) T→A   (1)(3)，MP
(5) T   假设（为 CP）
(6) A   (4)(5)，MP
(7) T·A   (5)(6)，Conj
(8) L   (2)(7)，MP
(9) T→L   (5)-(8)，CP
(10) S→(T→L)   (3)-(9)，CP

从行（3）到行（9）表明，如果有 S，我们就可以得到 T→L。换言之，该证明显示了，行（10）可以从前提——行（1）和行（2）逻辑地推出。因此，该论证有效。

这里要提出两个重要的告诫。第一，因为方框内的命题依赖于假设，所以我们在证明的后面部分不能利用方框内的命题。例如，在前述证明中，显然可以通过应用 MP 规则于行（7）和行（2），在行（9）中写上 L，但行（7）只有在行（5）的假设下才起作用。而且该方框表明，当得到行（9）时，我们解除（即停止做）假设。因此，我们不能在证明的后面部分利用行（7）。一般地，方框中的行不能用来判定证明的后续步骤，因为该方框表明，我们已停止了所做出的相关假设。第二，所有包含 CP 的证明都不是完全的，直到所有假设都被解除为止。

必须注意的是，甚至当论证的结论不是一个条件句时，CP 有时也是有用的。下面是一个例子：

L39. 如果上帝制止人们从事会引起不必要灾难的行为，则或者上帝否定了生物对于善和恶的选择，或者上帝能够引起其生物的自由行为。如果上帝能够引起其生物的自由行为，则自由意志的概念就是空的。自由意志的概念不是空的。因此，或者上帝不能阻止人们从事会引起不必要灾难的行为，或者上帝否定了生物对于善和恶的选择。(S：上帝制止人们从事会引起不必要灾难的行为；G：上帝否定了生物对于善和恶的选择；F：上帝能够引起其生物的自由行为；W：自由意志的概念是空的)

将上述论证符号化，并在行（4）中开始一个条件句证明。如果人们认识到结论~S∨G在逻辑上等值于S→G，这是有意义的。

(1) S→(G∨F)
(2) F→W
(3) ~W   ∴ ~S∨G
(4) S   假设（为CP）
(5) G∨F   (1)(4)，MP
(6) ~F   (2)(3)，MT
(7) G   (5)(6)，DS
(8) S→G   (4)-(7)，CP
(9) ~S∨G   (8)，MI

注意，运用CP，我们常常得到一个条件句，上述情况也不例外。行（4）到行（7）建立了S→G。进而应用MI得到该论证的结论。

当一个论证的结论是双条件句时，CP也是可以运用的。例如：

L40. (B∨A)→C，A→~C，~A→B ∴ B↔C

基本做法是，证明两个条件句，并将其组合起来，进而运用 ME。

---

(1) (B∨A)→C
(2) A→~C
(3) ~A→B   ∴ B↔C
⎡(4) B   假设（为 CP）
⎢(5) B∨A   (4), Add
⎣(6) C   (1)(5), MP
(7) B→C   (4)-(6), CP
⎡(8) C   假设（为 CP）
⎢(9) ~~C   (8), DN
⎢(10) ~A   (2)(9), MT
⎣(11) B   (3)(10), MP
(12) C→B   (8)-(11), CP
(13) (B→C)·(C→B)   (7)(12), Conj
(14) B↔C   (13), ME

注意，尽管证明中做出了两个假设，但它们中的任一个都不在另一个的范围之内。因此，在行（13）中，我们可以自由地将行（7）和行（12）组合起来。

条件句证明终结了命题逻辑系统的完全性。凡是通过用真值表方法判断为有效的命题，都可以运用我们的 8 个蕴涵规则、10 个等值规则和 CP，证明它是有效的。

> **定义概要**
>
> **直接证明**是不用假设的证明。
> **间接证明**是使用假设的证明。

练习 8.4

8.5 归谬律

尽管我们的命题逻辑系统是完全的，但在许多情况下我们仍然可以通过增加更多的规则，如**归谬律**（reductio ad absurdum，简写 RAA）来简化证明。RAA 背后的基本原则是：任何蕴涵矛盾的东西都是假的。

用斜体小写字母 p 和 q 作为命题变项（表示任意命题），我们可以看到，RAA 与否定后件式密切相关。假如我们知道，一个给定命题 ~p 蕴涵矛盾：

L41. ~$p \rightarrow (q \cdot \sim q)$

现在，我们知道矛盾为假。因此，我们也知道：

L42. ~$(q \cdot \sim q)$

但是，如果应用否定后件式于 L41 和 L42，那么我们就可以得到 ~~p，因此，根据 DN 得 p。这是基于归谬法的基本逻辑。因为 ~p 导致（或"归于"）逻辑上的荒谬性（即矛盾），所以，~p 必定为假。因此，p 是真的。[8]

现在，实际上，矛盾通常并不是从一个单一命题中推出来的。相反，矛盾通常是由论证的前提和暂时的假设~p推出来的,其中,p是该论证的结论。

再这样来看。假设我们有总体上蕴涵一个矛盾的三个命题。例如:

~A→(B · ~C)
B→C
~A

运用MP、Simp、Conj,我们仅仅需要几步就可以从这些命题推出C · ~C。因为这些命题蕴涵了一个矛盾,所以,我们知道至少有一个是假的。现在,倘若前两个命题为真,我们就可以得出结论:~A是假的,因而A是真的。这一推理证明了下列论证有效:

L43. ~A→(B · ~C),B→C ∴ A

形式证明如下:

(1) ~A→(B · ~C)
(2) B→C   ∴ A
(3) ~A   假设(为RAA)
(4) B · ~C   (1)(3),MP
(5) B   (4),Simp
(6) C   (2)(5),MP
(7) ~C   (4),Simp
(8) C · ~C   (6)(7),Conj
(9) A   (3)-(8),RAA

"假设(为RAA)"指明了~A作为归谬法假设的特别地位。为了建立一个论证的有效的目的,前提的真是给定的。因此,既然前提和~A蕴涵一个矛盾，我们就可以得出结论：~A 为假，因而 A 是真的。像用 CP 一样，我们将假设范围内的行框起来，并且加上行（9）以表明，A 不能从假设推出，但可以从论证的前提推出。行（9）的注释涉及假设范围内的行，还有表示归谬法的"RAA"。

当论证的结论是一个命题的否定（如~B）时，所做假设行通常是命题本身（在这种情况下，是 B）而不是双重否定。这种做法常常能节省一些步骤。例如，考虑下列证明：

(1) B↔~A
(2) ~A→~C
(3) C∨D
(4) ~C→~D   ∴ ~B
⎡(5) B   假设（为 RAA）
⎢(6) (B→~A)·(~A→B)   (1)，ME
⎢(7) B→~A   (6)，Simp
⎢(8) ~A   (5)(7)，MP
⎢(9) ~C   (8)(2)，MP
⎢(10) D   (3)(9)，DS
⎢(11) ~D   (4)(9)，MP
⎣(12) D·~D   (10)(11)，Conj
 (13) ~B   (5)-(12)，RAA

注意，在行（5）中，我们假设 B 而不是~~B。假设~~B 并不是逻辑错误，而是加上了一个不必要的步骤。（在做肯定前件式前，我们会不得不应用 DN 来消除双重否定。）

因此，一个包含 RAA 的证明，可以分两种方式来进行。运用小写字母作为命题变元时，我们可以将这两种方式图示如下：

证明一个否定：~p   证明一个非否定的命题：p
前提   前提

⎡ p   假设（为 RAA）   ⎡ ~p   假设（为 RAA）
⎢ .   ⎢ .
⎢ .   ⎢ .
⎢ .   ⎢ .
⎣ (q · ~q)   ⎣ (q · ~q)
  ~p   RAA   p   RAA

这种方法的两种情况本质上是相同的：我们证明了，一个命题（加上前提）蕴涵一个矛盾，并且得出该命题为假的结论。注意：就像用 CP 一样，包含 RAA 的证明没有一个是完全的，直到所有的假设都被解除。

什么时候应该用 RAA 呢？除了经验，通常不存在方法来确定地知道 RAA 是否将证明有用，但以下几点是可以考虑的：第一，RAA 通常起作用（当然假设了该论证有效），但不必然使一个证明复杂；第二，当直接证明似乎困难或不可能，但论证的结论并非一个条件句时，试一试 RAA。（如果结论是一个条件句，那么 CP 通常比 RAA 更具优势。）考虑一个例子：

L44.　(F ∨ ~F) → G ∴ G

对前提应用 MI，则有 ~(F ∨ ~F) ∨ G。根据 DeM，可以得到 (~F · ~~F) ∨ G。应用交换律（COM），可以得到 G ∨ (~F · ~~F)。再应用分配律（Dist），可得 (G ∨ ~F) · (G ∨ ~~F)。现在我们可以简单地获得 G ∨ ~F 和 G ∨ ~~F。但接下来我们该从哪里开始呢？也许做一个假设是有帮助的。既然结论不是一个条件句，我们就试试 RAA：

(1) (F ∨ ~F) → G   ∴ G
⎡ (2) ~G   假设（为 RAA）
⎢ (3) ~(F ∨ ~F)   (1)(2), MT
⎣ (4) ~F · ~~F   (3), DeM

(5) G　　　　　　　　　　(2)-(4)，RAA

这里，RAA 做出了一个简单而容易的证明。让我们增加第 12 条有帮助的经验法则。

经验法则 12：如果直接证明困难，而论证的结论又不是一个条件句，则试试 RAA。

构造证明的经验法则概要

1. 务必立即检查你是否正确复制了该证明。
2. 扫描前提看它们是否适合任意规则模式。
3. 尽力发现前提中的结论（或其中的元素）。
4. 应用推论规则来分解前提。
5. 如果结论中包含了一个并没有出现在前提中的命题字母时，则运用附加规则。
6. 考虑结论和前提的逻辑等值形式。
7. 合取与附加都可以导致有用的德·摩根律的运用。
8. 实质蕴涵可以有用地应用于分配律。
9. 分配律可以有用地应用于分解式。
10. 附加可以有用地应用于实质蕴涵。
11. 如果一个论证的结论是一个条件命题，则运用 CP。
12. 如果直接证明困难，而论证的结论又不是一个条件句，则试试 RAA。

将 RAA 和 CP 结合起来是可能的。下面是一个例子：

(1) ~(S·~R)∨(S→T)　　∴ S→(R∨T)
(2) S　　　　　　　　　假设（为 CP）
(3) ~(R∨T)　　　　　　假设（为 RAA）
(4) ~R·~T　　　　　　 (3)，DeM
(5) ~R　　　　　　　　(4)，Simp
(6) S·~R　　　　　　　(2)(5)，Conj

(7)	~~(S・~R)	(6), DN
(8)	S→T	(1)(7), DS
(9)	T	(2)(8), MP
(10)	~T	(4), Simp
(11)	T・~T	(9)(10), Conj
(12)	R∨T	(3)-(11), RAA
(13)	S→(R∨T)	(2)-(12), CP

在行（2）中，我们从一个条件句证明开始。我们开始了一个 CP 证明之后，我们需要获得要求证的条件句的后件，即 R∨T。如果我们假设~(R∨T)，并且推出一个矛盾，那么我们将证明在给定 S 为真的情况下，R∨T 必然是真的。上述证明详细地说明了细节。注意在这种情况下，一个 RAA 证明被包含在一个 CP 证明的范围内。

正如我们已看到的，当运用 RAA 时，从假设论证的结论为假，人们通常推出一个矛盾。但是别的假设也可以是有用的。下面是一个例子：

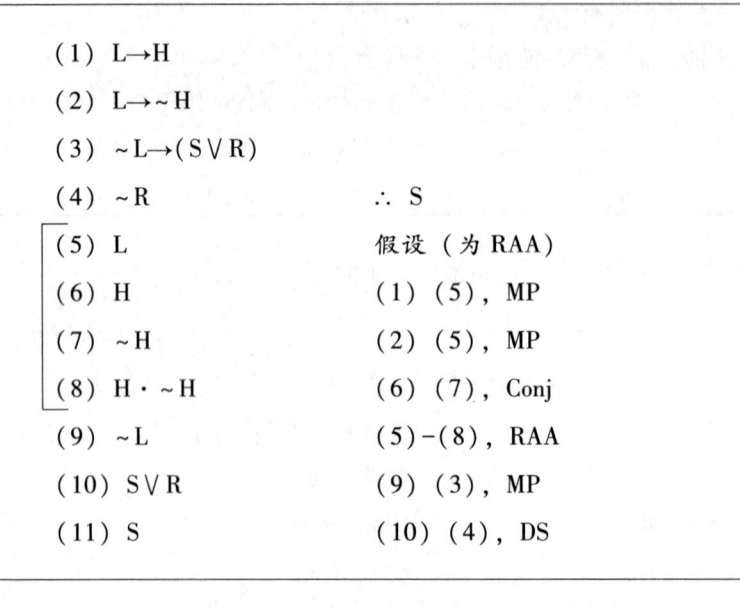

(1)	L→H	
(2)	L→~H	
(3)	~L→(S∨R)	
(4)	~R	∴ S
(5)	L	假设（为 RAA）
(6)	H	(1)(5), MP
(7)	~H	(2)(5), MP
(8)	H・~H	(6)(7), Conj
(9)	~L	(5)-(8), RAA
(10)	S∨R	(9)(3), MP
(11)	S	(10)(4), DS

为什么在行（5）中假设 L？这一假设的合理性有两个理由。第一，如果我

们得到~L，则显然我们从前提（3）和（4）可得 S。第二，考虑到前提（1）和（2），如果我们假设 L，那么我们就可以容易地推出矛盾。

注意，正如用 CP 一样，因为一个 RAA 证明的"框"内的命题都依赖于一个或更多的假设，所以，我们不能运用这样的假设于证明的后边部分。例如，在上述证明中的行（10），我们可以用"6，9，Conj"得到~L・H 吗？显然不能。因为证明中的行（6）是受限制的——我们通过假设得到 H，并且（像方框所表明的）当我们到行（9）时，已经停止了这个假设。

在结束本节的时候，让我们简单地反思一下证明的价值。它们的好处是什么？第一，很多有效的论证都是充分复杂的，迷惑了人们的逻辑直觉。在这种情况下，我们的证明系统的实现，是通过使我们能够证明我们如何从前提得到结论，仅仅运用我们已经明确采用的规则。因此，除非我们怀疑我们的规则系统，否则一个证明应该能够解决所有关于甚至复杂论证的有效性的质疑。第二，假设你声称一个论证是有效的，别的人则声称它不是有效的。你可以做些什么呢？好的。如果该论证可以依据一个证明表明它是有效的，那么这应该解决了问题（除非别人反对我们系统中的一个或更多的规则）。逻辑是有力量的，因为在如此多的情况下，它可以解决一个论证的有效性问题。并且，一旦我们确定了一个论证是有效的，则它的可靠性问题就整个地取决于其前提是否为真。当然，如果一个论证是有效的，并且前提全都为真，则前提的真将保持到结论中。这就是一个论证的可靠性是如此有价值的原因。因此，在某种程度上，相信前提是合理的，则相信结论也是合理的。

练习 8.5

8.6 定理证明

定理（theorem）是可以独立于任意前提而得到证明的命题。

> **定理**是可以独立于任意前提而得到证明的命题。

命题逻辑的定理与命题逻辑的重言式等价。（回忆一下，重言式是其真值表的每一排都为真的命题。）定理属于根据逻辑形式而为真的一类命题。很多哲学家都把定理看作必然真的一个类型。**必然真**（necessary truth）是在任何可能情况下都不会假的真。

> **必然真**是在任何可能情况下都不会假的真。

定理有一些非常令人吃惊的逻辑性质。例如，任何具有一个定理作为其结论的论证都是有效的，而与前提的信息无关。这是因为一个定理不可能为假，所以当一个论证的前提为真时其结论为假是不可能的。注意，这意味着每一个定理都被任何别的定理有效蕴涵。

要证明一个定理，可以用 CP 或 RAA。如果定理自身是一个条件句命题，则通常（最好）用 CP。下面是一个例子：

$$\therefore \sim A \rightarrow [(A \lor B) \rightarrow B]$$

(1) ~A	假设（为 CP）
(2) A∨B	假设（为 CP）
(3) B	(1)(2)，DS
(4) (A∨B)→B	(2)-(3)，CP
(5) ~A→[(A∨B)→B]	(1)-(4)，CP

定理自身用 ∴ 来标明。上述证明显示，如果有 ~A，则如果又有 A∨B，我们就能推出 B。换言之，该证明显示，该 ∴ 所标示的命题确实是一个定理：不需要求助于任何前提就可以得到证明。

在有些情况下，RAA 是最好的方法。下面是一个简单的例子：

$$\therefore P \lor \sim P$$

(1) ~(P∨~P)	假设（为 RAA）
(2) ~P·~~P	(1), DeM
(3) P∨~P	(1)-(2), RAA

在另外一些情况下，CP 和 RAA 最好共同起作用。例如：

∴ [(F→G)→F]→F

(1) (F→G)→F	假设（为 CP）
(2) ~F	假设（为 RAA）
(3) ~(F→G)	(1)(2), MT
(4) ~(~F∨G)	(3), MI
(5) ~~F·~G	(4), DeM
(6) ~~F	(5), Simp
(7) ~F·~~F	(2)(6), Conj
(8) F	(2)-(7), RAA
(9) [(F→G)→F]→F	(1)-(8), CP

有时要证明一个定理必须引入多个假设。例如：

∴ [A→(B→C)]→[(A→B)→(A→C)]

(1) A→(B→C)	假设（为 CP）
(2) A→B	假设（为 CP）
(3) A	假设（为 CP）
(4) B	(2)(3), MP
(5) B→C	(1)(3), MP
(6) C	(4)(5), MP
(7) A→C	(3)-(6), CP
(8) (A→B)→(A→C)	(2)-(7), CP
(9) [A→(B→C)]→[(A→B)→(A→C)]	(1)-(8), CP

有效论证和定理之间存在重要联系。要理解这种联系，首先需要**对应条件句**（corresponding conditional）的概念。一个论证在只有一个单一前提的情况下，形成对应条件句只用一个箭头（→）将前提和结论联系起来。例如：

论证：~(A∨~B) ∴ B

对应条件句：~(A∨~B)→B

在一个论证有多个前提的情况下，形成对应条件句需要两步。第一，将前提连接起来——形成前提的合取。第二，用箭头将这个合取和论证的结论连接起来。如下所示：

论证：P→Q，~Q ∴ ~P

前提的合取：(P→Q)·~Q

对应条件句：[(P→Q)·~Q]→~P

注意：上述论证形式为否定后件式。当然，该论证是有效的，而且对应条件句是一个定理。因此，一般地，$p→q$ 是论证 $p ∴ q$ 的对应条件句，其中，p 是论证的单一前提，或者是前提的合取。

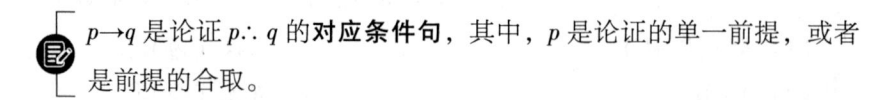

> $p→q$ 是论证 $p ∴ q$ 的**对应条件句**，其中，p 是论证的单一前提，或者是前提的合取。

这对命题逻辑中每一个符号陈述来说可以算是一种关系：一个符号论证是有效的，当且仅当其对应条件句是一个定理。

再考虑一个例子。下列论证形式传统上认为是构成式二难：

论证：~A∨~B，C→A，D→B ∴ ~C∨~D

要形成对应条件句，首先必须构成一个前提的合取，如下：

$$(\sim A \lor \sim B) \cdot [(C \to A) \cdot (D \to B)]$$

接下来，用一个箭头（→）将这个合取和论证的结论连接起来，以得到一个对应条件句：

$$((\sim A \lor \sim B) \cdot [(C \to A) \cdot (D \to B)]) \to (\sim C \lor \sim D)$$

现在，我们可以通过证明该论证的对应条件句是一个定理，从而证明该论证有效。

∴ $((\sim A \lor \sim B) \cdot [(C \to A) \cdot (D \to B)]) \to (\sim C \lor \sim D)$

(1)	$(\sim A \lor \sim B) \cdot [(C \to A) \cdot (D \to B)]$	假设（为 CP）
(2)	$\sim A \lor \sim B$	(1), Simp
(3)	$(C \to A) \cdot (D \to B)$	(1), Simp
(4)	$C \to A$	(3), Simp
(5)	$D \to B$	(3), Simp
(6)	$\sim(\sim C \lor \sim D)$	假设（为 RAA）
(7)	$\sim\sim C \cdot \sim\sim D$	(6), DeM
(8)	$\sim\sim C$	(7), Simp
(9)	C	(8), DN
(10)	A	(4)(9), MP
(11)	$\sim\sim A$	(10), DN
(12)	$\sim B$	(2)(11), DS
(13)	$\sim\sim D$	(7), Simp
(14)	D	(13), DN
(15)	B	(5)(14), MP
(16)	$B \cdot \sim B$	(12)(15), Conj
(17)	$\sim C \lor \sim D$	(6)-(16), RAA

(18) $((\sim A \lor \sim B) \cdot [(C \to A) \cdot (D \to B)]) \to (\sim C \lor \sim D)$ (1)-(17), CP

> **定义概要**
>
> **定理**是可以独立于任意前提而得到证明的命题。
>
> **必然真**是在任何可能情况下都不会假的真。
>
> p→q 是论证 p∴q 的**对应条件句**，其中，p 是论证的单一前提，或者是前提的合取。

练习 8.6

注释

[1] 相关著作是 Gerhard Gentzen, "Untersuchungen über das logische Schliessen," *Mathematische Zeitschrift*, 39, 1934, pp. 176-210, 405-431。

[2] 我们是从我们的内德·马尔科西安（Ned Markosian）学院知道这一点的。

[3] 关于逻辑等值的更多情况，参见第 7.5 节。

[4] 最著名的直觉主义者是荷兰数学家布劳威尔（Luitzen Egbertus Jan Brouwer，1881—1966）。参见 Anthony Flew, *A Dictionary of Philosophy* (New York, St. Martin's Press, 1979), p. 178。

[5] 哎呀，有句古老的格言是，不管你说什么，至少有一位非常聪明的哲学家否定了这一点，这里也适用。参见 Graham Priest, *In Contradiction: A Study of the Transconsistent* (Oxford: Oxford University Press, 2006), expanded edition。

〔6〕这是因为在直觉主义逻辑中，~~(p∨~p)是可证的，通过归谬法（参见第8.5节）和 DeM，并且给定~~(p∨~p)作为前提，LEM 通过运用 DeM 和 DN 可以推出来，如下：

(1)　~~(p∨~p)　　　　∴ p∨~p
(2)　~(~p·~~p)　　　(1)，DeM
(3)　~~p∨~~~p　　　(2)，DeM
(4)　~~p∨~p　　　　(3)，DN
(5)　p∨~p　　　　　(4)，DN

〔7〕该论证形式和不能直接从所采用的推理规则证明的观察数据，借鉴了 Howard Kahane, *Logic and Philosophy: A Modern Introduction*, 6th ed.（Belmont, CA: Wadsworth, 1990), p.88。

〔8〕正像前面我们所指出的那样，直觉主义者和其他主义者否定 DN，因为他们否定 LEM。因此，尽管他们同意以归谬法为基础的基本逻辑，是因为~p 导致矛盾，~p 是假的，但他们不同意我们可以通过 DN 推出 p 为真。本教材发展了一个经典逻辑系统，它肯定 LEM 和 DN。在经典逻辑中，求助于 DN 是合理的。

第 9 章

谓词逻辑

- 9.1 谓词逻辑的语言
- 练习 9.1
- 9.2 证明无效性
- 练习 9.2
- 9.3 构造证明
- 练习 9.3
- 9.4 量词否定、RAA 和 CP
- 练习 9.4
- 9.5 关系逻辑：符号化
- 练习 9.5
- 9.6 关系逻辑：证明
- 练习 9.6
- 9.7 等词：符号化
- 练习 9.7
- 9.8 等词：证明
- 练习 9.8
- 注释

第 8 章发展的自然演绎系统是有力量的,但不完全。考虑下例:

L1. 所有怀疑主义者都是抑郁的。有些逻辑学家是怀疑主义者,因此,有些逻辑学家是抑郁的。

上述论证显然有效。假如我们运用命题逻辑工具将它符号化,其缩写的模式如下:

S:所有怀疑主义者都是抑郁的;L:有些逻辑学家是怀疑主义者;D:有些逻辑学家是抑郁的。

运用上述简化式,可以将 L1 符号化如下:

L2. S, L ∴ D

但论证 L2 是无效的。用简化真值表很容易证明这一点(只要指派假值给 D 与指派真值给 S 和 L)。因此,L1 的有效性不能通过命题逻辑工具得到揭示。

在第 6 章中我们考察了类似论证 L1 的范畴三段论的经典方法。[1] 在本章中,我们将会看到如何通过给我们的命题逻辑系统增加某种元素来发展范畴逻辑。关于范畴逻辑的这种处理要归功于伟大的德国数学家戈特洛布·弗雷格。[1] 本章大量借鉴了他的工作。

---

[1] 范畴三段论是全部由范畴命题组成的论证。范畴命题分四种形式:"所有 S 是 P""没有 S 是 P""有些 S 是 P""有些 S 不是 P"(S 和 P 是指称类的项)。每个范畴三段论都有两个前提和一个结论,而且每个范畴三段论都包含三个不同词项。——译者注

9.1 谓词逻辑的语言

为了扩展自然演绎覆盖到范畴逻辑，我们首先必须发展将范畴命题符号化的方法。而且为了这样做，我们必须断言一些词，包括谓词、常项、变项和量词。

谓词、常项和变项

让我们用一个简单的主谓句开始吧。

L3. 克里普克是一位逻辑学家。

这个语句断言，一个具体的人或事物，克里普克，具有某种性质或属性，即是一位逻辑学家的性质或属性。如果我们令小写字母 k 表示个体"克里普克"这个名的缩写，令大写字母 L 表示谓语"是一位逻辑学家"的缩写，则可以将 L3 符号化为：

L4. Lk

类似地，如果我们令小写字母 b 命名哲学家乔治·布洛斯（George Boolos），令大写字母 P 表示性质"是一位哲学家"，我们就可以将命题"布洛斯是一位逻辑学家"符号化如下：

L5. Pb

在本章，我们用大写字母 A~Z 表示性质（比如人、死、理性等）。当这样使用这些字母的时候，我们称这些符号为**谓词符号**（predicate letters）。

📖 **谓词符号**是大写字母——A~Z——用于表示性质。

（注意，大写字母仍然可以被用来表示作为需要的命题，但我们这里扩大了它们的运用范围。）小写字母 a~u 用来命名人、地点和事物（例如波爱修、罗马等）。我们称这些符号为**个体常项**（individual constants）。

📖 **个体常项**是小写字母——a~u——用于命名个体。

余下的小写字母—— v、w、x、y 和 z——作为**个体变项**（individual variables）来使用。变项并不命名个体，而主要是用作空位。

📖 **个体变项** 是小写字母——v~z——主要作为空位来使用。

要把握一个空位的概念，考虑下列表达式：

L6. _____是希腊人。

这里的空位可以填入任意个体的名字。如果我们在空位中填入一个苏格拉底或柏拉图的名字，则会产生一个真命题的结果。如果填入乔治·华盛顿或亚伯拉罕·林肯的名字，则产生一个假命题的结果。因此，通过令大写字母 G 表示"是希腊人"，用变项替换空位，我们就可以将 L6 符号化为：

L7. Gx

表达式"x 是希腊人"既不真也不假，正如"——是希腊人"既不真也不假一样。因此，Gx 并不是一个命题（即或真或假的语句）。我们将其改称为**命题函项**（statement function），因为如果我们用个体常项来代替 x，则得到另一个命题。例如：

L8. Gs

（命题函项更详细的定义将在后面给出。）非常重要的是，要考虑到个体常项和个体变项之间的区别。记住：个体常项（a~u）常常作为名字来使用，而个体变项（v~z）基本上用作空位。

非常重要的是，要记住谓词符号和命题符号之间的差别。当一个大写字母和一个体常项或一个体变项搭配时，它是一个谓词符号，用以表示一个性质——例如，Fa、Gd 和 Px。当一个大写字母没有和个体常项或个体变项搭配使用时，它被用来表示命题——例如 F、G 和 P。

全称量词

假设我们希望将命题"一切都是人"符号化。我们该怎么办呢？第一，我们需要一个缩写模式来告诉我们，什么样的大写字母表示谓词"是人"。我们在下列命题的圆括号中标明了对于符号化的缩写模式：

L9. 一切是人。（Hx：x 是人）

现在，要将该命题符号化，我们必须采用一个**量词**（quantifier）。量词是用来标明具有给定性质的对象有多少的表达式。例如，自然语言中"所有"和"有些"都是量词。

> **量词**是用来标明具有给定性质的对象有多少的表达式。

为了说明量词这个概念，让我们注意一下，上述命题 L9 和下列表达式存在密切关系：

L10. _____ 是人。

说一切是人，就是说 L10 是真的，与我们在空位中所填的内容无关。因此，我们可以将 L9 表达如下：

L11. 对任意个体 x，x 是人。（Hx：x 是人）

为简便起见，我们把变项包含在圆括号中来表示"对于任意个体 x"。因此，我们可以将命题 L11 符号化为：

L12. (x) Hx

这是对 L11 和 L9 的正确符号化。符号（x）称为**全称量词**（universal quantifier）。显然它可以读为"对任一 x""对所有 x"，"对每一个 x"和"对任意个体 x"。注意，我们可以用一个不是 x 的变项来翻译命题 L9，因为缩写模式中的变项仅仅是空位而已。因此，下列情况也是命题 L9 的一个正确的符号化：

L13. (y) Hy

全称量词也可以用来将一个**全称肯定**（universal affirmative）命题符号化，如下：

L14. 所有人都会死。(Hx：x 是人；Mx：x 会死)

让我们先来重述这一全称肯定命题。命题 L14 断言，如果任何东西是人，则它会死。换句话说，它断言下列表达式在空位中无论填入任何内容都是真的，即"如果____是人，则____会死"。因此，我们可以重写"所有人都会死"如下：

L15. 对所有 x，如果 x 是人，则 x 会死。

这种技术性逻辑语言的好处，是易于翻译为符号。运用所提供的缩写模式，我们可以将 L15 因而 L14 翻译为如下符号：

L16. (x)(Hx→Mx)

注意，全称肯定命题包含箭头。根据条件句来分析全称肯定命题，部分地提供了命题逻辑和范畴逻辑之间的一个基本联系。简言之，我们将提供全称否定、特称肯定和特称否定的类似分析。这每一种分析都在本质上包含了命题逻辑的要素。这些关于亚里士多德范畴命题的弗雷格类型分析，使我们能够发展一个谓词逻辑的证明系统，它建立在命题逻辑证明系统之上。

注意，对 L14 做如下符号化将是错误的：

L17.（x）（Hx · Mx）

这说的是一切是人且会死，显然是假的。因此，L17 并不等值于 L16。

全称肯定在自然语言中有各种各样的表达方式。例如，下列每一个都是"所有人都会死"的变体：

a. 每一个人都会死。
b. 人人都会死。
c. 任何人都会死。
d. 如果任何东西是人，则会死。
e. 一个东西是人仅当会死。
f. 只有会死的才是人。

上述 a~f 的每一个都被 L16 正确符号化了：（x）（Hx→Mx）。注意，在 f 中，词项的次序被改变了。"只有"一词引导结论。例如，"所有树是植物"并不等值于"只有树是植物"；第一个命题是真，而第二个命题则是假的。"所有树是植物"等值于"只有植物是树"，因为"只有植物是树"等值于"如果一种东西不是植物，则它不是树"，而这反过来又等值于"如果一种东西是树，则它是植物"。

下面我们从全称肯定转向**全称否定**（universal negative）。

L18. 没有树是动物。（Tx：x 是树；Ax：x 是动物）

该命题断言，其实，如果任何东西是树，则它不是动物。用技术性逻辑语言描述命题 L18 如下：

L19. 对任意个体 x，如果 x 是树，则 x 不是动物。

因此，我们根据全称量词、箭头和波形号可以将 L18 符号化为：

L20. (x)(Tx→~Ax)

自然语言中表达全称否定存在各种各样的方式，例如，L18 有如下变体：

a. 没有是树的东西是动物。
b. 所有树都是非动物。
c. 如果任何东西是树，则它不是动物。
d. 一种东西是树，仅当它不是动物。
e. 没有东西是树，除非它不是动物。
f. 只有非动物是树。

L20 是 a~f 中每一个变体的符号化。

注意，在翻译全称否定命题时，波形号的位置是非常重要的。请考虑下列例子：

L21. 没有东西是人。（Hx：x 是人）
L22. 不是所有东西都是人。（Hx：x 是人）
L23. 不是每一个人都是英雄。（Hx：x 是人；Ox：x 是英雄）

用技术性逻辑语言来表述 L21 为"对于所有个体 x，x 不是人"。用符号表示，我们有：(x)~Hx。我们重述 L22 为"并非对于所有个体 x，x 是人"。

用符号表示，我们有：~(x) Hx。L23 翻译为"并非对于所有个体 x，如果 x 是人，则 x 是英雄"。用符号表示，我们有：~(x)(Hx→Ox)。这些例子揭示了这样一个事实，即需要仔细注意波形号的位置。

存在量词

我们现在介绍第二个量词，**存在量词**（existential quantifier）。我们表示存在量词的符号为：(∃x)。（"E"的反写，因此不会和谓词符号相混淆。）符号读为："存在某个 x，使得"或"存在一个 x，使得"，或者简单地读为"对于有些 x"。例如，考虑下列命题：

L24. 有些东西会死。（Mx：x 会死）

说有些东西会死，就是说存在填写产生真命题的下列空格"＿＿会死"的某种方式。用技术性逻辑语言表示为："对于某个 x，使得 x 会死"。用符号表示，我们有：

L25. (∃x) Mx

存在量词允许我们将**特称肯定**（particular affirmatives）符号化如下：

L26. 有些狗是牧羊犬。（Dx：x 是狗；Cx：x 是牧羊犬）

L26 用技术性逻辑语言翻译为："对于某个 x，x 是一条狗并且是牧羊犬"。翻译为符号如下：

L27. (∃x)(Dx · Cx)

注意，L27 并不等于下面的任何一个：

L28. 对于某个 x，如果 x 是一条狗，则 x 是一条牧羊犬。
L29. （∃x）（Dx→Cx）

上述 L28 和 L29 告诉我们，某个东西使得如果它是狗，则它是牧羊犬。应用 MI 规则，我们看到，L29 逻辑等值于（∃x）（~Dx∨Cx）。但这一命题在给定某些东西或者不是狗或者是牧羊犬的条件下才是真的。因此，只要存在一个不是狗的东西——比如一张桌子或一只鸭子——可以充分地确保 L29 为真。因此，L29 离"有些狗是牧羊犬"太远了。因此，当对特称肯定符号化时，我们需要用点（·）而不是箭头（→）将存在量词组合起来。

"有些狗是牧羊犬"的变体包括：

a. 至少有一条狗是牧羊犬。
b. 存在是牧羊犬的狗。
c. 某些东西是狗又是牧羊犬。
d. 存在是牧羊犬的一条狗。
e. 存在是牧羊犬的某条狗。

其中的每一个都被正确地符号化为：（∃x）（Dx·Cx）。

现在，**特称否定**（particular negative）命题的符号化是显然的。思考：

L30. 有些狗不是牧羊犬。（Dx：x 是狗；Cx：x 是牧羊犬）

L30 用技术性逻辑语言翻译如下："对于某个 x，x 是一条狗但 x 不是一条牧羊犬"，符号化后，我们有：

L31. （∃x）（Dx·~Cx）

自然语言中存在大量表达特称否定的方式。例如，"有些狗不是牧羊犬"的变体包括如下情况：

a. 至少有一条狗不是牧羊犬。
b. 存在不是牧羊犬的狗。
c. 有些东西是狗但不是牧羊犬。
d. 不是所有狗都是牧羊犬。
e. 不是每条狗都是牧羊犬。

注意，(d) 和 (e) 都可以用存在量词或全称量词翻译为：

L32. (∃x)(Dx · ~Cx)
L33. ~(x)(Dx→Cx)

在本章的后面部分，我们将证明这两个命题是逻辑等值的。

最后一点提醒：存在量词有时可以用来翻译"任意"这个词，因为"任意"可以意味着"甚至一个"。这是"如果任意"条件句最显然的情况。

L34. 如果任何人抱怨，爸爸要把这辆车转过来。

L34 所断言的是，爸爸将把这辆车转过来，如果甚至一个人抱怨——如果存在某人抱怨。因此，我们必须运用存在量词，当将它翻译为技术性逻辑语言时。

L35. 如果对某个 x（x 是一个人并且 x 抱怨），那么爸爸把这辆车转过来。(Px: x 是一个人；Cx: x 抱怨；d: 爸爸；Tx: x 把这辆车转过来)

符号化后，L35 变成：

L36. (∃x)(Px · Cx)→Td

谓词逻辑的语言：一个更简明的阐述

到目前为止，我们所介绍的谓词逻辑语言还是非形式的。但为了明晰，我们必须提供这种语言的形式描述。这种描述似乎是不必要的技巧，但如果我们要避免严重的误解，它却是十分必要的。特别地，我们必须清楚掌握什么算作谓词逻辑的合式公式。

谓词逻辑的符号库，包括命题字母（大写字母 A~Z）、个体常项（小写字母 a~u）、个体变项（v、w、x、y 和 z）、谓词字母（大写字母 A~Z，与个体常项或变项搭配，如 Fx、Gx 和 Hxy）、逻辑算子（~、∨、·、→ 和 ↔）、量词符号和圆括号。谓词逻辑的一个表达式是这个符号库的任意符号系列，例如（B→Fy∨（∃z）~。谓词逻辑的一个原子公式或者是一个命题字母，如 P 或 S，或者是一个与个体常项或变项搭配的谓词字母，如 Fa 或 Gxy。

接下来，我们将用大写斜体字母 *P* 和 *Q* 表示谓词逻辑语言的任意表达式。用黑体小写字母 **x** 表示任意个体变项（v、w、x、y 和 z）。运用这些术语，我们就可以断言：语法上正确的符号表达式就是下列条件下的谓词逻辑的**合式公式**（WFF）：

---

1. 任意原子公式是合式公式。
2. 如果 *P* 是合式公式，则（**x**）*P* 是合式公式。
3. 如果 *P* 是合式公式，则（∃**x**）*P* 是合式公式。
4. 如果 *P* 是合式公式，则 ~*P* 是合式公式。
5. 如果 *P* 和 *Q* 是合式公式，则（*P*·*Q*）是合式公式。
6. 如果 *P* 和 *Q* 是合式公式，则 *P*∨*Q* 是合式公式。
7. 如果 *P* 和 *Q* 是合式公式，则 *P*→*Q* 是合式公式。
8. 如果 *P* 和 *Q* 是合式公式，则 *P*↔*Q* 是合式公式。

合式公式是语法上正确的符号表达式。

除非可以被证明是上述条件的应用，否则都不能算作谓词逻辑的合式公式。①

---

① 谓词逻辑的术语（像命题逻辑的术语一样）尚无统一标准。尽管"（x）"通常用作全称量词符号，而"（∀x）"也不少见。而且代替存在量词"（∃x）"，有些系统采用"∨x"。

尽管除非可以被证明是通过前面条件所得到的，否则都不能算作谓词逻辑的合式公式，但还是允许一些缘于约定的非形式运用。例如，当不会引起歧义时，我们就允许省略圆括号。因此，我们可以写 Fa∨(y) Gy 来代替 (Fa∨(y) Gy)。类似地，也可以采用括号来增加可读性。因此，我们可以写 (x)[(Ax·Bx)→Cx] 来代替 (x)((Ax·Bx)→Cx)。

下列哪一个是合式公式？哪一个不是合式公式？

---

(1) ((x) Fx∨(∃y) Gy)

(2) (x) (Hx→(∃x) Hx)

(3) (∃x) Kb

(4) (j) Lj

(5) (∃H) Hb

第一个表达式是合式公式。Fx 和 Gy 都是原子公式，因此，Fx 和 Gy 都是合式公式。而且，任意以量词作为前缀的合式公式也是一个合式公式；因此，(x) Fx 和 (∃y) Gy 都是合式公式。最后，两个合式公式的析取是一个合式公式；因此，((x) Fx∨(∃y) Gy) 是一个合式公式。

第二个表达式与第一个不同，原因是两个 x-量词和同一个谓词两次出现。尽管有这些不同，但它也是一个合式公式。Hx 是一个原子公式，因此，它是一个合式公式。通过一个量词为前置符号的任意合式公式是一个合式公式，因此，(x) Hx 是一个合式公式。而且连接两个合式公式的任意条件句是一个合式公式，因此，Hx→(∃x) Hx 是一个合式公式。最后，在前面附加上另一个量词也给我们另一个合式公式。

第三个表达式不同于前两个，它包含一个 x-量词，但没有 x 的出现。尽管存在这个不同，但它也是一个合式公式（本质上，它断言某个东西使得 b 是 K）。Kb 是一个原子公式，因此，它是一个合式公式。而且，对一个合式公式前面附加上一个量词通常是合式公式。

第四个表达式不是合式公式，因为 j 是一个个体常项，不是一个变项，而且量词必须含有一个变项：v、w、x、y 和 z。因此，表达式 (j) Lj 没有意义，就像是说，"对所有的亚伯拉罕·林肯来说，亚伯拉罕·林肯是高的"。

第五个表达式不是合式公式，因为 H 是一个谓词符号，而且谓词逻辑的量词必须包含个体变项。[2] 因此，表达式（∃H）Hb 是无意义的，就像是说，"存在某种多毛的，比如比尔·克林顿就是多毛的"。

在理解了什么可以算作谓词逻辑合式公式的情况下，我们可以容易地把握量词的辖域、自由变项和约束变项这些重要概念。一个公式内量词的**辖域**（scope）是量词右边直接的最短合式公式。

> 一个公式内量词的**辖域**是量词右边直接的最短合式公式。

下面是一个例子：

L37. (x) Hx→Mx

在 L37 中，量词（x）的辖域是 Hx。而且 L37 一定不能与下面的表达式相混淆：

L38. (x)（Hx→Mx）

在 L38 中，量词的辖域是条件句（Hx→Mx）。这里，注意到（Hx）不是一个合式公式也许是有帮助的。严格应用合式公式的条件——作为我们所必需的——一个圆括号只可能出现在点号、V 形号、箭头、双箭头或者作为一个量词的部分。

一个变项 x 的出现是**约束的**（bound），如果它在 x-量词的辖域内出现。

> 一个变项 x 的出现是**约束的**，如果它在 x-量词的辖域内出现。

根据定义，要澄清（z）和（∃z）都仅仅可以是 z-变项的约束出现；z-量词不能约束出现，例如 y 变项。一个变项的出现是**自由的**（free），如果它不是约束的。

> 一个变项 x 的出现是**自由的**，如果它不是约束的。

现在，撇开包含在量词中的变项，上述 L37 中哪一个是约束的，哪一个是自由的？"Hx"中的 x 是约束的，因为它在量词（x）的辖域内；"Mx"中的 x 是自由的，因为它不在任何量词的辖域内。与之比较，L38 中"Hx"中的 x 和"Mx"中的 x 都是约束的，因为它们都在该量词的辖域内。

变项是自由的还是约束的为什么重要？令 Hx 表示"x 是人"，而 Mx 表示"x 会死"。给定这一缩写模式，则 L38 断言：

L39. 如果任何东西是人，则它会死。

正如我们已看到的，这是"所有人会死"的变体。L37 的情况却不同。这里，x 的第二次出现是自由的，意味着它起着一个空位的作用。其实，L37 断言了如下的某种东西：

L40. 如果任何东西是人，则____会死。

换句话说，L37 表达了一个命题函项，而不是一个命题。事实上，变项的一个自由出现的概念，允许我们陈述命题函项的一个简明的定义：**命题函项**是谓词逻辑的一个合式公式，包含一个变项的自由出现。

> **命题函项**是谓词逻辑的一个合式公式，包含一个变项的自由出现。

要确保辖域这个概念清晰，考虑一个最后的例子：

L41. （∃y）[Ny→(x) Rx]·Sw

（∃y）的辖域是什么？（∃y）右边直接的最短合式公式是条件句（Ny→(x) Rx）。而且"Ny"中的 y 被量词（∃y）所约束。（x）的辖域是什么呢？回答：是 Rx。而且，"Rx"中的 x 被量词（x）所约束。注意，（∃y）并不约束"Rx"中的 x。因为量词只能约束它们所包含的变项的出现；因此，（∃y）只能约束 y 的出现。最后，因为 L41 中变项 w 的出现并不在任何量词的辖域内，所以，"Sw"中的 w 是自由的。

我们现在已经对谓词逻辑的语言有了一个相当简明的了解。我们也有了量词的辖域、自由变项和约束变项等概念。下列表格有助于我们概括符号化范畴命题的方法。

符号化概要		
自然语言	技术性逻辑语言	符号表达
1. 所有暴徒都是危险的。 (Rx：x 是暴徒； Dx：x 是危险的)	对所有 x（如果 x 是一个暴徒，则 x 是危险的）。	(x)（Rx→Dx）
2. 没有植物是矿物。 (Px：x 是植物； Mx：x 是矿物)	对所有 x（如果 x 是植物，则 x 不是矿物）。	(x)（Px→~Mx）
3. 有些人是小气鬼。 (Px：x 是人； Sx：x 是小气鬼)	对某个 x（x 是人并且 x 是小气鬼）。	(∃x)（Px·Sx）
4. 有些学生不是恼人的。 (Sx：x 是学生； Bx：x 是恼人的)	对某个 x（x 是学生并且 x 不是恼人的）。	(∃x)（Sx·~Bx）
5. 电子存在。 (Ex：x 是电子)	对某个 x，x 是电子。	(∃x) Ex
6. 一切都是电子。 (Ex：x 是电子)	对所有 x，x 是电子。	(x) Ex
7. 吸血鬼不存在。 (Vx：x 是吸血鬼)	对所有 x，并非 x 是吸血鬼。	(x) ~Vx
8. 有些东西是逻辑学家。 (Lx：x 是逻辑学家)	对某个 x，x 是逻辑学家。	(∃x) Lx
9. 有些人是逻辑学家。 (Px：x 是人； Lx：x 是逻辑学家)	对某个 x（x 是人并且 x 是逻辑学家）。	(∃x)（Px·Lx）
10. 如果亚里士多德是逻辑学家，则至少存在一个人是逻辑学家。 (Lx：x 是逻辑学家； a：亚里士多德)	如果亚里士多德是逻辑学家，则对某个 x，x 是逻辑学家。	La→(∃x) Lx

续表

自然语言	技术性逻辑语言	符号表达
11. 或者阿伯拉尔是逻辑学家或者没有人是逻辑学家。 (Lx: x 是逻辑学家； a: 阿伯拉尔；Px: x 是人)	或者阿伯拉尔是逻辑学家，或者对所有 x（如果 x 是人，则 x 不是逻辑学家）。	La∨(∃x) (Px→~Lx)
12. 如果一切事物是美的，则没有东西是丑的。 (Bx: x 是美的； Ux: x 是丑的)	如果对所有 x，x 是美的，则对所有 x，x 不是丑的。	(x) Bx→(x) ~Ux
13. 只有女人才是母亲。 (Wx: x 是女人； Mx: x 是母亲)	对任何 x（如果 x 是母亲，则 x 是女人）。	(x)（Mx→Wx）
14. 如果任何东西或者是红的或者是蓝的，则它有颜色。 (Rx: x 是红的； Bx: x 是蓝的； Cx: x 有颜色)	对任意 x［如果（或者 x 是红的或者 x 是蓝的），则 x 有颜色］。	(x)［(Rx∨Bx) →Cx]
15. 有些但不是所有人都是有理性的。 (Hx: x 是人； Rx: x 是有理性的)	对某个 x（x 是人并且 x 是有理性的）并且并非对所有 x（如果 x 是人，则 x 是有理性的）。	(∃x)(Hx·Rx)· ~(x)(Hx→Rx)

定义概要

谓词符号是大写字母——A～Z——用于表示性质。

个体常项是小写字母——a～u——用于命名个体。

个体变项是小写字母——v～z——主要作为空位来使用。

量词是用来标明具有给定性质的对象有多少的表达式。

一个**合式公式**是语法上正确的符号表达式。

一个公式内量词的**辖域**是量词右边直接的最短合式公式。

一个变项 x 的出现是**约束的**，如果它在 x-量词的辖域内出现。

一个变项 x 的出现是**自由的**，如果它不是约束的。

命题函项是谓词逻辑的一个合式公式，包含一个变项的自由出现。

练习 9.1

9.2 证明无效性

算法（algorithm）是得到精确描述的、用于解决问题的有穷程序。在第 7 章中介绍过的真值表，就是命题逻辑的一个算法。如果依据正确的程序构造一个真值表，那么我们就能确定命题逻辑中每一个论证的有效性。遗憾的是，谓词逻辑并不存在这样的一个算法。1936 年美国逻辑学家阿隆佐·丘奇（Alonzo Church）已经证明了这一点。[3] 然而，还是有一些类似于真值表的方法，可以被用来评价谓词逻辑中的很多论证。在本节，我们将会考察一种这样的方法，即**有穷域方法**（finite universe method）。

算法是得到精确描述的、用于解决问题的有穷程序。

一个论证是无效的，如果可能其结论为假，而前提为真。因此，如果我们能够给出一个可能的情况，其中这个论证的结论为假而前提为真，那么我们就已经证明了这一论证是无效的。这就是以有穷域方法为基础的基本原则。而且，有穷域方法能够使我们通过在少量的对象中简便、抽象地设想域，从而描述出这种情况。

要理解有穷域方法，我们必须首先理解在包含少量对象的域中量化命题的含义。例如，我们设想一个只包含 a 和 b 两个对象的域，可以用图表示如下：

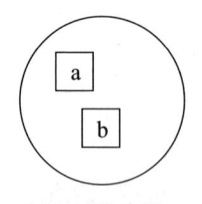

两个对象的域

让我们首先考虑包含两个对象的域中全称量化命题的含义。

全称量化命题（universally quantified statement）是形式为（**x**）P 的一个合式公式，其中 **x** 表示任意变项。

> **全称量化命题**是形式为（**x**）P 的一个合式公式。

例如：

L42. 每一个东西都是红的。（Rx：x 是红的）

符号化为：（x）Rx

因为 a 和 b 是域中仅有的项，（x）Rx 在这一域中与下面的合取式是等值的：

Ra · Rb

一般地，在一个有穷域中，全称量化命题等值于一特定合取式。

我们也需要考虑存在量化命题的含义。**存在量化命题**（existentially quantified statement）是形式为（∃x）P 的一个合式公式，**x** 表示任意变项。

> **存在量化命题**是形式为（∃**x**）P 的一个合式公式。

例如：

L43. 有些东西是红的。（Rx：x 是红的）

符号化为：(∃x) Rx

这一命题在我们给出的两个对象的域中等值于下面的析取式：

Ra ∨ Rb

一般地，在有穷域中，存在量化命题等值于一特定析取式。

为确保理解，让我们思考更大一点的域，包含三个对象——a、b 和 c：

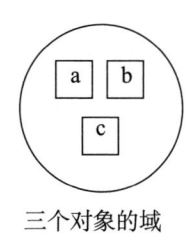

三个对象的域

在这个域中，(x) Rx 等值于下面的合取式：

Ra · (Rb · Rc)

同时，在这个域中，(∃x) Rx 等值于下面的析取式：

Ra ∨ (Rb ∨ Rc)

我们可以在更大（但必须有穷）的域中，继续得到这样的等值式。然而，关于这一点，可以将一般性的原则清楚地表述为：全称量化命题变为合取式，存在量化命题变为析取式。

一个特别值得注意的特殊情况是仅含有一个对象的域：

一个对象的域

在这个域中,"每一个东西都是红的"等值于"a 是红的"(用符号表示为 Ra)。但是,"有些东西是红的"也等值于(在我们的一个对象的域中)"a 是红的"(用符号表示为 Ra)。因此,在一个对象的域中,(x) Rx 等值于 (∃x) Rx。

现在,让我们来考虑全称肯定命题和特称肯定命题在两个对象域中的含义。下面是一个全称肯定命题的自然语言和符号表达:

L44. 所有的牧羊犬都是狗。(Cx:x 是牧羊犬;Dx:x 是狗)

符号化为:(x)(Cx→Dx)

在仅含有两个对象 a 和 b 的域中,这一全称肯定命题等值于下面的合取式:

(Ca→Da)·(Cb→Db)

如前所述,全称量化命题可变成合取式,但是要注意,在每一个合取支中都出现了一个箭头。

下面是一个特称肯定命题:

L45. 有些狗是牧羊犬。(Dx:x 是狗;Cx:x 是牧羊犬)

符号化为:(∃x)(Dx·Cx)

在仅含有两个对象 a 和 b 的域中,这一特称肯定命题等值于下面的析取式:

$$(Da \cdot Ca) \lor (Db \cdot Cb)$$

注意，点号出现在每一个析取支中。

现在，将全称量化命题翻译成合取式，将存在量化命题翻译成析取式的过程应该清楚了。要应用有穷域方法，首先，我们需要将一个论证的前提和结论翻译为原子公式（对于一个对象的域）或者合取式与析取式（对于多个对象的域）。进而，我们就可以应用简化真值表方法来确定当前提为真时，结论是否可以为假。基本思想是，一个论证的有效性并不取决于一个域中存在大量的对象。例如，如果一个推理模式允许在包含两个对象的域中得到真前提和假结论，那么这个推理模式就是无效的。这显然并不需要更进一步的证明。

我们可以在一个短的论证中试试这一方法。

L46. *所有红的都不是蓝的。有些东西不是蓝的。因此，有些东西是红的*。（Rx：x 是红的；Bx：x 是蓝的）

符号化为：$(x)(Rx \to \sim Bx)$, $(\exists x) \sim Bx \therefore (\exists x) Rx$

为简便起见，我们首先在一个对象域中把前提和结论翻译成：

Ra→~Ba，~Ba ∴ Ra

现在，我们应用简化真值表方法。如果我们可以找到一个真值指派，其中，前提为真时而结论为假，就可以证明该论证是无效的：

Ra	Ba	Ra→ ~Ba, ~Ba ∴ Ba
F	F	F T T F T F F

这个指派的确可以做到。我们已经证明，前一形式的论证存在真前提和假结

论的可能，因此，该形式就是无效的。(我们同样可以通过将前提和结论在两个对象域、三个对象域，以及更多的域中转换，从而得到相同的结果，但是没必要这么做。)

一个对象的域并不总是适合于我们的目的。思考下述论证：

L47. 没有善是恶。有些东西是善的。因此，没有东西是恶。(Gx：x 是善的；Ex：x 是恶的)

符号化为：(x)(Gx→~Ex)，(∃x) Gx ∴ (x)~Ex

在一个对象的域中，上述论证可以翻译如下：

Ga→~Ea, Ga ∴ ~Ea

现在，我们应用简化真值表方法如下：

Ga	Ea	Ga→~Ea,	Ga	∴	~Ea
T	T	T/F T	T		F T

尽管我们假设前提为真（而结论为假），正如符号"/"所表明的，我们不得不与假设矛盾。所以，我们尝试在两个对象域中翻译：

Ga	Ea	Gb	Eb	(Ga→~Ea)·(Gb→~Eb),	Ga∨Gb	∴	~Ea·~Eb
T	F	F	T	T T T F T F T F T	T T F		T F F F T

这里，前提为真并且结论为假。这表明，该论证形式是无效的，因为存在从真前提得到假结论的情况。

为了证明某类论证是无效的，我们需要考虑某种至少包含三个对象的域。下面是一个例子：

L48. (∃x)(Ax·~Bx), (∃x)(Bx·~Ax) ∴ (x)(Ax∨Bx)

Aa Ba Ab Bb Ac Bc	(Aa · ~Ba) ∨ [(Ab · ~Bb) ∨ (Ac · ~Bc)],
F F T F F T	F FT F T T T T F T F F F T

(Ba · ~Aa) ∨ [(Bb · ~Ab) ∨ (Bc · ~Ac)] ∴ (Aa∨Ba) · [(Ab∨Bb) · (Ac∨Bc)]
F F T F T   F F F T T T T F   F F F F   T T F T F T T

当我们考虑多于两个元素的域时，这一方法就会变得相当笨拙。它的优点是，在很多情况下，一个或两个对象域对于揭示一个论证的无效性就已经足够了。

它的缺点是多方面的。第一，在谓词逻辑中存在无效论证，其无效性不能通过有穷域方法来证明。这些论证属于关系逻辑，即谓词逻辑的更高等部分（见 9.5 节）[4]。第二，在某些情况下，有穷域方法需要在较大的（虽然有穷）域中才能使用，离开电脑，使用有穷域方法是不切实际的。例如，有些无效论证只有在包含至少 2^n（n 是谓词字母的数量）个对象的域中才能被证明无效。因此，如果这样一个论证仅有三个谓词字母，那么有穷域方法将需要一个包含 8 个对象的域。

尽管存在这些局限性，有穷域方法通过揭示出大量无效的推理，依然能加深我们对量化命题意义的理解。在实际运用中，通常最好先考虑只有一个对象的域，然后再根据需要尝试两个或三个对象的域。

使用有穷域方法，我们现在可以挑选出一些在第 5 章讨论亚里士多德的对当方阵时提出的一些问题进行讨论。回忆一下，对应的范畴命题具有相同的主项和谓项。而且从亚里士多德的观点来看，全称肯定命题蕴涵与它对应的特称肯定命题——例如，"所有的独角兽都是动物"蕴涵"有些独角兽是动物"。类似地，全称否定命题蕴涵与之对应的特称否定命题——例如，"没有独角兽是马"蕴涵"有些独角兽不是马"。乔治·布尔之后的现代逻辑学家，否认这些推论是有效的。让我们使用有穷域方法，考察一下从全称肯定到与之对应的特称肯定的推论。

L49. 所有独角兽都是动物。所以，有些独角兽是动物。（Ux：x 是独角兽；Ax：x 是动物）

符号化为：(x)(Ux→Ax) ∴ (∃x)(Ux · Ax)

它的无效性在一个对象的域中是可证明的：

Ua Aa	Ua→Aa ∴ Ua · Aa
F T	F T T F F T

一般地，当主项指向一个空类时，从全称肯定到与之对应的特称肯定的推论就会从真理变成谬误。从全称否定命题到与之对应的特称否定命题的推论因为同样的理由是无效的。

这里是一个相关的观点。在亚里士多德的模式中，相对应的全称肯定命题和全称否定命题据说是**反对的**（contraries）。反对命题不能都真，但可以都假。

📝 **反对**是不能都真但可以都假的命题。

举例来说，"所有独角兽都是动物"和"没有独角兽是动物"，依据亚里士多德所说的，是反对的。但根据现代逻辑学家，这些命题不是反对的，因为它们可以同时为真。现在，如果亚里士多德是对的，下面的论证就应当是有效的。

L50. 所有独角兽是动物。所以，并非没有独角兽是动物。（Ux：x 是独角兽；Ax：x 是动物）

也就是说，如果"所有独角兽都是动物"和"没有独角兽是动物"是反对的，那么如果"所有独角兽都是动物"为真，"没有独角兽是动物"一定为假。该论证的符号表述如下：

(x)(Ux→Ax) ∴ ~(x)(Ux→~Ax)

我们翻译仅有一个对象的域并且指派真值如下：

Ua Aa	Ua→Aa ∴ ~(Ua→~Aa)
F T	F T T F F T F T

在这一真值指派下，前提为真并且结论为假，因此，该推论是无效的。原因是：当 Ua 为假时，条件句 Ua→Aa 和 Ua→~Aa 可以同时为真。当然，假定独角兽的类为空时，Ua 是假的。我们可以对此概括如下：每当相对应的全称肯定命题和全称否定命题的主项指向指称为空类时，两个命题就都是真的。这就是现代逻辑之所以否认亚里士多德认为对应的全称肯定命题和全称否定命题是反对的原因。

在结束有穷域方法的讨论之前，让我们思考这样一种特别的复杂情况：一个量词落入另一个量词的辖域之中。例如：

$$(\exists x)(Sx \to (y) Ry) \therefore (y)[(\exists x) Sx \to Ry]$$

注意，在前提中，（∃x）的辖域是（Sx→(y) Ry），使得量词（y）落入（∃x）的辖域中。在结论中，情况正好相反，（y）的辖域是[（∃x）Sx→Ry]，量词（∃x）在（y）的辖域中。如何将这样的公式在含有两个对象的域中进行翻译？分两个阶段翻译，一次一个量词，这样可能会有所帮助。从前提开始。

阶段 1：（Sa→(y) Ry）∨（Sb→(y) Ry）

阶段 2：（Sa→[Ra·Rb]）∨（Sb→[Ra·Rb]）

在阶段 1 翻译存在量词，在阶段 2 翻译全称量词。（顺序并不重要。）结论的翻译如下：

阶段 1：[（∃x）Sx→Ra]·[（∃x）Sx→Rb]

阶段 2：[（Sa∨Sb）→Ra]·[（Sa∨Sb）→Rb]

在阶段 1 翻译全称量词，在阶段 2 翻译存在量词。下面的真值指派揭示了该论证的无效性：

Sa Ra Rb Sb	(Sa→[Ra·Rb])∨(Sb→[Ra·Rb]) ∴ [(Sa∨Sb)→Ra]·[(Sa∨Sb)→Rb]
F F F T	F T F F F T T F F F F F T T F F F F T T F F

事实上，从逻辑的观点看，该论证的无效性正好揭示了量词辖域的重要性。

有穷域方法概要

1. 将论证的前提和结论翻译为符号。
2. 在一个对象域中,将所有的量化命题翻译成原子公式。
3. 在多个对象域中,将全称量化命题翻译成合取。
4. 在多个对象域中,将存在量化命题翻译成析取。
5. 应用简化真值表方法确定是否可能结论为假而前提为真。

定义概要

算法是得到精确描述的、用于解决问题的有穷程序。
全称量化命题是形式为 (x) P 的一个合式公式。
存在量化命题是形式为 (∃x) P 的一个合式公式。
反对是不能都真但可以都假的命题。

练习 9.2

9.3 构造证明

本节和下一节,我们将运用证明的方法拓展为建构有效性。让我们从观察命题逻辑的所有规则开始,继续应用于谓词逻辑之中。例如,思考下面的论证:

L51. 如果克里斯蒂娜不被谓词逻辑所吓倒,那么她一直没注意。但是克里斯蒂娜一直在注意。因此，她被谓词逻辑所吓倒。
（c：克里斯蒂娜；Lx：x 被谓词逻辑所吓倒；Px：x 一直在注意）

我们可以符号化这一论证，并且证明它是有效的：

(1)　~Lc→~Pc
(2)　Pc   ∴ Lc
(3)　~~Pc   (2), DN
(4)　~~Lc   (1)(3), MT
(5)　Lc   (4), DN

因为 Lc 和 Pc 是命题，如同命题符号，它们可以按照命题逻辑的规则进行这些步骤。下面是另一个例子：

L52. 如果某种东西是道德上的代理人，那么它就是理性的。因此，每一个东西或者是理性的或者不是道德上的代理人。（Mx：x 是道德上的代理人；Rx：x 是理性的）

(x)(Mx→Rx)   ∴ (x)(Rx∨~Mx)
(x)(~Mx∨Rx)   (1), MI
(x)(Rx∨~Mx)   (2), Com

这个推理是允许的，因为实质蕴涵和交换律都是相互等值的规则，并且等值规则并不像蕴涵规则，它是可以应用于一个证明的行的部分（以及整个行）的。

我们现在将超越命题逻辑，添加四条特定于谓词逻辑的蕴涵推论规则。然而，要掌握这些规则，人们必须首先理解什么是量化公式的一个例子。该思想是直截了当的。我们从一个量化公式开始。

A.（x）［Fx→(∃y)（Gy∨Hx）］

从这一公式的前面去除量词 x，我们留下 x 变项的两次自由出现。

B. Fx→(∃y)（Gy∨Hx）

（注意留下的"Gy"中的 y 被 ∃y 所约束。）因为（B）包含了一个变项的自由出现，所以它不是命题，而是一个命题函项——它断言，本质上，"如果____是 F，那么（有些东西是 G 或者____是 F）"。我们可以通过填写空格而将（B）变成一个命题：

C. Fa→(∃y)（Fy∨Ha）

我们现在有一个全称量化公式（A）的一个例子。我们从 A 减少到 C 的操作，被称为例示，而在最后一步引入的常项——这里，是 a——被称为常项。

更一般地，令斜体字母 *P* 表示谓词逻辑的任意合式公式，黑体字母 **x** 表示任意个体变项，黑体字母 **c** 表示任意个体常项。我们进而可以断定，量化合式公式（**x**）*P* 和（∃**x**）*P* 的一个例子就是通过下列步骤所得到的任意合式公式。

步骤 1：去除最初的量词，（**x**）或（∃**x**）依情形而定。

步骤 2：在步骤 1 所产生的合式公式中，一致地用 **c** 的出现替换 *P* 中所有变项 **x** 的自由出现。（我们用 *P***c** 表示产生的例子。）

这一定义有四个重要特征，它们可以通过考虑下列四个更多的例子得出：

D.（x）［Fx→(Ga∨Hx)］
E. Fb→(∃y)（Gy∨Hc）

F. Fa→(∃y)(Ga∨Ha)

G. Fz→(∃y)(Gy∨Hz)

（D）到（G）都不是（A）的例子。每一个失败的理由是不同的。（D）的问题是它没有去除（A）中最初的量词。（E）的问题是并不一致地替换 x-变项的所有自由出现。（F）的问题是它用常项替换了 y-变项的一个约束出现。（G）的问题是它用另外的变项而不是常项替换了一个变项的出现。记住：例示常常把我们从变项带到常项。

全称例示

我们第一个新的蕴涵规则叫**全称例示**（universal instantiation，简写 UI）。下列论证说明了对这条新规则的需要。

L53. 所有人都会死。苏格拉底是人。因此，苏格拉底会死。

（Hx：x 是人；Mx：x 会死；s：苏格拉底）

（1）(x)(Hx→Mx)

（2）Hs   ∴ Ms

可能有人试图对行（1）和行（2）应用肯定前件式，但这将会是错误的。我们需要一个条件句来应用肯定前件式，（1）并不是一个条件句，而是一个全称量化命题。然而，第一个前提告诉我们，对每一个 x，如果 x 是人，那么 x 就会死。对每一个个体都成立的也必须对苏格拉底成立；所以，从行（1）我们可以推出：

（3）Hs→Ms   （1），UI

我们将允许这一步骤的推理规则称为"UI"，因为它允许我们对一个全称量化公式进行例示。接下来的证明只是命题逻辑的内容：

(1) (x)(Hx→Mx)
(2) Hs   ∴ Ms
(3) Hs→Ms   (1), UI
(4) Ms   (2)(3), MP

UI 不存在限制——UI 允许我们从任意全称量化公式移动到该公式任意例子。我们因此可以阐述 UI 如下，其中 P 表示任意合式公式，**x** 表示任意变项，并且 **c** 表示任意常项。

全称例示（UI）

$(x)P$

$\therefore Pc$（其中 Pc 是 $(x)P$ 的一个例子）

下列哪些是对 UI 的正确应用，哪些不是？

A. (1) (y)(Ac · By)
   (2) Ac · Bc   (1), UI

B. (1) (y)(Ac · By)
   (2) Ac · Bd   (1), UI

C. (1) (x)(∃z)(Gx↔Hz)
   (2) (∃z)(Ga↔Hz)   (1), UI

D. (1) (x)Fx
   (2) Fz   (1), UI

E. (1) (y)(Ay→By)
   (2) Ac→Bd   (1), UI

F. (1) (z)Gz · (y)Hy
   (2) Ga · (y)Hy   (1), UI

（A）到（C）都是 UI 的正确应用。（D）到（F）都是不正确的应用。（D）的问题是，一个变项已经被一个变项所替换；因此，第 2 行并不是第 1 行的例子。记住：例示常常是一个常项。（E）的问题是，不同的常项已经被用来替换相同变项的出现；因此，第 2 行并不是第 1 行的例子。记住：例示必须总是一致的。最后，（F）的问题是第 1 行全都不是全称量化命题，而是两个命题的合取。正如我们对 UI 的表述所阐述的那样，该规则仅仅应用于形式（x）P 的公式，而不是 $P \cdot Q$。记住：UI 是一个蕴涵规则（如附加），而不是一个等值规则（如交换律）。因此，UI 仅仅可以应用于一个证明的整行，而不是行的部分。在（F）中，UI 被应用于一个合取的部分，而且理由是不正确的。

让我们考虑容易犯的最后两个错误。第一，如下推理：

(1)　~(y) Gy
(2)　~Gs　　　　　　　　　　　　　　(1)，对 UI 的误用

这就像论证，"不是每个人都是希腊人；因此，苏格拉底不是希腊人"，显然是无效的。这一推论的问题是，第 1 行不是一个全称量化命题，而是一个全称量化命题的否定。因此，UI 不起作用。

第二，UI 不允许下面这样的推理：

(1) (x) Ex→(y) Dy
(2) Es→(y) Dy　　　　　　　　　　　(1)，对 UI 的误用

这就像论证，"如果每一个数都是偶数，那么每一个数可以被 2 整除（没有余数）。因此，如果 6 是偶数，那么每一个数都可以被 2 整除（没有余数）"。论证的前提为真但结论为假（它有真前件和假后件）。再一次，该问题是，第 1 行并不是全称量化命题，而是连接这些命题的一个条件句。再一次，UI 不起作用。

所有这些例子所要呈现的就是，人们在对公式进行分类时必须格外小

心，因为并非每一个包含量词的公式都是量化公式。我们不能足够地强调这一点。在运用 UI 之前，你必须确信你正在做一个全称量化公式。要做到这一点，你必须遵循两个步骤。第一，确信全称量词出现在相关行的开端。在第一个例子中，~(y) Gy 不是一个全称量化公式，因为 (y) 并不出现在该行的开始。第二，确信该量词具有遍及相关整个行的辖域。在第二个例子中，(x) Ex→(y) Dy 并不是量化公式，因为 (x) 并没有遍及整个行的辖域（记住量词的辖域是量词右边最短的合式公式——这里是 Ex）。如果一行通过了这些检验，则它就是全称量化公式，其中你可以应用 UI。

（在进入下一条规则前，你可以完成练习 9.3 第三部分，给你运用 UI 的一些实践。）

全称例示概要
(**x**)P ∴ Pc Pc 是 (**x**)P 的一个例子。
正确的应用　　　　　　　　　不正确的应用 (1) (z)Fz　　　　　　　　(1) ~(y)Ay (2) Fa　　　(1), UI　　　(2) ~Ac　　　　(1), UI 的误用 (1) (x)(Dx·Ex)　　　　　(1) (x)Fx→(y)Gy (2) Db·Eb　(1), UI　　　(2) Fd→(y)Gy　(1), UI 的误用 右面一栏中的误用，包含了同样的基本错误——将 UI 应用到了一行的部分。

存在概括

我们的第二个推论规则是**存在概括**（existential generalization，简写 EG），它可以通过下面的论证和证明加以说明。

L54. 所有人都会死。苏格拉底是人。因此，有些人会死。（Hx：x 是人；Mx：x 会死；s：苏格拉底）

(1) (x) (Hx→Mx)

(2) Hs　　　　　　　　　∴（∃x）Mx
(3) Hs→Ms　　　　　　（1），UI
(4) Ms　　　　　　　　（2）（3），MP
(5)（∃x）Mx　　　　　（4），EG

直到最后一行为止，这正好就是前面 L53 的证明。其已经表明：苏格拉底是会死的，我们现在得出结论：有些人会死，因为苏格拉底显然是人。我们称允许这一步的规则为"EG"，因为它允许我们存在概括一个量化公式的例子。该概括操作本质上是例示的相反——不是从量化公式进入一个例子，而是从一个例子进入一个量化公式；不是去除一个量词并且用一个常项替换变项，而是引入一个量词并且用变项替换常项。

像用 UI 一样，EG 在应用上不存在限制——该规则允许我们从任意公式的例子推出任意存在量化公式。我们因此可以将 EG 阐述如下；其中，P 表示任意合式公式，x 表示任意变项，并且 c 表示任意常项。

存在概括（EG）

Pc

∴（∃x）P（Pc 是（∃x）P 的一个实例）

下列哪些是对 EG 的正确应用，哪些不是？

A.　(1) Fa
　　(2)（∃x）Fx　　　　（1），EG
B.　(1) Gx
　　(2)（∃y）Gy　　　　（1），EG
C.　(1) Ac·Bc
　　(2)（∃z）(Az·Bz)　　（1），EG
D.　(1) Sb∨Rc
　　(2)（∃y）(Sy∨Ry)　　（1），EG

E. （1）Ma·Sa
   （2）（∃x）(Mx·Sa)   （1），EG
F. （1）Ja·~Kb
   （2）（∃x）Jx·~Kb   （1），EG

（A）（C）（E）都是 EG 的正确应用；（B）（D）（F）都是其不正确的应用。（B）的问题是，第 1 行不是第 2 行的例子，这是运用 EG 的一个要求。记住：例子是去除最初量词并且用常项替换变项的自由出现的结果。（D）的问题类似：第 1 行不是第 2 行的例子，因为例子是去除最初量词并且一致地替换变项的自由出现的结果。（F）的问题是，EG 已经被应用到了一行的部分，而不是整个行。记住：作为一个蕴涵规则，EG 仅仅可以被应用于整个行；因此，EG 的应用应该总是导致存在量化公式。我们知道，EG 的应用在（F）中是不正确的，因为结果——（∃x）Jx·~Kb——并不是一个存在量化命题，而是一个合取（其中，第一个合取支是一个存在量化命题）。最后一个注意事项：（E）中的推论可能看起来是有问题的，但它实际上是 EG 的一个正确应用，因为 Ma·Sa 是（∃x）(Mx·Sa) 的一个例子。因此，该推论是有效的，正如论证一样，"阿尔很生气并且阿尔很伤心；因此，存在一个 x 使得（x 很生气并且阿尔很伤心）"。

让我们考虑运用 EG 和 UI 的更多证明。这两个规则在下列情况下的应用是正确的吗？

（1）(x) Rx   ∴ （∃x）Rx
（2）Rb   （1），UI
（3）（∃x）Rx   （2），EG

是的。给定每一个事物都有性质 R，我们的规则允许我们推出某些事物是 R。这就呈现出一个我们系统的有趣的特征，它为别的经典逻辑系统所共有——包括假设了至少一个事物存在。没有这个假设，我们就不能在行（2）中例示 b，因为这一步骤假设了至少存在一个对应于该常项的个体。[5]

（在进入后面的规则之前，你可能希望完成练习 9.3 第四部分，其中给你一些运用 EG 的实践。）

存在概括概要
Pc
∴ （∃x） *P*
Pc 是（∃x） *P* 的一个例子。

正确的应用		不正确的应用	
(1) Fa		(1) ~Gc	
(2) （∃x） Fx	(1)，EG	(2) ~（∃z） Gz	(1)，EG 的误用
(1) Db·Eb		(1) Gd→Hd	
(2) （∃y）（Dy·Ey）	(1)，EG	(2) （∃y） Gy→Hd	(1)，EG 的误用

存在例示

我们的第三个推论规则是**存在例示**（existential instantiation，简写 EI）。下列论证说明了这一规则的必要性。

L55. 所有棒球运动员都是运动员。有些棒球运动员服用兴奋剂。因此有些运动员服用兴奋剂。（Bx：x 是一个棒球运动员；Ax：x 是一个运动员；Dx：x 服用兴奋剂）

(1) （x）（Bx→Ax）
(2) （∃x）（Bx·Dx）   ∴ （∃x）（Ax·Dx）

第二个前提告诉我们，至少有一个棒球运动员服用兴奋剂，但并没有告诉我们是一个（或者多个）。然而，如果我们知道，有人满足于这一描述，则我们可以给出一个名字，继续谈论他——让我们称呼我们的神秘人为"巴尔克·鲍勃"（b：巴尔克·鲍勃）。进而从行（2），我们可以推出：

---

(3) Bb·Db   (2)，EI

该证明的剩余部分就是直截了当的：

(4) Bb	(3)，Simp
(5) Db	(3)，Simp
(6) Bb→Ab	(1)，UI
(7) Ab	(6)(4)，MP
(8) Ab·Db	(7)(5)，Conj
(9) (∃x)(Ax·Dx)	(8)，EG

包含在行(3)中的规则被称为所谓的"EI"，因为它允许我们例示一个存在量化公式，接受某些限制。有什么样的限制呢？

第一个限制是，人们不能例示一个已经出现在证明中的常项。要明白该限制的必要性，只需考虑前述案例即可。我们引入"巴尔克·鲍勃"这个服用了兴奋剂的棒球运动员的名字。大略地，"巴尔克·鲍勃"是在这一背景下的新名字——我们仅仅构造了某个服用兴奋剂的棒球运动员的名字，这个运动员也可以是任何一个人。假定这样来介绍这个名字，我们所有人都知道巴尔克·鲍勃，他打棒球，并且他服用兴奋剂。假设作为代替，我们有如下的理由："有些棒球运动员服用兴奋剂——让我们正好称呼其中一个运动员'铃木一郎'。铃木一郎在西雅图水手队打球。因此，西雅图水手队有人服用兴奋剂。"这一行推理的问题是明显的："铃木一郎"并不是一个在新的背景下构造的名字——已经有一个叫这个名字的著名棒球运动员；因此，这样来使用这个名字将会是错误的。同样，对一个证明中已经被使用的常项做存在例示，也会是一个错误。下面是一个说明：

(1) (∃x)(Ax·Bx)	
(2) (∃x)(Ax·~Bx)	∴ (∃x)(Bx·~Bx)
(3) Ac·Bc	(1)，EI
(4) Ac·~Bc	(2)，EI 的误用
(5) Bc	(3)，Simp

(6) ~Bc   (4)，Simp
(7) Bc · ~Bc   (5)(6)，Conj
(8) (∃x)(Bx·~Bx)   (7)，EG

这种情况下的论证显然无效，像论证"有些运动员是棒球运动员，并且有些运动员不是棒球运动员，因此，有些人既是棒球运动员又不是棒球运动员"。错误出在行（4）。当我们在行（4）中例示我们在行（3）中所做的同样的常项时，我们其实假定了有些单一个体使得行（1）和行（2）为真。我们并没有做出这个假设，因此，我们必须引入一个新的例示常项。

关于 EI 的第二个限制与第一个有关：人们不能例示一个将要被证明的在结论中出现的常项。换句话说，由 EI 引入的例示常项，必须不出现在该证明的最后行。要理解这一限制的必要性，就要想象与某人谈话，他承认有棒球运动员服用兴奋剂但却否认巴里·邦兹曾经做过任何这类事情。下列论证将不会改变那个人的想法："一些棒球运动员服用兴奋剂——让我们正好称呼其中一个运动员'巴里·邦兹'。因此，巴里·邦兹服用了兴奋剂"。因此，下列证明是错误的：

(1) (∃x)(Bx · Dx)   ∴ Db
(2) Bb · Db   (1)，EI 的误用
(3) Db   (2)，Simp

考虑到前面的讨论，我们现在可以来阐述 EI 如下，其中 P 表示任意合式公式，**x** 表示任意变项，**c** 表示任意常项。

存在例示（EI）

(∃**x**) P

∴ Pc（其中，Pc 是 (∃**x**) P 的例子，并且 **c** 不出现在证明的前面行或者证明的最后行）

下列哪些是对 **EI** 的正确应用，哪些是不正确的应用？

A. (1) (∃x) Fx
   (2) Fa   (1), EI

B. (1) (∃x) Fx
   (2) Fy   (1), EI

C. (1) (∃y) (Sy · (x) Rx)
   (2) Sb · (x) Rx   (1), EI

D. (1) (∃x) [Fx · (∃y) (Fy · Gb)]
   (2) Fb · (∃y) (Fy · Gb)   (1), EI

E. (1) (∃z) (Pz→Tz)
   (2) Pc→Tc   (1), EI

F. (1) (∃z) (Rz∨Sz) ∴ Rc
   (2) Rc∨Sc   (1), EI

G. (1) (∃z) Rz∨(∃z) Sz
   (2) Rd∨(∃z) Sz   (1), EI

（A）（C）（E）都是 EI 的正确应用，（B）（D）（F）（G）都是不正确的应用。（B）的问题是，第 2 行不是第 1 行的例子——最初的量词已经被取消，但变项没有用常项替换。（D）的问题是，例示常项 b 出现在该证明的前一行，为 EI 所不允许。类似地，（F）是不正确的，因为例示符号 c 出现在要证明的结论中。最后，（G）是不正确的，因为第 1 行不是一个存在量化命题——再一次，蕴涵规则不能被应用于行的部分。

在继续之前，考虑采用 EI 的最后一个证明是有指导意义的。

L56. 每一个 ESPN 锚都是有趣的。有些 ESPN 锚是哲学家。因此，有些哲学家是有趣的。(Ex：x 是一个 ESPN 锚；Fx：x 是有趣的；Px：x 是哲学家)

(1) (x) (Ex→Fx)

(2) (∃x)(Ex · Px)	∴ (∃x)(Px · Fx)
(3) Ea · Pa	(2), EI
(4) Ea→Fa	(1), UI
(5) Ea	(3), Simp
(6) Pa	(3), Simp
(7) Fa	(4)(5), MP
(8) Pa · Fa	(6)(7), Conj
(9) (∃x)(Px · Fx)	(8), EG

注意，EI 在行（3）中的应用，出现在 UI 在行（4）中的应用之前。如果我们将应用的次序翻转过来，并且在行（3）全称例示 a，会发生什么？在这种情况下，我们不再能全称例示 a，因为常项对该论证来说不再是新的。这一观察导致了我们对于谓词逻辑的第一个经验法则。

经验法则 1：在应用 UI 前先应用 EI。

（在进入下一个规则前，你可望完成练习 9.3 第五部分，这将给你一些运用 EI 的实践机会。）

存在例示概要

(∃x) P

∴ Pc

Pc 是 (∃x) P 的一个例子，并且 c 不出现在证明的前面行或者证明的最后行。

正确的应用　　　　　　　　**不正确的应用**

(1) (∃z) Fz　　　　　　　　(1) (∃x)(Gb→Hx)
(2) Fa　　　(1), EI　　　　 (2) Gb→Hb　　(1), EI 的误用

(1) (∃x)(Dx · Ex)　　　　　 (1) (∃x) Fx　　∴ Fb
(2) Db · Eb　(1), EI　　　　(2) Fb　　　　(1), EI 的误用

右面一栏中的误用包括两个不同的错误：（a）存在例示被应用于该证明的前面行中出现的常项；（b）存在例示被应用于该证明的最后行中出现的常项。

全称概括

我们的第四个推论规则是**全称概括**（universal generalization，简写 UG）。思考下面的论证及相应证明，它们表明了 UG 的典型应用。

L57. 所有树都是植物。所有植物都是生物。所以，所有树都是生物。（Tx：x 是树；Px：x 是植物；Lx：x 是生物）

(1) (x)(Tx→Px)
(2) (x)(Px→Lx)   ∴ (x)(Tx→Lx)
(3) Td→Pd   (1)，UI
(4) Pd→Ld   (2)，UI
(5) Td→Ld   (3)(4)，HS
(6) (x)(Tx→Lx)   (5)，UG

行（6）中全称量词的添加是合理的，因为证明中前面步骤的有效性并不要求任何具体的常项。我们例示 d，但我们很容易地例示 b 或 c 或任意别的常项。事实上，我们本可以一个接一个地为论域中的一切东西写出这个论证的一个版本："如果亚里士多德是一棵树，那么他是植物。如果亚里士多德是植物，那么他是生物。因此，如果亚里士多德是一棵树，那么他是生物……如果月亮是一棵树，那么它是植物。如果月亮是植物，那么它是生物。因此，如果月亮是一棵树，那么它是生物。……如果罗伯特·普朗特是植物，那么……"从行（5）到行（6）的推论，类似数学上经常做出的某些推论类型。例如，一位几何学家可以通过论证某个图形 f（我们仅假设它为长方形）具有某种性质，来证明所有的长方形均具有如此这样的性质。如果对 f 来说，没有做出任何别的假设，那么它具有如此这样的性质的结论就可以推广至所有的长方形。

当然，关于 UG 的应用存在一些规定，正如 EI—UG 的应用上所存在的规定那样，我们从一个全称量化公式的例子进入一个全称量化公式，只要满足某些条件。有什么样的条件呢？

第一个限制是，人们不能从出现在论证的前提中的常项进行概括。这个限制的必要性是很清楚的——这是因为：有些个体具有一个性质，人们不能推论出任何东西都具有这个性质。没有这个限制在起作用，我们的规则将会认可下列情况：

---

(1) Os　　　　　　　　∴ (x) Ox
(2) (x) Ox　　　　　　(1)，UG 的误用

这个证明是错误的，就像论证，"7 是奇数。所以，一切都是奇数"。

第二个限制是，不能从应用 EI 推导出的行中出现的常项做全称概括。这个限制的必要性也是清楚的——没有它，我们的规则将认可下列情况：

---

(1) (∃x) Ex　　　　　∴ (x) Ex
(2) Et　　　　　　　 (1)，EI
(3) (x) Ex　　　　　 (2)，UG 的误用

这一证明是错误的，正如论证"有些数是偶数——让我们称它为'泰德'，泰德是一个偶数。因此，一切都是偶数"。

注意 UG 的这两个限制可以从下列规定中推导出来，也许是有帮助的：人们应该只从应用 UI 引入的常项做全称概括。要理解这一点，只需问自己下列问题：一个个体常项首先是如何成为一个证明的？如果我们限制我们的注意力于直接证明，那么就仅仅存在三种可能性。一个个体常项可以由：(i) 一个论证的前提，(ii) EI，(iii) UI 引入。UG 的前两个限制阻止我们通过（1）和（2）所引入的常项做概括，余下的常项是通过（3）引入的。从这个观点看事物，有助于我们理解对于 UG 的辩护：我们可以对一个全称命题进行概括，因为该常项来自一个全称命题。

关于 UG 的第三个限制是这样的：人们不能从出现在结果公式中的常项做全称概括。没有这个限制，我们的规则将认可下列情况：

(1) (x)(Mx→Px)   ∴ (x)(Mc→Px)
(2) Mc→Pc   (1)，UI
(3) (x)(Mc→Px)   (2)，UG 的误用

这个证明是错误的，正如论证"对于所有 x，如果 x 是一只猴子，那么 x 是一个灵长类动物。因此，如果柯里斯·乔治是一只猴子，那么柯里斯·乔治是一个灵长类动物。因此，对于所有 x，如果柯里斯·乔治是一只猴子，那么 x 是一个灵长类动物"。这里的前提都是真的，但结论是假的（柯里斯·乔治是一只猴子，但并非所有东西都是灵长类动物）。教训是这样的：当应用 UG 时，确信在引入全称量词前，已经用一个变项的自由出现一致地替换了相关常项的所有出现。

我们将在 9.4 节讨论间接证明时，引入 UG 的进一步限制，但现在，我们可以阐述 UG 如下，其中 P 是合式公式，**x** 是任意变项，并且 **c** 是任意常项：

全称概括（UG）

Pc

∴ (**x**) P（其中，Pc 是 (**x**) P 的一个例子，并且并不出现在该论证的一个前提中，前面的行是由 EI 或 (**x**) P 的一个应用所推导出来的）

下列哪些是 UG 的正确应用，哪些是不正确的？

A. (1) Fa
   (2) (y) Fy   (1)，UG
B. (1) Gb·(∃y)(Hy)
   (2) (x)(Gx·(∃y) Hy)   (1)，UG
C. (1) Sb∨Tc

(2) (x) Sx∨Tx　　　　　　(1), UG
D. (1) Qa·(Rb→Sa)
(2) (y)[Qy·(Ry→Sy)]　　(1), UG

（A）和（B）都是 UG 的正确应用，假设相关的常项并不是从论证前提或由推导出来的行中得来的。（C）是不正确的，因为它应用 UG 于一个行的部分，而不是整个行。（D）是不正确的，因为（1）这种情况并不是（2）的一个例子——注意，不存在在［Qy·(Ry→Sy)］中一致地替换变项得到［Qa·(Rb→Sa)］的方法。

（练习 9.3 第六部分将给你一些运用这个规则的实践机会。）

全称概括概要

Pc

∴ (**x**) *P*

其中，*Pc* 是 (**x**) *P* 的一个例子，并且 c 并不出现在该论证的前提中，前面的行是由 EI 或 (**x**) *P* 的一个应用所推导出来的。

正确的应用　　　　　　　**不正确的应用**

(1) Fa　　　　　　　　　　(1) Aa ∴ (x) Ax
(2) (x)Fx　　(1), UG　　　(2) (x) Ax　　(1), UG 的误用
(1) Db·Eb　　　　　　　　(1) (∃y) Gy
(2) (y)(Dy·Ey)　(1), UG　(2) Gc　　　　(1), EI
　　　　　　　　　　　　　(3) (y) Gy　　(2), UG 的误用
　　　　　　　　　　　　　(1) Ra·Sa
　　　　　　　　　　　　　(2) (x) (Rx·Sa)　(1), UG 的误用

右面一栏中的误用，包括三个不同的错误：(a) 从出现在前提中的常项做全称概括；(b) 从通过应用 EI 推导出来的行中出现的常项做全称概括；(c) 从在 (**x**) *P* 中出现的常项做全称概括。

练习 9.3

9.4 量词否定、RAA 和 CP

在本节中,我们为我们的系统增加两个等值规则,并且解释在谓词逻辑中如何使用条件句证明和归谬法。

我们从思考下列四对命题开始。

L58. 有些东西是人。并非每一个东西都是非人。

L59. 有些东西是非人。并非每一个东西是人。

L60. 每一个东西是人。并非有些东西是非人。

L61. 每一个东西是非人。并非有些东西是人。

每一对命题都是逻辑上等值的。这些例子说明了四种形式的量词否定（quantifier negation，简写 QN）的规则。

量词否定（QN）

(∃x) P :: ~(x)~P

(∃x)~P :: ~(x) P

(x) P :: ~(∃x)~P

(x)~P :: ~(∃x) P

四点符号表明，QN 是一个等值规则，意味着它可以应用于一个证明中的行的部分，以及整个行。

下面是掌握 QN 的一个简单的经验法则：无论你什么时候看到一个量词，要考虑到它的任一边都有一个"位置"，这些位置总是被波形号或空位所填满。QN 允许将任意量词变为它的反面（即用一个全称量词替换一个存在量词，或者反过来），假定在该位置的任一边无论是什么，你也可以做同样的事情（即变波形号为空位，并且反过来）。例如，在 QN 的第一种形式中，你可以考虑在存在量词的任一边存在一个空位。当我们转变到全称量词时，我们也必须转变一个空位为波形号，给予我们 ~(x)~P。在 QN 的第二种形式中，你可以考虑在存在量词的左边存在一个空位并且在右边是一个波形号。当我们转变到该全称量词时，我们必须在左边转变一个波形号，并且在右边转变一个空位，其给予了我们 ~(**x**) *P*。

下面是 QN 规则所允许的一些典型推论的例子：

A. (1) (∃x) (Ax · Bx)
  (2) ~(x) ~(Ax · Bx)   (1), QN
B. (1) (∃y) ~(Cy)
  (2) ~(y) (Cy)   (1), QN
C. (1) (x) (Dx→Ex)
  (2) ~(∃x) ~(Dx→Ex)   (1), QN
D. (1) (z) ~(Fz)
  (2) ~(∃z) (Fz)   (1), QN

因为 QN 是一个等值规则，它可以被用于一行中的各个部分。例如：

E. (1) (x) ~Hx→(y) Ky
  (2) ~(∃x) Hx→(y) Ky   (1), QN
F. (1) (y) By→~(x) Ax
  (2) (y) By→(∃x) ~Ax   (1), QN

注意，在例子 E 中，QN 被用在了一个条件句的前件上，在例子 F 中，它被用在了一个条件句的后件上。

下面的论证和证明说明了量词 QN 的作用。

L62. 不是所有动物都是道德主体。只有道德主体有权利。因此，有些动物没有权利。（Ax：x 是动物；Mx：x 是道德主体；Rx：x 有权利）

(1) ~(x)(Ax→Mx)
(2) (x)(Rx→Mx)   ∴ (∃x)(Ax·~Rx)
(3) (∃x)~(Ax→Mx)   (1), QN
(4) ~(Aa→Ma)   (3), EI
(5) ~(~Aa∨Ma)   (4), MI
(6) ~~Aa·~Ma   (5), DeM
(7) ~Ma   (6), Simp
(8) Ra→Ma   (2), UI
(9) ~Ra   (8)(7), MT
(10) ~~Aa   (6), Simp
(11) Aa   (10), DN
(12) Aa·~Ra   (11)(9), Conj
(13) (∃x)(Ax·~Rx)   (12), EG

当波形号出现在一个量化命题的左边时，常常有用的是使用 QN，使得人们能够应用 EI 和 UI。行（1）、行（3）和行（4）说明了这种次序，这也提出了关于谓词逻辑的第二个经验法则。

经验法则 2：当波形号出现在量词的左边时，使用 QN 和例示往往十分有用。

使用 QN，我们能够证明如下这样一些等值命题：

L63. 不是所有动物都是猫。（Ax：x 是动物；Cx：x 是猫）

L64. 有些动物不是猫。(Ax：x 是动物；Cx：x 是猫)

下面的证明表明，我们可以合乎逻辑地从这些命题中的任意一个得出另一个；因此，它们是逻辑上等值的。

(1) ~(x)(Ax→Cx)   ∴ (∃x)(Ax·~Cx)
(2) (∃x)~(Ax→Cx)   (1), QN
(3) (∃x)~(~Ax∨Cx)   (2), MI
(4) (∃x)(~~Ax·~Cx)   (3), DeM
(5) (∃x)(Ax·~Cx)   (4), DN

(1) (∃x)(Ax·~Cx)   ∴ ~(x)(Ax→Cx)
(2) (∃x)(~~Ax·~Cx)   (1), DN
(3) (∃x)~(~Ax∨Cx)   (2), DeM
(4) (∃x)~(Ax→Cx)   (3), MI
(5) ~(x)(Ax→Cx)   (4), QN

有时，QN 规则使我们能直接使用命题逻辑里的规则而不需要例示。下面是一个例子：

(1) (x)~Ax→(z)Bz
(2) (∃z)~Bz   ∴ (∃x)Ax
(3) ~(z)Bz   (2), QN
(4) ~(x)~Ax   (1)(3), MT
(5) (∃x)~~Ax   (4), QN
(6) (∃x)Ax   (5), DN

当运用归谬法（RAA）时，QN 规则常常是有用的。例如：

(1)	(x)(Lx→Mx)	
(2)	(∃x)Lx	∴ (∃x)Mx
(3)	~(∃x)Mx	假设（为 RAA）
(4)	(x)~Mx	(3),QN
(5)	La	(2),EI
(6)	La→Ma	(1),UI
(7)	Ma	(6)(5),MP
(8)	~Ma	(4),UI
(9)	Ma·~Ma	(7)(8),Conj
(10)	(∃x)Mx	(3)-(9),RAA

但是，像在命题逻辑里一样，尽管 RAA 和 CP 被同时运用于谓词逻辑中，使用这些方法需要对 UG 增加限制：人们不能从在一个未经消除的假设中出现的常项做全称概括。因此，我们关于 UG 的正式阐述如下，其中 P 表示任意合式公式，**x** 表示任意变项，**c** 表示任意常项。

全称概括（UG）

Pc

∴ (**x**)P（其中，Pc 是 (**x**)P 的一个例子，并且 **c** 并不出现在 (a) (**x**)P 中，(b) 该论证的一个前提中，(c) 通过使用 EI 推导出来的一行中，(d) 一个未被解除的假设中）

为了理解这条规定的必要性，思考下列错误的证明：

L65. 如果每一个东西都是红色的，那么每一个东西都是蓝色的。因此，所有红色的东西都是蓝色的。（Rx：x 是红色的；Bx：x 是蓝色的）

符号化为：(x) Rx→(x) Bx ∴ (x) (Rx→Bx)

(1) (x) Rx→(x) Bx   ∴ (x) (Rx→Bx)
(2) Ra   假设（为 CP）
(3) (x) Rx   (2)，UG 的误用［违反了新限制］
(4) (x) Bx   (1)(3)，MP
(5) Ba   (4)，UI
(6) Ra→Ba   (2)-(5)，CP
(7) (x) (Rx→Bx)   (6)，UG

这一论证的无效性，通过有穷域方法很快得到了揭示。

Ra Rb Ba Bb	(Ra·Rb)→(Ba·Bb) ∴ (Ra→Ba)·(Rb→Bb)
T F F T	T F F T F F T T F F F F T T

关于 UG 的限制可以防止我们"证明"这种无效论证为有效的。

让我们更进一步来思考谓词逻辑中 CP 和 RAA 的例子。下面是一个对 CP 的正确使用：

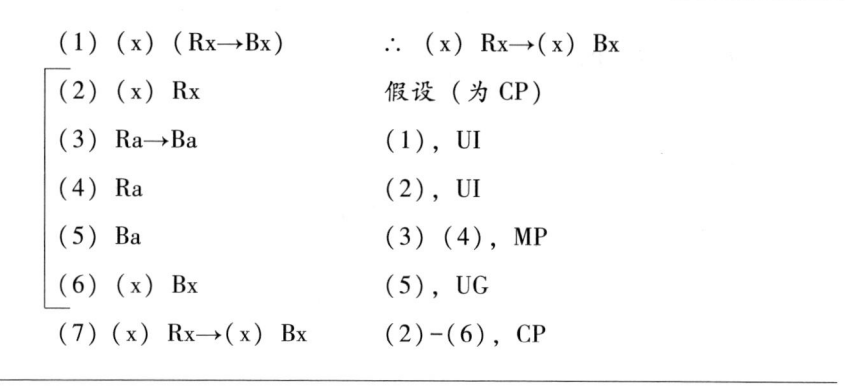

(1) (x) (Rx→Bx)   ∴ (x) Rx→(x) Bx
(2) (x) Rx   假设（为 CP）
(3) Ra→Ba   (1)，UI
(4) Ra   (2)，UI
(5) Ba   (3)(4)，MP
(6) (x) Bx   (5)，UG
(7) (x) Rx→(x) Bx   (2)-(6)，CP

在这里，我们并没有违反关于 UG 的新限制，因为常项并没有出现在行(2)的假设里。注意，下列证明也是允许的：

(1) (x) (Fx→Gx)

(2) (x)(Fx→Hx)   ∴ (x)[Fx→(Gx·Hx)]
⎡(3) Fa   假设（为 CP）
 (4) Fa→Ga   (1), UI
 (5) Fa→Ha   (2), UI
 (6) Ga   (3)(4), MP
 (7) Ha   (3)(5), MP
⎣(8) Ga·Ha   (6)(7), Conj
 (9) Fa→(Ga·Ha)   (3)-(8), CP
 (10) (x)[Fx→(Gx·Hx)]   (9), UG

这一证明并没有违反关于 UG 的新限制，因为 UG 并没有被用于我们已经解除的假设的范围内。因此，相关的常项并没有出现在未被消除的假设范围内。在这里，我们能够加上关于谓词逻辑的第三个经验法则。

经验法则 3：如果结论是一个包含箭头的全称量化命题，则先使用 CP 证明相关条件句的例子，进而使用 UG。

当一个论证的结论是存在量化命题时，RAA 常常十分有用。例如：

(1) (x)(Px→Sx)
(2) Pa∨Pb   ∴ (∃x)Sx
⎡(3) ~(∃x)Sx   假设（为 RAA）
 (4) (x)~Sx   (3), QN
 (5) Pa→Sa   (1), UI
 (6) ~Sa   (4), UI
 (7) ~Pa   (5)(6), MT
 (8) Pb   (2)(7), DS
 (9) Pb→Sb   (1), UI
 (10) Sb   (9)(8), MP
 (11) ~Sb   (4), UI
⎣(12) Sb·~Sb   (10)(11), Conj

(13)	(∃x)Sx	(3)-(12), RAA

这个论证表明了第四个也是最后一个关于谓词逻辑的经验法则。

经验法则 4：当一个论证的结论是一个存在量化命题时，RAA 常常十分有用。

像在命题逻辑中一样，在同样的证明中使用一个以上的假设有时是非常有用的。在下面的证明中，包括 CP 和 RAA。

(1)	(x)Ax ∨ (x)Bx	∴ (x)(~Ax→Bx)
(2)	~Aa	假设（为 CP）
(3)	(x)Ax	假设（为 RAA）
(4)	Aa	(3), UI
(5)	Aa·~Aa	(4)(2), Conj
(6)	~(x)Ax	(3)-(5), RAA
(7)	(x)Bx	(1)(6), DS
(8)	Ba	(7), UI
(9)	~Aa→Ba	(2)-(8), CP
(10)	(x)(~Ax→Bx)	(9), UG

该证明没有违反关于 UG 的新限制，因为相关常项并没有出现在未被解除的假设中。我们也可以单独使用 RAA 为该论证构造一个证明，只是那样会比较长而已。

谓词逻辑的经验法则概要

1. 在应用 UI 前先应用 EI。
2. 当波形号出现在量词的左边时，运用 QN 和例示往往十分有用。
3. 如果结论是一个包含箭头的全称量化命题，则先使用 CP 证明相关条件句的例子，进而使用 UG。
4. 当一个论证的结论是一个存在量化命题时，RAA 常常十分有用。

练习 9.4

9.5 关系逻辑：符号化

迄今为止，我们只考虑了一元谓词，例如，Ax、By、Cz。一元谓词符号对于描述一个个体的性质（例如，人）是足够的。但个体不仅有性质，而且它们相互之间还存在一些关系。例如，我们可以说，史密斯比琼斯大，或者伊丽莎白是约翰的姐姐。现代谓词逻辑包含关系逻辑，但是要把关系符号化，我们就需要多于一元的符号。这些符号被称为多元谓词符号。例如，我们可以用 Oxy 表示"x 比 y 大"，用 Sxy 表示"x 是 y 的姐姐"。

以下是包含关系谓词的一个论证的简单例子：

L66. 阿尔比鲍勃高，鲍勃比克里斯高。如果一个事物比第二个高，第二个比第三个高，那么第一个比第三个高。因此，阿尔比克里斯高。

我们需要一个多元谓词符号来符号化关系"高于"；因此，下面是论证 L66 的简写模式：

Txy：x 比 y 高；a：阿尔；b：鲍勃；c：克里斯

运用简写模式，"阿尔比鲍勃高"简写为 Tab，"鲍勃比克里斯高"简写为 Tbc。要对第三个前提符号化，我们首先把它翻译为技术性逻辑语言："对于所有的 x、所有的 y、所有的 z，如果 x 比 y 高，且 y 比 z 高，那么 x 比 z 高。"完全符号化之后如下：

L67. Tab，Tbc，(x)(y)(z)[(Txy·Tyz)→Txz] ∴ Tac

证明如下：

---

(1) Tab
(2) Tbc
(3) (x)(y)(z)[(Txy·Tyz)→Txz] ∴ Tac
(4) (y)(z)[(Tay·Tyz)→Taz]　　　(3)，UI
(5) (z)[(Tab·Tbz)→Taz]　　　　(4)，UI
(6) (Tab·Tbc)→Tac　　　　　　(5)，UI
(7) Tab·Tbc　　　　　　　　　(1)(2)，Conj
(8) Tac　　　　　　　　　　　(6)(7)，MP

尽管我们已经有构造包含关系的证明所需要的推论规则，但我们将推迟到下一节再做详细讨论。下面，让我们考虑如何把包含关系的命题符号化。

包含关系的命题要符号化可能相当困难，但是大量的困难可以通过下面选择好的一系列例子消除掉。也许这里要发展的最重要的技术是把自然语言翻译为技术性逻辑语言。如何把下列句子符号化呢？

L68. 某人爱每一个人。(Px: x 是一个人；Lxy: x 爱 y)

首先，把它翻译为技术性逻辑语言："存在一个 x，使得 x 是人，并且对于每一个 y，如果 y 是人，那么 x 爱 y。"一旦有了技术性逻辑语言，符号化

就容易了。

L69. （∃x）［Px·（y）（Py→Lxy）］

现在，考察下列密切相关的语句，以及它们的符号翻译。（缩写模式保持相同。）

L70. 每人爱一些人。

使用技术性逻辑语言，我们有，"对于任意的 x，如果 x 是人，那么存在着某个 y，使得 y 是人，且 x 爱 y"。用符号表示如下：

L71. （x）［Px→（∃y）（Py·Lxy）］

如何将下列句子符号化？

L72. 没有人爱每一个人。

使用技术性逻辑语言表示，我们有，"对于所有 x，如果 x 是人，那么并非对于所有 y，如果 y 是人，则 x 爱 y"。用符号表示如下：

L73. （x）［Px→~（y）（Py→Lxy）］

命题 L72 也可以翻译为技术性逻辑语言如下："并非存在某个 x，使得 x 是人，并且对于所有的 y，如果 y 是人，那么 x 爱 y"。因此，我们也可以把 L72 符号化如下：

L74. ~(∃x)[Px·(y)(Py→Lxy)]

我们可以证明，命题 L73 和 L74 是逻辑等值的。要明白这一点，我们必须证明 L73 蕴涵 L74，反之亦然。下列证明表明，L74 蕴涵 L73。L73 蕴涵 L74 留作练习。

(1) ~(∃x)[Px·(y)(Py→Lxy)] ∴ (x)[Px→~(y)(Py→Lxy)]
```
 (2)  Pa                              假设（为 CP）
 (3)  (x)~[Px·(y)(Py→Lxy)]            (1), QN
   (4)  (y)(Py→Lay)                   假设（为 RAA）
   (5)  ~[Pa·(y)(Py→Lay)]             (3), UI
   (6)  ~Pa∨~(y)(Py→Lay)              (5), DeM
   (7)  ~~(y)(Py→Lay)                 (4), DN
   (8)  ~Pa                           (6)(7), DS
   (9)  Pa·~Pa                        (2)(8), Conj
  (10)  ~(y)(Py→Lay)                  (4)-(9), RAA
 (11)  Pa→~(y)(Py→Lay)                (2)-(10), CP
 (12)  (x)[Px→~(y)(Py→Lay)]           (11), UG
```

试将下列语句符号化：

L75. 没有人爱任何人。

用技术性逻辑语言，我们有，"对于所有的 x，如果 x 是人，那么对于所有的 y，如果 y 是人，则 x 不爱 y"。用符号表示如下：

L76. (x)[Px→(y)(Py→~Lxy)]

命题 L75 也可以翻译为技术性逻辑语言如下:"并非存在某个 x, 使得 x 是人, 并且存在某个 y, 使得 y 是人, 并且 x 爱 y"。用符号表达如下:

L77. ~(∃x)［Px·(∃y)(Py→Lxy)］

谓词符号可以是多于二元的。例如, 下列语句包含了三元谓词 "x 从 z 偷了 y"。

L78. 每个小偷都从某些人那里偷了贵重的东西。(Tx: x 是小偷, Sxyz: x 从 z 偷了 y, Vx: x 是贵重的, Px: x 是人)

运用技术性逻辑语言, 我们有, "对于所有 x, 如果 x 是小偷, 那么存在某个 y, 使得 y 是贵重的, 且存在一个 z, 使得 z 是人, 并且 x 从 z 偷了 y"。符号化表示如下:

L79. (x)(Tx→(∃y)［Vy·(∃z)(Pz·Sxyz)］)

而且, 符号化揭示了在大量日常语言语句中可以展示的逻辑复杂性。

就像前面所论及的, 确保在谓词逻辑内精确翻译为符号的最好方法是, 首先把自然语言翻译为技术性逻辑语言, 然后把技术性逻辑语言翻译为符号。下列简短列出的例子, 应该作为这个过程的一个有用向导。

符号化概要		
自然语言	技术性逻辑语言	符号表达
1. 没有女人比夏娃更聪明。(Wx: x 是女人; Sxy: x 比 y 聪明; e: 夏娃)	对于所有的 x (如果 x 是女人, 那么并非 x 比 e 聪明)。	(x)(Wx→~Sxe)

续表

自然语言	技术性逻辑语言	符号表达
2. 如果亚当比夏娃高，那么就有人比夏娃高。（a：亚当；e：夏娃；Txy：x 比 y 高；Px：x 是人）	如果 a 比 e 高，那么存在某个 x，使得（x 是人并且 x 比 e 高）。	Tae→(∃x)(Px·Txe)
3. 没有人比自己矮。（Px：x 是人；Sxy：x 比 y 矮）	对于所有 x（如果 x 是人，那么并非 x 比 x 矮）。	(x)(Px→~Sxx)
4. 没有人比每一个人都矮。（Px：x 是人；Sxy：x 比 y 矮）	对于所有 x［如果 x 是人，那么并非对于所有 y（如果 y 是人，那么 x 比 y 矮）］。	(x)[Px→~(y)(Py→Sxy)]
5. 每个人比某些人矮。（Px：x 是人；Sxy：x 比 y 矮）	对于所有 x［如果 x 是人，那么存在某个 y 使得（y 是人并且 x 比 y 矮）］。	(x)[Px→(∃y)(Py·Sxy)]
6. 每一个成年人都把礼物给了某个孩子。（Ax：x 是成年人；Gxyz：x 把 y 给 z；Px：x 是礼物；Cx：x 是孩子）	对于所有 x［如果 x 是成年人，则存在某个 y 使得（y 是礼物且存在某个 z 使得（z 是孩子，且 x 把 y 给 z））］。	(x)[Ax→(∃y)(Py·(∃z)(Cz·Gxyz))]

在本节结尾，让我们来说明一下关系的某些一般性特征。一方面，一个关系 R 是**对称的**（symmetrical）：对于所有 x 和 y（如果 x 和 y 有 R 关系，那么 y 和 x 有 R 关系）。例如，关系"是……同胞"是对称的，因为如果杰夫是詹妮的同胞，那么詹妮必定是杰夫的同胞。另一方面，关系"是……母亲"是**反对称的**（asymmetrical），因为如果塞尔玛是姗琳的母亲，那么姗琳不是塞尔玛的母亲。更一般地说，一个关系 R 是**反对称的**：对于所有 x 和 y（如果 x 和 y 有 R 关系，那么并非 y 和 x 有 R 关系）。注意，有些关系是**非对称的**（nonsymmetrical）——它们既不是对称的，也不是反对称的。关系"是……姐妹"是非对称的，因为如果詹妮是克里斯的姐妹，那么克里斯可能是也可能不是詹妮的姐妹——要根据克里斯是男性还是女性来决定。

一个关系 R 是**自返的**（reflexive）：对于所有 x（x 和 x 有 R 关系）。例如，每一事物都等同于它自身。因此，"等同于"是一个自返关系。一个关系 R 是**反自返的**（irreflexive）：对于所有 x（并非 x 和 x 有 R 关系）。例如，既然没有事物可以大于它自身，那么"大于"关系就是反自返关系。而且，一个**非自返的**（nonreflexive）关系 R 既不是自返关系，也不是反自返关系。"骄傲"就是非自返的，因为一个人可以或不可以为他或她自己骄傲。

接下来，一个关系 R 是**传递的**（transitive）：对于所有 x、y 和 z（如果 x 和 y 有 R 关系，并且 y 和 z 有 R 关系，那么 x 和 z 有 R 关系）。例如，如果阿尔高于鲍勃，并且鲍勃高于克里斯，那么阿尔必定高于克里斯。"是……父亲"是反传递的，因为如果厄尔是约翰的父亲并且约翰是德鲁的父亲，那么厄尔不能是德鲁的父亲。一般来说，一个关系 R 是**反传递的**（intransitive）：对于所有 x、y 和 z（如果 x 和 y 有 R 关系，并且 y 和 z 有 R 关系，那么并非 x 和 z 有 R 关系）。最后，一个关系 R 是**非传递的**（nontransitive），如果它既不是传递的，也不是反传递的。例如，"是……的熟人"是非传递的。如果里克跟黎明是熟人，并且黎明跟皮特是熟人，则里克跟皮特可能是熟人也可能不是熟人。

定义概要

一个关系 R 是**对称的**：对于所有 x 和 y（如果 x 和 y 有 R 关系，那么 y 和 x 有 R 关系）。

一个关系 R 是**反对称的**：对于所有 x 和 y（如果 x 和 y 有 R 关系，那么并非 y 和 x 有 R 关系）。

一个关系是**非对称的**，它既不是对称的，也不是反对称的。

一个关系 R 是**自返的**：对于所有 x（x 和 x 有 R 关系）。

一个关系 R 是**反自返的**：对于所有 x（并非 x 和 x 有 R 关系）。

一个关系 R 是**非自返的**，它既不是自返关系，也不是反自返关系。

一个关系 R 是**传递的**：对于所有 x、y 和 z（如果 x 和 y 有 R 关系，并且 y 和 z 有 R 关系，那么 x 和 z 有 R 关系）。

一个关系 R 是**反传递的**：对于所有 x、y 和 z（如果 x 和 y 有 R 关系，并且 y 和 z 有 R 关系，那么并非 x 和 z 有 R 关系）。

一个关系 R 是**非传递的**，它既不是传递的，也不是反传递的。

练习 9.5

9.6 关系逻辑：证明

9.3 节和 9.4 节中介绍的谓词逻辑推论规则对关系逻辑来说是足够的。但是，着重注意一些可能引起的新情况，并提出一些关于推论规则的重要提示，将会是有帮助的。

第一，如果前提中有一个以上的量词，则使用 UI 或 EI 规则，从左至右消去量词。下面是一个例子：

---

(1) (∃x)(y) Hxy　　　∴ (∃x) Hxx
(2) (y) Hay　　　　　(1)，EI
(3) Haa　　　　　　　(2)，UI
(4) (∃x) Hxx　　　　(3)，EG

但是，要记住，UI 和 EI 不是蕴涵规则，因而不能应用于命题的部分。因为这个原因，下列情况是错误地使用了 UI 规则。

---

(1) (∃x)(y) Hxy　　　∴ (∃x) Hxx
(2) (∃x) Hxa　　　　 (1)，误用 UI

我们可以将 UI 仅应用于全称量化命题，而且（∃x）(y) Hxy 并不是一个全称量化命题。类似地，我们可以将 EI 仅应用于存在量化命题。考虑下述证明：

(1) (∃x)(∃y) Fxy→Gb
(2) (x)(y) Fxy   ∴ Gb
(3) (y) Fay   (2), UI
(4) Fab   (3), UI
(5) (∃y) Fay   (4), EG
(6) (∃x)(∃y) Fxy   (5), EG
(7) Gb   (1)(6), MP

从前提（1）使用 EI，我们可以推出（∃y）Fay→Gb 吗？不能。因为在做这个推导的时候，我们会把 EI 应用于一个命题的部分（特别是条件句的前件）。在第一个前提中，（∃x）的辖域仅仅是（∃y）Fxy。但要注意的是，正如我们在前提（2）中消去了量词一次，我们也在行（5）和行（6）中添加了量词一次。

第二，记住，EG 和 UG 是蕴涵规则。如下 EG 的应用是正确的吗？

(1) (x) Ax→Bac   ∴ (x) Ax→(∃y) Byc
(2) (x) Ax→(∃y) Byc   (1), EG

不正确。这里，EG 已经被应用于一个命题的部分，特别是应用于一个条件句的后件。然而，下面的证明是正确的。

(1) (x) Ax→Bac   ∴ (x) Ax→(∃y) Byc
⎡ (2) (x) Ax   假设（为 CP）
⎢ (3) Bac   (1)(2), MP
⎣ (4) (∃y) Byc   (3), EG
(5) (x) Ax→(∃y) Byc   (2)-(4), CP

下列 UG 的应用是正确的吗？

---

(1) (x)［(y) Lxy→Ma］　　∴ (x)(y) Lxy→Ma
(2) (y) Lby→Ma　　　　　(1)，UI
(3) (x)(y) Lxy→Ma　　　 (2)，UG

不正确。因为不能应用 UG 于一个命题的部分，而这里我们应用 UG 于一个条件句的前件。然而，我们可以证明，该论证使用 CP 是有效的。

---

(1) (x)［(y) Lxy→Ma］　　∴ (x)(y) Lxy→Ma
⎡(2) (x)(y) Lxy　　　　　假设（为 CP）
⎢(3) (y) Lby→Ma　　　　(1)，UI
⎢(4) (y) Lby　　　　　　(2)，UI
⎣(5) Ma　　　　　　　　 (3)(4)，MP
(6) (x)(y) Lxy→Ma　　　 (2)-(5)，CP

第三，当运用 UI 时，记住常项必须一致地例示。下面是一些正确的或错误的 UI 的应用。

---

(1) (x)［Mx·(Lx∨(y) Kxy)］
(2) Mb·［Lb∨(y) Kby］　　(1)，UI（正确）
(3) Ma·［Lb∨(y) Kby］　　(1)，UI（错误）

类似地，当运用 EI 时，变项必须一致地代入。以下是一些正确的或错误的应用。

---

(1) (∃x)(y)(Pxy↔~Oxy)
(2) (y)(Pay↔~Oay)　　　(1)，EI（正确）

(3)（y）（Pay↔~Oby）　　　（1），EI（错误）

第四，记住，对于证明中前面出现的常项绝不能使用 EI。例如：

(1)（x）（∃y）Gyx
(2)（∃y）Gya　　　　　　（1），UI
(3) Gaa　　　　　　　　　（2），误用 EI
(4)（∃x）Gxx　　　　　　（3），EG

就像论证"对每一自然数 x，存在某个自然数 y，使得 y 大于 x。因此，存在某个自然数大于其自身"。显然，该推证是无效的。

第五，回忆 UG 的特别限制。UG 让我们从（**x**）*P* 推出 *Pc*，假设 **c** 并不出现在（1）（**x**）*P* 中，（2）该论证的一个前提中，（3）通过应用 EI 推导出的行中，或者（4）一个未解除的假设中。下述 UG 的使用是否正确？

(1)（y）Eyy
(2) Eaa　　　　　　　　　（1），UI
(3)（x）Exa　　　　　　　（2），UG???
(4)（∃y）（x）Exy　　　　 （3），EG

从行（1）到行（4）的推论，就像在论证，"每一个数都和它自身相等，因此，存在某个数，使得所有的数都和它相等"。因为前提真而结论假，因此该论证无效。问题出在第三步。这是 UG 的错误应用，因为在行（3）中依然出现被概括的常项。

关系逻辑能够使我们明白许多日常自然语句的微妙之处。例如，考虑下列论证：

L80. 每一事物至少引起一个事物。因此，某些事物引起某些事

物。(Cxy：x 引起 y)

符号化为：(x)(∃y)Cxy ∴ (∃x)(∃y)Cxy

注意，交换前提中量词的顺序将会是错误的，如：(∃y)(x)Cxy。这个公式断言，至少有一个事物，使得每个事物都引起它，这和论证 L80 中的前提有着很大的差别。L80 的证明是短而简单的：

---

(1) (x)(∃y)Cxy   ∴ (∃x)(∃y)Cxy
(2) (∃y)Cay   (1)，UI
(3) (∃x)(∃y)Cxy   (2)，EG

现在，比较一下论证 L80 和下面的谬误论证：

L81. 每一事物引起至少一个事物。因此，至少有一个事物，使得每一事物都引起它。(Cxy：x 引起 y)

符号化为：(x)(∃y)Cxy ∴ (∃y)(x)Cxy

即使每一事物引起至少一个事物，但是我们并不能推断说，有些事物是由每一事物所引起的。

因此，我们必定不能为论证 L81 构建一个（正确的）证明。下列哪一步不能用我们的规则来证明？

---

(1) (x)(∃y)Cxy   ∴ (∃y)(x)Cxy
(2) (∃y)Cby   ?
(3) Cbc   ?
(4) (x)Cxc   ?
(5) (∃y)(x)Cxy   ?

行（2）是从行（1）通过使用 UI 得出来的，并且行（3）是行（2）通过使用 EI 推导出来的。行（4）出了问题。似乎行（4）是从行（3）通过 UG 而得出来的，但并不是如此。UG 的第三个限制告诉我们，我们不能从使用 EI 推导出来的行中出现的常项做概括。在这种情况下，我们从使用 EI 推导出来的行（3）中出现的 b 做概括。因此，这是 UG 的错误使用。

在结束的时候，让我们来考虑一个包含语法上复杂结论的论证：

L82. 《蒙娜丽莎》是美丽的。因此，偷了《蒙娜丽莎》的任何人就偷了一些美丽的东西。（a：《蒙娜丽莎》；Bx：x 是美丽的；Px：x 是人；Sxy：x 偷了 y）

符号化如下：

L83. Ba ∴ (x)[(Px·Sxa)→(∃y)(By·Sxy)]

下面是论证 L83 的证明。注意两个假设的运用。

(1) Ba　　　　　　　　　　　∴ (x)[(Px·Sxa)→(∃y)(By·Sxy)]
(2) Pb·Sba　　　　　　　　　假设（为 CP）
(3) ~(∃y)(By·Sby)　　　　　　假设（为 RAA）
(4) (y)~(By·Sby)　　　　　　 (3), QN
(5) ~(Ba·Sba)　　　　　　　 (4), UI
(6) ~Ba∨~Sba　　　　　　　(5), DeM
(7) ~~Ba　　　　　　　　　　(1), DN
(8) ~Sba　　　　　　　　　　(6)(7), DS
(9) Sba　　　　　　　　　　　(2), Simp
(10) Sba·~Sba　　　　　　　 (9)(8), Conj
(11) (∃y)(By·Sby)　　　　　　(3)-(10), RAA

(12) (Pb·Sba)→(∃y)(By·Sby) (2)-(11)，CP
(13) (x)[(Px·Sxa)→(∃y)(By·Sxy)] (12)，UG

练习 9.6

9.7 等词：符号化

在很多不同类型的关系中，对逻辑来说尤其重要的是同一关系。例如，考虑下列论证：

L84. 乔治·奥威尔写了《1984》。乔治·奥威尔等同于埃里克·布莱尔。因此，埃里克·布莱尔写了《1984》。（o：乔治·奥威尔；Wxy：x 写了 y；n：《1984》；Ixy：x 等同于 y；b：埃里克·布莱尔）

这个论证显然是有效的，但是到目前为止所介绍的推论规则还不能证明它是有效的。运用所提供的编写模式，该论证的符号化如下：

(1) Won
(2) Iob   ∴ Wbn

现在我们能做什么呢？我们不能做出任何有用的推理，因为我们还没有引入关于等同关系的推论规则。

为了将等词引入逻辑系统，我们要借助一个算术符号——等号——但是，我们要用它来指称**等词符号**（identity sign）。除了增加等词符号，带等词的谓词逻辑语言十分类似谓词逻辑语言。因此，我们可以把"乔治·奥威尔等同于埃里克·布莱尔"这一命题符号化如下：

L85. o=b

下面是一些关于等词主张的附加例子及其符号化：

L86. 托马斯·爱德华·劳伦斯是阿拉伯的劳伦斯。（t：托马斯·爱德华·劳伦斯；a：阿拉伯的劳伦斯）

符号化为：t=a

L87. 卡里姆·阿布杜尔-贾巴尔是卢·阿辛多尔。（k：卡里姆·阿布杜尔·贾巴尔；a：卢·阿辛多尔。）

符号化为：k=a

L88. 穆罕默德·阿里和卡修斯·克莱是同一个人。（m：穆罕默德·阿里；c：卡修斯·克莱）

符号化为：m=c

我们可以用否定号将等词命题的否定符号化如下：

L89. 乔恩·斯图尔特不等同于斯蒂芬·柯尔贝尔。（s：乔恩·斯图尔特；c：斯蒂芬·柯尔贝尔）

符号化为：~s=c

L90. 约翰·密尔顿不同于威廉·莎士比亚。（m：约翰·密尔顿；s：威廉·莎士比亚）

符号化为：~m=s

注意，命题和命题函项是通过在等词号两边各放一个常项或变项而构成的——例如，a=b，x=y，a=y。也请注意，要否定等词命题，我们可以简单地给它加上一个波形号——不需要用圆括号。因此，要否定 a=b，我们简写 ~a=b，读作"并非 a 等同于 b"。要澄清新的符号如何起作用，请考虑下列自然语言语句及其符号化：

L91. 等同于数 7 的每一个数都是奇数。（s：数 7；Ox：x 是奇数）

符号化为：(x)(x=s→Ox)

在这里，圆括号表示量词的辖域是 x=s→Ox。如果没有圆括号，则为 (x) x=s→Ox，在这种情况下，量词的辖域是 x=s。

通过等词符号，可以将许多复杂类型的命题符号化。下面的清单为你提供了从自然语言到技术性逻辑语言再到符号表达的向导。

只有

自然语言：只有爱迪生发明了留声机。（e：爱迪生；Px：x 发明了留声机）

技术性逻辑语言：e 发明了留声机，而且对于所有 x，如果 x 发明了留声机，那么 x 等同于 e。

符号化为：Pe·(x)(Px→x=e)

唯一

自然语言：唯一犯罪的人是大卫。（Px：x 是人；Gx：x 是犯罪的；d：大卫）

技术性逻辑语言：d 是人，并且 d 是犯罪的，对于所有 x，如果 x 是人并且是犯罪的，那么 x 等同于 d。

符号化为：(Pd·Gd)·(x)[(Px·Gx)→x=d]

除了……没有

自然语言：除了贝尔，没有人发明电话。（Px：x 是人；b：贝

尔；Tx：x 发明了电话）

技术性逻辑语言：b 是人，并且 b 发明了电话，对于所有 x，如果 x 是人并且发明了电话，那么 x 等同于 b。

符号化为：(Pb·Tb)·(x)[(Px·Tx)→x=b]

除了……所有

自然语言：除了瑞士，所有欧洲国家都宣布了战争。(Ex：x 是欧洲国家；s：瑞士；Dx：x 宣布了战争)

技术性逻辑语言：s 是一个欧洲国家，并且 s 没有宣布战争，对于所有 x，如果 x 是欧洲国家并且 x 不等同于 s，那么 x 宣布了战争。

符号化为：(Es·~Ds)·(x)[(Ex·~x=s)→Dx]

最高级

自然语言：世界最高峰是珠穆朗玛峰。(Mx：x 是山峰；Txy：x 高于 y；e：珠穆朗玛峰)

技术性逻辑语言：e 是山峰，并且对于所有 x，如果 x 是山峰并且 x 不等同于 e，那么 e 高于 x。

符号化为：Me·(x)[(Mx·~x=e)→Tex]

注意：关于最高级的策略要说的是，第一，某一个体 e 落入某一类；第二，e 的某一属性大于落入这一类中的任何个体。

至多

自然语言：至多存在一个上帝。(Gx：x 是上帝)

技术性逻辑语言：对于所有 x、所有 y，如果 x 是上帝，并且 y 也是上帝，那么 x 等同于 y。

符号化为：(x)(y)[(Gx·Gy)→x=y]

自然语言：至多存在两个上帝。(Gx：x 是上帝)

技术性逻辑语言：对于所有 x、所有 y、所有 z，如果 x 是上帝，并且 y 是上帝，并且 z 是上帝，那么或者 x 等同于 y，或者 x 等同于 z，或者 y 等同于 z。

符号化为：(x)(y)(z)([(Gx·Gy)·Gz]→[(x=y∨x=z)∨y=z])

注意：这些包含"至多"的命题，并不断定存在任何上帝。第一个仅仅陈述了：如果存在任何上帝，则最大数量是 1。第二个陈述了：如果存在任何上帝，则最大数量是 2。

至少

自然语言：至少存在一个功利主义者。(Ux：x 是功利主义者)

技术性逻辑语言：存在一个 x，使得 x 是功利主义者。

符号化为：(∃x)Ux

自然语言：至少存在两个功利主义者。(Ux：x 是功利主义者)

技术性逻辑语言：存在某个 x，并且存在某个 y，使得 x 是功利主义者，并且 y 是功利主义者，并且 x 不同于 y。

符号化为：(∃x)(∃y)[(Ux·Uy)·~x=y]

注意：如果我们从"至少存在两个功利主义者"的符号化中，删去 ~x=y，那么我们就为 x 和 y 等同留下了余地。

恰有一个

自然语言：恰有一个唯我主义者存在。(Sx：x 是上帝)

技术性逻辑语言：存在某个 x，使得 x 是唯我主义者，并且对于所有 x、所有 y，如果 x 是唯我主义者，并且 y 是唯我主义者，则 x 等同于 y。

符号化为：(∃x)Sx·(x)(y)[(Sx·Sy)→x=y]

注意：这里"恰有一个"可以看作"至少一个"和"至多一个"的合取。有一个更精确的关于"恰有一个"的符号化方法。举例来说，"恰有一

个唯我主义者存在"可以用技术性逻辑语言写为："存在某个 x，使得 x 是唯我主义者，并且对于所有 y，如果 y 是唯我主义者，那么 y = x。"可以符号化为：

(∃x)[Sx·(y)(Sy→y=x)]

类似地，"恰有两个唯我主义者存在"可以符号化如下：

(∃x)(∃y)([(Sx·Sy)·~x=y]·(z)[Sz→(z=x∨z=y)])

等词符号用来提供一个有关限定摹状词的重要分析。一个限定摹状词是一个形如"那个如此这般的某某"的表达式，如"最小的素数"、"钋的发现者"或者"《战争与和平》的作者"。这样的表达式似乎是在指称一个特定的事物或人。但是，考虑一下罗素在《论指称》中所提出的下述例子。[6]

L92. 当今的法国国王是秃头。

法国现在没有国王，表达式"当今的法国国王"显然不指称任何人或任何事。那么，L92 如何能成为一个有意义的句子（就像它所表现出来的那样）呢？罗素认为，像 L92 那样包含了限定摹状词的命题，做出了三个断言：

a. 某类事物存在（这种情况下，是当今法国国王）。
b. 它是唯一的。
c. 它具有某种性质（这种情况下，是秃头）。

那么，从罗素的观点出发，我们可以用技术性逻辑语言将 L92 改写如下：存在某个 x，使得 x 是当今的法国国王，并且对于所有 y，如果 y 是当今的法国国王，则 y 等同于 x，并且 x 是秃头。令 Kx 表示"x 是当今的法国国王"，Bx 表示"x 是秃头"，其符号化就是：

L93. (∃x)［Kx·(y)(Ky→y=x)·Bx］

对 L92 的这一分析并不包括这样的问题，"对什么对象来说，如果有的话，能够指称'当今的法国国王'呢？"相反，这一分析会让我们问，是否存在任何实际对象，具有当今法国国王这样的属性。当然，答案是否定的。因此，该语句的意义是清楚的；事实上，我们可以明显地看出它是假的。因为罗素对包含限定摹状词的命题的分析具有很大的影响力，所以，我们将它作为暂时的基础。我们再来考虑一个包括限定摹状词的命题的例子及其符号化。

限定摹状词

自然语言：钋的发现者是波兰人。(Dx：x 是钋的发现者；Px：x 是波兰人)

技术性逻辑语言：存在某个 x，使得 x 是钋的发现者，并且对于所有 y，如果 y 发现了钋，那么 y 等同于 x，并且 x 是波兰人。

符号化为：(∃x)(Dx·(y)［(Dy→y=x)·Px］)

练习 9.7

9.8 等词：证明

为了构造包含同一关系的证明，我们将增加三个新的推论规则。[7] 第一个推论规则是**莱布尼茨律**（Leibniz' Law，LL），它是以第一个明确表述其思想的哲学家戈特弗里德·威廉·莱布尼茨（1646—1716）的名字来命名的。LL 的原理是：如果 m 和 n 是同一的，那么 m 具有的性质 n 也具有，反之亦然。下面是由 LL 所允许的一些典型推理。

A. (1) a = b
   (2) Fa
   (3) Fb   (1)(2)，LL

B. (1) c = d
   (2) Wbc
   (3) Wbd   (1)(2)，LL

C. (1) e = f
   (2) ~Ge
   (3) ~Gf   (1)(2)，LL

在每一种情况下，我们用个体常项替换指称同样实体的其他个体常项。为了用一个普遍的方式来陈述我们的推论规则，我们将运用黑体字母 **m** 和 **n** 表示任意的个体常项，用 *P***m** 和 *P***n** 分别表示包含 **m** 和 **n** 的合式公式。LL 表现为如下两种形式：

莱布尼茨律（LL）

  m = **n**   **n** = **m**
   *P***m**   *P***m**
∴ *P***n**   ∴ *P***n**

这里，我们通过用 **n** 的出现替换 *P***m** 中 **m** 的一次或多次出现，得到 *P***n**。下列哪些正确应用了 LL？哪些不正确？

A. (1) b = c
  (2) (x)(Ax→Bx)
  (3) Ab→Bb   (2)，UI
  (4) Ac→Bc   (1)(3)，LL

B. (1) Ca·Da
  (2) b = a
  (3) Cb·Db   (1)(2)，LL

C. (1) (y)(My∨Ny)
  (2) a = d
  (3) Ma∨Na   (1)，UI
  (4) Md∨Na   (2)(3)，LL

（A）到（C）都是 LL 的正确应用。依靠 LL，我们就可以轻易地证明在前一节开头出现的论证的有效性："乔治·奥威尔写了《1984》。乔治·奥威尔等同于埃里克·布莱尔。因此，埃里克·布莱尔写了《1984》。"符号化和证明如下：

(1) Won
(2) o = b   ∴ Wbn
(3) Wbn   (1)(2)，LL

下面的论证和证明显示了 LL 的另一种应用：

L94. 威廉·奥卡姆死于黑死病。小比利并非死于黑死病。因此，威廉·奥卡姆不是小比利。(o：威廉·奥卡姆；Dx：x 死于黑死病；b：小比利)

(1) Do
(2) ~Db   ∴ ~o=b
(3) o=b   假设（为RAA）
(4) Db   (1)(3), LL
(5) Db · ~Db   (4)(2), Conj
(6) ~o=b   (3)-(5), RAA

这一证明阐述了一个一般性原理：如果 x 具有某一属性，而且 y 不具有该属性，那么 x 不等同于 y。

第二个推论规则是**对称性**（symmetry，Sm）。黑体的 **m** 和 **n** 表示个体常项，该规则可以陈述为如下两种形式：

对称性（Sm）

m = n   ~m = n

∴ n = m   ∴ ~n = m

Sm 证明了如下一些直观上的推理：

L95. 刘易斯·卡罗尔是查尔斯·路德维希·道格森。因此，查尔斯·路德维希·道格森是刘易斯·卡罗尔。（c：刘易斯·卡罗尔；d：查尔斯·路德维希·道格森）

L96. 伍迪·艾伦不是戈特弗里德·威廉·莱布尼茨。因此，戈特弗里德·威廉·莱布尼茨不是伍迪·艾伦。（a：伍迪·艾伦；g：戈特弗里德·威廉·莱布尼茨）

这些证明是短而简单的：

(1) c=d ∴ d=c   (1) ~a=g ∴ ~g=a

（2）d=c　　（1），Sm　　（2）~g=a　　（1），Sm

我们的第三个也就是最后一个支配等词逻辑的推论规则是，每一事物都等同于它自身。我们将简称这个规则为**等词**（identity，Id）规则。它与前面的所有规则不同的是，它不包含前提。我们可以将它表达如下：

等词（Id）

∴ **n** = **n**

这里，黑体 **n** 表示任意的个体常项。Id 规则允许我们引入自身等同命题，如 b=b，作为一个证明中的行。这一规则在构造证明中并不经常使用，但是没有它，我们的逻辑系统就会不完全。下面是说明 Id 应用的一个论证、符号化和证明：

L97．每一个与刘易斯·布莱克等同的人都是喜剧演员。因此，刘易斯·布莱克是喜剧演员。（b：刘易斯·布莱克；Cx：x 是喜剧演员）

符号化为：(x)(x=b→Cx) ∴ Cb

(1) (x)(x=b→Cx)　　　　∴ Cb
(2) b=b→Cb　　　　　　（1），UI
(3) b=b　　　　　　　　Id
(4) Cb　　　　　　　　　（2）(3)，MP

注意：前提（1）中的圆括号表明，量词的辖域是 x=b→Cx。没有圆括号，我们会有 (x) x=b→Cx，其中量词的辖域是 x=b，我们就不会在第二步应用 UI。

练习 9.8

注释

[1] 参见 A. N. Prior, "History of Logic," in Paul Edwards, ed., *The Encyclopedia of Philosophy*, Vol. 4 (New York: Macmillan Free Press, 1967), p. 520; and Anthony Flew, "Logic," *A Dictionary of Philosophy*, 2nd ed. (New York: St. Martin's Press, 1979), pp. 208–212。弗卢评论道:"弗雷格系统的改进…… 是量词的引进……这使他能够整合命题逻辑(即陈述逻辑)……研究以前在三段论理论中已经处理过的这些逻辑关系"(p. 211)。弗雷格的《概念文字》于 1879 年首次出版;英文译本见 J. van Heijnoort, ed., *From Frege to Gödel: A Source Book in Mathematical Logic, 1879–1931* (Cambridge, MA: Harvard University Press, 1967)。

[2] 贯穿本书的是一阶逻辑,其中,所有变项都是特定的人物、地点和事件(如迈克尔·乔丹、纽约和埃菲尔铁塔)论域内的个体变项(即 x、y 和 z)。然而,也存在包括(例如)二阶变项范围内的性质、关系和个体集合(例如,一个篮球运动员的性质、关系的北方或巴黎地标的集合)的高阶逻辑。对高阶逻辑的简介,参见 Stewart Shapiro, "Classical Logic Ⅱ–Higher-Order Logic," in Lou Goble, ed., *The Blackwell Guide to Philosophical Logic* (Oxford: Blackwell, 2001), pp. 33–54。

[3] 参见 Flew, *A Dictionary of Philosophy*, p. 63。相关工作,参见 Alonzo Church, "A Note on the *Entscheidungsproblem*," *Journal of Symbolic Logic* I (1936): pp. 40–41。

[4] 参见 Donald Kalish, Richard Montague, and Gary Mar, *Logic: Techniques of Formal Reasoning*, 2nd ed. (New York: Harcourt Brace Jovanovich, 1980), p. 238。这些作者给出了下列例子:(x)(y)(z)[(Fxy · Fyz) → Fxz], (x)(∃y) Fxy ∴

(∃x) Fxx。

[5] 并非所有逻辑系统都包含至少一个事物存在的假设。不做这一假设的逻辑被称为"自由逻辑",意味着"不假设存在的逻辑"。关于自由逻辑的卓越讨论,参见 Stephen Read, *Thinking about Logic: An Introduction to the Philosophy of Logic* (New York: Oxford University Press, 1995), pp. 131-144。

[6] Bertrand Russell, "On Denoting," *Mind*, Vol. 14 (Oxford University Press, 1905), pp. 479-493.

[7] 这里所采用的等词逻辑规则系统,参见 Kalish, Montague, and Mar, *Logic*, chap. 5。

第 10 章

归纳逻辑

- 10.1　归纳逻辑和演绎逻辑
- 练习 10.1
- 10.2　常识推理：权威、类比和枚举归纳
- 练习 10.2
- 10.3　科学推理：密尔法
- 练习 10.3
- 10.4　概率推理：概率规则
- 练习 10.4
- 注释

到目前为止，我们基本集中于演绎逻辑的讨论，因此，判定的是论证是否有效和无效。这一章，我们考虑归纳逻辑。**归纳逻辑**（inductive logic）是研究判定论证强和弱的方法的逻辑学分支。

> **归纳逻辑**是研究判定论证强和弱的方法的逻辑学分支。

我们的做法是，考虑归纳逻辑通常涉及的三个不同领域：常识推理（10.2）、科学推理（10.3）和概率推理（10.4）。我们首先来依次介绍几个概念。

10.1 归纳逻辑和演绎逻辑

我们先来复习一下第 1 章中的术语，并在归纳逻辑和演绎逻辑之间做出一些重要的比较。

首先，**强论证**（strong argument）是这样一种论证，即如果前提为真，那么结论为真是很可能的（但不必然）。换句话说，假定前提为真而结论为假是不大可能的。

> **强论证**是这样一种论证，即如果前提为真，那么结论为真是很可能的（但不必然）。

下面是一个例子：

L1. 90% 的 40 岁美国妇女还要活至少 50 年。海伦是 40 岁的美国妇女。所以，海伦将要活至少 50 年。

L1 不是一个有效的论证，但其前提显然为结论提供了某种支持。的确，如果我们用"51"替换"90"这个词，前提还是为结论提供某种支持。毕竟，如果 40 岁美国妇女的 51% 还要活到至少 50 年，并且海伦是一位 40 岁美国妇女，那么胜算对海伦有利。因为这个原因，我们将"很可能的""可能的"这样的词理解为"更有可能的"。（这与人们经常使用这些词的方式形成了

鲜明的对比，其中它们意味着，某些东西是更可能的。）给定该规定，强论证是这样的论证，给定前提为真则结论为真比起不真（但不必然）是更可能的。

相比较，**弱论证**（weak argument）是这样的论证，即当前提为真则结论为真是不大可能的。

> **弱论证**是这样的论证，即当前提为真则结论为真是不大可能的。

例如：

L2. 50% 的 30 岁美国女性活到 80 岁。阿里斯是 30 岁的美国女性。所以，阿里斯将活到 80 岁。

如果 50% 的 30 岁美国女性将活到 80 岁，那么 50% 的 30 岁美国女性将不会活到 80 岁，倘若在前提中仅提供后面这个信息，我们就可以正好得出结论，即阿里斯将不会活到 80 岁。简言之，该论证的前提没有给我们任何理由选择该论证的结论而不是其否定。所以，如果前提为真，那么结论也为真是不大可能的。换句话说，该论证是弱的。

可信论证（cogent argument）是所有前提都为真的强论证。**不可信论证**（uncogent argument）或者是一个弱论证或者是带有至少一个假前提的强论证。

> **可信论证**是所有前提都为真的强论证。
> **不可信论证**或者是一个弱论证或者是带有至少一个假前提的强论证。

注意，"不可信论证"不是被定义为或者弱或者有一个假前提的论证。这后面的定义太宽，因为它可能将带有假前提的有效论证归为不可信论证。将有效论证归为不可信论证是没有什么好处的，因为它们会遇到一个比强度更高的逻辑标准。

让我们现在来比较一下演绎和归纳。首先，要注意的是，一个可靠论证不可以有假结论，但一个可信论证则可以有假结论。一个可靠论证不可以有假结论，是因为如果一个论证是有效的，并且仅仅有真前提，那么它必定有真结论。但是如果一个论证是强的并且只有真前提，则结论假仍然是可能的（即使不大可能）。举例来说，假设下列论证的前提为真：

L3. 停车场 90% 的卡车昨晚都被破坏了。迈克尔的卡车停在停车场。因此，迈克尔的卡车昨晚被破坏了。

假设迈克尔到停车场去，发现他的卡车并没有被破坏。这就意味着该论证是弱的吗？不，它只是意味着，他的卡车是在没有被破坏的 10% 之中。而且，要点是：可信论证的结论可以是假的。

下面是演绎和归纳的第二个重要的比较。有效性是一个要么全有要么全无的事情，它不是按等级来的。例如，如果两个论证都是有效的，则断言一个比另一个更有效是毫无意义的。但强度是分等级的。假设我们将 L3 的第一个前提改变为"停车场 99% 的卡车昨晚都被破坏了"，得到的论证会比 L3 更强，在这个意义上，给定对应的前提为真，则结论会更加可能为真。因此，强度——不像有效性——是分等级的。

最后一个比较是，尽管每一个具有有效形式的论证都是有效的，但一个论证的强度并不由其形式来保证。要明白这一点，请注意论证 L1、L2 和 L3 都有同样的基本结构。

（1） n% 的 A 是 B。
（2） c 是一个 A。
因此，（3） c 是一个 B。

在这个形式里，"n"表示 0 和 100 之间的一个数，"A"和"B"表示事物的集合或类，c 表示一个特定的个体。例如，论证 L3 中，n 是 90，A 是停车场卡车的类，B 是昨晚被破坏的卡车的类，c 是迈克尔的特定卡车。这一形式的论证作为统计三段论而著名。这些论证中有些，如 L3 是强的，有些论证，如 L2 不是强的。

注意，如果我们用一个"100"来替换"n"，我们会得到一个有效论证——似乎就像我们所说："所有 A 都是 B"。同样，如果我们用一个"0"来替换"n"，我们会得到一个相反的结果——如果没有 As 是 Bs，并且 c 是一个 A，则我们可以有效地演绎出 c 不是一个 B。因此，我们规定，填入统计三段论空格中的数字必须在 50 至 100 之间。另外的复杂情况是，在日常语言中，统计三段论也可以不用具体的百分比来表述。例如，人们可以进行如下论证："绝大多数海盗都是令人讨厌的人。琼斯是一个海盗。因此，琼斯是令人讨厌的人。"在这种情况下，我们可以在我们的形式中用类似"一个很大的"（就像"一个有很大的百分比的 A 是 B"）词组来替换"n"。这样，我们可以将这些日常语言三段论算作统计三段论。第三个复杂情况可以是根据下列统计三段论来考虑论证 L3 所带来的。

L4. 停车场 90% 带报警器的卡车昨晚没有被破坏。迈克尔的卡车带报警器停在停车场。因此，迈克尔的卡车昨晚没有被破坏。

论证 L3 和 L4 的前提可以都是真的，但它们的结论却是直接互相矛盾的。这种情况在有效论证的情况下不会发生。如果两个有效论证的前提能够被组合起来，形成一致的命题集，则这两个论证的结论也必定是一致的。在现在的情况下，事物是更为复杂的。就其自身来说，L3 是一个强论证，但改进这一论证的任何人，当认识到该信息被包含在 L4 中时，将会舍去相关证据——关系到 L3 的结论的真的证据。我们可以称这一应受责备的省略为**不完全证据谬误**（fallacy of incomplete evidence）。[1]

不完全证据谬误是应受责备地省略了相关证据。

一般地，当一个人寻找强度标准但却知道省略了相关证据时，他易于犯这样一种错误。例如，当人们确知省略它会减小论证的强度时，显然就是一个省略证据（或信息）的错误。请考虑下列情况：

■ 相关证据是容易得到的，而且多数人都知道它。论证者不知道，但他的忽视由于某个原因是可以原谅的（例如，由于生病或其他超越控制的情况，他已从一般的信息资源中独立出来）。

■ 相关证据是容易得到的，而且多数人都知道它。论证者不知道，但他的忽视是应受责备的（即他应该知道）。

■ 相关证据是容易得到的，但必须通过一些考察（例如，到图书馆一趟），而且论证者不知道该证据。

难道我们想断言一个不完全证据谬误在一些或所有这些情况下都已被省略了吗？这是一个难题，我们并不希望在这里回答它。但是该问题所包含的真正本质表达着这样一种方式，其中归纳逻辑比演绎逻辑更复杂并且更矛盾。

我们已经强调在演绎和归纳之间的三个重要的比较。在即将结束的时候，讨论一下关于这种差异的普遍错误也许是有用的。人们经常听说（据说是）"演绎论证是从一般到特殊的过程，而归纳论证是由特殊到一般的过程"。关于这种说法存在六个问题。[2]

第一，有些有效论证是从一般的前提到一般的结论：

L5. 所有什叶派教徒都是穆斯林。所有穆斯林都是一神论者。因此，所有什叶派教徒都是一神论者。

第二，有些有效论证是从特殊的前提到特殊的结论：

L6. 奥卡姆的威廉死于1349年。伯特兰·罗素不是死于1349年。因此，奥卡姆的威廉不等同于伯特兰·罗素。

第三，有些有效论证甚至是从特殊到一般：

L7. 富兰克林·罗斯福是一个民主党成员。因此，投票给罗斯福的任何人也都投票给了一个民主党成员。

第四，有些强论证有一个一般的前提，但却有一个特殊的结论：

> L8. 所有已观察的渡鸦都是黑色的。因此，下一个将被观察的渡鸦将是黑色的。

依赖大量的观察，这一论证也许是十分强的。然而，它不是有效的，因为对于下一只渡鸦患白化病（例如）是逻辑上可能的，即使所有患白化病的渡鸦都还没有被观察到。

第五，某些类型的强论证从特殊前提到特殊结论：

> L9. 爱国者队去年做得非常好。根据人员、指导和日程安排，今年爱国者队非常类似于去年的爱国者队。因此，爱国者队今年将做得好。

这一论证显得是强的，但它当然不是有效的。毕竟，不太可能的受伤和其他不可预见的事件会对一个特定球队的成功有重大影响。

第六，有些强论证有一般的前提和一般的结论：

> L10. 该篮球队的全部五名运动员在整个赛季都打得很好。全部五名运动员在整个赛季都表现出为了球队而牺牲个人荣誉的意愿。全部五名运动员都是有经验的比赛者。全部五名运动员都通过检查身体良好。全部五名运动员都尽可能努力拼搏。因此，该篮球队的全部五名运动员都将在明天的比赛中打得很好。

注意，上述论证的结论可能是假的，即使所有前提都是真的。例如，一个队员也许正好因为在比赛前收到一些令人沮丧的消息而表现不好。因此，该论证不是有效的，但它的确显得是强的。

总之，假设强论证总是从特殊命题推出一般命题，或者有效论证总是从一般命题推出特殊命题，这都是错误的。这个问题不是关于一般性或特殊性，而是关于论证的前提支持结论的方式问题。在一个有效论证中，前提的真保证结论的真，然而，在一个强论证中，前提的真使得结论的真更为可能，而不是确保它。这就是要记住的关键比较。

定义概要

归纳逻辑是研究判定论证强和弱的方法的逻辑学分支。

强论证是这样一种论证，即如果前提为真，那么结论为真是很可能的（但不必然）。

弱论证是这样的论证，即当前提为真则结论为真是不大可能的。

可信论证是所有前提都为真的强论证。

不可信论证或者是一个弱论证或者是带有至少一个假前提的强论证。

不完全证据谬误是应受责备地省略了相关证据。

练习 10.1

10.2　常识推理：权威、类比和枚举归纳

在本节中，我们将考虑三种最普通类型的归纳论证：权威论证、类比论证和枚举论证。所有这些论证都是来自我们熟悉的日常推理方式。在每一种情况下，我们识别这种论证形式，并且提供某种观察以有助于这种形式的强案例。我们也强调一些潜在的陷阱和谬误。

权威论证

让我们从权威论证开始，它具有下列形式：

(1) R 真诚地断定了 S。
因此，(2) S。

这里，R 表示任一可依靠的信息来源（例如，一个人、一张纸，或一本参考书），S 表示任一命题。当我们在任意领域求助于字典、百科全书、地图或专家时，我们都使用了权威论证。例如：

L11. 在他的《哲学词典》中，安东尼·弗卢将"逻辑主义"定义为这样的观点，即"数学，特殊的算术，是逻辑的一部分"。因此，那就是逻辑主义是什么。[3]

在这一背景下，**权威**（authority）是关于某个主题的真命题的可靠生产者。（在这一意义上区别于"组织"权威，如一名当选官员或一位公司总裁。）

权威是关于某个主题的真命题的可靠生产者。

权威论证的强度大多是由相关来源的可靠性来确定的——更可靠的来源，更强的论证。当然，甚至高度可靠的来源有时也出现错误；因此，权威论证并不是一定有效的。（注意：求助于绝对可靠的来源不会再是归纳的情况，因为来自绝对权威的断定会确保结论的真。）

求助于可靠来源通常有助于强归纳论证。然而，权威论证也存在许多容易出错的情况。我们将提及三种情况。

第一种也是最显然的，权威论证当求助于一个不可靠权威的时候是弱的。这通常被称为**诉诸不可靠权威**（ad verecundiam fallacy）。在某些情况下，这一谬误是明显的。例如，仅仅一个电影明星断言了儿童接种疫苗和孤独症之间的关系的事实，并不能给我们提供相信这种关联的理由。换句话说，这一谬误是不明显的。例如，假设人们在争论关于科学价值的特定观点时，求助于著名的物理学家理查德·费曼。这似乎类似一个强的权威论证——毕竟，费曼是科学共同体中一位杰出的权威。然而，关于科学的价值问题并不是它们自身的科学问题（它们是哲学的问题），并且，就像费曼自己所说的那样，"一个看待非科学问题的科学家和下一个科学家一样愚蠢"[4]。因此，这也是诉诸不可靠权威的另一个例子。

诉诸不可靠权威出现在权威论证求助于一个不可靠的来源时。

第二种情况出现在当某人求助于一个权威时，忽视了与来自同等可靠来源的报道的冲突。例如，假设你拿起斯蒂文·卡恩的《西方哲学经典》，读到托马斯·阿奎那出生于 1225 年。你知道卡恩是此方面的权威，因此你得出结论：阿奎那出生于 1225 年。然而，你继续读简·罗斯的《宗教哲学导论》，其中说阿奎那出生在 1224 年。之后，你又读到伯特兰·罗素的《西方哲学史》，其中阿奎那出生于 1225 年或 1226 年。这些后续的发现并不挑战最初来源的资格——卡恩是哲学史的一个权威。他们也不能确定最初论证的前提——卡恩的确断言了阿奎那生于 1225 年。但是这些发现的确弱化了最初的论证。根据现有的总体证据，卡恩的断言并没有使得你的结论更有可能。在这个背景下，坚持最初的论证会犯前面所说的不完全证据谬误。

第三种情况是，权威论证也可以通过错误引用或错误解释而出差错。例如，假设一个人论证如下：杰出生物学家斯蒂芬·J. 古尔德承认，进化是"一种理论"（即没有根据的预感）。因此，进化是一种没有根据的预感。这里，该前提的非括号部分为真——古尔德的确断言了进化是一种理论。但括号部分包含了关于他的话的明显的错误解释——在科学中，"理论"这个词并不意味着"没有根据的预感"。因为该前提包含了一个错误解释，所以该论证是不可信的。

总的来说，权威论证可以是可信的，假如我们求助于一个真正的专家，那么我们就可以正确地来解释我们的来源，并且我们就不会忽视来自该领域其他权威的不同主张。

> **权威论证概要**
>
> **形式**
> 　　（1）R 真诚地断定了 S。
> 因此，（2）S。
>
> **要问的问题**
> 1. 关于这个主题的来源是可靠的吗？
> 2. 存在断定 S 为假的权威（不是 R）吗？如果是这样，那么这些权威关于这个主题是更好、更差或者同样可靠？
> 3. 该权威是否被错误引用或被错误解释？

类比论证

另一种普遍类型的归纳论证是类比论证，具有下列形式：

　　（1）A 类似于 B。
　　（2）B 有性质 P。
因此，（3）A 有性质 P。

在这种模式中，"A"和"B"表示任意两个实体，"P"表示任意性质。要说明这一点，考虑这一形式的下列例子。

　　L12.《暴风雨》类似于《仲夏夜之梦》，并且《仲夏夜之梦》一个晚上可读完。因此，《暴风雨》也是一个晚上可读完。

这里，对象是《暴风雨》和《仲夏夜之梦》，并且性质是一个晚上可读完。该论证主张，两个对象是类似的，因此，既然一个有相关性质，另一个也应该有这种性质。这是一个标准的类比论证。（注意，在一个类比论证中，"A"和"B"必须对应于两个不同的对象。如果两个词项指称**同一**对象，则第一个前提将会等值于结论，并且该论证将不再是一个归纳案例。）

在评价一个类比论证的总体力度时，我们必须考察所假设的类似性。不幸地，不存在简单的公式来做这一点，因为对象可以以任意数量的不同方式类似（或不类似）。然而，下列问题是一个很好的起点。

问题 1：A 和 B 类似的方面是什么？它们与当下的问题相关吗？合乎理想的是，提供该论证的人提供这一信息，但该信息通常仅仅被部分地提供。类似性如果增加了 A 具有性质 P 的可能性，则是相关的。一般地说，A 和 B 具有的相关类似性越多，则该论证就越强。

问题 2：A 和 B 在相关方面是否存在差异？即 A 和 B 之间的类比是否在任意的相关点上被打破？差异性如果降低了 A 具有性质 P 的可能性，则是相关的。一般地说，相关的差异性越多，则该论证就越弱。

问题 3：在相关方面存在类似于 B（而不是 A）的事物吗？如果存在，这些事物有性质 P 吗？在某种程度上，存在相关事物类似于 B 但缺乏 P，则类比失败。在某种程度上，存在相关事物类似于 B 且具有 P，则类比成立。

让我们根据上述三个问题来评价论证 L12。

问题 1：在什么相关方面，A（《暴风雨》）和 B（《仲夏夜之梦》）类似？其中，它们在长度上类似，它们都是莎士比亚创作的，并且它们都是用伊丽莎白式英语写作的。这些类似性与当下的问题相关吗？即这些剧本在长度、作者和语言上都支持这样的主张：它们可以在大致相同的时间内读完吗？是的。

问题 2：A（《暴风雨》）和 B（《仲夏夜之梦》）有任何相关方面的差异吗？《暴风雨》是比《仲夏夜之梦》更重要的剧作，而且，不像《仲夏夜之梦》，《暴风雨》在格调上相当乐观。因此，读《暴风雨》不会花更长时间。

问题 3：存在不是 A（《暴风雨》）而在相关方面类似于 B（《仲夏夜之梦》）且有性质 P（即我可以在一个晚上读完）的事物吗？是的。《你喜欢它》在长度、作者和风格上都类似于《仲夏夜之梦》，并且它也可以在一个晚上读完。同样的事物，对于《第十二夜》和许多其他莎士比亚作品也是适用的。

概言之，对问题 1 的回答表明，《暴风雨》和《仲夏夜之梦》在几个相关方面类似。对问题 2 的回答说明了一个相关的差异，但这个差异似乎并不弱化该类比论证很多。对问题 3 的回答表明，像我们考虑过的相关例子一样，该类比是成立的。因此，该论证似乎很强。

对于不同类型的例子，我们来考虑下列类比论证：

L13. 鹦鹉和人都会说话。人可以理性地思考。因此，鹦鹉可以理性地思考。

在这个情况下，相关的对象是鹦鹉和人，性质是可以理性地思考。

问题 1：鹦鹉和人之间的相似点是什么？最明显的相似点是说话的能力。这个相似点与鹦鹉是否可以理性地思考这个问题相关吗？好的，说话的能力与理性的思考之间存在某种联系，因为它主要是在人类的语言行为中表现出他们的理性思维能力。

问题 2：鹦鹉在任何相关方面都与人不同吗？是的，在至少两个相关方面。首先，就我们所知，鹦鹉仅仅**模仿**它们所听到的声音。它们并不以自动的、创造性的方式产生自己的语句。当然，模仿并不是理性思考的可靠迹象。其次，鹦鹉的脑比人小得多。这对鹦鹉是否具有人所具有的那种推理能力提出了一个合理的质疑，因为大脑的大小和发育与智力有关。

注意，并不是所有的差异都是相关的。例如，鹦鹉有羽毛而人没有。但这种差异与眼前的问题没有明显的关系（即鹦鹉能够理性地思考吗？）。因此，它和该论证的评估是不相关的。唯一相关的差异是影响 A 有性质 P 的可能性的差异。

问题 3：存在任何会说话但不会理性思考的事物（除了鹦鹉）的例子吗？明显是的。因为许多简单的计算机程序能产生语音，但由于那个原因，不能理性思考。（当然，也许适当复杂的计算机程序能理性思考，但最基本的语音产生程序不能。）

总之，我们对问题 1 的回答表明，在鹦鹉和人之间存在某些相关的类似点但不是很多。我们对问题 2 和问题 3 的回答表明，这些类似点并不足以使得给定前提的真该结论就是很可能真的。因此，论证 L13 是弱的。

类比论证常常用于道德和法律推理。例如：

> L14. 禁酒是出于善意，并且基于对饮酒危险的合理担忧。但是禁酒也导致了有组织犯罪统治和暴力控制的暴利黑市。现在，我们大家都认同，禁酒在最后的分析中是一个错误。同时，禁止所谓烈性药物如可卡因和海洛因在所有这些方面都类似于禁酒。因此，禁止烈性药物也是错误的——烈性药物应该合法化。

这里，A 是禁止烈性药物，B 是禁酒，P 是作为一个错误的性质。这个论证是如何强的？这是一个困难的问题，并且我们不能指望在这儿回答这个问题。但是我们可以通过回答某些基本问题来开始寻找答案。

问题 1：在什么方式下 A 和 B 是类似的？前提详细说明了禁止烈性药物类似于禁酒的许多方面，并且这些相似点似乎相关于该合法化问题。

问题 2：A 和 B 在任意相关方面存在差异吗？论证 L14 的批评者也许主张，禁止烈性药物至少在两个方面与禁酒不同。例如：

> ■ 可卡因和海洛因这样的药物是比酒更容易使人上瘾的，因而是更危险的。
> ■ 现时社会背景与酒被合法化的情况不同。当酒被合法化的时候，药物误用在美国就不是一个严重的社会问题。但现在却是一个问题。因此，烈性药物合法化也许会加重当下的问题，诸如交通事故所导致的死伤、母亲误用化学药品而导致出生婴儿的健康问题、因为大量的人在工作时使用药物而没有效率等。

可以确信，如果所提出的这些差异准确无误，那么它们都是相关的，而且至少在某些程度上弱化了上述类比论证。

问题 3：存在着不是 A（禁止烈性药物）而在某些相关方面类似于 B（禁酒）但缺乏 P（是一个错误的性质）的事物吗？论证 L14 的批评者可能指出，存在着没有医生处方就不能合法使用的许多药物。进而可以确信，禁止药物的使用（除非在医生的指导下）一般不是错误的。然而，论证 L14 的反对者也许回应到，处方药物一般与可卡因和海洛因并不相关类似，因为处方药物并不通过黑市大量出售，而且它们并不在组织犯罪的控制之下。

前面的讨论说明了评价类比论证所出现的各种问题。它也说明了这一评价过程如何能提供宝贵的经验教训并提出重要的问题，甚至当我们关于所争论的论证不能达成一个最终的结论的时候。

类比论证概要

形式
  （1）A 类似于 B。
  （2）B 有性质 P。
因此，（3）A 有性质 P。

要问的问题
1. A 和 B 类似的方面是什么？它们与当下的问题相关吗？
2. A 和 B 在相关方面是否存在差异？
3. 在相关方面存在类似于 B（而不是 A）的事物吗？如果存在，这些事物有性质 P 吗？

枚举归纳

最后，我们来考虑第三种归纳论证。这种归纳论证被称为**枚举归纳**（induction by enumeration），其形式如下：

  （1）n% 样本的 A 是 B。
因此，（2）大约 n% 的 A 是 B。

这里，"A"和"B"表示事物的任意集合或类，"n"可以是从 0 到 100 之间所包括的任意数字。同时，总体（population）的一个**样本**（sample）——如 A——是群体中已观察元素的一个集合。

  总体的一个**样本**是群体中已观察元素的一个集合。

下面是枚举归纳的一个例子：

L15. 有75%的口袋妖怪样本有弱电攻击。因此，口袋妖怪大约75%有弱电攻击。

在这个例子中，"n"等于75，A是所有口袋妖怪的集合，B是有弱电攻击的事物的集合。

论证L15有正确的形式，但它是不强的，部分依赖于样本是不是一个好的样本。例如，如果我们的样本仅由4个口袋妖怪组成，并且存在800多个不同的口袋妖怪，则我们的样本就会太小而不能证明推论。或者假设我们的样本是大的但却有偏向——所有的样本都是从最近的海洋抽取出来的，其中的水型口袋妖怪是普遍的，那么，该论证将是弱的。

样本需要有多大呢？如何才能避免样本偏向？这是一个非常复杂的问题。我们将关注三个基本点：好样本必须是随机的、适当的规模和没有被心理因素影响。[5]

随机抽样

一个好的样本是随机的，而不是偏向的。**随机抽样**（random sample）是总体中的每一个元素都有被选择来观察的平等机会。

随机抽样是总体中的每一个元素都有被选择来观察的平等机会。

偏向样本的一个著名案例说明了随机抽样的重要性。1936年，《文学文摘》（*Literary Digest*）杂志进行了一次民意测验，来确定谁将赢得美国总统选举——是共和党的阿尔夫·兰登还是民主党的富兰克林·D. 罗斯福。《文学文摘》寄出去了1 000万份问卷，收回约200万份。200万份的样本与盖洛普民意测验所用到的样本相比，是非常大的样本，因此，不存在样本的大小问题。而且基于该结果，《文学文摘》预测，兰登将赢得选举，但事实上罗斯福以压倒性的优势胜出。错误出在哪里？第一，被进行民意测验的人主要是从电话用户簿和汽车注册名单中来的。第二，大选正好发生在大萧条期间，很多美国人都负担不起使用电话或汽车的费用。因此，人口中最贫困的人并没有机会被选中进行调查。这一偏向解释了民意测验的结果，因为穷人压倒性地把票都投给了罗斯福。

如何能够获得一个随机抽样呢？在有些情况下，这是容易的——例如，当已知一个总体中的元素具有高度一致性的时候。就一个特定案例来说，假设我们的论证涉及氢原子。氢原子彼此极其相似，每一个都有一个质子和一个电子。因此，尽管氢原子的总数是很大的（大约 10^{80}！），一个相对小的样本就会支持关于全体总数的推论。类似地，侦探可以从犯罪现场留下的几缕头发或几点血迹，就能知道许多情况，因为一个人的头发和另一个人的头发很相似，而一个被害人（或者嫌疑人）的血也会和另外一个人的很类似。

然而，如果我们涉及人类的观点，比如，食物味道好，我们的总数将有一个非常低的一致性，因为人们关于"食物味道好"会有非常不同的观点。在这样的情况下，我们需要采用精确的预防措施来保证随机抽样。偏见能够以许多方式渗透一个样本，有些是相当微妙的。就拿一个普通问题来说，当一个样本由必须被自愿返回的问卷组成时，一部分人也许比另一部分人有更强烈的感情，这些有更强烈感情的人也许更可能返回问卷，这就歪曲了本来的结果。

今天的研究者采用了很多不同的方法来避免这种偏向。例如选举民意测验专家典型地把他们的目标总体划分为地理区域，然后随机采访每个区域的代表。这有助于避免样本偏向，因为选举偏好倾向于从区到区的变化。[6]

适当的规模

一个好的样本要有适当的规模。如果可以应用一个简单的数学公式来预测在任一给定情况下的适当样本规模，这是最好不过的。遗憾的是，情况并不是这样。正像我们所看到的，样本的适当规模依赖于总体内的一致性程度这样的因素。它也依赖于总体的规模和可接受的误差程度。我们将就这些因素中的每一个说几句。

首先，适当的样本规模部分依赖于总体的规模。特别在总体相对小的时候是这样。例如，如果我们在一个只有几百名学生的小学校做民意测验，样本量可以小于在一个大的州立大学做民意测验所需的样本量。然而，关于样本的一个普遍错觉是，总体越大样本就应该越大。但是，这并不是处理充分大的总体的时候。例如，一个有±3%的误差幅度的典型的选举民意测验，要求做大约 1 500 个采访——这是对于达拉斯市长、得克萨斯州州长，或者美国总统选举的情况。要明白这一点，假设我们正在从包含 10 000 颗翡翠的桶里选取 500 颗翡翠做样本，其中，一半是红色的，一半是绿色的。让我们规定，我们的样本是随机选择的，使得桶里的每一颗翡翠都有被选择的平等机会。我们的样本很可能将包含大约 250 颗红的（给或者取一些）和大约 250 颗绿的（给或者取一些）。现在，假设该桶里包含 1 000 000 颗翡翠，而不是 10 000 颗翡翠。如果我们随机选择 500 颗翡翠，我们仍然应该得到大约 250 颗红的和 250 颗绿的。因此，一个更大的总体并不必然要求一个更大的样本。[7]

其次，适当的样本规模也将依赖于可接受的误差程度。**样本误差**（sampling error）是具有相关属性的样本的百分比和总体所具有的百分比之间的差别。

> **样本误差**是具有相关属性的样本的百分比和总体所具有的百分比之间的差别。

例如，如果总体中有 50% 的翡翠是红的，样本中有 60% 的翡翠是红的，那么在这种情况下，样本误差是 10%。

民意调查典型地用**误差幅度**（margin of error）来呈现，即样本误差可望降低的一个范围。

> **误差幅度**是样本误差可望降低的一个范围。

误差幅度有时也用**置信度**（levels of confidence）来呈现，置信度是样本误差在具体的误差幅度内降下来的可能性。

> **置信度**是样本误差在具体的误差幅度内降下来的可能性。

例如，一次选举民意测验可能被呈现为：置信度为 95% 的有一个 ±3% 的误差幅度。这意味着，如果我们重复地进行同样的调查，那么我们应该期待 95% 的样本抽样误差在 3 个百分点内。

根据盖洛普调查的经验，样本规模和误差幅度之间的关系可以用关于大量人口的显著和精确的研究来陈述。[8]

访问数	误差幅度（百分点）
4 000	±2
1 500	±3
1 000	±4
750	±4
600	±5
400	±6
200	±8
100	±11

让我们假设，我们在做一次民意测验，我们（随机选择）的样本包含 1 000 名注册投票人，其中有 700 人说他们现在赞成史密斯当总统。我们得出结论：70% 的注册投票人现在赞成史密斯当总统，误差幅度为 ±4%。换句话说，倘若给我们证据，则很可能有 66% ~ 74% 的投票人现在赞成史密斯当总统。当然，像该数据所表明的，我们可以通过增加样本规模来减小误差幅度。然而，需要花费更多时间和精力来获得更大的样本（因此将花更多的钱）。所以，除非迫切需要更大的精确性，否则我们可以满足于 ±4 的误差幅度。

心理影响

人类主体的第三个潜在的问题就是，他们会受到不想要的心理因素的影响。在有些情况下，问题的本质很容易导致不准确的结果，就像有人问："你打算犯下什么重罪吗？"在另一个情况下，一个问题的措辞会对收到的答案产生重大影响。例如，一个 2011CBS 新闻/《纽约时报》上的民意调查发现，34% 的美国人强烈赞同"同性恋者"在部队中服役。同样的民意调查发现，51% 的美国人强烈赞同"同性恋男女"在部队中服役。[9] 在其他情况下，是提问者，而不是问题，产生了不想要的心理因素。例如，来自采访者的某种面部表情或语调，可以微妙地影响被采访者所给出的回答。

总之，枚举论证可以是可信的，假如我们使用适当规模的随机抽样，避免扭曲的心理影响。

枚举归纳概要

形式

（1）n%样本的 A 是 B。

因此，（2）大约 n% 的 A 是 B。

要问的问题

1. 样本是随机的吗？
2. 样本是适当规模的吗？
3. 样本是不受扭曲的心理影响的吗？

定义概要

权威是关于某个主题的真命题的可靠生产者。

诉诸不可靠权威出现在权威论证求助于一个不可靠的来源时。

总体的一个**样本**是群体中已观察元素的一个集合。

随机抽样是总体中的每一个元素都有被选择来观察的平等机会。

样本误差是具有相关属性的样本的百分比和总体所具有的百分比之间的差别。

误差幅度是样本误差可望降低的一个范围。

置信度是样本误差在具体的误差幅度内降下来的可能性。

练习 10.2

10.3 科学推理：密尔法

我们做的很多事情都是基于因果的知识。我们用钥匙打开点火开关，因为我们知道这会启动汽车（即它会使汽车启动）。我们踩油门，因为这会使汽车行驶更快。我们对速度慢的司机按喇叭，因为这会使他们让路。我们是如何知道这些因果真理的？正如伟大的英国哲学家大卫·休谟（1711—1776）指出的，我们不能直接观察原因。我们看到火柴在打火石，且我们看到火柴燃烧起来，但我们并没有真正地看到这些事件之间的因果关系。因此，因果知识是间接的知识，我们只能通过归纳来得到。

英国哲学家约翰·斯图尔特·密尔（1806—1873）在他的著作《逻辑体系》中，区分了获得因果知识的五种方法。在本节，我们将解释一下密尔的思想，进而使用它们于科学推理的经典案例。[10]

密尔法

密尔提出了**契合法**（method of agreement）。这种方法包含当结果出现时寻找存在的共同因素。[11]

契合法包含当结果出现时寻找存在的共同因素。

如果我们在结果出现的一系列场合中能够寻找到一个共同因素，那么该因素就是相关现象的原因的证据。我们所考察的适合这一模式的场合越多，我们将拥有的证据就越多。举例来说，假设森尼兰德小学有 5 个学生在午餐后呕吐。学校护士把每个学生在自助餐厅所吃的东西列了一个表。

学生 1：牛奶、糖果和"砂锅菜"

学生 2：可乐、薯片和"砂锅菜"

学生 3：牛奶、蛋糕和"砂锅菜"

学生 4：水、苹果和"砂锅菜"

学生 5：牛奶、胡萝卜和"砂锅菜"

既然这样，砂锅菜就是所有五个场合中的共同因素。这给护士提供了一些证据，砂锅菜是患病的原因。当然，要证明它就是原因这是不足够的。的确，基础数据并不确保存在一个单一的原因在起作用。（可能是每个学生对吃的某些东西有不同的过敏。）然而，契合法常常是寻找潜在原因的好起点。

发现原因的第二步是与第一步密切相关的。正如我们可以考察在结果出现的场合中寻找别的共同因素，我们也可以考察在结果缺失的场合中寻找缺失的别的东西。这种方法有时被称为**反向契合法**（inverse method of agreement）。

反向契合法包含当结果缺失时寻找缺失的因素。

就像前面的情况一样，当结果缺失的时候有些情况总是缺失的这一事实，说明它就是原因的某种证据。我们所考察的适合这一模式的场合越多，我们将拥有的证据就越多。例如，学校护士通过采访没有在自助餐厅中呕吐的学生来开始她对疾病的调查。假设她发现这些学生没有一个吃"砂锅菜"。这将提供给她砂锅菜是呕吐的原因的某种证据。或者，如果该护士发现某些别的没有患病学生没有吃该砂锅菜，这将提供它不是呕吐的原因的某种证据。当然，甚至在这一点上，没有东西会得到必然证明。例如，砂锅菜是呕吐的原因，但有些学生能够吃它而不患病，这是由于对食源性疾病具有异常高的抵抗力。但是，反向契合法在识别（确定）潜在原因时常常有帮助。

的确，反向契合法经常被运用于证实原来契合法的结果。密尔称这一组合过程为**并用法**（joint method）。[12]

并用法包含寻找当结果出现时存在的因素，并且寻找当结果缺失时不存在的因素。

例如，假设，学校护士首先采访学生 1 到学生 5，发现砂锅菜是所有呕吐场合的共同因素。这提供给了她砂锅菜是原因的一些最初证据。假设她进而采访没有患病的学生，发现他们没有人吃该砂锅菜。在这种情况下，她收到了砂锅菜是原因的更多证据，因而确证了她最初的假设。然而，并用法不只是确证了已经得到契合法支持的假设。要明白这一点，假设学校再次发生呕吐事件，护士收集了学生吃了什么的下列信息：

学生 1：牛奶、苹果和炖肉卷

学生 2：牛奶、蛋糕和炖肉卷

学生 3：可乐、胡萝卜和汉堡

学生 4：牛奶、炸薯条和卷饼

进一步假设前两个学生生病，而第三个和第四个学生未生病。在这种情况下，契合法不能选择一个单一的原因，因为前两个学生都喝牛奶和吃炖肉卷。反向契合法也不能传递唯一的结果，因为第三个和第四个学生都没有吃蛋糕、苹果和炖肉卷（以及其他东西）。然而，如果我们运用并用法，我们看到存在一个单一的因素即炖肉卷在前两个场合中出现而在后两个场合中缺失。因此，并用法有助于区分个体契合法所保留的假设。

第四种——并且有些不同的——方法被称为**共变法**（method of concomitant variation）。应用这种方法，我们需要证明，随着一个因素在发生变化，另一个因素也在相应地发生变化。

> **共变法**包含证明，随着一个因素在发生变化，另一个因素也在相应地发生变化。

例如，假设所有吃"砂锅菜"的学生都呕吐，但吃砂锅菜越多的学生呕吐就越严重。这将会给护士在砂锅菜和呕吐之间的因果联系进一步的证据。然而，需要注意的是，这种方法仅仅应用于潜在的原因和结果都不同程度出现的情况。例如，假设许多病人都吃了一种试验药物，并且所有病人都突然死亡（没有任何别的结果）。因为死亡不分程度，所以，共变法不会对这种情况起作用。

第五也是最后的方法是**剩余法**（method residues）。这种方法也是有一点不同的先行方法——它应用于当一个现象的有些原因已被证实的时候；我们进而"减去"这些原因所导致的结果方面，得出结论：剩余的结果（"剩余"）就是由于另一个原因。

> **剩余法**包含减去已知原因所导致的结果方面，得出结论：剩余的结果就是由于另一个原因。

回到我们最初的例子。假设该护士已经得出结论："吃砂锅菜"是患病的原因。但假设她注意到了，该病在第一、第三和第五个学生那里特别严重，那么就存在某种证据：存在一个另外的原因来解释这剩余的呕吐。（应用契合法，存在某个理由来思考这剩余的呕吐是因为自助餐厅的牛奶。）当然，就像前面的方法一样，存在某些剩余法将不起作用的例子，因为并不总是有要求解释的剩余结果。（例如，如果所有学生都患同样程度的病，则不需要寻找进一步的解释。）

显然，应用密尔法的论证并非有效。因为即使前提都为真，结论为假也是可能的。下列例子（我们在第 4 章中首次遇到过）说明了这一点。

L16. 星期一，比尔喝了苏格兰酒和苏打水，发现他醉了。星期二，比尔喝了威士忌和苏打水，发现他醉了。星期三，比尔喝了伏特加和苏打水，发现他醉了。比尔得出结论，苏打水是他醉酒的原因。[13]

这里，比尔应用了契合法。虽然苏打水的确是三个场合中的一个共同因素，但是比尔仍然得出了错误结论。问题在于，比尔没有认识到另外一个十分重要的共同因素，即酒精。比尔的疏忽是可笑的。但在科学史上，存在很多情况，其中最重要的共同因素并未被人们当成可能的原因。例如，在 1881 年路易斯·巴斯德著名的实验之前，没有人认为疫苗能使人产生免疫力。直到 1900 年，当瓦尔德·里德证明了蚊子能传播黄热病时，大多数人从未考虑过蚊子叮咬作为该疾病的可能原因。

苏打和酒精的事例表明了关于密尔法的一些重要之处：要有效地使用该方法，我们必须对给定情况下是因果相关的条件做理智猜想。例如，就在比尔喝醉酒之前，他穿着白衬衫、呼吸有规律、考虑夏季假期和吃三明治。为什么我们在考虑比尔醉酒状态的可能原因时，忽视了这些在先的条件呢？好的，我们的背景知识给予了我们一些产生相关结果的各种条件的观念。因此，除了在给定情况下呈现出来的大量条件外，我们假设只有一些是因果相关的。因此，我们关于密尔法的讨论，自然就导致对于因果假说的形成和检验的讨论。换言之，我们关于密尔法的讨论，自然就导致对于科学推理的讨论。

科学推理

科学方法包括：（a）观察现象，（b）形成一个假说来解释该现象，并进而（c）检验该假说。要说明这个过程，让我们考虑一位科学家的工作，伊格纳茨·塞麦尔维斯（Ignaz Semmelweis），一位在维也纳总医院工作的医生。19 世纪 40 年代，他做出了关于产褥热的原因的重要发现。他的发现挽救了很多生命，因为在那时，产褥热是导致欧洲产妇死亡的普遍原因。[14]

塞麦尔维斯通过观察令人费解的不对称现象开始。维也纳总医院有两个妇产室。在第一妇产室，1844 年有 8.2% 的母亲死于产褥热，1845 年有 6.8%，而 1846 年有 11.4%。然而，在第二妇产室，死亡率则要低很多：与第一妇产室相比，三年中的百分比分别是 2.3%、2.0%、2.7%。为了解释这种不对称现象，塞麦尔维斯形成了许多假说。开始，有些医院工人已经抱怨，第一妇产室太拥挤了；因此，塞麦尔维斯形成了下面的假说：

H1. 第一妇产室的产褥热是由拥挤条件引起的。

塞麦尔维斯通过考虑其推论来检验这一假说。他观察到，第二妇产室实际上比第一妇产室更拥挤。（由于第一妇产室的坏名声，妇女们自然都唯恐避之不及。）因此，他推测：如果 H1 是真的，那么第二妇产室产褥热的比率至少应该和第一妇产室一样高。但是正像前面所注意到的那样，该比率事实上是第二妇产室较低。因此，塞麦尔维斯得出结论：H1 是假的。

注意：塞麦尔维斯最初的推理在几个不同的方式下包含了密尔法。塞麦尔维斯用 H1 开始，因为拥挤条件被认为是一个普遍的因素。在做这个思考的时候，他默认了密尔的契合法。塞麦尔维斯随后拒斥了这个假说，因为他注意到了该结果——更高的死亡率——在第二妇产室是缺乏的，即使假设的原因也应该是缺乏的。因此，他拒斥该假说，是基于反向契合法。

塞麦尔维斯还观察到，两个妇产室的妇女将她们的婴儿放在不同的位置——第一妇产室的妇女放婴儿于背部，而第二妇产室的妇女则放婴儿于侧面。与密尔的契合法相一致，塞麦尔维斯形成了下列假说：

H2. 产褥热是放婴儿的位置引起的（具体地，由于母亲把婴儿放在背部而不是放在侧面）。

为了检验这个假说，塞麦尔维斯指令第一妇产室，使用与第二妇产室同样的方法放置婴儿。但这一变化并没有影响死亡率，根据反向契合法，塞麦尔维斯得出结论：H2 是假的。

由于迫切需要答案，塞麦尔维斯试验了一个心理学上的假说。他注意到，在第一妇产室中的妇女，容易看见办理即将死亡妇女圣事的神职人员。运用契合法，他形成了这样的假说：

H3. 神职人员的出现打扰了病人，使她们更容易感染上产褥热。

为了检验这个假说，塞麦尔维斯指令神职人员通过不同的路线进入，使得除了已经生重病的人外，他不会被看到或听到。但这并没有使得产褥热的比率或死亡率出现差异。于是，根据反向契合法，塞麦尔维斯拒斥了 H3。

在很长一段时间里，戏剧性的事故使塞麦尔维斯得出一个有洞见的假说。一个名为科勒施卡的塞麦尔维斯小组成员，在进行尸检时偶然被一个助手的解剖刀割破。此后不久，科勒施卡就死于症状与产褥热相同的疾病。塞麦尔维斯觉得，科勒施卡的死亡原因是在尸检时"尸体物质"进入了他的血液循环。而且，塞麦尔维斯认识到，医生和医学院的学生，在尸体房从事解剖后常常直接在第一妇产室检查妇女，尽管医务人员洗过手，但一种不会被弄错的气味意味着，有些尸体物质依然存在。该契合法导致塞麦尔维斯得出下面的假说：

> H4：产褥热是由医疗检验者手上的尸体物质引起的。

进而塞麦尔维斯检验了该假说，要求所有进入产房的人都要在含有氟化物的溶液中洗手。由于这一措施，第一妇产室中产褥热的比率急剧下降。事实上，它比第二妇产室的比率还低。

塞麦尔维斯还注意到，H4 说明了两个妇产室的疾病比率和死亡比率为什么不同，因为第二妇产室的病人都由接生员照看，而不是由从事尸体解剖的人照看。塞麦尔维斯得出结论：H4 是真的。

让我们现在来考虑包括在检验假说中的一般原则。我们用 H 表示假说，用 I 表示该假说的一个推论。你可能会注意到，塞麦尔维斯在拒斥假说时，采用了下列推理模式：

> （1）如果 H，那么 I。
> （2）并非 I。
> 因此，（3）并非 H。

这是由于相反的检验结果（即与基于假说而做出的预测相冲突）而拒斥一个经验假说的一般模式。注意，该形式是否定后件式，符合演绎逻辑的标准，即符合有效性标准。因为这个原因，也因为有效形式能够用于检验从假说得出的推论，所以，科学假说检验的图式通常也被称为**假说演绎法**（hypothetico-deductive method）。

但是，如果认为拒斥一个科学假说仅仅是运用了否定后件式，那就太过于简单了。在一个典型案例中，人们必须做出许多背景假设才能获得前提。例如，假设一个天文假说意味着一颗行星将在某个时刻处于某个位置。一个天文学家使用她的望远镜观察该假说所蕴涵的该颗行星某个时刻是否在该位置，但她并没有看见该行星。该假说就已经被否证了吗？不一定。该天文学家对准望远镜时可能出错。该望远镜可能已经失灵。我们要注意，使用望远镜就预设了包括运用于望远镜的设计和构造的光学部件的各种假说都是真的。因此，在检验一个假说中，我们也许需要假设另一个假说或理论是真的。这一点就是说，尽管在检验假说时可以采用否定后件式，但是在科学的情况下应用它，包含服从于给定情况（即望远镜并不失灵，天文学家正确使用了望远镜，等等）下所做出的许多背景假设。

如何证实一个假说？塞麦尔维斯似乎使用了下述推理模式（H 表示假说，I 表示假说的推论）：

（1）如果 H，那么 I。

（2）I。

因此，（3）H。

毕竟，他的推理似乎是这样的："如果尸体物质引起了产褥热，则当清除尸体物质时，正在第一妇产室治疗的病人就不会得产褥热。当清除尸体物质时，正在第一妇产室治疗的病人没有得产褥热。因此，尸体物质引起产褥热。"但这里的论证形式是肯定后件式谬误。那么，我们说，科学推理是基于谬误来做检验的吗？不。认为如果一个假说的具体推论成立，则该假说成立，的确是一个谬误。但如果我们能够确定一个假说的许多具体推论，并且通过观测（或实验）表明，所有推论都是真的，我们就积累了对该假说的大量支持。假说每一次被观测为真的事例被称为**确证事例**（confirming instance）。在有些问题上，随着一个假说确证事例的数量（或者种类）的增加，科学家发现，把这描述为机遇或仅仅是偶然性是不合理的。然而，通过具体阐述显然而又一般的逻辑原则，来确定什么时候一个假说得到证据的强支持是特别困难的，我们这里不能进行这些复杂问题的讨论。[15]

确证事例是关于假说被观测为真的事例。

科学家在一个假说中寻找什么呢？[16] 至少有四件事。第一，一般地说，一个假说应该在逻辑上与已经建立好的假说或理论相一致。然而，这个一般规则也存在例外。例如，爱因斯坦的理论与牛顿理论就不一致，但它们也都可以被接受，因为它们解释了牛顿理论所不能解释的现象。

第二，一个假说应该有解释力。一个假说对于可以从中推论出来的已知事实，要有某种程度的解释力。当然，这里提到的"已知事实"必须包括那些我们正在寻求解释的事实；否则，该假说就是不重要的。要说明的是，塞麦尔维斯关于尸体物质（进入血液循环）引起产褥热的假说具有解释力。从这一点，我们可以推出：尸体物质已进入血液循环的人易于染上产褥热，这解释了产褥热在第一妇产室的高比率。

第三，一个好的科学假说应该服从经验的检验。假如塞麦尔维斯已假设，第一妇产室产褥热的高比率是由经常出没于第一妇产室（但不在第二妇产室）的鬼引起的。有任何办法来检验这个假说吗？也许有。也许鬼在某个时刻可以被看到或听到，或者其影响可以通过驱魔师的作用来消除。但假设不允许进行检验。所谓鬼，据说是不可以被看到或听到的。它们没有任何踪迹可以被发现，甚至原则上就没有。它们也不是那种会回应驱魔师工作的鬼魂。等等。如此一个不可检验的假说，在任何科学准则中都不可能被接受。

但这里至少有两句警示性的话。首先，科学家日常关于实体所形成的假说并不是直接可观察的，如电子和质子。然而，许多可观察的事件都可以根据这些未观察到的实体来解释。例如，如果一个假说陈述到，电子以如此这般的方式来起作用，那么从该假说就可以得出关于可观察事件的推论。科学家进而可以检测这些事件是否出现。其次，认为一个不可检验的假说是非科学的是一回事，而认为它是不真实的是另一回事。也许真的存在不可被科学解释的东西——例如，物质现实的存在——而且这些东西也许不得不被解释为不可检验的假说，或者什么也没有解释。

第四，别的事情是一样的，科学家一般偏重一个更简单的假说，而不是更复杂的。考虑一个科学之外的例子。当调查一起谋杀案时，对于被害者作为一个国际阴谋的部分而被暗杀的结果来说，警察主要不是从一个复杂的假设开始的。相反，似乎最好是从相对简单的假设开始，并且只有在必须解释该现象时才使之复杂。

拿一个科学案例来说，假设我们正在检验一根吊在天花板上的钢制弹簧。[17] 我们放 1 磅重量在弹簧上，它拉长 1 英寸；我们放 2 磅重量在弹簧上，它拉长 2 英寸；我们放 3 磅重量在弹簧上，它拉长 3 英寸；等等。我们假设，该弹簧的变化符合公式 $x=y$（这里 x 表示以磅为单位的重量，y 表示以英寸为单位的长度）。

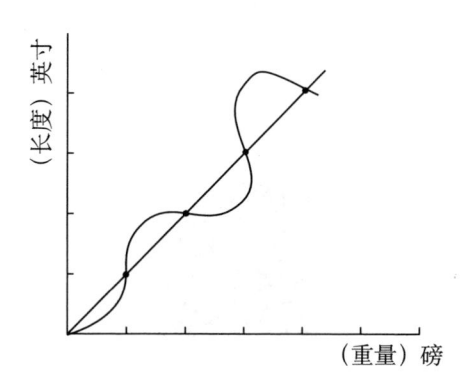

在上图中，我们的假说由平直的对角线来表达。点表示我们已做出的具体观察——例如，"2 磅重量时弹簧拉长 2 英寸"。曲线表示复杂得多但仍然可以解释每一个观察的另一个假说。再要强调的一点是，一个好的科学假说必须避免不必要的复杂性。如果一个相对简单的假说能起作用，人们就不应该使之复杂。

总之，密尔法为得到"A 是 B 的原因"形式的结论，给我们提供了一些有帮助的策略。但为了有效运用密尔法，我们必须对易于引起相关现象的条件做出机智的猜测。即我们必须形成假说。科学推理，包括观察现象、形成假说和检验它们。通过引出它们的推论来检验假说，并检查该推论是否为真。一个好的科学假说，应该与已建构好的假说一致，具有解释力，可以被检验，而且是相对简单的。

定义概要

契合法包含当结果出现时寻找存在的共同因素。

反向契合法包含当结果缺失时寻找缺失的因素。

并用法包含寻找当结果出现时存在的因素，并且寻找当结果缺失时不存在的因素。

共变法包含证明，随着一个因素在发生变化，另一个因素也在相应地发生变化。

剩余法包含减去已知原因所导致的结果方面，得出结论：剩余的结果就是由于另一个原因。

确证事例是关于假说被观测为真的事例。

练习 10.3

10.4 概率推理：概率规则

我们已经断言，归纳逻辑是关于强度而不是有效性的逻辑分支。并且我们已经根据概率来刻画强度：强论证是一种可能的（但并非必然的）论证，如果前提为真，那么结论就是真的。概率因此进入了归纳逻辑的定义中。概率也突出地进入了归纳逻辑的实践中，在我们的日常推理和科学尝试中。因为所有这些原因，更详细地探究该主题是重要的。

首先介绍基本的概率演算规则，然后讨论一个重要的概率定理——贝叶斯定理，并且证明这个原则如何可以阐明一些传统的哲学争论。

概率规则

许多哲学家不同意概率的确切性质和我们如何确定特定事件的相似性问题，却对关于复合命题的概率由其组成部分的概率所确定存在广泛的认同。这些规则在概率演算中被发现，其在某些方面类似于真值表方法。正如我们在第 7 章所看到的，真值表并不告诉我们非复合命题诸如 F、G、H 的真值，但它的确告诉我们（F∨G）的真值，例如，给定 F 和 G 的真值指派。类似地，概率演算并不告诉我们非复合命题的概率，但它的确使我们能够确定复合命题的概率，只要我们可以指派所包含的非复合命题的真值的时候。

我们关于概率的讨论，预设了第 7 章所介绍的真值函项逻辑。因此，我们将采用那一章中介绍过的命题逻辑符号——特别地，"~"表示否定，

"∨"表示析取,"·"表示合取,"→"表示实质条件句,"↔"表示实质双条件句。另外,我们将使用大写字母"P"表示概率算子"P(A)",读作"A的概率"。

概率值表示为0~1的数。0表示最低概率,1表示最高概率。习惯上指派概率1给命题逻辑的重言式(在真值表的每一行都为真)。因此,例如,P(A∨~A)=1。这是我们的第一条概率规则,即**重言式规则**(tautology rule)。

重言式规则:如果一个命题 *p* 是重言式,则 P(*p*)=1。

这里,斜体小写字母 *p* 表示任意命题,包括复合命题,例如[B→(B∨C)]。因为真值表揭示了[B→(B∨C)]是一个重言式,所以该重言式告诉我们 P[B→(B∨C)]=1。

习惯上指派一个概率0给矛盾式,它在真值表的每一行都是假的。这是我们的第二条概率规则,即**矛盾规则**(contradiction rule)。

矛盾规则:如果一个命题 *p* 是矛盾式,则 P(*p*)=0。

例如,矛盾规则告诉我们,P(H·~H)=0,并且 P(B↔~B)=0。

接下来,两个命题是**互斥的**(mutually exclusive),如果它们不能都真。例如:

L17. 汤姆·布拉迪在2010年投出了36次触地得分。
L18. 汤姆·布拉迪在2010年投出了46次触地得分。

相关地,我们可以断言,一些命题 *p*、*q*、*r*……是**穷尽所有可能的**(jointly exhaustive),如果这些命题至少有一个必定是真的。

> 命题 *p*、*q*、*r*……是**穷尽所有可能的**,如果这些命题至少有一个必定是真的。

例如：

L19. 斯蒂芬妮·杰尔马诺塔出生于1986年前。
L20. 斯蒂芬妮·杰尔马诺塔出生于1986年后。
L21. 斯蒂芬妮·杰尔马诺塔出生于1986年前后。

注意，任意命题和它的否定都是互斥和穷尽所有可能的。

现在，假设两个命题 p 和 q 是互斥的。例如，我们投掷一颗在普通的木板游戏中使用的六面体骰子。令 T 表示"骰子朝上为 3 点"，令 S 表示"骰子朝上为 6 点"。现在，假设骰子不是有倾向性的，则任意给定朝上的机会为六分之一，即 P（T）= 1/6，并且 P（S）= 1/6。因此，我们投掷或者 3 或者 6 的机会为六分之二。换句话说，我们增加了概率：P（T∨S）= 1/6+1/6 = 2/6 = 1/3。这样的例子让我们对**严格析取规则**（restricted disjunction rule）有一个直观的把握。

严格析取规则：如果 p 和 q 是互斥的，则 P（p∨q）= P（p）+P（q）。

（这称为"严格析取规则"，因为它仅仅在两个命题互斥时才起作用。）下面的两个例子将表明这一规则的合理性。

首先，假如我们要从一副普通洗好的 52 张扑克纸牌中抽取 1 张。我们将抽取到或者梅花 A 或者方块 A 的概率是多少呢？假如 52 张牌中的每一张都有同等的被抽取机会，则 P（抽取梅花 A）= 1/52，而且 P（抽取方块 A）= 1/52。因此，直觉上说，我们有 2/52 的机会或者抽取梅花 A 或者抽取方块 A（下一次抽取），这就是严格析取规则所告诉我们的。

P（抽取梅花 A∨方块 A）
=P（抽取梅花 A）+P（抽取方块 A）
= 1/52+1/52 = 2/52 = 1/26

从一副洗好的纸牌（下一次抽取）中抽出 1 张 Q 的概率是多少呢？既然每一组中都有一个 Q，总共有 4 组，直觉上正确回答是 4/52，这也是严格析取规则所告诉我们的。

P（抽取梅花 Q ∨ 抽取红桃 Q ∨ 抽取方块 Q ∨ 抽取黑桃 Q）
= P（抽取梅花 Q）+ P（抽取红桃 Q）+ P（抽取方块 Q）+ P（抽取黑桃 Q）
= 1/52+1/52+1/52+1/52 = 4/52 = 1/13

接下来，严格析取规则允许我们从被否定命题的概率来计算否定的概率。考虑命题 S。因为 S 和 ~S 是互斥的，所以，严格析取规则允许我们得出结论：

P（S ∨ ~S）= P（S）+ P（~S）

既然 S ∨ ~S 是重言式，所以，重言式允许我们推论：

P（S ∨ ~S）= 1

现在，根据一般的数学原理，等于第三个量的两个量是互相等价的。（如果 x = z 并且 y = z，则 x = y）。因此，从前两个等价式，我们可以推演出：

P（S）+ P（~S）= 1

最后，从等式的两边减去 P（S）：

P（~S）= 1 – P（S）

概而言之，我们有**否定规则**（negation rule）：

否定规则：P（~p）= 1-P（p）。

否定规则是很有用的。例如，如果我们知道投掷骰子得到 4 点的概率是 1/6，则否定规则允许我们直接计算出下一次投掷骰子不会出现 4 点的概率：

P（不出现 4 点）= 1-P（出现 4 点）= 1-1/6 = 5/6

既然每一组中有 13 张牌，则我从洗好的纸牌中抽取出 1 张黑桃的概率是 13/52，那么下一张将不能抽取出黑桃的概率是多少呢？计算过程如下：

P（不抽取出黑桃）= 1-P（抽取出黑桃）= 52/52-13/52 = 39/52 = 3/4

显然，并不是每一对命题都是互斥的。因此，我们需要一个关于析取支可以都真的更一般的析取规则。例如，假设我们想知道下一次或者得到 1 张 K 或者得到 1 张梅花的概率。存在 1 张梅花 K，因此，这两个概率不是互斥的。将如何进行计算呢？回答是我们必须减去抽取出 1 张 K 也是梅花的概率：

P（抽取 K∨梅花）= P（抽取 K）+P（抽取梅花）-P（抽取 K∨抽取梅花）

如果我们不减去这个量，梅花 K 就被计算了两次——一次作为 K，一次作为梅花——将曲解结果。现在，因为每组中都有一个 K，则我们抽取到 1 张 K（再一次抽取）的概率就是 4/52。抽取到 1 张梅花的概率是 13/52，因为每一组中有 13 张牌。但我们既抽取到 1 张 K 又抽取到 1 张梅花的概率是多少呢？因为只存在 1 张也是梅花的 K，所以，我们将抽取到 1 张 K 和 1 张梅花的概率只是我们将抽取到梅花 K 的概率，即 1/52。将这些值代入上面的公式，可得：

$$P（抽取 K \lor 梅花）= 4/52+13/52-1/52=16/52=4/13$$

这个例子表明了**普遍析取规则**（general disjunction rule）。

普遍析取规则：$P（p \lor q）= P（p）+P（q）-P（p \cdot q）$

注意，我们甚至可以将普遍析取规则运用于 p 和 q 互斥的情况，因为此时 $P（p \cdot q）$ 总是 0。例如，下一张被抽取出或者是 1 张梅花或者是 1 张方块的概率是多少？应用普遍析取规则，我们可以得到：

$$P（梅花 \lor 方块）= P（梅花）+P（方块）-P（梅花 \cdot 方块）$$

而且，因为 1 张牌不能既是梅花又是方块，所以我们可以写：

$$P（梅花 \lor 方块）= 13/52+13/52-0=26/52=1/2$$

来看另一个例子。（下一张）抽取出或者 1 张红色牌或者 1 张 8 的概率是多少？因为半数牌（即 26 张）是红色的，并且存在 4 张 8（每一组中有 1 张），人们也许被诱惑去回答 30/52。但这会是错误的，因为有 2 张 8 是红色的，并且它们已经被数了两次。普遍析取规则给出了正确的答案：

$$P（红色牌 \lor 8）= 26/52+4/52-2/52=28/52=7/13$$

在离开普遍析取规则的讨论之前，让我们注意一下，它能够使我们处理实质条件句，因为 $p \rightarrow q$ 逻辑上等值于 $\sim p \lor q$，并且因此，$P（p \rightarrow q）$ 等值于 $P（\sim p \lor q）$。然而，如我们在第 7 章中所说明的，实质条件句并没有具体匹配自然语言中"如果-那么"在每一语境下的运用。因为这个原因，逻辑学家发展了概率规则，它更紧密地匹配自然语言条件句的运用，就像它们被运用于包含概率判断的语境一样。

假设我们想知道 p 为真时 q 为真的概率。换句话说，当我们认为 p 为真是理所当然的时我们应该如何来思考 q？根据概率论中的标准术语，我们将写" p 条件下 q 的概率"为：P（q/p）。这个术语也可以读为"在 p 条件下 q 的概率"、"在 p 上 q 的概率"或者"给定 p 条件下 q 的概率"。**条件句规则**（conditional rule）如下：

条件句规则：P（q/p）= P（$p \cdot q$）/P（p）

抽象地看，这条规则也许一点也不显然。为什么要假设条件句概率等于其前件和后件的合取的概率除以其前件的概率？为了明白这一点，考虑一些具体例子将是有帮助的。第一个例子，假设我要从一副洗好的纸牌中具体抽取出 1 张。考虑给定我们将抽取到梅花 A 的条件下，我们将抽取到 1 张梅花的概率。直觉上看，该概率是 1，因为如果抽取出来的这张牌是梅花 A，那么它必定是 1 张梅花。而且这恰恰就是条件句规则所告诉我们的：

P（梅花/梅花 A）= P（梅花 A · 梅花）/P（梅花 A）

抽取出梅花 A 的概率是 1/52。抽取出 1 张梅花也抽取出梅花 A 的概率，只是抽取出梅花 A 的概率。

P（梅花/梅花 A）=（1/52）/（1/52）= 1

考虑第二个例子。给定抽取到 1 张红桃的条件下，抽取到 1 张黑桃的概率是多少？在直觉上，概率为 0，因为如果我们刚好抽取到 1 张牌并且它是红桃，那么我们当然没有抽取到黑桃。再一次，条件规则证实了这一点：

$$P（黑桃/红桃）= P（红桃·黑桃）/P（红桃）$$

抽取到 1 张红桃的概率是 13/52。因为 1 张牌不可能既是红桃又是黑桃，所以，抽取到 1 张既是红桃又是黑桃的概率为 0。代入这些值，我们得到：

$$P（黑桃/红桃）= 0/（13/52）= 0$$

因此，条件句规则再一次给予了我们直觉上的正确回答。

第三个例子：给定抽取到 1 张 K 的条件下，从洗好的一副纸牌中抽取出红桃 K 的概率是多少？总共有 4 张 K，但只有 1 张红桃 K；因此这个概率是 1/4。应用该条件句规则，我们有：

$$P（红桃 K/K）= P（K·红桃 K）/P（K）$$

从一副洗好的纸牌中抽取出 1 张 K 的概率是 4/52。抽取出 1 张 K 也是红桃 K 的概率，只是抽取出红桃 K 的概率，即 1/52。因此：

$$P（红桃 K/K）= \frac{1/52}{4/52} = 1/52 \times 52/4 = 52/208 = 1/4$$

条件句规则再一次与我们的直觉相一致。①

第四个例子即最后的例子：给定抽取到 1 张黑色牌的条件下，抽取到 1 张梅花的概率是多少？半数黑色牌是梅花，并且半数黑色牌是黑桃，因此，回答应该是 1/2。下面是条件句规则所告诉我们的：

---

① 记住：a/b 除以 c/d =（a/b）×（d/c）。例如，1/3 除以 4/5 =（1/3）×（5/4）= 5/12。所以，分数的除法通过除数的倒数能够解释为乘法。（在上述公式中，除数是 c/d。）

$$P(梅花/黑色) = P(黑色 \cdot 梅花)/P(黑色)$$

既然纸牌中一半是黑色，一半是红色，因此，P（黑色）= 1/2。而且，抽取到 1 张牌既是黑色又是梅花的概率，只是抽取到 1 张梅花的概率，即 13/52，或者 1/4。再一次，条件句规则给予了我们直觉上的正确回答：

$$P(梅花/黑色) = \frac{1/4}{1/2} = 1/4 \times 2/1 = 2/4 = 1/2$$

条件句规则是重要的，不仅因为它告诉了我们条件概率，而且因为它允许我们得到**普遍合取规则**（general conjunction rule）：

$$\text{普遍合取规则：} P(p \cdot q) = P(p) \times P(q/p)$$

为了证明它，我们从条件句规则开始：

$$P(q/p) = \frac{P(p \cdot q)}{P(p)}$$

接下来，我们在等式两边同时乘以 P（p）：

$$P(p) \times P(q/p) = P(p) \times \frac{P(p \cdot q)}{P(p)}$$

现在，因为 a×（b/a）=（a×b）/a =（a/a）×b = 1×b = b，我们可以将等式右边变换如下：

$$P(p) \times P(q/p) = P(p \cdot q)$$

这就是普遍合取规则所断言的。例如，考虑从一副洗好的纸牌中抽取一张，不放回，再抽取第二张牌的情况。第一次抽取出黑桃 A 并且第二次抽取出黑桃 A 的概率是多少？回答是 0，因为仅有 1 张黑桃 A，而且它在第一次抽取时被拿走了。这恰恰就是普遍合取规则所给出的回答。

P（第一次抽取出黑桃 A·第二次抽取出黑桃 A）
=P（第一次抽取出黑桃 A）×P（在第一次抽取出黑桃 A 的情况下第二次抽取出黑桃 A）
= 1/52×0 = 0

第一次抽取出 1 张红牌并且第二次抽取出 1 张红牌的概率是多少？P（第一次抽取出红牌）= 1/2。但如果我们第一次抽取出了 1 张红牌，则剩下的 51 张牌中只有 25 张是红色的。因此，我们第二次得到红牌的机会是 25/51。我们如何确定 P（第一张红牌·第二张红牌）呢？普遍合取规则给出了回答：

P（第一张红牌·第二张红牌）= P（第一张红牌）×P（在第一张是红牌的条件下第二张是红牌）= 1/2×25/51 = 25/102

换句话说，概率差一点就是 1/4。当然，数字上精确的答案是几乎没有人能直接觉察到的东西。但是因为普遍合取规则可以从条件句规则推导出来，而且我们已看到条件句规则与我们关于概率的直觉是一致的，因此我们可以确信由普遍合取规则所给出的回答。

第一次抽取出 1 张 A 并且（第一次抽出的牌不放回）第二次抽取出另外 1 张 A 的概率是多少？

P（第一次抽取出 A · 第二次抽取出 A）= P（第一次抽取出 A）×P（在第一次抽取出 A 的条件下第二次抽取出 A）

现在，第一次抽牌得到 A 的概率仅仅是 4/52。但如果我们抽取出 1 张 A，并将它放在一边，则还剩下 51 张纸牌，其中有 3 张是 A。因此，给定我们第一次抽取出 1 张 A 的情况下，第二次抽取出 1 张 A 的概率是 3/51。因此：

$$P（第一次抽取出 A · 第二次抽取出 A）= 4/52 × 3/51$$
$$= 12/2\,652$$
$$= 1/221$$

换言之，相继抽出两张 A 的概率是相当低的。这里再一次强调，尽管实际上没有人能够直接觉察到精确的数字概率，但假设条件句规则（我们从普遍合取规则导出）是可靠的，则回答就是可靠的。

为了陈述我们最后的规则，让我们断言：两个命题 p 和 q 是**独立的**（independent），如果一个的概率并不影响另一个的概率。在这种情况下，P（q/p）= P（q），并且 P（p/q）= P（p）。

两个命题 p 和 q 是**独立的**，如果一个的概率并不影响另一个的概率。

例如，"德国哲学家莱布尼茨死于 1716 年"和"下一张抽取出的牌将是 1 张 J"是相互独立的。因此，"给定莱布尼茨死于 1716 年的条件下，下一张被抽取出的牌将是 1 张 J"的概率，只是下一张被抽取出的牌将是 1 张 J 的概率，即 4/52。在这样的情况下，我们可以应用**严格合取规则**（restricted conjunction rule）。

严格合取规则：如果 p 和 q 是独立的，则 P（$p · q$）= P（p）×P（q）

例如，考虑从一副洗好的纸牌中抽取出 1 张 A 两次，第一次抽取后放回重洗，再第二次抽取出的概率。因为在这种情况下，第一次抽取牌的情况不影响第二次抽取牌的情况，所以应用严格合取规则是方便的。

$$P（第一次抽取 A \cdot 第二次抽取 A）= P（第一次抽取 A）\times P（第二次抽取 A）$$

代入数值，我们得到：

$$P（第一次抽取 A \cdot 第二次抽取 A）= 4/52 \times 4/52$$
$$= 1/13 \times 1/13$$
$$= 1/169$$

将这个结果与前边在第一次抽取牌后不放回纸牌相继抽取 2 张 A 所计算的概率做比较，是富有启发性的。

严格合取规则提供给我们一个关于概率的重要事实。假设我们有一个独立命题的合取，则它们每一个都有小于 1 但大于 1/2 的概率。例如，假设 P（A）= 7/10，P（B）= 7/10，并且 P（C）= 7/10。整个合取的概率是多少呢？

$$P[A \cdot (B \cdot C)] = 7/10 \times 7/10 \times 7/10 = 343/1\,000$$

注意，尽管每一个合取支有很大的可能性，但整个合取具有小于 1/2 的概率。结果是，可能的真理本身不太可能结合在一起。

贝叶斯定理

在介绍了概率演算的基本规则之后，我们现在将集中于我们系统的一个重要结果：以英国神学家和数学家托马斯·贝叶斯（Thomas Bayes，1702—1761）命名的贝叶斯定理。根据许多哲学家的观点，贝叶斯定理使我们对一个假说的证据和假说本身之间的关系有了重要洞察。如果这是正确的，那么贝叶斯定理对我们提供了关于科学方法和各种归纳推理的更深入理解。

我们将用斜体小写字母 h 表示任意假说，并且用 e 表示概述该假说的观察证据命题。我们从条件句规则开始。[18]

$$P(h/e) = \frac{P(e \cdot h)}{P(e)}$$

这告诉我们，在给定证据情况下，一个假说的概率等于证据和假说的合取概率除以该证据的概率。

一个证明或真值表可以证明，e 逻辑等值于 $(e \cdot h) \vee (e \cdot \sim h)$。因此，可以在我们希望的地方，用 $(e \cdot h) \vee (e \cdot \sim h)$ 来置换 e，在分母中这样做是有用的。

$$P(h/e) = \frac{P(e \cdot h)}{P[(e \cdot h) \vee (e \cdot \sim h)]}$$

现在，应用严格析取规则，$P[(e \cdot h) \vee (e \cdot \sim h)]$ 等于 $P(e \cdot h) + P(e \cdot \sim h)$。我们有：

$$P(h/e) = \frac{P(e \cdot h)}{P(e \cdot h) + P[(e \cdot \sim h)]}$$

接着，我们应用来自第 8 章中的交换规则于等值号右边的三个合取，如下：

$$P(h/e) = \frac{P(h \cdot e)}{P(h \cdot e) + P[(\sim h \cdot e)]}$$

最后，我们三次应用普遍合取规则，就可以得到**贝叶斯定理**（Bayes' theorem）：

$$P(h/e) = \frac{P(h) \times P(e/h)}{[P(h) \times P(e/h)] + [P(\sim h) \times P(e/\sim h)]}$$

贝叶斯定理告诉我们一个给定假说被证据所支持的程度,提供给我们三个方面的信息:P(h)、P(e/h)和P(e/~h)。[记住:如果我们有P(h),则我们应用否定规则就可以计算P(~h)。] P(h)表示假说的**优先概率**(prior probability)——假说独立于证据e的可能性。

假说的**优先概率**——假说独立于证据e的可能性。

通常,e是概括最终观察证据的命题,这使得我们有一些背景证据来诉诸评价P(h)。[19] P(e/h)是假设假说为真时证据(或相关现象)将要表现出来的可能性。P(e/~h)是假设假说为假时证据(或相关现象)将要表现出来的可能性。一个例子将有助于将这些抽象概念具体化。

假设一个医生已诊断一个病人或者患胃炎或者患胃癌。让我们假定这个医生知道,该病人既没有患胃炎也没有患胃癌。该医生也知道,如果患有这种症状,30%的病人都会患胃癌,其余的患胃炎。因此,该医生最初怀疑,这个病人只患胃炎。但是,医生建议进一步做检测。实验表明,经检测的90%的胃癌都呈阳性,但只有10%的胃炎呈阳性。给定检测结果呈现阳性的条件下病人患胃癌的概率是多少?

遵循我们的做法,用大写字母表示具体命题,这里的缩写模式将有助于我们应用贝叶斯定理。

H:病人患胃癌。
E:检测结果呈阳性。

我们想要发现P(H/E),即在给定证据条件下假说为真的概率。要达到这一点,我们需要三点信息。第一,我们需要P(H),即假说的优先或先在概率。第二,我们需要P(E/H),即假定假说为真的情况下出现阳性检测结果的概率。第三，我们需要知道 P（E/~H），即假定假说不为真的情况下出现阳性检测结果的概率。情况就变成这样：如果病人没有患胃癌，则他或她患胃炎。因此，在给定这些参数的情况下，关于~H 的信息就是通过关于"胃炎"信息的方法得到的。

医生的背景知识，提供了病人患胃癌的优先或先在概率，在给定症状下 30% 的病人都患有胃癌。换言之，P（H）= 30/100 = 3/10。运用否定规则，我们可以得到 P（~H）：1-3/10 = 7/10。而且经检验胃癌 90% 都能出现阳性结果，P（E/H）= 90/100 = 9/10。因为我们假定如果病人没有患胃癌则患胃炎，并且经检验胃炎 10% 出现阳性结果，则 P（E/~H）= 10/100 = 1/10。将这些值代入贝叶斯定理，我们有：

$$P（H/E）= \frac{3/10 \times 9/10}{[3/10 \times 9/10]+[7/10 \times 1/10]}$$

$$= \frac{27/100}{27/100+7/100}$$

$$= 27/34$$

因此，假说在给定证据下的概率是 27/34，或者大约 0.79。

你可能怀疑是否 P（~h/e）= 1-P（h/e）。回答是肯定的。[20] 在我们对贝叶斯定理做证明的过程中，我们看到，P（e）= P（e·h）+P（e·~h）。现在，如果我们在等式两边都除以 P（e），则有：

$$\frac{P（e）}{P（e）} = \frac{P（e·h）+P（e·~h）}{P（e）}$$

因此：

$$1 = \frac{P（e·h）}{P（e）}+\frac{P（e·~h）}{P（e）}$$

根据条件句规则，我们可以用 P（h/e）替换 P（e·h）/ P（e）。类似地，可以用 P（~h/e）替换 P（e·~h）/ P（e）。通过这些替换，我们有：

1＝P（h/e）+P（~h/e）

最后，等式两边减去 P（h/e）并重新排列，可得：

P（~h/e）＝ 1−P（h/e）

因此，如果我们知道 P（h/e）＝ 7/10，那么我们就可以得出结论：P（~h/e）＝ 1−7/10＝3/10。

在许多情况下，我们并没有足够的背景来给 P（h）、P（e/h）和/或 P（e/~h）指派数值。由此就能推出贝叶斯定理不能应用于这些情况吗？未必。即使我们不能指派具体数值，我们也能够指派相对的值。例如，在给定情况下，我们可以有好的理由来假设 P（h）≥P（~h）。并且，根据论证，我们能够得到 P（e/h）>P（e/~h）。在这种情况下，我们可以得出结论：赞成 h 的证据超过了~h。这是因为每当 P（h）≥P（~h）时，证据 e 都赞成 h，即 P（e/h）>P（e/~h）。毕竟，像在前面所看到的，P（h）+P（~h）= 1。因此，如果 P（h）≥P（~h），则 P（h）≥1/2，P（~h）≤1/2。在这种情况下，如果 P（e/h）>P（e/~h），则 P（h/e）>P（~h/e）。为了具体说明这一点，假设 P（h）= P（~h）= 1/2，P（e/h）= 3/5，并且 P（e/~h）= 2/5。进而应用贝叶斯定理，可得：

P（h/e）＝（1/2×3/5）/（[1/2×3/5]+[1/2×2/5]）

　　　　＝（3/10）/（3/10+2/10）

　　　　＝3/5

P（~h/e）= 2/5

总之，如果 P（h）≥P（~h），且 P（e/h）>P（e/~h），则 P（h/e）>P（~h/e）。重要之处是，甚至当我们不能提供精确数值时，贝叶斯定理可以提供帮助。

在很多情况下，存在两个以上的假设在争夺我们的信任。贝叶斯定理可以适应比较多个假设的情况吗？是的。要说明的是，如果 h_1、h_2 和 h_3 是三个互相排斥并且穷尽所有可能的，那么：

P（h_1/e）= ［P（h_1）×P（e/h_1）］/［P（h_1）×P（e/h_1）］+［P（h_2）×P（e/h_2）］+［P（h_3）×P（e/h_3）］

换言之，只要对上式的分母进行相关语句的增加，就能容纳我们想要的多个假说（假设它们互斥且穷尽所有可能）。要运用贝叶斯定理，我们必须对 P（e/h_1）、P（e/h_2）和 P（e/h_3）赋值，并且三个假说中至少要给出两个的优先概率。我们假设这三个假说互斥，并且穷尽所有可能，因此，我们可以假定它们的优先概率之和为1，正如 P（h）+P（~h）= 1。而且，给定 P（h_1）+P（h_2）+P（h_3）= 1，则 P（h_1）=［1-P（h_2）］-P（h_3）。类似地，P（h_2）=［1-P（h_1）］-P（h_3），P（h_3）=［1-P（h_1）］-P（h_2）。

有些哲学家试图将贝叶斯定理应用于诸如上帝存在的重要哲学问题中。尽管我们这里不能对这些问题进行详细讨论，但重要的是要理解如何用贝叶斯定理来组织理性对话和发展论证策略。在行将结束的时候，让我们简单来考虑一个以"微调（fine-tuning）论证"知名的一个版本。首先，根据许多物理学家，宇宙能够支持生命的事实取决于（以许多微妙的方式）自然规律、宇宙的基本力量和最初条件之间的关系。仅举两个例子：有人提出，如果大爆炸的最初力量只是比它实际上稍弱（也许不同于少到 10^{60} 的一部分），则宇宙将很快塌陷回它自身。或者，如果大爆炸的最初力量正好稍微强，则宇宙将会膨胀得如此快，使得恒星将不能够形成。不论发生哪一种情况，将不会存在任何生命。[21] 因此，存在生命这个事实最初似乎令人吃惊——似乎宇宙滚动着一个有 10^{60} 个面的骰子，并且唯一的中奖号码出现了！然而，现在有神论者争辩如下：当如果上帝不存在则宇宙会支持生命的概率是相当低的，则如果上帝存在则宇宙会支持生命的概率实际上是相当高的——毕竟，基于上帝的传统概念，这样一个存在不仅有能力而且有动机创造其他的生物。考虑到这一切，上帝存在变得更加可能。

令 E 表示"宇宙是支持生命的"，令 H 表示"上帝存在"，我们可以更形式地来考虑这些。微调论证的两个重要前提是，给定 H 条件下 E 的概率是高的，根据微调证据，给定~H 条件下 E 的概率是格外低的。出于说明的目的，让我们假设 P（E/H）= 0.9，P（E/~H）= 0.000 1。让我们也假设，为了论证起见，上帝存在的优先概率是很低的——也许正好是 1%。鉴于生命存在，这些概率是如何变化的？我们可以运用贝叶斯定理简明地计算一下：

$$P(H/E) = (0.01 \times 0.9) / [(0.01 \times 0.9) + (0.99 \times 0.0001)]$$
$$\approx 99\%$$

这个公式告诉我们的是，根据微调证据，给定存在生命的条件下上帝存在的概率大约是 99%。既然存在生命，所以微调论证的鼓吹者得出结论认为：上帝的存在几乎可以肯定。

当然，这个论证中运用的所有数字都仅仅为了说明的目的。同时，对于这个论证对手来说，存在许多方式来抵制支持主张上帝存在的任何一组数字。

首先，对手可以争辩说，H 的优先概率远低于 0.01，也许甚至是 0。例如，有人认为，上帝的概念本身就是不连贯的，因为这样的存在物能够做任何事情——包括创造一块如此大的石头，甚至他都不能举起来。如果这个"万能悖论"证明上帝是不可能的，那么 P（H）会是 0，其中 P（H/E）也会是 0（无论什么样的微调证据）。

其次，微调论证的对手可能争辩说，给定~H 条件下 E 的概率远高于 0.000 1。例如，有人认为，物理实在包含了许多其他宇宙而不是我们自己的宇宙（也许是无穷多），并且每一个宇宙都有其自己的组合规律和最初条件。假定存在如此多的宇宙，并非所有人都吃惊地认为，其中一个拥有正确的生命组合（即使不存在微调者）。因此，P（E/~H）的值应该远高于 0.000 1。一旦我们在上述等式中加一个高得多的值，我们得到 P（E/H）的值就要小得多。

最后，微调论证的对手可能争辩说，我们没有好的理由认为给定 H 条件下 E 的概率与论证假设一样高。即使我们认为神圣之物会有某种动机来创造诸如我们自己的生物，但还是存在——对于所有我们知道的——同样强的理由，神圣之物会有不创造这样的生物的动机（毕竟，我们引起了许多可怕的麻烦）。但在这样的情况下，冒着对 P（E/H）的真值进行任何猜测的风险似乎是不负责任的。

当然，也存在对该论证的其他回应。但是，这里的关键点并不是要提供一个穷尽所有可能的选项单子或者为微调论证做辩护。恰恰相反，需要证明的是，贝叶斯的洞见如何能够帮助我们组织一个关于矛盾论题的合理讨论，比如上帝存在。我们相信，这是概率规则——并且是逻辑规则——必须提供的最有价值的一件事情。

概率规则概要

重言式规则：如果一个命题 p 是重言式，则 P（p）= 1。

矛盾规则：如果一个命题 p 是矛盾式，则 P（p）= 0。

严格析取规则：如果 p 和 q 是互斥的，则 P（$p \vee q$）= P（p）+P（q）。

否定规则：P（$\sim p$）= 1-P（p）。

普遍析取规则：P（$p \vee q$）= P（p）+P（q）-P（$p \cdot q$）。

条件句规则：P（q/p）= P（$p \cdot q$）/P（p）。

普遍合取规则：P（$p \cdot q$）= P（p）×P（q/p）。

严格合取规则：如果 p 和 q 是独立的，则 P（$p \cdot q$）= P（p）×P（q）。

贝叶斯定理：

$$P(h/e) = \frac{P(h) \times P(e/h)}{[P(h) \times P(e/h)] + [P(\sim h) \times P(e/\sim h)]}$$

定义概要

两个命题是**互斥的**，如果它们不能都真。

命题 p、q、r……是**穷尽所有可能的**，如果这些命题至少有一个必定是真的。

两个命题 p 和 q 是**独立的**，如果一个的概率并不影响另一个的概率。

假说的**优先概率**——假说独立于证据 e 的可能性。

练习 10.4

注释

1. 参见 Wesley Salmon, *Logic*, 3rd ed. (Englewood Cliffs, NJ: Prentice-Hall, 1984), p. 97。

2. 我们关于通常误解的讨论，着重参见 Brian Skyrms, *Choice and Chance*, 3rd ed. (Belmont, CA: Wadsworth, 1986), pp. 13-15。

3. Anthony Flew, *Dictionary of Philosophy*, rev. ed. (New York: St. Martin's Press, 1979), p. 215.

4. *The Pleasure of Finding Things Out: The Best Short Works of Rechard P. Feynman* (1999), pp. 141-149. 小测验：在这一点上引用费曼的话构成了诉诸不可靠权威谬误的一个例子吗？为什么或者为什么不？

5. 关于良好抽样特征的讨论，着重参见 Patrick Hurley, *A Concise Introduction to Logic*, 6th ed. (Belmont, CA: Wadsworth, 1997), pp. 548-552。

6. 有关选举投票的信息研究，参见 Charles W. Rou, Jr., and Albert H. Cantric, *Polls: Their Use and Misuse in Politics* (New York: Basic Books, 1972)。

7. Charles W. Rou, Jr., and Albert H. Cantric, *Polls: Their Use and Misuse in Politics* (New York: Basic Books, 1972), p. 67.

8. 该调查参见 Roll and Cantril, *Polls*, p. 75。

9. 参见 Kevin Hechtkopf, "Support for Gays in the Military Depends on the Question," CBSnews.com, February 11, 2010。

10. 关于如何刻画密尔法，学者们存在一些争议——特别是密尔所称的"差异法"和"并用法"。我们的描述和布拉姆·范·霍伊维尔描述的最为相似,"A Preferred Treatment of Mill's Methods: Some Misinterpretations by Modern Textbooks," *Informal Logic* 20 (2000): 19-42。

11. 密尔实际上断定了,契合法包含确定当结果出现时所存在的那个唯一因素。然而,这个方法很少(如果有的话)应用,因为任何两个场合通常都将有一个以上的事物。因为这个原因,我们将选择这个方法的更一般的命题和下列别的方法。

12. 密尔实际上将这指称为"契合差异并用法"(也称为"间接差异法")。另外,密尔提到另一种相关的方法差异法。然而,这种方法只应用于非常具体的那类情况——当存在两个场合:(1)除了一个以外,所有方面都非常类似;(2)在一个场合出现,但在另一个场合不出现。因为这类情况是如此不寻常(或许甚至不可能),我们选择着重于更一般的并用法。

13. 这个例子参见 Salmon, *Logic*, p. 112。我们已经随意转述。

14. 我们关于塞麦尔维斯工作的说明,主要参见 Carl G. Hempel, *Philosophy of Natural Science* (Englewood Cliffs, NJ: Prentice-Hall, 1966), pp. 3-6。

15. 关于科学假说证实中的复杂性的初步讨论,参见 Del Ratzsch, *Philosophy of Science* (Downers Grove, IL: Inter-Varsity Press, 1986), pp. 41-96。

16. 我们关于好的科学假说标准的基本概述,参见 Irving M. Copi and Carl Cohen, *Introduction to Logic*, 9th ed. (Englewood Cliffs, NJ: Prentice-Hall, 1994), pp. 534-539。

17. 这个例子参见 Salmon, *Logic*, p. 134。

18. 我们对贝叶斯定理的证明,参见 Brian Skyrms, *Choice and Chance* (Belmont, CA: Wadsworth, 1986), p. 153。

19. 如果我们希望区分 b 和 e ("新"的证据或要解释的现象)的背景证据,贝叶斯定理外观稍微复杂一些:

$$P[h/(e \cdot b)] = \frac{P(h/b) \times P[e/(h \cdot b)]}{\{P(h/b) \times P[e/(h \cdot b)]\} + \{P(\sim h/b) \times P[e/(\sim h \cdot b)]\}}$$

20. 我主要参考了斯蒂芬·米尼斯特(Stephen Minister)的证明。

21. 这个例子的进一步讨论和其他微调证据,参见 Robert Collins, "A Scientific Argument for the Existence of God: The Fine-Tuning Design Argument," in Michael J. Murray, ed., *Reason for the Hope Within* (Grand Rapids, MI: Eerdmans)。

部分练习题答案

书中部分练习题答案请扫描以下二维码查看。

Frances Howard-Snyder, Daniel Howard-Snyder, Ryan Wasserman

The Power of Logic, Sixth Edition

1259231208

Copyright © 2020 by McGraw-Hill Education.

All Rights reserved. No part of this publication may be reproduced or transmitted in any form or by any means, electronic or mechanical, including without limitation photocopying, recording, taping, or any database, information or retrieval system, without the prior written permission of the publisher.

This authorized Chinese edition is published by China Renmin University Press in arrangement with McGraw-Hill Education (Singapore) Pte. Ltd. This edition is authorized for sale in the People's Republic of China only, excluding Hong Kong, Macao SAR and Taiwan.

Translation copyright © 2025 by McGraw-Hill Education (Singapore) Pte. Ltd. and China Renmin University Press.

版权所有。未经出版人事先书面许可，对本出版物的任何部分不得以任何方式或途径复制或传播，包括但不限于复印、录制、录音，或通过任何数据库、信息或可检索的系统。

此中文简体字版本经授权仅限在中华人民共和国境内（不包括香港特别行政区、澳门特别行政区和台湾）销售。

翻译版权 © 2025 由麦格劳-希尔教育（新加坡）有限公司与中国人民大学出版社所有。

本书封面贴有 McGraw Hill Education 公司防伪标签，无标签者不得销售。
北京市版权局著作权合同登记号：01-2022-0470

图书在版编目（CIP）数据

逻辑的力量：第 6 版/（）弗朗西丝·霍华德-斯奈德（Frances Howard-Snyder），（）丹尼尔·霍华德-斯奈德（Daniel Howard-Snyder），（）瑞安·沃瑟曼（Ryan Wasserman）著；杨武金译.--北京：中国人民大学出版社，2025.6.--（明德经典人文课）.--ISBN 978-7-300-33788-3

Ⅰ.B81-49

中国国家版本馆 CIP 数据核字第 20255B3Z80 号

明德经典人文课

逻辑的力量（第 6 版）

弗朗西丝·霍华德-斯奈德（Frances Howard-Snyder）
丹尼尔·霍华德-斯奈德（Daniel Howard-Snyder）　著
瑞安·沃瑟曼（Ryan Wasserman）
杨武金　译
Luoji de Liliang

出版发行	中国人民大学出版社			
社　　址	北京中关村大街 31 号	邮政编码	100080	
电　　话	010-62511242（总编室）	010-62511770（质管部）		
	010-82501766（邮购部）	010-62514148（门市部）		
	010-62511173（发行公司）	010-62515275（盗版举报）		
网　　址	http://www.crup.com.cn			
经　　销	新华书店			
印　　刷	涿州市星河印刷有限公司			
开　　本	720 mm×1000 mm　1/16	版　次	2025 年 6 月第 1 版	
印　　张	34.25 插页 2	印　次	2025 年 6 月第 1 次印刷	
字　　数	534 000	定　价	89.90 元	

版权所有　侵权必究　　印装差错　负责调换